高等职业教育轨道交通类校企合作系列教材

电力内外线

DIANLI NEIWAIXIAN

主　编　曹　阳
副主编　张亚红　李　壮　王天夫
主　审　庞兆亮

西南交通大学出版社
·成都·

内容简介

本书是铁路高等职业教育教材，分为四个项目进行编写，注重电力工程施工的实际需要。上篇为外线工程：在项目一中，着重叙述架空线路的施工、架空线路设备安装操作、防雷与接地、架空线路的巡视检修及事故预防等；在项目二中，着重介绍电缆的各种敷设方法、接头和端头的制作和故障检测方法及事故预防等。下篇为内线工程：着重叙述室内各种配线的施工、电气照明灯具和器具的选择与安装、配电设备与配电装置的安装方法及竣工验收。本书突出实际施工的技能技巧，并附有一定数量的习题。

本书通俗易懂，图文并茂，方法多样实用，可作为电气化铁道供电专业、企业供电专业高职学生教材，也可作为一线从事电力内外线安装工作的技术人员培训教材和自学参考书。

图书在版编目（CIP）数据

电力内外线/曹阳主编. —成都：西南交通大学出版社，2015.2（2022.11 重印）
高等职业教育轨道交通类校企合作系列教材
ISBN 978-7-5643-3786-5

Ⅰ.①电… Ⅱ.①曹… Ⅲ.①输配电线路－电力工程－高等职业教育－教材 Ⅳ.①TM75

中国版本图书馆 CIP 数据核字（2015）第 038028 号

高等职业教育轨道交通类校企合作系列教材

电力内外线

主编 曹 阳

责任编辑	李芳芳
助理编辑	张少华
封面设计	墨创文化
出版发行	西南交通大学出版社 （四川省成都市金牛区二环路北一段 111 号 西南交通大学创新大厦 21 楼）
发行部电话	028-87600564　028-87600533
邮政编码	610031
网　　址	http://www.xnjdcbs.com
印　　刷	四川森林印务有限责任公司
成品尺寸	185 mm × 260 mm
印　　张	23.75
字　　数	585 千
版　　次	2015 年 2 月第 1 版
印　　次	2022 年 11 月第 8 次
书　　号	ISBN 978-7-5643-3786-5
定　　价	49.80 元

课件咨询电话：028-81435775
图书如有印装质量问题　本社负责退换
版权所有　盗版必究　举报电话：028-87600562

前　言

随着我国电气化铁道事业的发展和新技术、新设备、新工艺的不断出现，施工技术的不断发展，以及一些技术标准的改变，为了满足铁路运行维护和基本建设等部门的电力工程施工需要，进一步提高从事配电工作人员的技术业务水平，根据铁道部铁路高职教育电气化铁道供电专业"电力内外线工程"课程教学大纲编写了本教材。

为了适应现代供电技术发展的需要，本书内容涉及电力架空线路施工维护、电缆线路的敷设与维护，室内外各种配线、常用低压电气设备、照明设备的安装和内外线的运行维护等。在编写中，注意体现高职教育的特点，采用专业理论和实践技能"一体化"的编写理念，突出实际施工技能技巧的训练，注重培养学生的实际动手操作能力，一方面加强基本理论的阐述，另一方面用供电系统的新技术与新方法充实与更新本书的内容。如：在上篇的项目一架空线路及设备安装、维修、维护中，介绍了架空线路的安全规程和实践练习；在项目二电力电缆线路维护检修中，增加了电缆敷设的规定和电缆线路的安全规程等内容。尤其是随着电力电缆在供电中的普遍应用，故障随之增多，如何探测，怎样快速准确地查找到故障点的精确位置，缩短故障的修复时间，成为各供电企业越来越关心的问题。为了解决上述问题，本书增加了故障探测与处理等内容。在下篇内线施工中，增加了电气施工图阅读的基本知识；在介绍传统的工程施工方法的基础上，增加了照明线路的实践练习；并增加了竣工验收和工程交接等工程实际内容。

本书分为四个项目，由辽宁铁道职业技术院曹阳任主编，张亚红、李壮、王天夫任副主编。具体分工为：辽宁铁道职业技术学院的曹阳老师编写项目一中的课题一、课题二、课题三、课题五、课题六和课题八；辽宁铁道职业技术学院的李壮老师编写项目二和项目一中的课题四、课题七；辽宁铁道职业技术学院的王天夫老师编写项目三中的课题二、课题三；辽宁铁道职业技术学院的张亚红老师编写项目四及项目三中的课题一。本书由沈阳铁路局锦州供电段工程师庞兆亮主审。本书在编写过程中得到了辽宁铁道路职业技术学院、沈阳铁路局锦州供电段的大力支持和帮助，对此表示感谢！

由于编者水平有限，书中难免存在不足和不妥之处，敬请广大读者和同行批评指正。

编　者
2015 年 1 月

目 录

上篇　电力外线

项目一　架空线路及设备安装、检修、维护 ··········· 3
　课题一　铁路供电的主要任务及结线方式 ··········· 3
　课题二　架空线路构成 ··········· 10
　课题三　架空线路电气和机械计算 ··········· 34
　课题四　架空线路施工准备 ··········· 61
　课题五　架空线路架设 ··········· 79
　课题六　配电线路设备 ··········· 110
　课题七　接地及接地装置施工 ··········· 129
　课题八　运行维护检修 ··········· 143

项目二　电力电缆线路维护检修 ··········· 158
　课题一　电力电缆的结构和种类 ··········· 158
　课题二　敷设方式 ··········· 164
　课题三　电力电缆运行维护和故障检测 ··········· 182

下篇　电力内线

项目三　动力照明线路安装维护 ··········· 211
　课题一　低压配电系统 ··········· 211
　课题二　室内配线施工 ··········· 247
　课题三　电气照明线路安装维护 ··········· 285

项目四　室内配电装置和电气设备的安装 ··········· 326
　课题一　施工准备及施工 ··········· 326
　课题二　配电装置和电气设备的安装 ··········· 331
　课题三　工程交接验收 ··········· 367

参考文献 ··········· 373

上篇

电力外线

项目一 架空线路及设备安装、检修、维护

课题一 铁路供电的主要任务及结线方式

一、配电网的组成

电能是一种应用广泛的能源，现代工业、农业、科学技术和国防建设以及广大人民群众的日常生活都离不开电能。其生产（发电厂）、输送（输配电线路）、分配（变配电站）和用户的各个环节有机的构成了一个系统，如图 1-1-1 所示的输配电线路是电能传输的唯一路径，也是国民生产的重要环节。

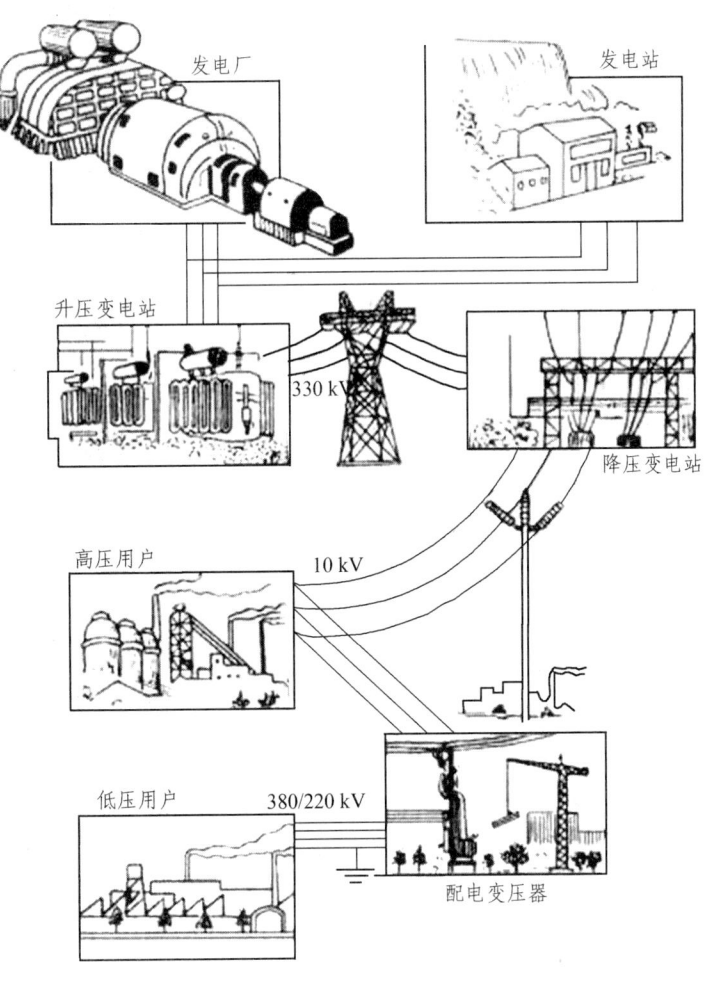

图 1-1-1 三相电力系统示意图

（1）输电线路：由各发电厂向各电力负荷中心输送电能的线路。

（2）配电线路：由各电力负荷中心向各电力用户分配电能的线路。

（3）电力网：由各种电压等级的电力线路及其所连接的升、降压变电所（站）所组成的部分。它是联系发电机和用户的中间环节。

（4）电力系统：是一个由生产电能的发电机、输送与分配电能的电力线路和消耗电能的用户等多个环节有机结合组成的整体。电力系统通常由发电厂，输、配电线路，变、配电所，电力负荷四部分组成。

（5）动力系统：电力系统加上动力部分，即热力发电厂的锅炉、汽轮机、热力网和用热设备；水力发电厂的水库、水轮机以及原子能发电厂的反应堆等。

二、铁路供电的主要任务

铁路供电段的主要任务有两项：其一为牵引供电，向电力机车（动车组）提供电源；其二为非牵引供电，向牵引供电负荷以外的铁路负荷提供电源。牵引供电线路为接触网电压等级，为 25 kV；非牵引供电线路为架空线路和电缆线路，电压等级为 10 kV 和 220/380 V，本书主要讲述非牵引供电。

（一）供电负荷分布

（1）车站、段（所）负荷主要包括：通信、信号、信息系统、调度集中、大站电气集中联锁、接触网上电动隔离开关操作电源、动车检修设备、综合维修设备、空调、通风、电梯、给排水、照明等。

（2）区间负荷主要包括：信号中继站、无线通信基站、光纤直放站、自动闭塞、电力牵引各所用电、隧道照明、通风及监控设备、立交桥排水等。

（3）车站驼峰：驼峰电气集中联锁、存储式驼峰电气集中、机械化驼峰的空压机及驼峰照明区。

（二）电力负荷等级

根据电力负荷对供电可靠性的要求及中断供电造成的损失或影响的程度，将电力负荷分为三级：

（1）一级负荷包括：与行车密切相关的通信、信号、信息、防火安全监控设备；动车段运用设备；电力及电力牵引供电各所操作电源；大型、特大型站公共用区照明、应急照明及隧道应急照明；大型及重要建筑物火灾自动报警系统设备；特长隧道消防设备等。

（2）二级负荷主要包括：为通信、信号主要设备配置的专用空调；接触网远动开关操作电源；动车组检修设备；综合检测、工务机械、综合维修、给排水设施等设备；中间站公共区照明；区间视频监控设备；道岔融雪设备；红外线轴温探测设备；道口信号。

（3）三级负荷：一、二级负荷以外的其他负荷。

（三）供电原则

一级负荷：必须采用两路相互独立电源分别供电至用电设备或低压双电源切换装置处，

两个电源不会同时失电,当一个电源发生故障时,另一个电源会在允许时间内自动投入,对一级负荷中特别重要的负荷,还应增设应急电源。

二级负荷:应由两个独立电源供电,当一个电源失电时,另一个电源由操作人员投入运行。当只有一个电源独立供电时,采用两个回路供电。

三级负荷:对电源无特殊要求,可采用单回路供电。

三、配电线路的额定电压和结线方式

(一)电力网的额定电压

为使电力工业和电工制造业的生产标准化、系列化和统一化,国家根据各时期国民经济发展的需要、技术经济合理性以及电机电器制造的工业水平,颁布了国家标准 GB156-93《标准电压》,规定了三相交流电网和电力设备的额定电压。

1. 电力网(电力线路)的额定电压

它是确定各类电力设备额定电压的基本依据。

2. 用电设备的额定电压

用电设备的额定电压的规定与供电网的额定电压相同,且电压容许偏移为±5%。

3. 发电机的额定电压

规定发电机的额定电压为线路额定电压的105%。

4. 电力变压器的额定电压

(1)一次绕组的额定电压:一次绕组接电源,相当于用电设备,其额定电压应等于用电设备的额定电压;一次绕组直接与发电机相连,其额定电压应与发电机的额定电压相同,即高于电网额定电压的 5%;若变压器连接在线路的其他位置,其一次绕组的额定电压应与线路的额定电压相同。

(2)二次绕组的额定电压:若二次侧所接的供电线路较长,二次绕组额定电压应高于二次侧电网额定电压的10%;若二次侧所接的供电线路不长,二次绕组额定电压只需高于二次侧电网额定电压的5%即可。

(二)电力网的结线方式

1. 电力网结线的要求

在选择电力网的结线方式时,应考虑以下几个方面的问题:

(1)必须保证对用户供电的可靠性;
(2)必须能灵活地适应各种运行方式;
(3)应力求节省设备和材料;
(4)应保证在各种运行方式下,人员能安全操作和操作简便;
(5)应有利于将来的发展。

2. 电力网结线分类

根据上述要求,电力网结线大体上可分两大类型。

（1）无备用结线方式。

这类结线，用户只能从一个方向取得电能。分为单回路的放射式、干线式、链式和树干式，如图 1-1-2 所示。其主要优点是接线简单，运行方便，而主要缺点是供电可靠性差。

（2）有备用结线方式。

有备用结线方式应有两路电源（两个变压器），一个发生故障另一个自动投入运行。分为双回路的放射式、干线式、树干式、环式、两端供电式等，如图 1-1-3 所示。适用于一、二级负荷。

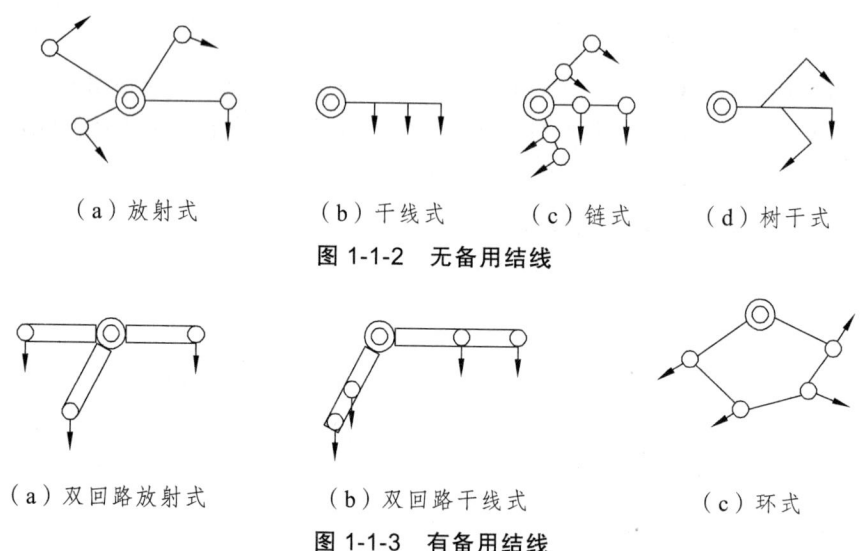

（a）放射式　　（b）干线式　　（c）链式　　（d）树干式

图 1-1-2　无备用结线

（a）双回路放射式　　（b）双回路干线式　　（c）环式

图 1-1-3　有备用结线

铁路部门配电系统通常采用树干式配电网络、放射式配电网络、环形式配电网络、两端式配电网络。有时也采用树干式和放射式同时使用的混合式配电网络以及双回路式配电网络。

3．铁路部门配电系统常用的配电网络

（1）树干式配电网络。

树干式配电网络如图 1-1-4 所示。由铁路地区变电、配电所馈出一个或几个配电回路，每个回路可对几个室内、外变电所或直接对高压用电设备供电。此类配电线路的优点是简单、经济，但缺点是当任一段线路故障时，会导致所有变电所停电，因此只能对三级负荷供电。

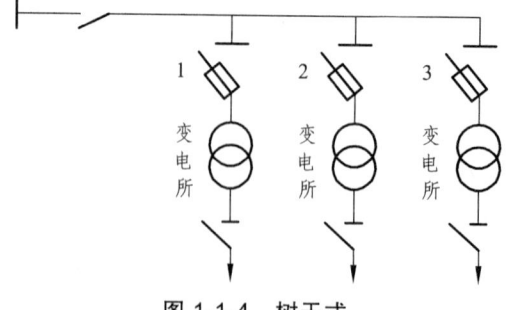

图 1-1-4　树干式

当要求树干式网络提高供电的可靠性以满足二级负荷供电时，可采用双回路树干式网络供电，如图 1-1-5 所示。在正常工作时只允许一条干线连接，当其中一段线路发生故障时，负荷只暂时停电即可转到另一线路上去，继续供电。

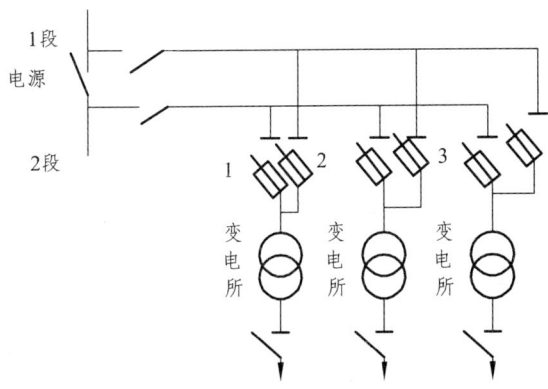

图 1-1-5 双回路树干式

（2）放射式配电网络。

放射式配电网络如图 1-1-6 所示。由铁路地区变、配电所馈出单独的回路直接对一个室内、外变电所或高压设备供电，线路上不接其他用户。由于各回路是单独控制和单独供电，相互影响较小，因而适宜向一级负荷或较大功率负荷供电，保护装置设置方便，但投资较大，消耗有色金属较多，线路占用通道较多。

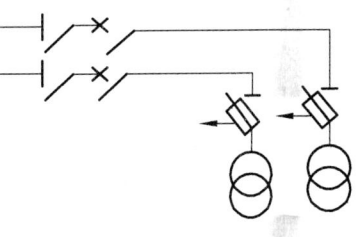

图 1-1-6 放射式

（3）拉手环式。

拉手环式的结构如图 1-1-7 所示。它与放射式的不同点在于每个变电站的一回主干线都和另一变电站的一回主干线接通，形成一个两端都有电源、环式设计、开式运行的主干线，任何一端都可以供给全线负荷。主干线上由若干分段点（一般安装油浸、真空、产气、吹气等各种型式的开关）形成的各个分段中的任何一个分段停电时，都可以不影响其他分段的供电。因此，线路停电检修时，可以分段进行，缩小停电范围，缩短停电时间，一端变电站全停电时，线路可以全部改由另一端电源供电，不影响用户用电。这种接线方式线路本身的投资并不一定比普通环式更高，但变电站的备用容量要适当增加，以负担其他变电站的负荷。实际经验证明，不管架空线路的接线方式如何，一般情况下，变电站主变压器都需要留有 30%的裕度，而这 30%的裕度对拉手环式接线也已够用。当然，采用 40%的裕度更为安全。

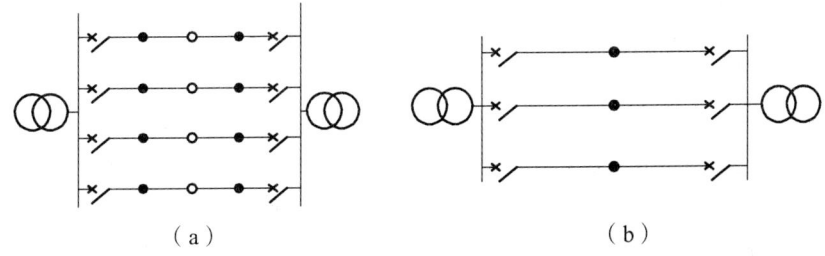

图 1-1-7 拉手环式供电接线原理图

拉手环式接线有两种运行方式，一种是各回主干线都在中间断开，由两端分别供电，如图 1-1-7（a）所示。这样线损较小，线路故障停电范围也较小，但在线路开关操作实现远动和自动化前，变电站故障或检修时需要留有线路开关的倒闸操作时间。另一种是主干线的断开点设在主干线一端，即由变电站线路出口断路器断开，如图1-1-7（b）所示。这样变电站故障或检修时可以迅速转移线路负荷，供电可靠性较高，但线损增加，是很不经济的。在实际应用时，应根据系统的具体情况因地制宜。

（4）混合式配电网络。

V 在混合式配电网络中既有放射式配电网络，也有树干式配电网络。在铁路枢纽内对负荷分散、供电点多、负荷等级或容量不同，应用此配电网络最为合适。它既可保证一级负荷供电，又可兼顾一般负荷供电。例如，一级负荷可采用放射式配电网络供电，而树干式配电网络可作为一级负荷的备用电源并对二、三级负荷供电。所以铁路编组站广泛采用此种配电网络。

（三）铁路自动闭塞供电方式

由铁路变配电所、自动闭塞高低压电力线路及变配电设备组成的铁路自动闭塞电力系统，为铁路行车信号提供电源，对提高铁路运输效率、保证行车安全具有重要作用。

1. 自动闭塞电力系统的组成及特点

在自动闭塞区段，铁路区段站或地方电源较可靠的中间车站，每隔40～60 km就设有一座电力配电所，由地方变电站引来的外部电源，经铁路配电所所内隔离调压器，向区间送电（电压等级一般为10 kV），并与相邻配电所进行互供，形成双端供电网络，经由变压器向信号设备供电，变压器及以上称为高压系统。连接两相邻配电所的高压电力线路称为自动闭塞高压电力线路，由该线路在区间或车站接引的信号变压器将10 kV变成380/220 V，经由低压线路供车站或自闭信号用电。这样，由铁路电力配电所、10 kV电力线路、信号变压器和低压线路就构成了自动闭塞电力系统。

自动闭塞电力系统是专供行车信号设备用电的，采用对地绝缘系统。传输功率较小、传输距离较远且随铁路沿线分布，采用两端供电式配电网络和双回式配电网络。为了保证行车信号可靠用电，必须尽量减少系统干扰。自动闭塞供电系统采用对地绝缘的电力系统，可以减少其他电力系统大（故障）电流通过地线侵入引起的干扰，避免大系统（故障）电流引起信号设备误动作所造成的行车事故。其另一个优点是，不论是高压或低压系统某一点接地时，仍能维持供电一段时间而不影响行车信号使用。

2. 区间信号设备的供电运行方式

区间信号设备的供电方式一般可分为集中式和分散式两种。

（1）集中式。

信号专用变压器设置在车站，以380/220 V电源送至信号楼，由信号楼向区间信号提供电源。这种供电方式的优点是设备设置简单、可靠，区间没有电力变压器、互供装置和低压电力线受外界影响较少，因而发生故障的几率小，维护费用较少。缺点是车站信号停电既影响本站又影响区间信号，影响面较大。

（2）分散式。

在区间的各信号点设有信号专用变压器。通过电力互供箱和电务继电器箱向信号设备供电。这种方式设备分散、点多、线长，设备受外界影响较大，故障几率大，事故处理、故障查找困难。

3. 供电电源的互供方法

自动闭塞信号设备中断供电将使正常运编秩序受到破坏，因此，必须有电力互供设备装置来保证不间断供电。

（1）变电所运行方式。

铁路系统电源取自地方供电局，供电方式为专盘专线，电压等级一般为：110 kV、35 kV 或 10 kV。铁路系统为了提高供电可靠性采用双电源同时运行、母线母联分段供电方式。如图 1-1-8 所示。

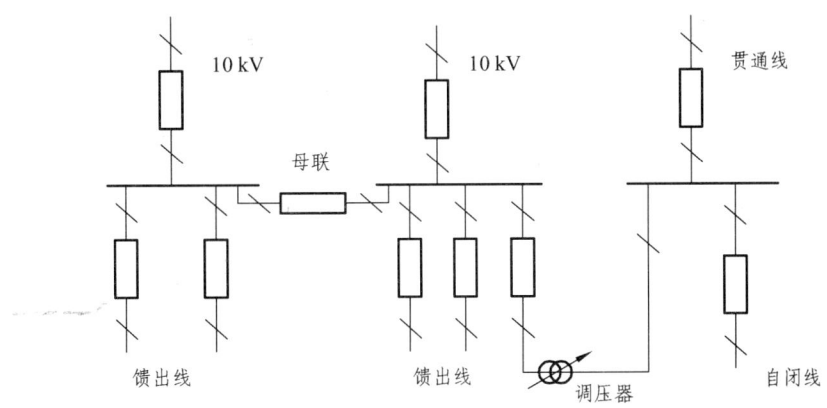

图 1-1-8　典型 10 kV 变电所接线图

（2）供电区间供电方式。

铁路供电线路沿铁路线分布如图 1-1-9 所示，每 40～60 km 设一个变电所。

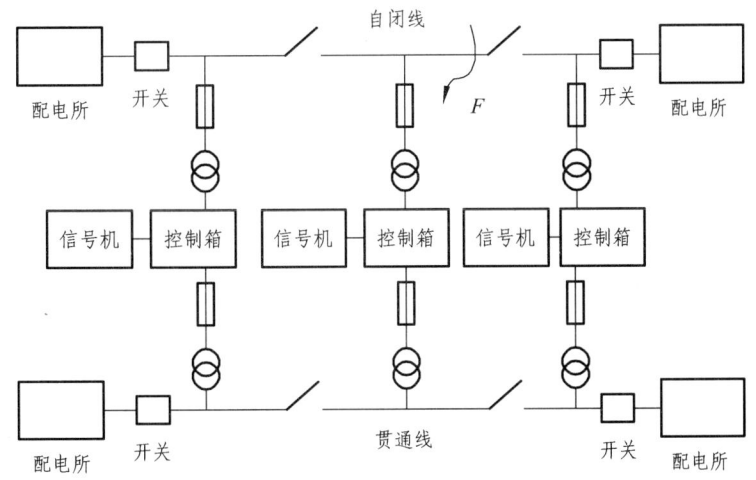

图 1-1-9　线路供电运行方式

铁路部门为保证列车的行车安全，要求铁路信号机必须安全、可靠地工作。为了保证铁路沿线信号灯不掉电，铁路电力系统的变电所一般采用双电源供电方式，沿线每一个供电区间双端供电，供电区间之间一般采用专门为自动闭塞信号机供电的 10 kV 自闭电力线路（简称自闭线）和 10 kV 贯通电力线路（简称贯通线），双路供电至低压双电源切换装置，两路电源互为备用，失压自动切换。

甲、乙两个配电所分别供电，两所之间由若干车站开关作为线路分段开关，正常情况下，甲所作为主供电源，乙所为备用电源；自闭线作为主供电源，贯通线作为备用电源。

当线路 F 点发生短路故障时，甲所自闭线出线开关零秒速断，线路失电；乙所在检测到线路失电后自动投切，如果故障消失，则线路恢复正常供电，如果故障没有消失，乙所迅速跳闸，备投不成功；甲所在经过重合闸时间后，再次合闸，如果故障消失，则线路恢复正常供电，如果故障没有消失，甲所再次跳闸，重合闸不成功，线路失电退出运行。这个过程称为"备投—重合过程"。

此时，信号设备由贯通线供电。这时应及时排除故障，恢复自闭线正常供电，否则如果贯通线路再次发生永久故障，将导致信号设备供电中断事故。有些情况下，铁路沿线没有自闭线，只有贯通线，当贯通线发生永久故障后，会立即导致供电中断。另外，铁路电力系统还经常使用"重合—备投"方式，工作过程与"备投—重合"类似。

习 题

1. 什么是配电网，由哪几部分组成？
2. 什么是输电线路，什么是配电线路？
3. 什么是电力系统，由哪几部分组成？
4. 铁路供电的主要任务有哪些？
5. 铁路非牵引供电的负荷有哪些？
6. 电力负荷怎样分级？各级负荷如何供电？
7. 何为有备用接线方式和无备用接线方式？
8. 试述铁路自动闭塞的供电方式。
9. 画出铁路信号供电运行方式图，并说明工作原理。

课题二 架空线路构成

一、架空线路的构成及优缺点

（一）架空线路的组成

架空线路主要由杆塔、导线、绝缘子、横担、金具、避雷线、拉线等主要元件组成。

（1）杆塔的作用是支持导线和避雷线，并使导线与导线间、导线与杆塔间、导线与大地间保持规定的距离；

（2）导线的作用是传导电流、输送电能；

（3）绝缘子的作用是支持和固定导线，并保持导线与杆塔间的良好绝缘；

（4）横担的作用是固定绝缘子，并使其保持一定的距离；

（5）金具的作用是连接导线或避雷线，将导线固定在绝缘子上，以及将绝缘子固定在杆塔上；

（6）避雷线的作用是将雷电流引入大地，以保护线路的电气设备免遭雷击。

（7）拉线的作用是为了平衡杆塔各方向的张力，防止杆塔弯曲或倾覆。

（二）术　语

（1）挡距：架空线路两相邻杆塔间的水平距离。

（2）弧垂（弛垂或弛度）：悬挂在两杆塔之间的导线形成一条悬链曲线，在挡距中，导线悬链曲线上任意一点至悬挂点水平线的垂直距离，称为该点的弧垂。如图 1-2-1 所示。弧垂过大容易造成相间短路及其对地安全距离不够；弧垂过小，导线承受的拉力过大而可能被拉断，或致使横担扭曲变形。

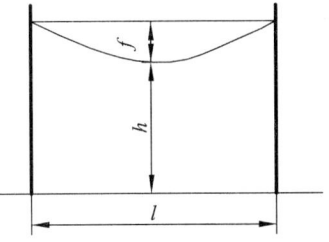

图 1-2-1　挡距、弧垂和限距

F—弧垂；l—挡距；h—限距

（3）安全距离（限距）：在挡距中，导线最低点到地面（或水面），或导线悬链曲线上任意一点到其他目标物的最小垂直距离。限距是架空线路安全运行的依据，当架空线路的电压等级确定之后，限距的规定值也就被确定下来。

（4）耐张段：两耐张杆塔之间的距离称为耐张段，一般 1～2km 设置一个耐张段，耐张杆将全线路分成若干个耐张段，这样，当线路发生断线故障时所产生的很大不平衡拉力，由耐张杆承受，因而使断线故障的影响范围限制在该断线点的耐张段内。另外，耐张段也便于线路的施工和检修。如图 1-2-2 所示。

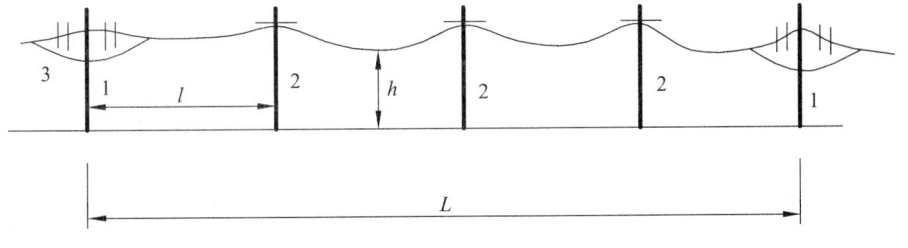

图 1-2-2　耐张段

l—挡距；L—耐张段；h—安全距离；1—耐张杆；2—直线杆；3—跳线

线路挡距的大小，取决于技术和经济要求。当线路的挡距缩小时，可减小弧垂，因而降低杆塔高度，但挡距减小时杆数增加了，线路的造价也就增加了；当线路的挡距增大时，弧垂必然增大，这将使杆塔增高，也导致线路的造价增加。所以挡距的大小选择要进行经济技术比较来确定。

（三）架空配电线路的优点缺点

1. 优点

（1）结构简单、架设方便、工期短、投资少；

（2）电压高、输电容量大；

（3）散热条件好；

（4）维护方便。

2. 缺点

（1）网络复杂和集中的地段，架设困难，在人口稠密的城市架设影响市容，不美观、不安全；

（2）工作条件差，受自然条件（如冰、风、雪、温度、雷电侵袭、化学腐蚀等）影响大。

二、杆塔和基础

（一）杆塔所受的荷载和杆塔的类型

杆塔按其在架空线路中的用途可分为直线杆、耐张杆、转角杆、终端杆、分支杆、跨跃杆和换位杆等。

（1）直线杆用在线路的直线段上，以支持导线、绝缘子、金具等的重量，并能够承受导线的重量和水平风力荷载，但不能承受线路方向的导线张力，它的导线用线夹和悬式绝缘子串挂在横担下或用针式绝缘子固定在横担上。如图1-2-3所示。

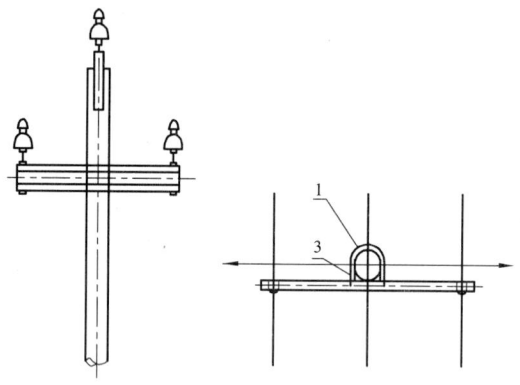

图 1-2-3 直线杆

（2）耐张杆主要承受导线或架空地线的水平张力，同时将线路分隔成若干耐张段（耐张段长度一般不超过2 km），以便于线路的施工和检修，并可在事故情况下限制倒杆断线范围，它的导线用耐张线夹和耐张绝缘子串（见图1-2-4）或用蝶式绝缘子串固定在电杆上，电杆两边的导线用弓子线连起来。如图1-2-5所示。

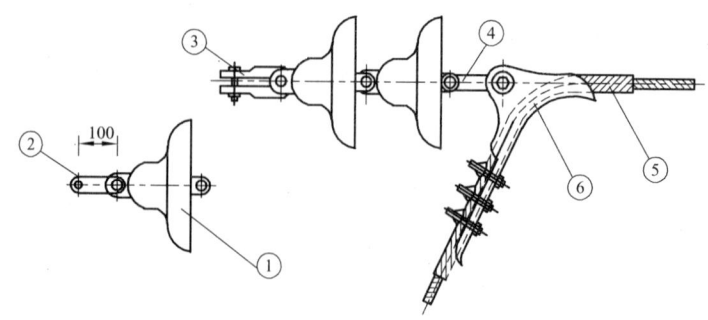

图 1-2-4 耐张绝缘子串组装图

①—悬式绝缘子；②—平行挂板（连板）；③—U形挂环；④—平行挂板（连板）；⑤铝包带；⑥耐张线夹

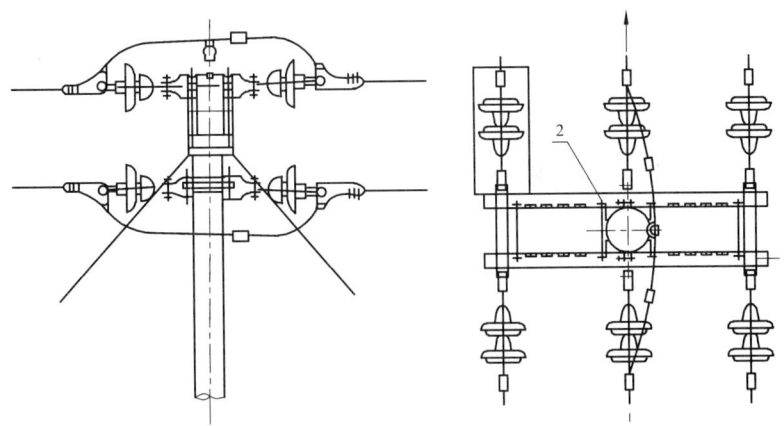

图 1-2-5 耐张杆

（3）转角杆用在需要改变线路方向的转角处，正常情况下除承受导线等垂直载荷和角平分线方向的水平风力荷载外，还要承受内角平分线方向导线全部拉力的合力，在事故情况下还要能承受线路方向导线的重量。它有直线型和耐张型两种型式，具体采用哪种型式可根据转角的大小及导线截面的大小来确定。如图 1-2-6 所示。

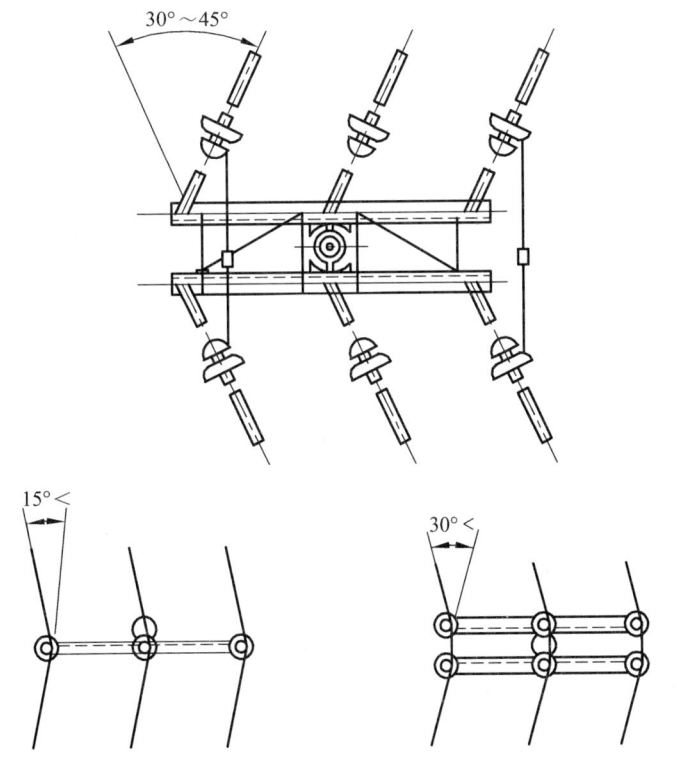

图 1-2-6 转角杆

（4）分支（岐）杆用在分支线路与主配线路的分支处，在主干线方向上它可以是直线杆或耐张杆，在分支方向上时则需用耐张杆，分支杆除承受直线杆所承受的载荷外，还要承受分支导线等垂直荷重、水平风力荷重和分支方向导线全部拉力。如图 1-2-7 所示。

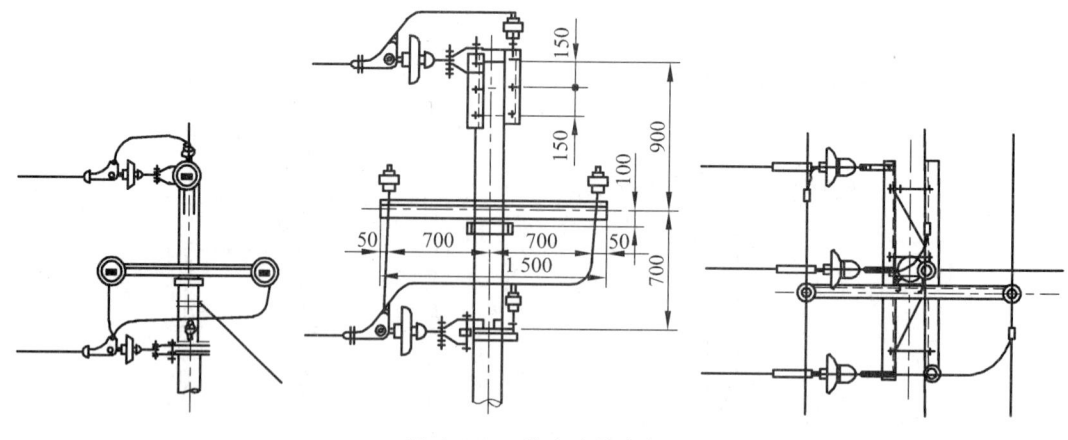

图 1-2-7 分支（岐）杆

（5）终端杆用在线路首末两端处，是耐张杆的一种，正常情况下除承受导线的重量和水平风力荷载外，还要承受顺线路方向导线全部拉力的合力。如图 1-2-8 所示。

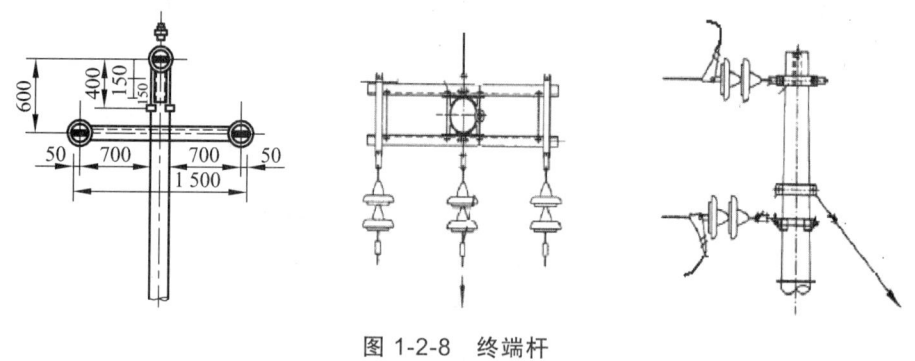

图 1-2-8 终端杆

（6）跨越杆用在跨越公路、铁路、河流和其他电力线等大跨越的地方，为保证导线具有必要的悬挂高度，一般要加高电杆。

（7）换位杆是在线路较长时，为减少电力系统中的不对称电流和电压，在线路中间需要变换导线的相序，将导线相序变换位置的杆塔称为换位杆。如图 1-2-9 所示。

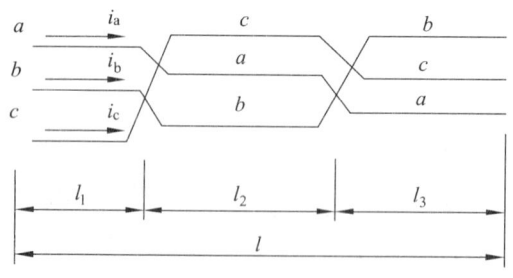

图 1-2-9 三相架空线路换位示意图

杆塔按其所用材料不同可分为钢筋混凝土电杆、铁塔、钢管电杆和木杆等。钢筋混凝土电杆是配电线路中应用最为广泛的一种电杆，它由钢筋混凝土浇筑而成，具有造价低、使用寿命长、美观、施工方便、维护量小等优点。铁塔和钢管电杆根据结构可分为组装式铁塔和预制式钢管，其中组装式铁塔由各种角铁组装而成，应采用热镀锌防腐处理，组装费时。预制式钢管塔多为插接式钢管电杆,采用钢管预制而成,安装方便。但比较笨重,给运输和施工带来不便,木杆在配电线路中已较少采用。

(二)钢筋混凝土电杆

1. 钢筋混凝土电杆的优点

(1)取材方便,制造简单;

(2)经久耐用,一般可用 50~100 年;

(3)节省钢材,水泥杆都是环形截面预应力钢筋混凝土杆,既提高电杆的机械强度,又节省钢材;

(4)维护容易,运行费用低。

2. 钢筋混凝土电杆的结构(见图 1-2-10)

钢筋混凝土电杆按其制造工艺可分为普通钢筋混凝土电杆和预应力钢筋混凝土电杆两种,按照杆的形状又可分为等径杆和锥形杆(又称拔梢杆)。锥形杆的拔梢度(斜度)均为 1:75,每米间直径相差 13.3 mm,其规格型号由高度、梢径、抗弯级别组成。

混凝土抗压强度比抗拉强度大得多,当电杆受力弯曲时,电杆一侧受压而另一侧受拉,尽管主要由钢筋承受,但混凝土与钢筋一起伸长,这时混凝土的最外层受到拉力作用而产生裂缝。电杆存在裂缝时,由于雨水的侵入,将使钢筋锈蚀,从而缩短电杆的使用寿命。根据规定钢筋混凝土电杆出现纵向裂缝时不允许使用,而出现横向裂缝时,当裂缝宽度为 1.0 mm 时严禁使用。为防止在使用中产生裂缝,最好的方法就是在电杆浇制前,将钢筋施行预拉,使钢筋发生弹性伸长。浇制后切除外加力,使混凝土在承载前就受到一个预压应力,当电杆承载时,受拉侧所受的拉力与此预压应力部分抵消而不至于产生裂缝。这种电杆称为预应力钢筋混凝土电杆。

钢筋混凝土电杆的构造断面一般为环形,主筋分布如图 1-2-10 所示,对盘旋在主筋外的螺旋筋直径、螺距、布置有如下要求:① 梢径小于或等于 190 mm 的锥形杆,螺旋筋的直径采用 3.0 mm;梢径大于 190 mm 的锥形杆螺旋筋直径采用 4.0 mm。② 螺旋筋必须沿杆段全长布置在主筋外围,对梢径小于或等于 150 mm 的杆段螺距不大于 150 mm;梢径等于或大于 170 mm 的杆段,螺距不大于 100 mm。杆段无接头端的,螺旋筋应紧密缠绕 3~5 圈,且在端部 500 mm 范围内螺距应控制在 50~60 mm。③ 固定主筋用的架立圈间距不宜大于 1 m,并将架立圈与主筋扎结牢固。

3. 钢筋混凝土电杆的检验

钢筋混凝土电杆出厂检验的项目有:外观质量、抗裂检验、尺寸偏差、混凝土强度检验、裂缝宽度检验和标准弯矩下的挠度等。其外观和尺寸检验应符合以下要求:① 外表面应光洁平直。② 合缝处不应漏浆。③ 钢板圈或法兰盘与杆身接合处不应漏浆,电杆梢端和根端不应漏浆或碰伤。④ 预留孔周围的混凝土不应损伤。⑤ 对允许修补的电杆可采用环氧树脂膏,禁止使用混凝土沙浆修补。⑥ 内外表面不得漏筋,内表面混凝土不应有塌落。⑦ 钢板圈焊缝外内壁的混凝土端面与焊缝处的距离不得小于 10 mm。⑧ 外表面的环向裂缝宽度不得超过 0.05 mm,不得有纵向裂缝、网状裂纹、龟裂、水纹等除外。⑨ 电杆出厂前,顶端应用混凝土和沙浆封实。⑩ 电杆各部分的尺寸允许误差符合规定。

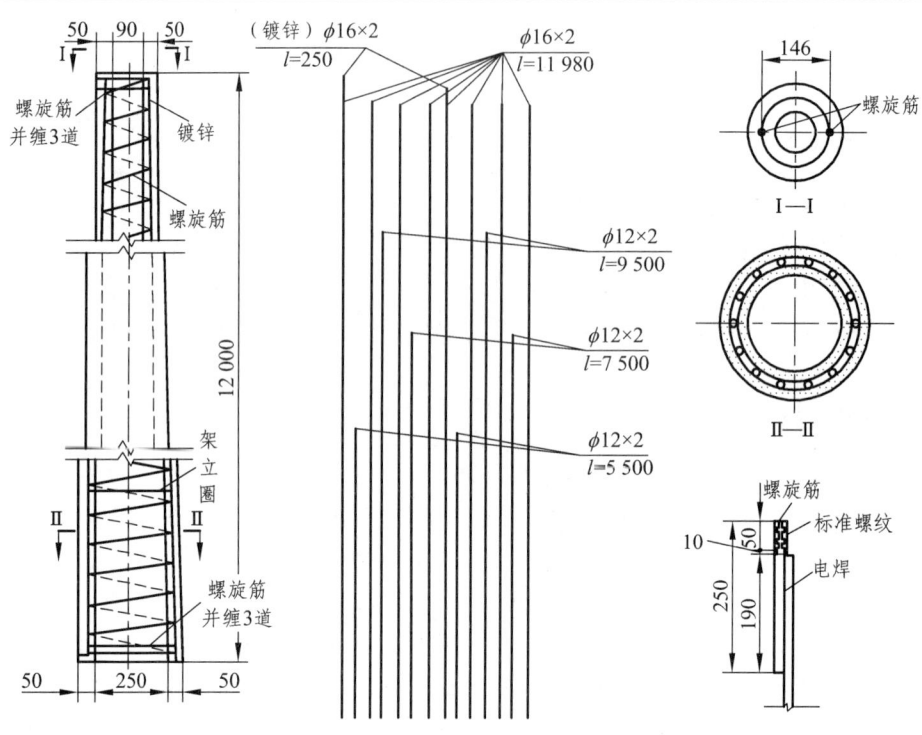

图 1-2-10　钢筋混凝土杆结构

预应力钢筋混凝土电杆还应满足以下两点要求：① 不应有环向和纵向裂纹，网状裂纹、龟裂、水纹除外。② 杆长尺寸允许误差，整根杆不作规定，组装杆段为 ±10%。

4．钢筋混凝土电杆的标志

钢筋混凝土电杆的标志有永久标志和临时标志两种。永久标志是将制造厂名或商标标记在电杆表面上，临时标志包括电杆类型、梢径、杆长、标准检验弯矩和制造年、月、日用油漆写在电杆表面上。

5．钢筋混凝土电杆的保管与运输

（1）钢筋混凝土电杆的保管。电杆应按规格、型号分别堆放，堆放场地应平整夯实。当电杆长度小于 12 m 时应采用两支点支撑堆放，杆长大于 12 m 时采用三支点支撑堆放。当锥形杆梢径 $\Phi \leq 270$ mm 和等径杆直径 < 400 mm 时，其堆放层数不超过 6 层，否则，不超过 4 层。电杆层与层间应用垫木隔开，每层垫木支撑点应在同一平面上，各层垫木位置应在同一垂直线上。

（2）钢筋混凝土电杆的运输。电杆在装卸运输时，必须捆绑牢固，防止电杆在车上滚动。在装车和堆放时，支撑点处应套上草圈或捆扎草绳，以防碰伤，同时电杆两侧均需加斜木，上下层支点要在同一垂直线上。电杆在运输装卸中严禁相互碰撞、急剧坠落和不正确的起吊，以防止产生裂纹或使原有的裂纹扩大。

6．杆高的确定

杆塔高度必须满足电气条件、杆塔受力合理性等要求。电气条件应包括所选定的导线型号、导线最大弧垂、线间距离、导线对地安全距离及交叉跨越的有关规定。

（1）装设针式绝缘子的电杆高度。

① 配电线路杆塔高度的确定（见图1-2-11）。

$$H = a + f_{max} + h + h_m$$

式中 H——电杆的高度，m；

a——最下层导线支持点至杆顶的距离，m；

f_{max}——导线的最大弧垂，m；

H——最下层导线最低点至地面的距离，m；

h_m——电杆埋深，m。

② 自动闭塞配电线路杆塔高度的确定。

$$H = a + c + d + f_{max} + h + h_m$$

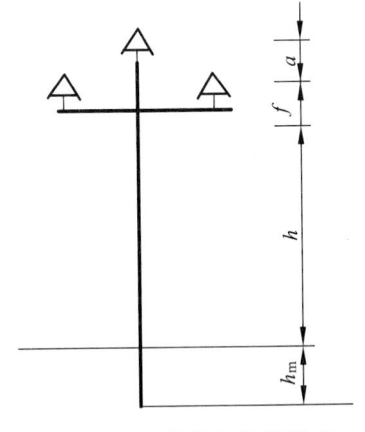

图1-2-11 直线杆杆塔高度

式中 c——最上层信号条件线到下层高压导线的距离，m；

d——最上层信号条件线到下层信号条件线的距离，m。

（2）装设悬式绝缘子杆塔高度的确定。

① 悬式绝缘子串水平安装。

a. 导线三角形排列。

$$配电线路：H = a + f_{max} + h + h_m$$

式中 a——横担至杆顶的距离，m。

$$自动闭塞配电线路：H = a + c + f_{max} + h + h_m$$

式中 a——最上层横担至杆顶的距离，m；

c——下层高压导线至最上层信号条件线的距离，m；

f_{max}——最下层导线的最大弧垂，m。

b. 导线水平排列。

$$H = d + f_{max} + h + h_m$$

式中 d——横担至杆顶的距离，m。

② 悬式绝缘子串垂直安装。

$$H = d + \lambda + b + f_{max} + h + h_m$$

式中 b——最下层导线至最上层导线间的距离，m；

λ——绝缘子串安装长度，m。

由此可见，电杆的高度应由以下四个因素确定：

（1）杆顶与横担所占的高度。最上层横担的中心距杆顶部的距离与导线的排方式有关，水平排列时采用0.3 m；等边三角形排列时为0.8 m。

（2）导线的弧垂所需高度。导线两悬挂点的连线与导线最低点间的垂直距离称为弧垂。弧垂过大容易碰线，弧垂过小则可能会因为导线承受的拉力过大而被拉断。

（3）导线与地面或跨越物最小允许距离有关（安全距离）。

（4）电杆的埋深。

（三）钢管电杆

钢管电杆由于其具有杆形美观、承受较大应力等优点，特别适用于狭窄道路、城市景观道路和无法安装拉线的地方架设。

（四）杆塔基础

将杆塔固定在地下部分的装置和杆塔埋入土壤中起固定作用部分的整体统称为杆塔的基础。杆塔的基础起着支撑杆塔全部荷载的作用，并保证杆塔在允许情况下不发生下沉或受外力作用时不发生倾倒或变形。杆塔基础包括电杆基础和铁塔基础。

1. 电杆基础

钢筋混凝土电杆基础一般采用底盘、卡盘和拉线盘，统称"三盘"。底盘的作用是承受混凝土电杆的垂直下压荷载，以防止电杆下沉；卡盘是当电杆所需承担的倾覆力较大时，增加抵抗电杆倾倒的力量；拉线盘依靠自身重量和填土方的总合力来承受拉线的上拔力，以保持杆塔的平衡。三盘一般采用钢筋混凝土预制件或天然石材制造，在现场组装，预制的混凝土强度不应低于 C20，表面应平整不应有明显缺陷，并保证构件间、构件与铁件间、螺栓之间的连接安装。

2. 铁塔基础

铁塔基础有混凝土基础和钢筋混凝土普通浇制基础、预制钢筋混凝土基础、金属基础和灌注式基础。

三、导 线

（一）常用裸导线

1. 导线的材料

架空线路的导线工作在大气中，它受到各种气象条件和环境条件的影响，因此对导线的材料有以下的要求：

（1）导电性能好，以减小线路的功率损耗、电能损耗和电压损耗。

（2）机械性能好，即抗拉强度高，具有一定的弹性和柔性，不易折断等。

（3）耐化学腐蚀性能好，以适应不同污秽环境下使用。

（4）重量轻、性能稳定、经久耐用、价格低廉。

目前常用的导线材料是铜、铝、铝合金、钢等，它们的物理特性如表 1-2-1 所列。

表 1-2-1 物理特性

材料	20 ℃时的电阻率（$\Omega \cdot mm^2/m$）	密度（g/mm^3）	抗拉强度（MPa）	抗化学腐蚀及其他
铜	0.0172	8.9	3.5～4.5	表面易形成氧化膜抗腐蚀能力强
铝	0.0282	2.7	1.5～1.8	抗一般化学腐蚀性能好，但受酸碱盐的腐蚀
钢	0.1	7.86	2.5～3.3	在空气中易生锈，镀锌后不易生锈

由表可见，铜的导电性最好，机械强度大，耐化学腐蚀性能最好，是理想的导线材料。但铜的蕴藏量相对较少，且用途极广，仅在特殊地区为抵抗空气中化学杂质而用铜导线外，一般不采用铜导线。

铝的导电性能比铜稍差，当输送相同的功率且保持同样大小的功率损耗时，铝线的导线截面为铜线导线截面的 1.6～1.65 倍，但铝的密度小，总重量比铜轻，此外我国铝产量较大，价格较便宜，所以一般电力线路均采用铝导线。铝导线的主要缺点是机械强度低，表面极易氧化，不易焊接，抗化学腐蚀能力差等。

铝合金可以克服铝导线的主要缺点。铝合金导线的导电性能与铝导线相近，而机械强度则与铜导线相当，抗化学腐蚀能力也较强，重量也较轻，但价格较昂贵。

钢导线的导电性能是几种导线材料中最差的一种，但它的机械强度却是最高的，而且价格最便宜，因此在输电容量较小的线路或跨越河流、山谷等需要大张力的挡距常被采用。为防止锈蚀，常采用表面镀锌的镀锌钢导线。

2. 导线的结构型式

（1）单股线：单根实心金属线，一般只有铜线和钢线为单股线，而铝导线的机械强度差，不能作为单股导线在架空线路中使用。

（2）单金属多股绞线：分别由铜、铝、钢或铝合金一种金属的多根单股线绞制而成，一般由 7 股、19 股或 37 股相互扭绞制成多层绞线，相邻两层扭绞方向相反扭制。

（3）复合金属多股绞线：由两种金属的单绞线绞制或由两种金属制成复合单股线绞制多股线。前者如钢芯铝绞线、钢铝混绞线等，后者如铜包钢绞线等。

多股绞线比单股线具有下述优点：

① 多股绞线比单股线机械强度高；
② 多股绞线比单股线柔性和弹性好，施工方便；
③ 多股绞线比单股线耐振动性强。

因此，架空电力线路多采用多股线。

架空导线的型号，按国家规定一般由三部分表示，第一部分是表示导线的材料，第二部分表示结构特征，第三部分阿拉伯数字表示导线标称截面。常用符号的意义如下：T——铜线；L——铝线；G——钢芯；J——绞制；Q——轻型；F——防腐；R——柔软；Y——硬。

导线型号如下：LJ-25 表示标称截面面积为 25 mm^2 的铝绞线；

LGJ-50 表示标称截面面积为 50 mm^2 的钢芯铝绞线。

3. 钢芯铝绞线

钢芯铝绞线是充分利用钢绞线的机械强度高和铝线的导电性能好的特点，把这两种金属导线结合起来而形成。其结构特点是外部几层铝绞线包裹着内芯的 1 股或 7 股钢丝或钢绞线，使得钢芯不受大气中有害气体的侵蚀。钢芯铝绞线由钢芯承担主要的机械应力，而由铝线承担输送电能的任务，而且因铝绞线分布在导线的外层可减小交流电流产生的集肤效应，提高铝绞线的利用率。

4. 导线直径和截面的计算

（1）导线直径的计算。

单股线及绞线的外径可用游标卡尺等测出。绞线外径也称计算直径,若绞线中每股线径相同时,其计算直径 D 可按下式计算:

$$D = (2n+1)d$$

式中　n ——线股层数;
　　　d ——每股直径。

(2)导线截面的计算。

单股导线的截面积 S 按式(1-2-1)计算;绞线的截面积 S 为各小股截面积之和,按(1-2-2)进行计算。

$$S = 0.785D^2 \tag{1-2-1}$$

$$S = 0.785nd^2 \tag{1-2-2}$$

式中　D ——导线直径,mm;
　　　d ——绞线的每股直径,mm;
　　　n ——绞线的股数。

计算钢芯铝绞线的截面应先算出钢线和铝线的截面,然后两者相加即为钢芯铝绞线的截面。算出的截面称为导线的计算截面,例如 LJ-50 型导线的股数为 7,每股直径为 3.0 mm,按式计算出截面为 49.46 mm^2,取整数为 50 mm^2,称为标称截面。导线截面都用标称截面表示。

5. 导线的排列方式

导线在杆塔上的排列方式与杆塔的结构形式、电气回路数有关,其排列方式可分为单回路排列和双回路排列两种。单回路排列有水平排列和三角形排列;双回路排列有平行形排列、正伞形、倒伞形排列和鼓形排列。如图 1-2-12 所示。

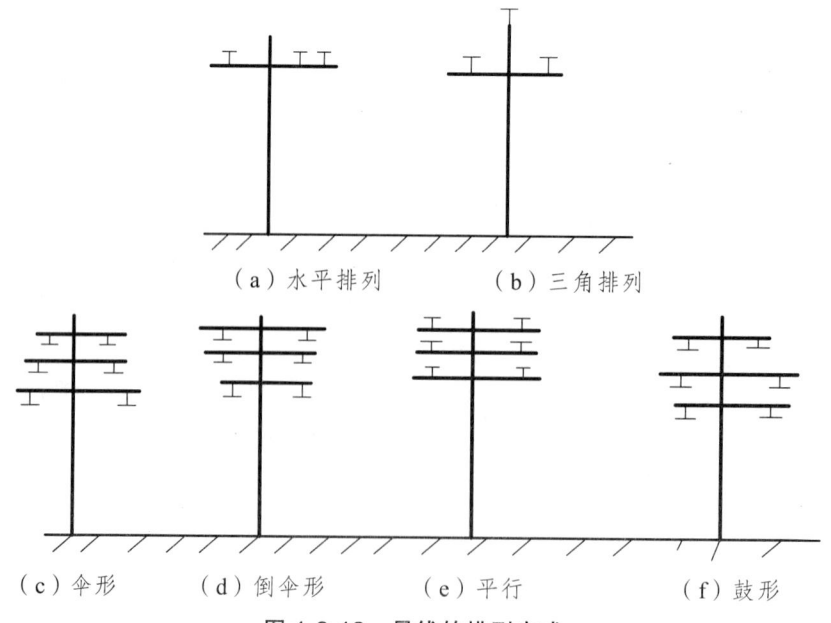

(a)水平排列　　(b)三角排列

(c)伞形　　(d)倒伞形　　(e)平行　　(f)鼓形

图 1-2-12　导线的排列方式

以上各种排列方式，基本上归纳为垂直排列和水平排列两大类。导线排列究竟以何种方式为好，主要看线路安全运行是否可靠，带电作业和维护是否方便，是否能减轻杆塔结构而定。运行经验表明：水平排列方式的可靠性较垂直排列好，特别是重雷区，重冰区和电晕严重地区效果更突出。一般来说，对于重雷区、重冰区的单回路线路，导线应采用水平排列；对于其余地区可结合线路具体情况，采用水平或三角形排列。从经济观点出发，电压在220 kV及以下，导线规格不太大的单回路，以采用三角形排列较为经济。双回路线路，宜采用鼓形排列，便于施工检修。

（二）绝缘导线（见图1-2-13）

架空绝缘配电线路适用于城市人口密集地区，线路走廊狭窄，架设裸导线线路与建筑物的间距不能满足安全要求的地区，以及风景绿化区、林带区和污秽严重的地区等。随着城市的发展，实施架空配电线路绝缘化是配电网发展的必然趋势。

1. 绝缘导线分类

架空配电线路绝缘导线按电压等级可分为中压绝缘导线、低压绝缘导线；按架设方式可分为分相架设、集束架设。绝缘导线的类型有中、低压单芯绝缘导线、低压集束型绝缘导线、中压集束型半导体屏蔽绝缘导线、中压集束型金属屏蔽绝缘导线等。

2. 绝缘材料

目前户外绝缘导线所采用的绝缘材料一般为黑色耐气候型的交联聚乙烯、聚乙烯、高密度聚乙烯、聚氯乙烯等。这些绝缘材料一般具有较好的电气性能、抗老化及耐磨性能等，暴露在户外的材料填有1%左右的炭黑，以防日光老化。

 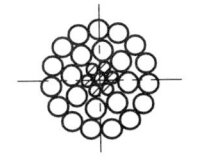

（a）绝缘导线　　（b）裸导线（钢芯铝绞线）

图1-2-13　导线图

四、绝缘子

（一）绝缘子的类型

架空电力线路的导线，是利用绝缘子和金具连接固定在杆塔上的。用于导线与杆塔绝缘的绝缘子，在运行中不但要承受工作电压的作用，还要受到过电压的作用，同时承受机械力的作用及气温变化和周围环境的影响，所以绝缘子必须有良好的绝缘性能、一定的机械强度以及足够的抗御化学杂质的侵蚀能力。通常，绝缘子的表面做成波纹形的。这是因为：一是可以增加绝缘子的泄漏距离（又称爬电距离），同时每个波纹又能起到阻断电弧的作用；二是当下雨时，从绝缘子上流下的污水不会直接从绝缘子上部流到下部，避免形成污水柱造成短路事故，起到阻断污水流的作用；三是当空气中的污秽物落到绝缘子上时，由于绝缘子波纹的凹凸不平，污秽物将不能均匀地附在绝缘子上，在一定程度上提高了绝缘子的抗污能力。

1. 绝缘子按照材质分类

绝缘子按照材质分为瓷绝缘子、玻璃绝缘子和合成绝缘子三种。如图1-2-14所示。

（a）瓷绝缘子　　　　（b）玻璃绝缘子　　　　（c）合成绝缘子

图1-2-14　常见绝缘子

（1）瓷绝缘子。瓷绝缘子具有良好的绝缘性能、抗气候变化的性能、耐热性和组装灵活等优点，被广泛用于各种电压等级的线路。金属附件连接方式分为球形和槽形两种。在球形连接构件中用弹簧销子锁紧；在槽形结构中用销钉加开口销锁紧。瓷绝缘子是属于可击穿的绝缘子。

（2）玻璃绝缘子。用钢化玻璃制成，具有产品尺寸小、质量轻、机电强度高、电容大、热稳定性好、老化较慢、寿命长、"零值自破"、维护方便等特点。玻璃绝缘子主要是由于自破而报废，一般多在运行一年后发生，而瓷绝缘子的缺陷是要在运行几年后才开始出现。

（3）合成绝缘子。又名复合绝缘子，它是由棒芯、伞盘及金属端头三个部分组成。① 棒芯：一般由环氧玻璃纤维棒玻璃钢棒制成，抗张强度很高。棒芯是合成绝缘子机械负荷的承载部件，同时又是内绝缘的主要部件。② 伞盘：以高分子聚合物如聚四氯乙烯、硅橡胶等为基本添加其他成分，经特殊工艺制成。伞盘表面为外绝缘给绝缘子提供所需要的爬电距离。③ 金属头：用于导线杆塔与合成绝缘子的连接，根据负荷重量的大小采用可锻铸铁、球墨铸铁或钢等材料制造而成。为使棒芯与伞盘间结合紧密，在它们之间加一层黏接剂和橡胶护套。合成绝缘子具有抗污闪性强、强度大、质量轻、抗老化性好、体积小等优点。但合成绝缘子承受的径向（垂直于中心线）应力小，因此，使用于耐张杆的绝缘子严禁踩踏，或任何形式的径向荷重，否则将导致折断。运行数年后还会出现伞裙变硬、变脆的现象，或者容易引起老鼠等动物咬噬而导致损坏。

2. 架空配电线路常用绝缘子

架空配电线路常用的绝缘子有针式瓷绝缘子、柱式瓷绝缘子、蝴蝶式瓷绝缘子（又称茶台瓷瓶）、棒式瓷绝缘子、拉线瓷绝缘子、瓷横担绝缘子等。低压线路用的低压瓷瓶有针式和蝴蝶式两种。

（1）针式绝缘子。针式绝缘子主要用于直线杆和角度较小的转角杆支持导线，分为高压、低压两种。针式绝缘子的支持钢脚用混凝土浇装在瓷件内，形成"瓷包铁"内浇装结构。如图1-2-15所示。

（2）柱式绝缘子。柱式瓷绝缘子的用途与针式瓷绝缘子基本相同。柱式瓷绝缘子的绝缘瓷件浇装在底座铁靴内，形成"铁包瓷"外浇装结构。但采用柱式瓷绝缘子时，架设直线杆导线转角不能过大，侧向力不能超过柱式绝缘子允许抗弯强度。

项目一　架空线路及设备安装、检修、维护　　23

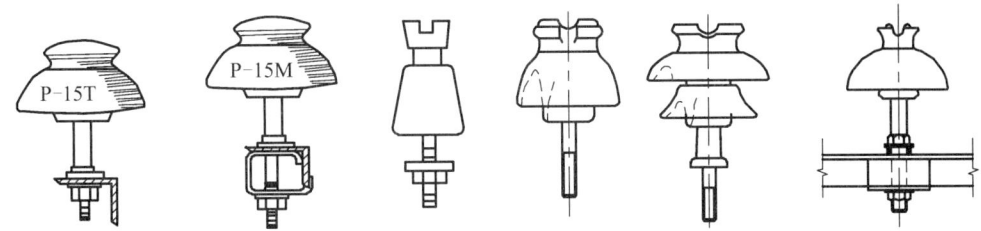

图 1-2-15　针式绝缘子

（3）悬式瓷绝缘子。悬式瓷绝缘子俗称吊瓶，主要用于架空配电线路耐张杆，一般低压线路采用一片悬式绝缘子悬挂导线。10 kV 线路采用两片组成绝缘子串悬挂导线。悬式瓷绝缘子金属附件的连接方式分球窝形和槽形两种。如图 1-2-16 所示。

（4）蝴蝶式瓷绝缘子。蝴蝶式瓷绝缘子俗称茶台瓷瓶，分为中压、低压两种。在 10 kV 线路上蝴蝶瓷式绝缘子与悬式瓷绝缘子组成"茶吊"，用于小截面导线耐张杆、终端杆或分支杆等；或在低压线路上，作为直线或耐张绝缘子。如图 1-2-17 所示。

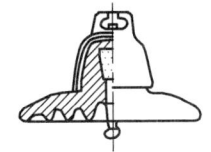 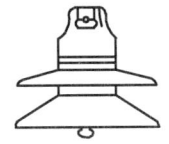　　　　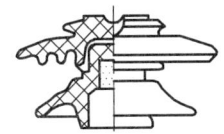

　　图 1-2-16　悬式绝缘子　　　　　　　图 1-2-17　蝶式绝缘子

（5）棒式瓷绝缘子。棒式瓷绝缘子又称瓷拉棒，是一端或两端浇装钢帽的实心瓷体，或纯瓷拉棒。

（6）拉线瓷绝缘子。拉线瓷绝缘子又称拉线圆瓶，一般用于架空配电线路的终端、转角杆等穿越导线的拉线上，使上部拉线与下部拉线绝缘。

（7）瓷横担绝缘子。瓷横担绝缘子是一端浇装金属附件的实心瓷件，一般用于 10 kV 线路直线杆。如图 1-2-18 所示。

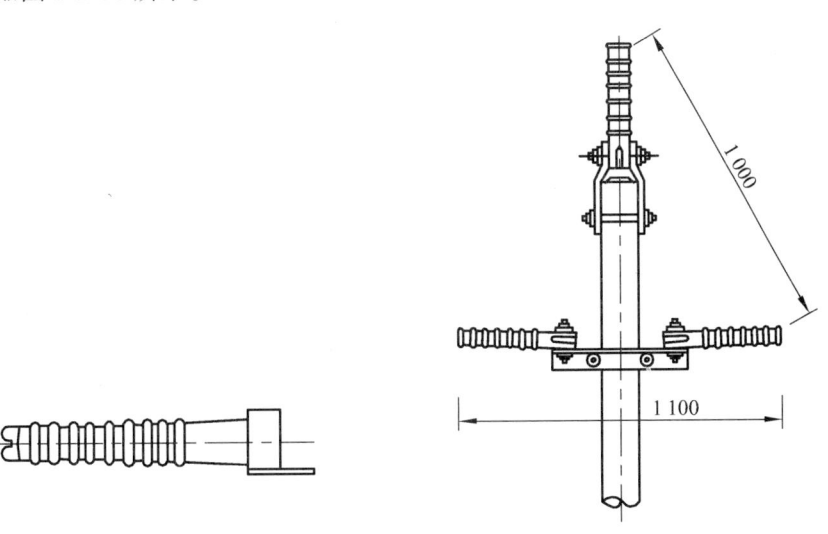

图 1-2-18　瓷横担

3. 术语

（1）闪络：是指气体或者液体中的电极间或者沿固体表面发生的破坏性放电。闪络通常只能引起绝缘介质强度的暂时丧失。

（2）破坏性放电：通常是指在电场作用下与绝缘破坏有关的各种现象，它包括由于放电而导致试品两极的完全短路和电极间电压降至零或接近于零。

（3）击穿：是指贯穿固体发生破坏性放电，击穿导致了绝缘的介质强度永久丧失。

（4）机械破坏负荷：它是绝缘子在机械负荷作用下任何一部分丧失机械支持能力而不论是否被电气击穿的负荷。

（5）机电破坏负荷：它是指当电压和机械负荷同时加于其上，在电压一定机械厂负荷升高时，绝缘子的任何一部分丧失其机械或电气性能的机械负荷值。

（二）绝缘子检验

1. 出厂检验

出厂绝缘子应逐个进行外观质量、尺寸偏差检查。此外，进行逐个试验还应包含：高压绝缘子工频火花电压试验，悬式绝缘子拉伸负荷试验，瓷横担绝缘子单向弯曲负荷试验，柱式绝缘子四向弯曲耐受负荷试验。试验负荷为（机电）破坏负荷的50%。

2. 现场检验

绝缘子经过长途运输后其质量必定会受到影响，应在发运施工现场前每批抽5%的数量进行工频耐压试验，试验值大约为制造厂规定的闪络电压值或耐受电压的90%，持续1 min不损坏。

3. 绝缘子的技术质量要求

（1）绝缘子的质量应符合现行国家标准 GB 1001—1986《盘形悬式绝缘子技术条件》的规定。

（2）瓷件颜色必须符合设计要求，瓷件釉面应光滑、无裂纹、缺釉、斑点、烧痕、气泡或瓷釉烧坏等缺陷。

（3）瓷件不应有生烧、过火或瓷件氧化起泡。

（4）绝缘子及瓷横担绝缘子应进行外观检查，且应符合下列规定：① 悬式绝缘子的钢帽、球头与瓷件三者的轴心应在同一轴心上，不应有明显的歪斜，三者的胶装结合应牢固，不应有松动，浇结的水泥表面应无裂纹；② 钢帽不得有裂纹、球头不得有裂纹和弯曲，镀锌应良好，无锌皮剥落、锈蚀现象；③ 悬式绝缘子的弹簧销子规格必须符合设计要求，销子表面应无生锈、裂纹等缺陷，并具有一定的弹性；④ 在起晕电压要求较高的绝缘子及其包装上，均应有制造厂家的特殊标志；⑤ 钢化玻璃件上不应有影响性能的折痕、气泡、杂质等缺陷。

五、金 具

（一）常用金具

在架空配电线路中，用于连接、紧固导线的金属器具，具备导电、承载、固定的金属构件，统称为金具。金具按其性能和用途可分为悬吊金具（悬垂线夹）、耐张金具（耐张线夹）、接触金具（设备线夹）、接续金具、防护金具和连接金具。

1. 悬垂线夹

悬垂线夹装设在使用悬式绝缘子串的直线杆塔上，将导线固定在绝缘子串上或将避雷线固定在杆塔上。如图 1-2-19 所示。悬垂线夹分为固定型和释放型两种。固定型线夹使导线在线夹中固定得很牢固，导线在任何情况下都不可以在线夹中自由滑动。释放型线夹在正常情况下和固定型线夹一样夹紧导线，但当发生断线时，由于线夹两侧导线张力不平衡，使绝缘子串产生偏斜，当偏斜至某一特定角度时（一般为 35°±5°），导线即连同线夹的船形部件从线夹的挂架中脱落，导线在挂架下部的滑轮中顺线路方向滑落到地面，从而减轻直线杆塔在断线情况下所承受的不平衡张力。释放型线夹不适用于居民区或线路跨越铁路、公路、河流及检修困难地区，使用受到很大的限制。

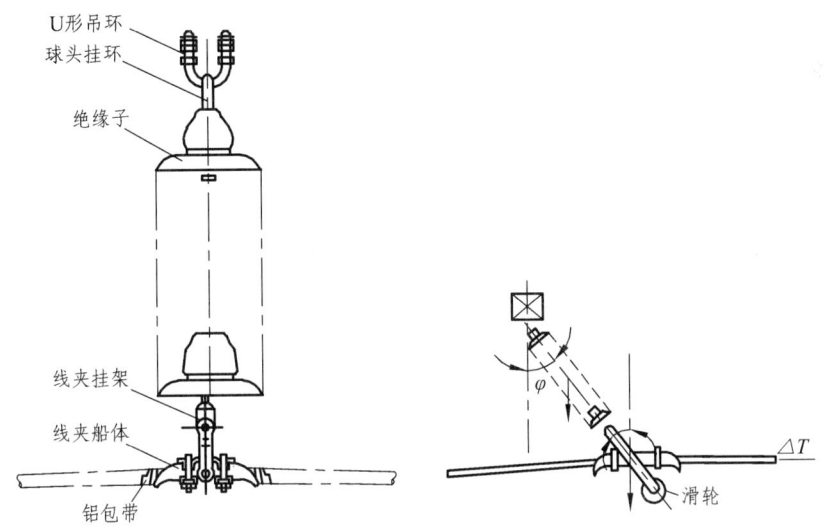

图 1-2-19　悬垂线夹

2. 耐张线夹

耐张线夹的用途是把导线固定在耐张、转角、终端杆的悬式绝缘子串上，按其结构和安装条件可分为楔型、螺栓型等。

（1）开口楔型耐张线夹，安装导线时较为便利，适用于绝缘导线剥除绝缘层后安装，并外加绝缘罩。

（2）螺栓型耐张线夹的本体和压板由可锻铸铁制造，由于其价格较低，被广泛应用，适用于线路终端或电流不流经线夹的场合。如图 1-2-20 所示。

（3）拉线楔型耐张线夹、拉线楔型 UT 耐张线夹，这两种线夹主要用于安装拉线、避雷线。如图 1-2-21 所示。

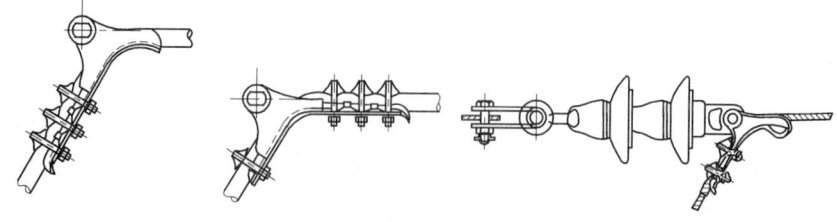

图 1-2-20 螺栓型耐张线夹

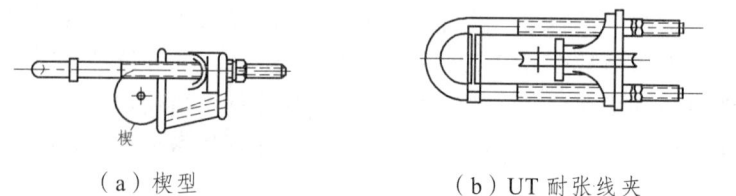

（a）楔型　　　　　　　　（b）UT 耐张线夹

图 1-2-21 拉线线夹

3．设备线夹

（1）压缩型设备端子。压缩型设备端子一般采用液压施工，应有良好的电气接触性能，适用于永久性接续，适用导线为常规导线。

（2）螺栓型铜铝设备线夹。

（3）抱杆式设备线夹。该线夹用于变压器二次出线螺杆或柱上开关螺杆转接导线，该线夹可抱紧螺杆，防止线夹发热。

4．接续金具

为将有限长度导线和避雷线连接起来，必须使用接续金具。导线接续金具按承力可分为非承力金具和承力金具两类。按施工方法又可分为液压、钳压、螺栓接续等。接续方法还可分为对接、搭接、绞接、插接、螺接等。

（1）承力接续金具。① 钢芯铝绞线用钳压接续管（搭接）。钳压时从接续管一端依次交替顺序钳压至另一端。② 铝绞线液压对接接续管。以液压方法接续导线。③ 钢芯铝绞线液压对接接续管，接续管由钢管和铝管组成，如图 1-2-22 所示。

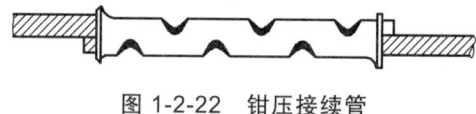

图 1-2-22 钳压接续管

（2）非承力接续金具。① 接续弹射 C 型楔型线夹：C 型线夹的弹性可使导线与楔块间产生恒定压力，保证电气接触良好。一般采用铝合金制造，可用于铝绞线的接续。② 接续液压 H 型线夹。用作永久性接续等径或不等径的铝绞线的接续，接触面预先进行金属过渡处理。安装时使用液压机及专用配套模具，压缩成椭圆形。③ 铝绞线、钢芯铝绞线用铝异径并沟线夹，如图 1-2-23 所示。适用于中小截面的铝绞线、钢芯铝绞线在不承受全张力的位置上接续。线夹、压板、垫瓦均采用热挤压型材制成，紧固螺栓、弹簧垫圈应热镀锌。④ 接户线过渡线夹，适用于线路为铝绞线、接户线为小截面铜绞线的场所。⑤ 穿刺线夹，线夹适用于绝缘导线采用带电作业施工，并有利于绝缘防护。

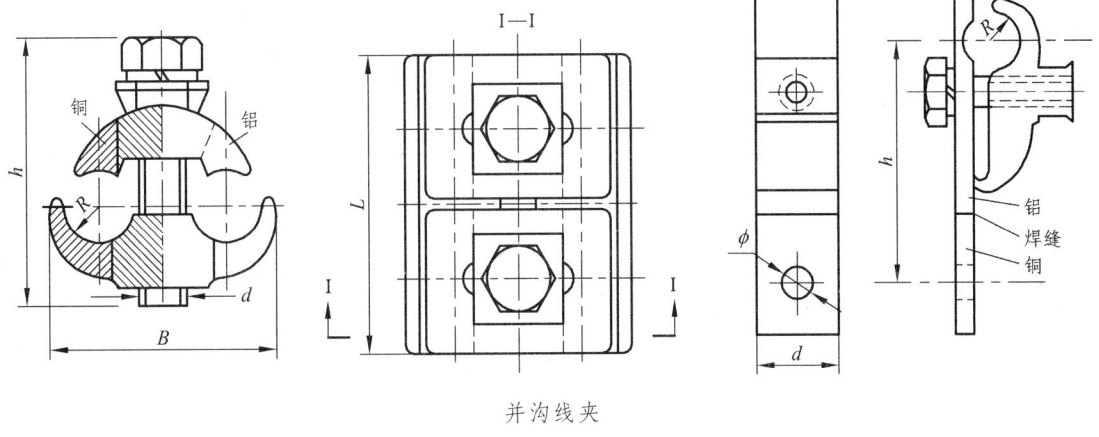

并沟线夹

图 1-2-23 接续金具

5. 连接金具

连接金具主要用于耐张线夹、悬式绝缘子、横担之间的连接。与槽形悬式绝缘子配套的连接金具可由 U 形挂板、平行挂板等组合；与球窝型悬式绝缘子配套的连接金具可由直角挂板、球头挂环、碗头挂板等组合。

（1）平行挂板。用于连接槽形悬式绝缘子，以及单板与单板、单板与双板的连接，仅能改变组件长度，而不改变连接方向。如图 1-2-24（b）所示。

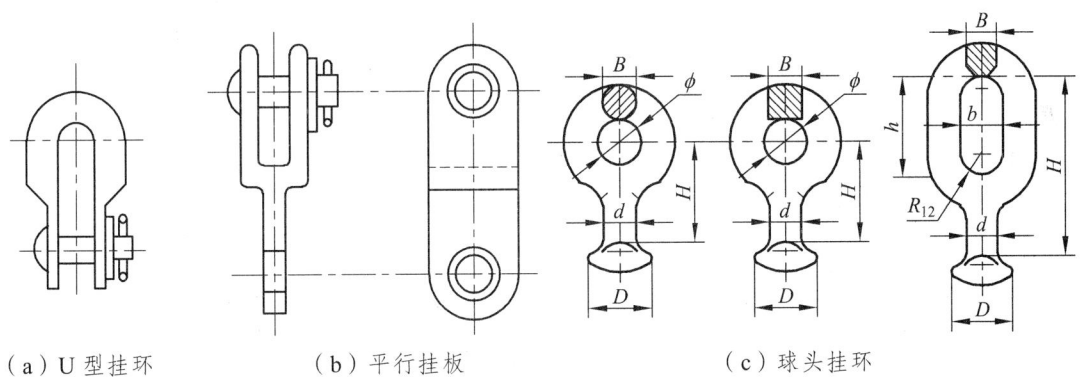

（a）U 型挂环　　　　　　（b）平行挂板　　　　　　（c）球头挂环

图 1-2-24 连接金具

（2）U 形挂环。主要用于与楔形线夹配套。如图 1-2-24（a）所示

（3）球头挂环。球头挂环的钢脚侧用来与球窝形悬式绝缘子上端钢帽连接，球头挂环侧根据使用条件分为圆环接触和螺栓平面接触两种，如图 1-2-24（c）所示。

（4）碗头挂板。碗头侧用来连接球窝形悬式绝缘子下端的钢脚，挂板侧一般用来连接耐张线夹等。

6. 防护金具

主要有防震锤、护线条、悬重锤等，分别起到导线防震、克服上拔力的作用。

（1）防震锤的种类很多，最长用的 F 形防震锤是由一短段钢线两端各装一重锤组成。当导线振动时，两重锤也上下振动，由于惯性较大，钢绞线不断上下弯曲，重锤的阻尼作用消耗了振动能量。如图 1-2-25 所示。

（2）护线条。护线条是为了防止架空线悬挂点处因振动损坏而安装的，可使架空导线在线夹附近的刚度加大，从而抑制架空线的振动弯曲，减小导线的弯曲应力及挤压应力和磨损，提高导线的耐振动能力。

（3）悬重锤。它是为了克服导线存在上拔力的保护措施之一。挡距中导线最低点的位置处在实际挡距之外时，架空导线出现上拔力。若相邻两挡距的架空导线均出现上拔力，两挡距向上的垂直分力相加，这样的情况最为严重。上拔力可使绝缘子串吊起、横担受力、甚至杆塔被拔起。导线轻度上拔时，可在悬式绝缘子串下加挂重锤来克服。

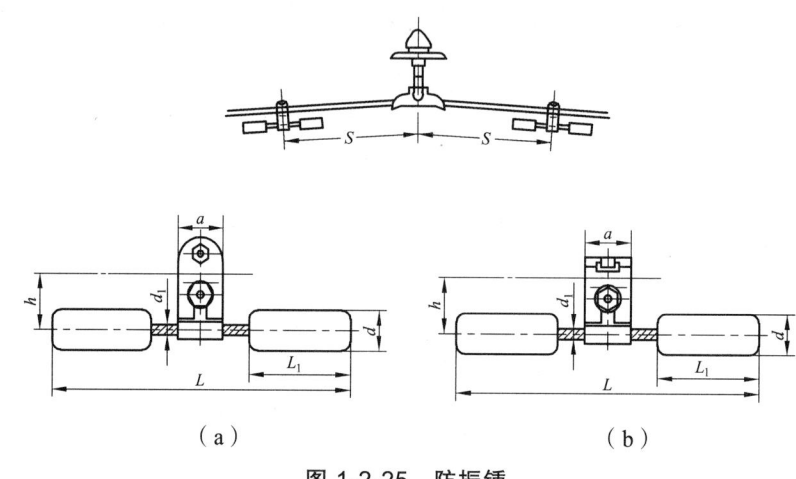

图 1-2-25　防振锤

7. 其他金具

（1）拉线抱箍。分单凸和双凸用于把拉线固定在电杆上，如图 1-2-26 所示。

（2）杆顶支座抱箍。用于三角形排列时固定杆顶绝缘子，见图 1-2-27 所示。

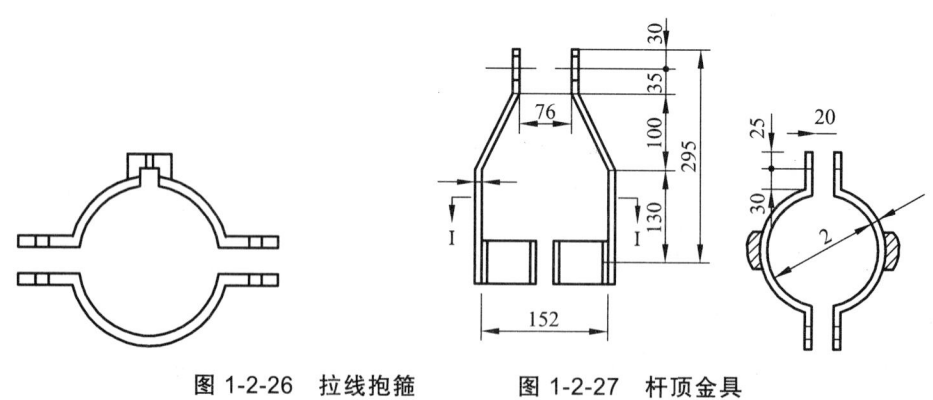

图 1-2-26　拉线抱箍　　图 1-2-27　杆顶金具

（二）金具检验

1. 性能要求

（1）承受全张力的线夹的握力应不小于导线计算拉断力的 65%。

（2）承受电气负荷的金具，接触两端之间的电阻不应大于导线电阻值的 1.1 倍；接触的温升不应大于导线温升;其载流量不应小于导线载流量。

(3) 连接金具的螺栓最小直径不小于 M12,线夹整体强度应不小于导线计算拉力的 1.2 倍。

(4) 以螺栓紧固的各种线夹,其螺栓的长度除确保紧固所需长度外,应有一定裕度,以在不分离部件的条件下即可安装。

2. 金具检查要求

(1) 线夹、压板、线槽和喇叭口不应有毛刺、锌刺等,各种线夹或接续管的导线出口应有一定圆角或喇叭口。

(2) 金具表面应无气孔、渣眼、沙眼、裂纹等缺陷,耐张线夹、接续线夹的引流板表面应光洁、平整,无凹凸缺陷,接触面应紧密。

(3) 金具表面的镀锌层不得剥落、漏镀和锈蚀,以保证金具的使用寿命。

(4) 金具的焊缝应牢固无裂纹、气孔、夹渣,咬边深度不应大于 1.0 mm,以保证金具的机械强度。

(5) 各活动部位应灵活,无卡阻现象。

(6) 作为导电体的金具,应在电气接触表面上涂电力脂,需用塑料袋密封包装。

(7) 电力金具应有清晰的永久标志,含型号、厂标及适用的导线截面或外径等。

六、横 担

横担用于支持绝缘子、导线及柱上配电设备,保护导线间有足够的安全距离,因此横担要有一定的强度和长度。横担按材质的不同可分为铁横担、木横担和瓷横担三种。

(一) 铁横担

铁横担一般采用等边角铁制成,要求热镀锌,锌层推荐不小于 60 μm,因其为型钢,造价较低,并便于加工,所以使用最为广泛。

1. 常用铁横担规格

10 kV 架空线路上常用铁横担规格为:56 mm × 56 mm × 5 mm 及 63 mm × 63 mm × 6 mm 的角钢,在需要架设大跨越线路、双回线路或安装较重的开关时,可采用 75 mm × 75 mm × 8 mm 等规格角钢。

2. 横担分类

根据受力情况横担可分为直线型、耐张型和终端型等。直线横担只承受正常情况垂直荷载和检修人员及其所带工具的活动荷载。耐张横担既承受垂直荷载又承受导线的水平荷载,终端横担主要承受导线的最大允许拉力。终端横担根据导线的截面,一般应为双横担,当架设大截面导线或大跨越挡距时,双横担平面间应加斜撑板(角)。

3. 横担安装

(1) 单横担的安装:单横担在架空线路上应用最广,一般的直线杆、分支杆、轻型转角杆和终端杆都用单横担,单横担的安装方法如图 1-2-28 所示。安装时,用 U 形抱箍从电杆背部抱过杆身,穿过 M 形抱铁和横担的两孔,用螺母拧紧固定。螺栓拧紧后,外露长度不应大于 30 mm。

(2)双横担的安装:双横担又称合担,一般用于耐张杆,重型终端杆和转角杆等受力较大的杆型上,双横担的安装方法如图 1-2-29 所示。

(3)转角横担一般电力线路转角为 45°及以下时,用单横担或双横担。转角为 45°以上时,用二段横担。横担应装在受电侧;终端杆、转角杆的横担应装在受力的反方向(拉线侧);多层横担均应装在同一侧。

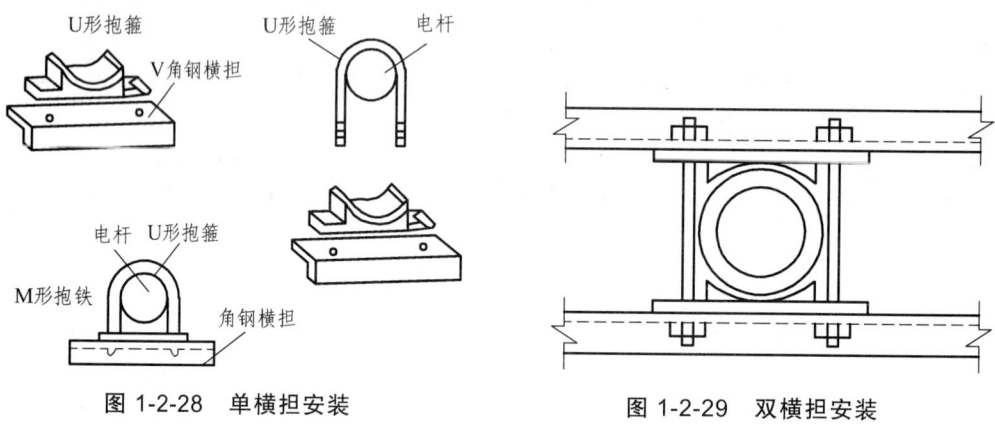

图 1-2-28 单横担安装　　　　图 1-2-29 双横担安装

4. 铁横担材料检验

(1)用于制造横担等的原材料,应具有出厂合格证书。

(2)生产厂应提供同一类型横担符合有关规定的受力检验报告。

(3)尺寸检验,长度误差小于 ±5 mm,安装孔距误差小于 ±2 mm。

(4)热镀锌检验,锌层厚度应符合要求,均匀、不得有漏镀、黄点、锌刺、锌渣等。

(二)木横担

木横担已较少采用。

(三)瓷横担

瓷横担可代替铁横担、木横担以及针式绝缘子、悬式绝缘子作为绝缘和固定导线用,其优点是能节省钢材或木材,在相同条件下使用,瓷横担可降低线路造价。

七、避雷线

避雷线的作用是将雷电吸引到自身,并将雷电流安全引入大地,从而保护架空线路免受雷击。避雷线又称架空地线,一般采用钢绞线。

1. 避雷线与导线的距离

(1)对边导线的保护角。

如图 1-2-30 所示,对边导线的保护角应满足

$$\alpha = \arctan \frac{S}{h}$$

式中 α——对边导线的保护角，α 的值一般取 $20° \sim 30°$；
　　S——导线与避雷线之间的水平位移，m，水平位移 S 应满足表 1-2-2；
　　h——导线与避雷线之间的垂直位移，m。

表 1-2-2　上下层之间的水平位移　　　　　　　　单位：m

线路电压	35 kV	60 kV	110 kV	220 kV	330 kV	500 kV
设计冰厚度 10 mm	0.2	0.35	0.5	1.0	1.5	1.75
设计冰厚度 15 mm	0.35	0.5	0.7	1.5	2.0	2.5

（2）双避雷线的保护高度（见图 1-2-31）。

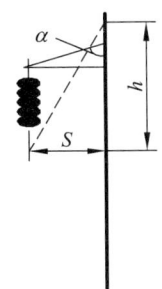

图 1-2-30　对边导线的保护角

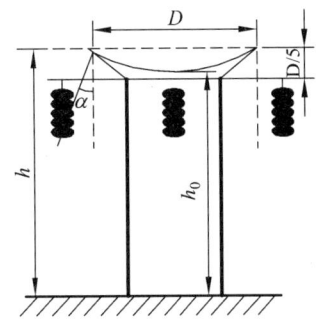

图 1-2-31　双避雷线的保护高度

双避雷线的保护高度应满足

$$h_0 = h - \frac{D}{4p}$$

式中 h_0——两避雷线间保护范围上部边缘最低点的高度，m；
　　h——避雷线的高度；
　　D——两避雷线间的距离，不应超过避雷线与中间导线高度差的 5 倍；
　　p——高度影响系数。

2．避雷线在防雷措施方面的功能

（1）防止雷直击导线。雷击塔顶时避雷线对雷电有分流作用，减少流入杆塔的雷电流，使塔顶电位降低。

（2）对导线有耦合作用。降低雷击塔顶时塔头绝缘上（绝缘子串和空气间隙）的电压。

（3）对导线有屏蔽作用。降低导线上的感应过电压。

八、拉　线

架空线路的电杆在架线以后，会发生受力不平衡现象，因此必须用拉线稳固电杆。此外当电杆的埋设基础不牢固时，也常使用拉线来补强；当负荷超过电杆的安全强度时，也常用拉线来减少其弯曲力矩。拉线按用途和结构可分以下几种（见图 1-2-32）：

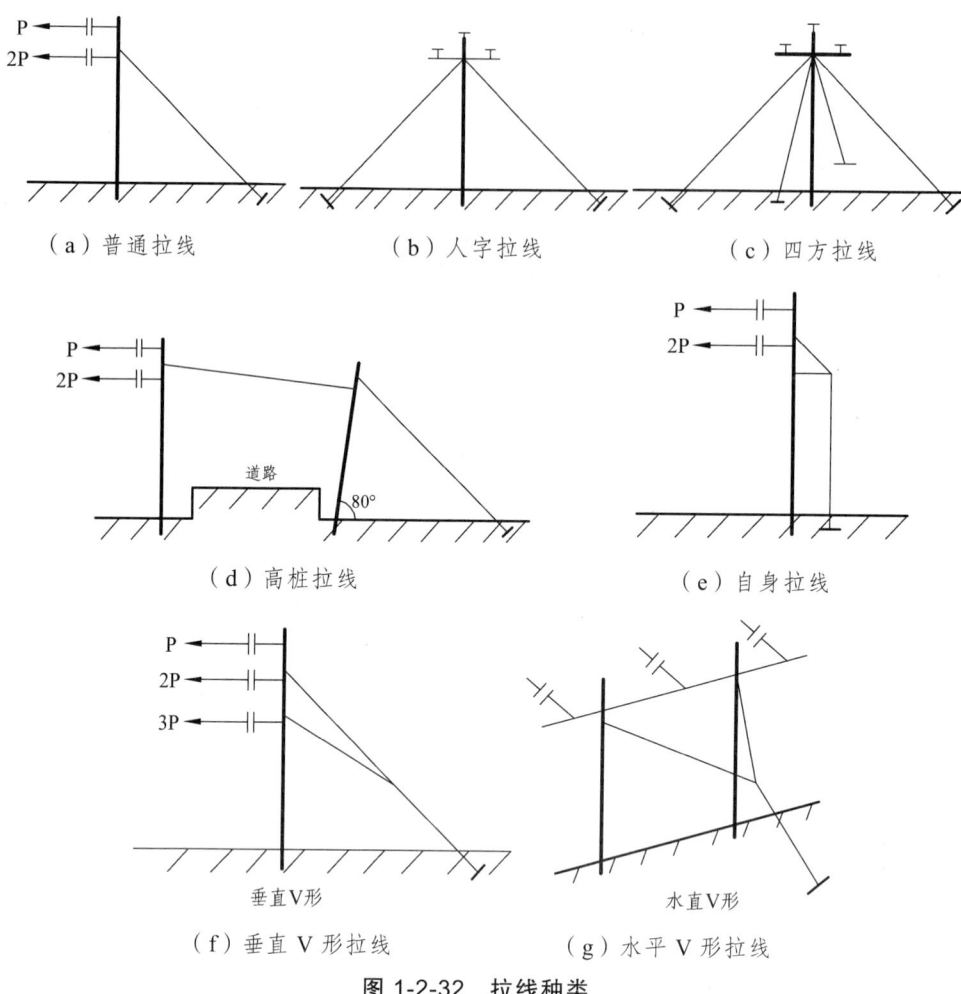

图 1-2-32 拉线种类

（1）普通拉线（又叫尽头拉线）。用于线路的耐张终端杆、转角杆和分支杆，主要起拉力平衡的作用。

（2）人字拉线（又叫两侧拉线）。用于基础不坚固和交叉跨越加高杆或较长的耐张段（两根耐张杆之间）中间的直线杆上，主要作用是在狂风暴雨时保持电杆平衡，以免倒杆、断杆。

（3）四方拉线（又叫十字拉线）。一般装于顺线路方向和直线路方向的四个方位，以增强耐张单杆和土质松软地区电杆的稳定性。

（4）过道拉线（又叫水平拉线）。凡拉线延方向遇有障碍（如道路、小河或建筑物等）不能就地安装接线时，采用过道拉线应保持一定高度，以免妨碍交通。

（5）自身拉线（又叫弓形拉线）。为防止电杆受力不平衡或防止电杆弯曲，因地形限制不能安装普通拉线时，可采用自身拉线。

（6）V 形拉线。又分为水平和垂直二种，水平 V 形拉线用于门形杆，垂直 V 形拉线用于多层导线。

拉线的材料构成如图 1-2-33 所示，拉线与电杆的夹角一般为 45°。

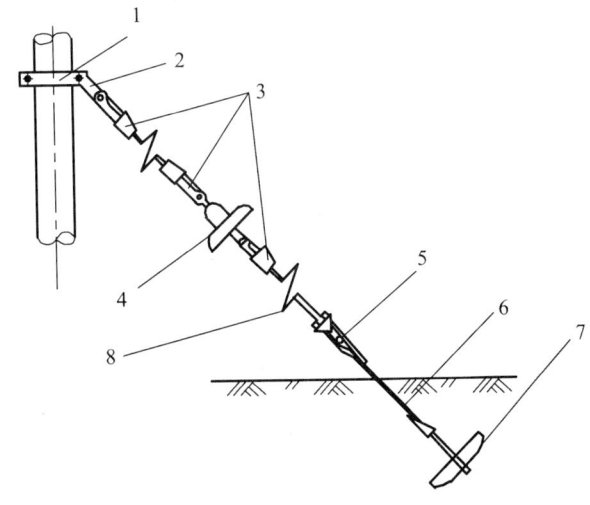

图 1-2-33　拉线构成的材料

1—拉线包箍；2—双眼板；3—楔形线夹；4—悬式绝缘子；5—UT 线夹；
6—拉线棒（底把）；7—拉线盘；8—钢绞线

（7）撑杆。因地形限制，不便于安装普通拉线，在导线张力或导线张力的合力方向上装设撑杆以平衡导线的不平衡张力的作用。撑杆埋深 500 mm 以上，两杆夹角为 30°。如图 1-2-34 所示。

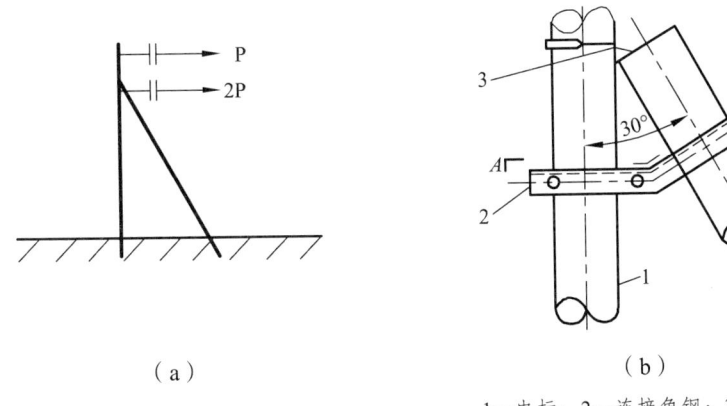

1—电杆；2—连接角钢；3—撑杆

图 1-2-34　撑杆

习　题

一、填空

1. 架空配电线路由_____、_____、_____、_____、_____、_____组成。
2. 杆塔按用途可分为_____、_____、_____、_____、_____、_____种。
3. 钢筋混凝土杆按制造工艺可分为_____和_____；按形状可分为_____和_____两种。
4. 钢筋混凝土电杆的基础的三盘是指_____。
5. 裸导线的结构型式主要有_____、_____。

6. 绝缘子按材料分为_____、_____、_____。
7. 架空配电线路常用绝缘子有_____、_____、_____。
8. 金具按性能和用途可分为_____、_____、_____。
9. 横担的安装方式有_____、_____。
10. 合成绝缘子由_____、_____、_____组成。
11. 杆高由_____、_____、_____、_____因素决定。
12. 10 kV 直线杆应选用_____绝缘子；耐张杆、终端杆应选用_____绝缘子。
13. 钢芯铝绞线型号为_____；铝绞线型号为_____。
14. 并沟线夹属于_____金具；平行挂板属于_____金具。

二、简答

1. 什么是弧垂、挡距、限距、耐张段？并画图说明。
2. 耐张段的作用是什么？
3. 简述绝缘子做成波纹状的原因。
4. 简述耐张杆与直线杆的区别。
5. 与单股线比，多股线的优点有哪些？
6. 导线接续方法有哪些？
7. 对导线材料有哪些要求？
8. 导线排列方式有哪些？
9. 横担的作用是什么？
10. 绝缘子检查要求有哪些？
11. 避雷线和绝缘子的作用各是什么？
12. 什么是导线的弧垂？其大小有什么影响？
13. 什么是预应力钢筋混凝土杆？
14. 简述弧垂与挡距的关系。
15. 拉线的种类和作用有哪些？

三、画图

画图表示（立体）直线杆、终端杆、分支杆、耐张杆、转角杆，并列出相应的材料表。

课题三 架空线路电气和机械计算

一、架空线路的电气计算

在电力网的建设中，都需要进行一系列的电气计算，如线损计算、电压损耗计算和导线截面选择等。无论新建的还是现有的架空线路的电压损耗计算用于了解用户外的电压变化是否在允许范围内，以决定采取什么调压措施；线损计算是为了减少功率损耗，也就是减少电能损耗；导线截面选择正确与否，不仅影响着线路建设投资费用，还影响线路的电压和电能损耗。因此，正确计算线损、电压损耗和选择导线截面对线路建设和运行的经济性以及供电的可靠性都具有重要意义。

（一）电能质量指标

衡量电能质量的指标主要有频率、电压、波形、电压波动与闪变和三相不平衡度等。

1. 电压变化超出允许范围时的危害性

在电力系统正常运行时规定供电电压的变化必须在允许范围内，即电压的质量标准。实践证明，电压在其额定值±5%内变化时，不会给电力系统和用户带来不利的影响。若超出额定值±5%时，将产生极大的危害。电压过高将造成铁芯发热、无功损耗增加；将使设备的绝缘加速老化，甚至击穿；将使白炽灯的寿命缩短（若电压升高5%，灯泡寿命将缩短1/2）。电压过低使电动机运行情况恶化；电力设备的容量不能被充分利用。为此，规程规定电力系统电压变动的范围为：

（1）35 kV 及其以上的电力网为±5%；
（2）10 kV 及其以下高压供电和低压电力用户为±7%；
（3）低压照明用户为+5%、-10%。

2. 频率变化超出允许范围的危害性

我国电力系统采用的额定频率为50 Hz。频率过高使电动机转速增加，对安全运行十分不利。频率过低，用户所有电动机转速降低，影响产品质量和产量。根据有关规定，我国电力系统额定频率为50 Hz，其变化范围为：电网容量在300万kW及其以上的系统中，不得超过±0.2 Hz；电网容量在不足300万kW的系统中，不得超过±0.5 Hz。

3. 电压波形也是衡量电能质量标准之一

电能质量要求供电电压（电流）的波形应为正弦波，在电能输送、分配和使用过程中不应使波形产生畸变。衡量波形畸变的指标为正弦波形畸变率。其计算公式为：

$$D_V = \frac{\sqrt{\sum_{n=2}^{\infty} U_n^2}}{U_1} \times 100\%$$

国家标准规定电网电压总谐波畸变率极限值为：0.38 kV 为 0.5%；6 kV 或 10 kV 为 4.0%；110 kV 为 2.0%。

4. 电压变动与闪变

供电电压在两个相邻的、持续1 s以上电压方均根值 U_1 和 U_2 之间的差值，称为电压变动。通常以额定电压的百分数来表示电压变动的相对百分值 d，即：

$$d = \frac{U_1 - U_2}{U_N} \times 100\% = \frac{\Delta U}{U_N} \times 100\%$$

闪变是指负荷急剧产生的频繁电压变动。通常供电系统中电压闪变多由用户波动性负荷引起。波动性负荷分周期性和非周期性两类。

5. 三相不平衡度

在不平衡的三相电力系统中，电压负序分量与正序分量的方均根值之比，称为不平衡度。

(二)电力线路的参数和等值电路

1. 线路的参数

电力线路的电气参数包括导线的电阻、电导,以及由交变电磁场而引起的电感和电容四个参数。

(1)线路的电阻。

$$r_0 = \rho \frac{1}{S} = \frac{10^3}{\gamma \cdot S} \quad (\Omega/\text{km})$$

式中　r_0 ——每相导线单位长度的电阻值,Ω/km;
　　　γ ——导线材料的电导率,$\text{m}/\Omega \cdot \text{mm}^2$,铜为 53,铝为 32;
　　　ρ ——导线材料的电阻率,$\Omega \cdot \text{mm}^2/\text{km}$,铜为 18.8,铝为 31.5;
　　　S ——导线载流部分的标称截面面积,对钢芯铝绞线只计铝部截面,面积 mm^2。

$$R = r_0 \cdot L$$

式中　R ——每相导线的总电阻,Ω;
　　　L ——每相导线长度,km。

(2)线路的电抗。

交流电流流过导线时,就会在导线周围空间产生交变磁场,电流变化时将引起磁通的变化,而磁通的变化将在导线自身内感应出自感电动势,而在邻近的其他导线上感应出互感电动势,无论自感电动势还是互感电动势都是阻止电流流动的。这种度量阻碍电流流动的能力称为电抗。导线电抗的大小与导线的几何尺寸、排列方式及相间距离有关。当三相导线对称排列时,导线单位长度的电抗 x_0 可按下式计算:

$$x_0 = 2\pi f \left(4.6 \lg \frac{D_{\text{av}}}{r} + 0.5\mu \right) \times 10^{-4} \quad (\Omega/\text{km})$$

$$D_{\text{av}} = \sqrt[3]{D_{\text{UV}} D_{\text{VW}} D_{\text{WU}}}$$

式中　f ——交流电频率;
　　　r ——导线外半径;
　　　μ ——导线材料的相对导磁率,铜和铝材料取 1;
　　　D_{av} ——三相导线间的几何平均距离,简称几何均距;
　　　D_{UV}、D_{VW}、D_{WU} ——UV 相之间、VW 相之间、WU 相之间的距离。

将 $\mu = 1$、$f = 50$ 代入上式可得:

$$x_0 = 0.1445 \lg \frac{D_{\text{av}}}{r} + 0.0157 = 0.1445 \lg \frac{D_{\text{av}}}{r'} \quad (\Omega/\text{km})$$

式中　x_0 ——每相导线单位长度的电抗值,Ω/km;
　　　D_{av} ——三相导线间的几何平均距离,mm;
　　　r ——导线的计算半径,mm。

$$r' = 0.779r$$
$$X = x_0 \times L$$

式中 X——每相导线的总电抗，Ω。

（3）线路的电导。

线路的电导主要是由绝缘子的泄漏电流和电晕现象决定。在高电压线路中，当电压超过一定值时，导线会发生电晕。电晕是气体局部导电现象，主要是导线周围电场强度较高时，周围气体被电离。导线出现电晕后，不仅消耗电能，影响线路安全、经济运行，而且影响通信。当出现电晕时，线路电导为：

$$g_0 = \frac{\Delta P_g}{U_N^2} \quad (\text{S/km})$$

式中 g_0——每相导线单位长度的电导值，S/km；
ΔP_g——三相线路单位长度的电晕损耗或介质损耗，MW/km；
U_N——线路的线电压额定值，kV。

$$G = g_0 \times L$$

式中 G——每相导线的总电导，S。

（4）线路的电纳。

线路的电纳是导线之间的电容或导线与大地之间存在着的电容决定的（也称容纳）。线路电纳为：

$$b_0 = 2\pi f C_0 = \frac{7.58}{\lg \frac{D_{av}}{r}} \times 10^{-6} \quad (\text{S/km})$$

式中 b_0——每相导线单位长度的电纳值，Ω/km。

$$B = b_0 \times L$$

式中 B——每相导线的总电纳（S）；
L——线路长度，km。

例 1-3-1 一条长度为 14 km 的 10 kV 架空线路采用 LJ-70 铝绞线，三角形排列线间距 1.4 m，计算导线的电阻和电抗。

解：查附表得 LJ-70 铝绞线直径为：$d = 10.8$ mm。

$$r_0 = \rho \frac{1}{S} = \frac{10^3}{\gamma \cdot S} = \frac{10^3}{32 \times 70} = 0.446 \quad (\Omega/\text{km})$$

几何均距 $D_{av} = \sqrt[3]{D_{UV} D_{VW} D_{WU}} = 1.4$

$$x_0 = 0.1445 \lg \frac{D_{av}}{r} + 0.0157 = 0.1445 \lg \frac{1400}{\frac{10.8}{2}} + 0.0157 = 0.37 \quad (\Omega/\text{km})$$

$$R = r_0 \times L = 0.446 \times 14 = 6.2 \quad (\Omega)$$
$$X = x_0 \times L = 0.37 \times 14 = 5.18 \quad (\Omega)$$

注：线路电阻和线路电抗可直接查表 1-3-7 和表 1-3-8 获得。

2. 线路的等值电路

（1）短距离配电线路的等值电路。

所谓短距离的配电线路是指额定电压在 35 kV 以下，线路长度不超过 50 km 的架空线路。其等值电路如图 1-3-1 所示。

（2）中距离的输（供）电线路的等值电路。

所谓中距离的输电线路是指额定电压在 35 kV 及以上，线路长度在 3～300 km 的架空线路和不超过 100 km 的电缆线路。

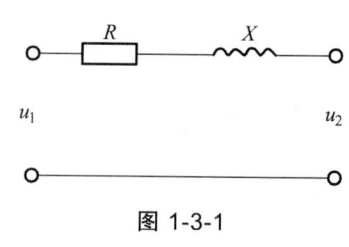

图 1-3-1

其等值电路如图 1-3-2 所示，有Π形和 T 形两种形式。

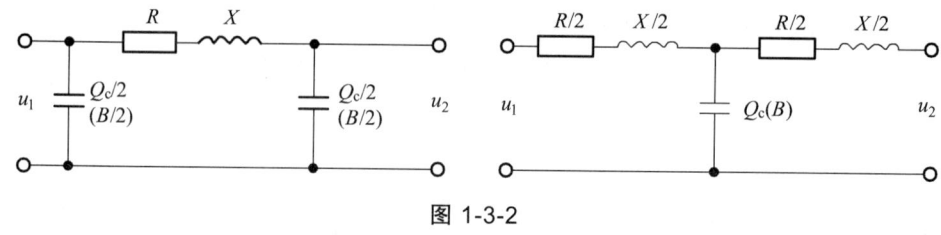

图 1-3-2

（三）线路中电压损失计算

1. 电压降落、电压损耗和电压偏移

（1）电压降落。供电线路上任意两点的电压向量差，称为该两点的电压降落。

（2）电压损失。供电线路内任意两点电压绝对值的差，称为该两点的电压损失。

（3）电压偏移。在配电系统中，某指定点的实际电压与额定电压的代数差，称为该点的电压偏移。常用百分值表示，即

$$m = \frac{U - U_N}{U_N} \times 100\%$$

式中　m——电压偏移百分值；
　　　U——配电系统中某点电压实际值；
　　　U_N——配电系统额定电压。

为保证用户的电压质量，电压偏移量一般规定为额定电压的 ±5% 范围内。

2. 线路中电压损失计算

线路中的电压损失的计算公式为：

$$\Delta U = \frac{\sum(PR + QX)}{U_N}$$

式中　P——线路上通过的有功功率，kW；
　　　Q——线路上通过的无功功率，kVar；
　　　R——线路电阻，Ω；
　　　X——线路电抗，Ω；
　　　U_N——线路额定电压，kV。

例 1-3-2　已知导线为 LJ-70 的 10 kV 架空配电线路,单位长度导线的电阻为 0.45 Ω/km,

电抗为 0.345 Ω/km,线路长为 5 km,输送有功功率 $P = 800$ kW,无功功率 $Q = 400$ kVar 试校验配电线路的电压损失。

解：总电阻和总电抗为 $R = r_0 L = 0.45 \times 5 = 2.25$ Ω,$X = x_0 L = 0.345 \times 5 = 1.725$ Ω。

电压损失为：

$$\Delta U = \frac{PR + QX}{U_N} = \frac{800 \times 2.25 + 400 \times 1.725}{10} = 249 \text{ (V)}$$

$$\Delta U = \frac{249}{10 \times 10^3} \times 100\% = 2.49\% < 5\%$$

满足电压损失要求。

（四）配电线路导线截面选择

1. 导线截面选择的基本要求

（1）应满足机械强度的要求。

要求它必须具备足够的机械强度,即必须满足最小允许截面的要求。具体见表 1-3-1。

表 1-3-1　最小允许导线截面面积　　　　　　　　　单位：mm²

导线种类	自动闭塞架空线路			一般架空线路			
	35 kV 及以下信号线	220 V 低压联络线	10 kV 高压线	0.38 kV	10 kV		35 kV
					居民区	非居民区	
铝绞线				16	35	25	35
钢芯铝绞线		16	25	16	25	16	35
铜线				直径 3.2 mm	16	16	
镀锌钢线（直径）	4.0 mm	5.0 mm					

（2）应满足热稳定的要求。

按规定,裸导线在正常情况下的允许温度为 70 °C,事故情况下不超过 90 °C,若超过此值将严重影响线路的安全可靠供电。为了控制导线在运行时的温度不超过规定值,一般采取控制导线通过电流的方法,导线通过的最大电流不大于该导线的允许电流值,发热条件即满足要求。各种导线材料在各种标称截面,在允许温度下,其允许通过的电流值是不一样的。这个电流值称为导线载流量。具体见表 1-3-2。

表 1-3-2　导线允许载流量

型号	载流量（A）环境温度 40 °C 允许温度 70 °C	型号	载流量（A）环境温度 40 °C 允许温度 70 °C
LJ-16	83	LGJ-16	105
LJ-25	109	LGJ-25	130
LJ-35	133	LGJ-35	175

续表 1-3-2

型号	载流量（A）环境温度 40 ℃ 允许温度 70 ℃	型号	载流量（A）环境温度 40 ℃ 允许温度 70 ℃
LJ-50	166	LGJ-50	210
LJ-70	204	LGJ-70	265
LJ-95	244	LGJ-95	330
LJ-120	280	LGJ-120	380
LJ-150	366	LGJ-150	445
LJ-185	427	LGJ-185	510
LJ-240	490	LGJ-240	610

实际温度与上述温度不同时，导线载流量应乘以修正系数。修正系数见表 1-3-3。

表 1-3-3　温度修正系数

周围温度	−5	0	5	10	15	20	25	30	35	40	45	50
K_t	1.58	1.53	1.47	1.41	1.35	1.29	1.22	1.15	1.08	1.00	0.91	0.82

（3）应满足电压损失的要求。

为了确保用电设备的电压质量，必须使线路中的电压损失限制在一定范围之内。因此，当前对配电线路的允许电压损失，一般为 ±5% 以内。

2. 导线截面选择方法

（1）按发热条件选择导线截面。

① 按发热条件选择导线截面的必要性。

裸导体的温度升高时，会使接头处氧化加剧，增大接触电阻，使之进一步氧化，如此恶性循环，甚至可发展到断线。绝缘导线和电缆的温度过高时，可使绝缘损坏，甚至引起火灾。

② 按发热条件选择导线截面。

按发热条件选择导线截面时，应使其允许载流量不小于通过导线的最大计算电流值，即：

$$I_{al} \geqslant I_C$$

式中　I_{al} ——导线允许通过的电流值，即载流量，A，从表中查取，当环境温度与表中规定数值不符时，导线载流量应乘以表中所列的修正系数 K_t；

　　　I_C ——导线最大计算电流，A。

例 1-3-3　有一条额定电压为 10 kV 的架空线路，通过非居民区，采用铝绞线架设，线路所供负荷为 1 200 kW，功率因数为 0.8，导线架设处的环境温度为 25 ℃，试按发热条件选择导线截面。

解：因为 $P_C = \sqrt{3} I_C U_N \cos\varphi$

所以　$I_C = \dfrac{P_C}{\sqrt{3} U_N \cos\varphi} = \dfrac{1200}{\sqrt{3} \times 10 \times 0.8} = 86.6$ （A）

查表 1-3-2 得 LJ-16 型导线的载流量 $I_{\text{al}} = 83$ A。
而实际温度为 25 °C，查表 1-3-3 得修正系数 $K_t = 1.22$。
故实际载流量 $I_{\text{al}} = 83 \times 1.22 = 101.26$ A>86.6 A。
所以，选择 LJ-16 型导线，发热条件满足要求。
校验机械强度：
查表 1-3-1 得 10 kV 的架空线路，通过非居民区，LJ 型导线的最小允许截面面积为 25 mm^2，显然 16 mm^2 不满足机械强度要求。故改选 LJ-25 型导线。

（2）按经济电流密度选择导线截面。

① 经济电流密度。

根据经济条件选择导线截面，要考虑两方面的情况：为了满足机械强度要求降低功率损耗和电能损耗，导线截面选择越大越好；为了压缩投资和节省有色金属，则导线截面越小越有利。这两方面是互相矛盾的。综合考虑了各方面的因素，定出符合总的经济利益的导线截面，称为经济截面。对应于经济截面的电流密度，称为经济电流密度。经济电流密度是根据节省投资和年运行费以及节约有色金属等因素，由国家制定的。我国现行的经济电流密度见表 1-3-4。

表 1-3-4　经济电流密度　　　　　　　　　　单位：A/mm^2

导线类型及线路电压	年最大负荷小时（h）			
	2 000	3 000	4 000	5 000
LJ 型 10 kV 及以下	1.45	1.2	1.0	0.85
LGJ 型 10 kV 及以下	1.7	1.4	1.2	1.0
LGJ 型 35 kV 及以上	1.85	1.55	1.3	1.1

② 按经济电流密度选择导线截面。

当已知计算年限内的最大负荷电流和相应年最大负荷使用时间后，可在表中查出不同材料的经济电流密度 J_{ec}，并按下式计算导线截面：

$$S_{\text{ec}} = \frac{I_{\text{C}}}{J_{\text{ec}}} \quad (\text{mm}^2)$$

式中　S_{ec}——经济截面，mm^2；
　　　I_{C}——线路最大计算电流，A；
　　　J_{ec}——经济电流密度，A/mm^2。

线路最大电流按下式确定：

$$I_{\text{C}} = \frac{P_{\text{C}}}{\sqrt{3} U_{\text{N}} \cos\varphi} \quad (\text{A})$$

式中　P_{C}——线路最大负荷，kW；
　　　U_{N}——线路额定电压，kV；
　　　$\cos\varphi$——负荷的功率因数。

根据计算所得的导线截面，选择不小于该数值的最小标称截面。

例 1-3-4　某城市变电站，其最大负荷为 10 MW，$\cos\varphi = 0.8$，高压侧额定电压为 35 kV，

最大负荷使用时间 t_{max} = 4 500 h，导线为钢芯铝绞线，试按经济电流密度选择导线截面。

解：最大计算电流为：

$$I_C = \frac{P_C}{\sqrt{3}U_N \cos\varphi} = \frac{10 \times 10^3}{\sqrt{3} \times 35 \times 0.8} = 206 \quad (A)$$

查表 1-3-4 得，当 t_{max} = 4 500 h 时，J_{ec} = 1.2 A/mm²。
则 $S_{ec} = I_C/J_{ec}$ = 206/1.2 = 171.7 mm²。
查表 1-3-2，选择 LGJ-185 型。
校验发热条件：
查表 1-3-2 得，LGJ-185 型导线的载流量 I_{al} = 510 A>206 A。
故发热条件满足要求。
（3）按允许电压损失选择导线截面。
线导线电压损失的计算公式为：

$$\Delta U = \frac{\sum(P_i r_i + Q_i x_i)}{U_N} = \Delta U_r + \Delta U_x$$

式中　ΔU_r——线路电阻上的电压损失；
　　　ΔU_x——线路电抗上的电压损失。

一般配电架空线路，单位长度电抗为 0.35~0.4 Ω/km，我们取 0.38 Ω/km，从而求得电抗上的电压损失为：

$$\Delta U_x = x_0 \frac{\sum_{m=1}^{n} Q_m l_m}{U_N}$$

式中　ΔU_x——线路电抗上的电压损失，V；
　　　l_m——各段线路长度，km；
　　　x_0——线路单位长度的平均电抗值，取 0.38，Ω/km；
　　　Q_m——各段线路通过的无功功率、各负荷的无功功率，kVar；
　　　U_N——线路额定电压，kV。

线路允许电压损失为 ΔU_{xu}，则电阻上的电压损失为：

$$\Delta U_r = \Delta U_{xu} - \Delta U_x$$

导线计算截面为：

$$S_C = \frac{10^3 \cdot \sum_{m=1}^{n} P_m l_m}{\gamma \cdot \Delta U_r \Delta U_N}$$

式中　S_C——导线计算截面，mm²；
　　　γ——导线材料的电导率，m/Ω·mm²；
　　　ΔU_r——线路电阻上的电压损失，V；
　　　P_m——各段线路通过的有功功率，kW。

l_m —— 各段线路长度,km。

按允许电压损失选择配电线路导线截面的步骤为:

① 将给定的负荷化为复数的代数形式;

② 求线路电抗中的电压损失:

③ 求线路允许电压损失:

$$\Delta U_{xu} = m\% \cdot U_N$$

④ 求线路电阻上的电压损失:

$$\Delta U_r = \Delta U_{xu} - \Delta U_x$$

⑤ 求导线计算截面,并查表 1-3-2 选择标称截面;

⑥ 校验:

a. 校验电压损失;

b. 校验发热条件;

c. 校验机械强度。

例 1-3-5 有一条用铝绞线架设的 10 kV 配电线路,供给动力用电,线路的几何均距为 1 m,允许电压损失为 5%,线路每段长度的千米数、负荷的千伏安数和各负荷的功率因数均标于图 1-3-3 中,全线采用同一截面的导线,试按允许电压损失选择导线截面。

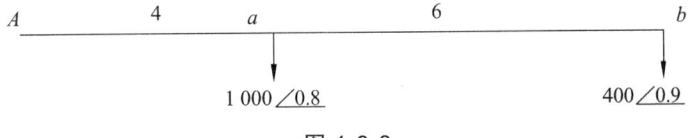

图 1-3-3

解:(1) 将给定的负荷化成复数的代数形式:

$$s_b = p_b + jq_b = 400 \times 0.9 + j400 \times 0.436 = 360 + j174.4 \ (kV \cdot A)$$
$$s_a = p_a + jq_a = 1000 \times 0.8 + j1000 \times 0.6 = 800 + j600 \ (kV \cdot A)$$
$$S_{ab} = P_{ab} + jQ_{ab} = s_b = p_b + jq_b = 360 + j174.4 \ (kV \cdot A)$$
$$S_{Aa} = P_{Aa} + jQ_{Aa} = s_a + S_{ab} = (p_a + jq_a) + (P_{ab} + jQ_{ab})$$
$$= (800 + j600) + (360 + j174.4) = 1160 + j774.4 \ (kV \cdot A)$$

(2) 求线路电抗中的电压损失:

$$\Delta U_X = \frac{x_0 \cdot \sum Ql}{U_N} = \frac{0.38(174.4 \times 6 + 774.4 \times 4)}{10} = 157.5 \ (V)$$

(3) 求线路允许电压损失:

$$\Delta U_{xu} = m\% \cdot U_N = 5\% \times 10 \times 10^3 = 500 \ (V)$$

(4) 求线路电阻上的电压损失:

$$\Delta U_r = \Delta U_{xu} - \Delta U_x = 500 - 157.5 = 342.5 \ (V)$$

(5) 求导线计算截面,并选择标称截面:

$$S_{\mathrm{C}} = \frac{10^3 \cdot \sum_{m=1}^{2} P_m \cdot l_m}{\gamma \cdot \Delta U_r \cdot U_N} = \frac{(1160 \times 4 + 360 \times 6) \times 10^3}{32 \times 342.5 \times 10} = 62 \quad (\mathrm{mm}^2)$$

查表 1-3-5，选择 LJ-70 型导线。

（6）校验：

① 校验电压损失：

查表 1-3-7，得 LJ-70 型导线：$r_0 = 0.46 \; \Omega/\mathrm{km}$；$x_0 = 0.345 \; \Omega/\mathrm{km}$。

线路实际电压损失为：

$$\Delta U = \frac{\sum (P_m r_0 l_m + Q_m x_0 l_m)}{U_N}$$

$$= \frac{0.46 \times (1160 \times 4 + 360 \times 6) + 0.345 \times (774.4 \times 4 + 174.4 \times 6)}{10} = 455.8 \quad (\mathrm{V})$$

455.8 V<500 V；所以电压损失满足要求。

② 校验发热条件：因 Aa 段电流最大，故只校验 Aa 段即可。

$$I_{Aa} = \frac{\sqrt{1160^2 + 774.4^2}}{\sqrt{3} \times 10} = 80.62 \quad (\mathrm{A})$$

查表 1-3-2，得 LJ-70 型导线的允许载流量为 204 A>80.62 A，所以发热条件满足要求。

③ 校验机械强度：

查表 1-3-1，要求的铝绞线最小导线截面为 35 mm²<70 mm²，所以机械强度满足要求。

表 1-3-5　常用 LJ 型铝绞线主要参数表

型号	标称截面（mm²）	根数/直径（mm）	计算截面（mm²）	外径（mm）	拉断力（N）	计算重量（kg/km）
LJ-16	16	7/1.70	15.89	5.10	2 840	43.5
LJ-25	25	7/2.15	25.41	6.45	4 355	69.6
LJ-35	35	7/2.50	34.36	7.50	5 760	94.1
LJ-50	50	7/3.00	49.48	9.00	7 930	135.5
LJ-70	70	7/3.60	71.25	10.08	10 950	195.1
LJ-95	95	7/4.16	95.14	12.48	14 450	260.5
LJ-120	120	7/2.58	121.21	14.25	19 420	333.5

表 1-3-6　常用 LGJ 型钢芯铝绞线主要参数表

型号	标称截面 铝/钢（mm²）	结构、根数/直径（mm）		计算截面（mm²）			外径（mm）	拉断力（N）	计算重量（kg/km）
		铝	钢	铝	钢	总计			
LGJ-16/3	16/3	6/1.85	1/1.85	16.13	2.69	18.82	5.55	6 130	65.2
LGJ-25/4	25/4	6/2.32	1/2.32	25.36	4.23	29.59	6.69	9 290	102.6
LGJ-35/6	35/6	6/2.72	1/2.72	34.86	5.81	40.67	8.16	12 630	141.0
LGJ-50/8	50/8	6/3.20	1/3.20	48.25	8.04	56.29	9.60	16 870	195.1
LGJ-70/10	70/10	6/3.80	1/3.80	68.05	11.34	79.39	11.40	23 390	275.2
LGJ-95/15	95/15	26/2.15	7/1.67	94.39	15.33	109.72	13.61	35 000	380.8
LGJ-120/20	120/20	26/2.38	7/1.85	115.67	18.82	134.49	15.07	41 000	466.8

表 1-3-7　LJ、TJ 型架空线路导线的电阻及感抗　　　单位：Ω/km

导线型号	电阻(LJ型)	几何均距（m）										电阻(TJ型)
		0.6	0.8	1.0	1.25	1.5	2.0	2.5	3.0	3.5	4.0	
		感抗										
LJ-16	1.98	0.358	0.377	0.391	0.405	0.416	0.435	0.449	0.460			1.2
LJ-25	1.28	0.345	0.363	0.377	0.391	0.402	0.421	0.435	0.446			0.74
LJ-35	0.92	0.336	0.352	0.366	0.380	0.391	0.410	0.424	0.435	0.445	0.453	0.54
LJ-50	0.64	0.325	0.341	0.355	0.365	0.380	0.398	0.413	0.423	0.433	0.441	0.39
LJ-70	0.46	0.315	0.331	0.345	0.359	0.370	0.388	0.399	0.410	0.420	0.428	0.27
LJ-95	0.34	0.303	0.319	0.334	0.347	0.358	0.377	0.390	0.401	0.411	0.419	0.20
LJ-120	0.27	0.297	0.313	0.329	0.341	0.352	0.368	0.382	0.393	0.403	0.411	0.158
LJ-150	0.21	0.287	0.312	0.319	0.333	0.344	0363	0.377	0.388	0.398	0.406	0.123

表 1-3-8　LGJ 型架空线路导线的电阻及感抗　　　单位：Ω/km

导线型号	电阻	几何均距（m）										
		1.0	1.5	2.0	2.5	3.0	3.5	4.0	4.5	5.0	5.5	6.0
		感抗										
LGJ-35	0.85	0.366	0.385	0.403	0.417	0.429	0.438	0.446				
LGJ-50	0.65	0.353	0.374	0.392	0.406	0.418	0.427	0.435				
LGJ-70	0.45	0.343	0.364	0.382	0.396	0.408	0.417	0.425	0.433	0.440	0.446	
LGJ-95	0.33	0.334	0353	0.371	0.385	0.397	0.406	0.414	0.422	0.429	0.435	0.44
LGJ-120	0.27	0.326	0.347	0.365	0.379	0.391	0.400	0.408	0.416	0.423	0.429	0.433
LGJ-150	0.21	0.319	0.340	0.358	0.372	0.384	0.398	0.401	0.409	0.416	0.422	0.426

二、架空配电线路机械计算

架空配电线路机械计算主要是导线的计算。导线是架空配电线路的主要元件，作用在它上面的机械荷载是随气象条件的变化而变化的。它所承受的机械荷载既影响着本身的长度、弧垂和应力，又决定着杆塔和基础的受力及带电部分的安全距离等。所以，合理进行导线的机械荷载、弧垂和应力计算，对保证线路建设和运行的安全性和经济性都具有重要意义。除此之外，架空配电线路机械计算还包括电杆、横担和拉线计算。

（一）气象条件的选择

在架空线路的机械荷载和应力计算时，主要的气象条件是最大风速、覆冰厚度、最高气温、最低气温和年平均气温等。风的作用除使导线和杆塔产生垂直于线路方向上的水平荷载外，还将引起导线的振动和舞动。覆冰不但使导线垂直方向的机械荷载增加，也增大了导线水平方向的风荷载，同时覆冰对弧垂也有影响。气温的变化将引起导线的热胀冷缩，从而使导线的弧垂和应力发生变化。

(二) 我国典型气象区的划分

1. 典型气象区

设计中为统一标准，方便计算，我国将某些气候情况较为接近的地区划分为一个区域，采用某一组确定的气象条件，此区域称为典型气象区。

2. 典型气象区的划分

以气温、覆冰厚度和风速3项参数为依据划分。将配电线路划分为7个典型气象区。分别用罗马数字Ⅰ、Ⅱ、Ⅲ、Ⅳ、Ⅴ、Ⅵ、Ⅶ表示。我国典型气象区温度、风力、覆冰情况如表1-3-9所示。

表1-3-9 典型气象区温度、风力、覆冰

典型气象区								典型气象区适用地区
气象区	Ⅰ	Ⅱ	Ⅲ	Ⅳ	Ⅴ	Ⅵ	Ⅶ	Ⅰ——南方沿海受台风侵袭地区 Ⅱ——华东大部分地区；西南非重冰地区 Ⅲ——西北大部分；华北京津地区 Ⅳ——华北平原、湖南湖北河南 Ⅴ——东北大部分地区；河北的承德、张家口一带 Ⅵ——东北西北华北受寒潮风影响大的地区 Ⅶ——覆冰严重地区；山东、河南部分地区湘中、鄂北、粤北地区
大气温度 (°C)	最高	+40							
	最低	-5	-10	-5	-20	0	-40	-20	
	导线覆冰	-5							
	最大风	+10	+10	-5	-5	-5	-5	-5	
风速 (m/s)	最大风	30	25	25	25	25	25	25	
	覆冰	10							
	最高最低气温	0							
覆冰厚度	5	5	5	5	10	10	15		

(三) 导线比载的计算

导线的机械计算中，荷载常用比载来表示；比载就是规算到单位长度和单位面积导线上的机械荷载。

(1) 自重比载 (g_1)。

① 一般式 $g_1 = 9.8 \cdot \dfrac{W}{S} = 9.8 \times 10^{-3} \gamma$

② 多股式 $g_1 = 0.01 \gamma$

③ 钢芯铝绞线 $g_1 = 0.01(\gamma_L S_L + \gamma_G S_G)/S$

式中　g_1——导线自重比载，N/m·mm²；

γ——导线密度，其中 $\gamma_L = 2.7$（g/cm³），$\gamma_G = 2.8$（g/cm³）；

S——导线计算截面，mm²。

(2) 冰重比载 (g_2)。

$$g_2 = 27.76 b(d+b)/S \times 10^{-3}$$

式中 g_2——导线冰重比载，N/m·mm²；
b——覆冰厚度，mm；
d——导线外径，mm。

（3）自重和冰重的总比载（g_3）。

$$g_3 = g_1 + g_2$$

式中 g_3——导线自重和冰重的总比载，N/m·mm²。

（4）风压比载。

① 最大风速条件下，导线不覆冰的风压比载（g_4）。

$$g_4 = 0.613\alpha \cdot K \cdot d \cdot v_{max}^2 / S \times 10^{-3}$$

式中 g_4——导线不覆冰的风压比载，N/m·mm²；
α——风速不均匀系数，查表 1-3-10；
K——风载体形系数，查表 1-3-11；
v_{max}——典型气象区最大风速，m/s。

表 1-3-10 风速不均匀系数 α

最大风速（m/s）	20 以下	20~30 以下	30~35 以下	35 及以上
35 kV 线路	1.0	0.85	0.75	0.7
10 kV 及以下线路	1.0	1.0	1.0	1.0

表 1-3-11 风载体型系数 K

导线直径	风载体系数
$d \leq 17$	1.2
$d \geq 17$	1.1
覆冰时不论直径大小	1.2

② 导线覆冰时的风压比载（g_5）。

$$g_5 = 0.613\alpha \cdot K(d+2b)v_b^2 / S \times 10^{-3}$$

式中 g_5——导线覆冰时的风压比载，N/m·mm²；
v_b——典型气象区覆冰时的风速，m/s。

（5）导线综合比载。

① 无冰时导线的综合比载（g_6）。

$$g_6 = \sqrt{g_1^2 + g_4^2}$$

② 覆冰时导线的综合比载（g_7）。

$$g_7 = \sqrt{g_3^2 + g_5^2}$$

例 1-3-6 试计算通过Ⅲ气象区 35 kV 架空线路 LGJ-50 导线的比载。

解：（1）自重比载。

查附表 1-3-6，得 $S = S_L + S_G = 48.25 + 8.04 = 56.29 \text{ mm}^2$。

$$g_1 = 0.01(\gamma_L S_L + \gamma_G S_G)/S$$
$$= 0.01 \times (2.7 \times 48.25 + 7.8 \times 8.04)/56.29 = 33.6 \times 10^{-3} \text{ （N/m·mm}^2\text{）}$$

（2）冰重比载（g_2）。

查表 1-3-9，得 $b = 5$ mm，查表 1-3-6，得 $d = 9.6$ mm。

$$g_2 = 27.76b(d+b)/S \times 10^{-3}$$
$$= 27.76 \times 5 \times (9.6+5)/56.29 \times 10^{-3} = 36 \times 10^{-3} \text{ （N/m·mm}^2\text{）}$$

（3）自重和冰重的总比载。

$$g_3 = g_1 + g_2 = 33.6 \times 10^{-3} + 36 \times 10^{-3} = 69.6 \times 10^{-3} \text{ （N/m·mm}^2\text{）}$$

（4）风压比载。

① 最大风速条件下，导线不覆冰的风压比载。

查表 1-3-9，得 $v_{\max} = 25$ m/s，查表，得 $\alpha = 0.85$，查表 1-3-3，得 $K = 1.2$。

$$g_4 = 0.613\alpha \cdot K \cdot d \cdot v_{\max}^2/S \times 10^{-3}$$
$$= 0.613 \times 0.85 \times 1.2 \times 9.6 \times 25^2/56.29 \times 10^{-3} = 66.65 \times 10^{-3} \text{ （N/m·mm}^2\text{）}$$

② 导线覆冰时的风压比载。

查表 1-3-9，得 $v_b = 10$ m/s，查表，得 $\alpha = 1.0$，查表 1-3-3，得 $K = 1.2$。

$$g_5 = 0.613\alpha \cdot K(d+2b)v_b^2/S \times 10^{-3}$$
$$= 0.613 \times 1.0 \times 1.2 \times (9.6 + 2 \times 5) \times 10^2/56.29 \times 10^{-3} = 25.6 \times 10^{-3} \text{ （N/m·mm}^2\text{）}$$

（5）导线综合比载。

① 无冰时导线的综合比载。

$$g_6 = \sqrt{g_1^2 + g_4^2} = \sqrt{33.6^2 + 66.56^2} \times 10^{-3} = 74.64 \times 10^{-3} \text{ （N/m·mm}^2\text{）}$$

② 覆冰时导线的综合比载。

$$g_7 = \sqrt{g_3^2 + g_5^2} = \sqrt{69.6^2 + 25.6^2} \times 10^{-3} = 74.159 \times 10^{-3} \text{ （N/m·mm}^2\text{）}$$

实际情况可查表 1-3-9 和表 1-3-12 得到各种比载。查表方法：先确定气象区，查得最大风速和覆冰厚度，代入表中 $g(x_1, x_2)$；x_1 为覆冰厚度，x_2 为最大风速，任何气象区覆冰最厚时的最大风速均为 10 m/s。

（四）导线弧垂和线长的计算

在同一条导线上相邻两基杆塔上导线悬挂点间的连线与导线最低点之间的垂直距离，称为该档导线的弧垂，用 f 表示。导线上任意点与悬挂点连线的垂直距离称为任意点的弧垂，用 f_x 表示。若相邻两杆塔悬挂点高差不等时，则弧垂 f_1，f_2 分别为悬挂点至导线最低点的垂直距离。如图 1-3-4 所示。通常说的弧垂是指在挡距中点导线至悬挂点连线的垂直距离，若无特殊说明，即是此弧垂。挡距是指相邻两杆塔之间的水平距离，用 l 表示。

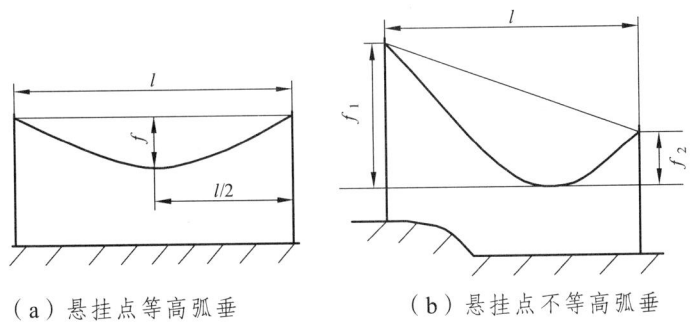

（a）悬挂点等高弧垂　　　（b）悬挂点不等高弧垂

图 1-3-4　导线弧垂

导线弧垂的大小是否符合设计和使用要求，是关系到电力线路能不能安全运行的重要因素。如果导线弧垂过小，将使导线的运行应力过大以及杆塔受力增加，安全系数降低，容易引起导线断股、拽断导线或倒杆事故。如果弧垂过大，为保证带电导线对地的安全距离，在挡距相同条件下，就必须增加杆高或在相同杆高条件下缩小挡距，结果使线路建设投资成本成倍增加。所以，对新投入运行以及运行后的电路都要进行弧垂观测和及时调整弧垂，以满足设计和使用要求。弧垂的大小与挡距、温度、导线比载和应力等因素有关。

1. 导线弧垂的计算

（1）在悬挂点等高或小高差的挡距中，导线的弧垂按下式计算：

$$f = \frac{gl^2}{8\sigma_0}$$

式中　g——导线比载；

　　　l——挡距；

　　　σ_0——导线最低点的水平应力。

一档内导线上任意一点的弧垂 f_x，可按下式进行计算：

$$f_x = \frac{g}{2\sigma_0} l_a l_b$$

式中　l_a、l_b——悬挂点 A、B 至导线任意一点的水平距离。

（2）在悬挂点不等高、大高差的挡距中，导线的弧垂按下式计算：

$$f = \frac{gl^2}{8\sigma_0 \cos\beta}$$

式中　β——悬挂点不等高时的高差角，$\beta = \arctan\dfrac{h}{l}$；

　　　h——两悬挂点的高差。

$$f' = \frac{f}{\cos\beta} = f\left[1 + \frac{1}{2}\left(\frac{h}{l}\right)^2\right]$$

式中　f'——悬挂点不等高、大高差时的弧垂；

　　　f——悬挂点等高或小高差时的弧垂。

2. 导线线长的计算

在一般情况下，悬挂点等高时一档导线的长度 L 可按下式计算：

$$L = l + \frac{g^2 l^3}{24\sigma_0^2} = l + \frac{8f^2}{3l}$$

小高差时用下式计算：

$$L = l + \frac{g^2 l^3}{24\sigma_0^2} + \frac{h^2}{2l}$$

大高差时用下式计算：

$$L = \frac{l}{\cos\beta} + \frac{g^2 l^3 \cos\beta}{24\sigma_0^2}$$

（五）代表挡距

在一个耐张段内有若干个不同数值的挡距。为了计算导线的应力，将各种不同情况的耐张段代之以等价的挡距为该耐张段的代表挡距（规律挡距）。用 l_D 表示。当两悬挂点高差 $h/l \leq 0.1$ 时，代表挡距可按下式计算：

$$l_D = \sqrt{\frac{l_1^3 + l_2^3 \cdots + l_n^3}{l_1 + l_2 \cdots + l_n}} = \sqrt{\frac{\sum l_i^3}{\sum l_i}}$$

式中　l_D——耐张段代表挡距；

　　　l_i——耐张段各档挡距。

在耐张段中，任意挡距的导线弧垂可按下式计算：

$$f = f_D \left(\frac{l}{l_D}\right)^2$$

式中　f——任意挡距的弧垂；

　　　f_D——相当于代表挡距的弧垂。

在代表挡距的情况下，所有挡距的导线应力都是相同的。

（六）导线应力的计算

导线应力是指导线单位横截面积上的内力。因导线上作用的荷载是沿导线长度均匀分布的，所以在同一挡距内，沿导线长度上各点的应力是不相等的，导线悬挂点处应力最大，导线最低点处的应力最小，但各点应力的方向都是沿导线上各点的切线方向。因此，一档导线中最低点应力的方向应是水平的。在导线弧垂和应力计算中，除特别说明外，所说的导线应力就是指挡距中导线最低点的水平应力，用 σ_0 表示。导线的应力与弧垂的关系为：弧垂越大，应力越小，但安全系数增加；反之弧垂越小，应力越大，机械安全性降低。因此，从导线安全角度考虑，应加大弧垂，从而减小应力，以提高安全系数。在设计架空线路时，一般是在导线机械强度允许范围内，尽量减小弧垂，从而最大限度地利用导线机械强度，又降低杆塔高度，做到既经济合理又运行安全。

1. 导线悬挂点应力的计算

（1）在悬挂点等高的挡距中，导线两悬挂点处的应力在数值上相等，其计算公式为：

$$\sigma_A = \sigma_B = \sigma_0 + \frac{g^2 l^2}{8\sigma_0}$$

式中 σ_A，σ_B——两悬挂点 A，B 的应力。

（2）在小高差挡距中，导线两悬挂点处应力的计算公式为：

$$\sigma_A = \sigma_0 + \frac{g^2 l^2}{8\sigma_0} + \frac{\sigma_0 h^2}{2l^2} + \frac{gh}{2}$$

$$\sigma_B = \sigma_0 + \frac{g^2 l^2}{8\sigma_0} + \frac{\sigma_0 h^2}{2l^2} - \frac{gh}{2}$$

2. 导线任意点应力计算

在两悬挂等高或不等高的挡距中，任意点的应力变化不大，其公式为：

$$\sigma_x = \sigma_0 + \frac{g^2 (l-x)^2}{2\sigma_0}$$

式中 x——导线任意点至悬挂点之间的水平距离。

3. 导线的最大允许应力、使用应力和最小安全系数的确定

导线的最大允许应力是指导线机械强度允许的最大应力，在架空配电线路设计技术规程中规定：导线设计的最小安全系数，在重要地区 $K = 3$，在一般地区 $K = 2.5$。所以导线最大允许应力为：

$$[\sigma_m] = \frac{T_P}{KA} = \frac{\sigma_P}{2.5}$$

式中 T_P——导线的计算拉断力，N；

A——导线计算截面积，mm^2；

σ_P——导线的计算破坏应力，N/mm^2；

K——导线最小安全系数，取 2.5。

在一条线路的设计、施工过程中，一般说我们应使导线在各种气象条件中，当出现最大应力时的应力恰好等于导线的最大允许应力。但由于地形或孤立档等条件限制，有时必须把最大应力控制在比最大允许应力小的某一水平上，即安全系数 $K > 2.5$。设计时所取定的最大应力气象条件下导线应力的最大使用值，称为最大使用应力用 σ_m 表示，其计算式为：

$$\sigma_m = \frac{\sigma_P}{K}$$

式中 σ_m——导线最低点的最大使用应力；

σ_P —— 导线的瞬时破坏应力；

K —— 导线安全系数。

例 1-3-7 某 35 kV 配电线路如图 1-3-5 所示，在运行中发现某挡距中新增设一条 10 kV 配电线路穿越，用绝缘绳测得交叉跨越点垂直间距为 3.5 m，测量时气温为 10 ℃，从有关资料中查得，$t_1 = 10$ ℃ 时的应力为 80 N/mm²，自重比载 $g = 34.047 \times 10^{-3}$ N/(m·mm²)，问最高温度 $t_2 = 40$ ℃ 时交叉跨越是否满足要求？（40 ℃ 时应力为 60 N/mm²）

解：测量时导线的弧垂为

$$f_{1x} = \frac{g}{2\sigma_1} l_a l_b = \frac{34.07 \times 10^{-3}}{2 \times 80} \times 90 \times 180 = 3.45 \quad (\text{m})$$

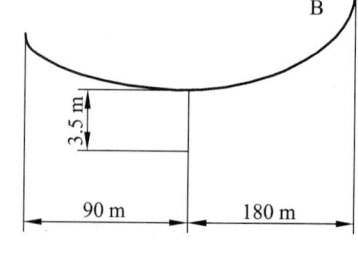

图 1-3-5　例 1-3-7 图

最高气温时的导线弧垂为

$$f_{2x} = \frac{g}{2\sigma_2} l_a l_b = \frac{34.07 \times 10^{-3}}{2 \times 60} \times 90 \times 180 = 4.60 \quad (\text{m})$$

弧垂增量为：

$$\Delta f = f_{2x} - f_{1x} = 4.60 - 3.45 = 1.15 \quad (\text{m})$$

最高气温时的交叉跨越距离为：

$$d_0 = d - \Delta f = 3.5 - 1.15 = 2.35 \quad (\text{m})$$

根据规程规定〔d〕= 3.0 m，因 $d_0 <$〔d〕，所以交叉距离不够，需采取措施。

（七）电杆的机械计算

1. 杆塔载荷种类

杆塔上的载荷种类按其作用可分为：① 垂直载荷，是指导线、避雷线、金具、绝缘子、覆冰荷载和杆塔自重，安装检修人员及工具重力，使用拉线时由拉线产生的垂直分力；② 水平载荷，是指杆塔及导线的横向风压载荷，转角杆导线及避雷线的角度荷载；③ 纵向载荷，是指杆塔及导线、避雷线的纵向风压载荷，事故断线时顺线路方向张力，导线、避雷线的顺线路方向不平衡张力，安装时紧线张力等。

2. 直线单杆的强度计算

电杆的强度计算一般是由给定的电杆标准先计算出作用在电杆上的载荷，然后根据载荷将求得的最大弯矩与电杆的允许弯矩进行比较，即弯矩校验，其步骤如下：

（1）计算出作用在导线上的风载荷。作用在导线上的总风载荷（P）为：

$$P = g s l_s$$

式中　g —— 计算风速下导线风压比载；

S —— 导线的截面积；

l_s —— 水平挡距。

（2）计算作用在电杆上的风载荷。作用在电杆上的风载荷 P_2 可按下式计算：

$$P_2 = 9.8CS\frac{v^2}{16}$$

式中　C——风载体形系数，圆柱形截面混凝土杆取 0.6，矩形截面混凝土杆取 1.4；
　　　V——设计风速；
　　　S——电杆杆身侧面投影面积，

$$S = \frac{d_1 + d_2}{2}H$$

式中　d_1——电杆梢径；
　　　d_2——电杆地面处直径；
　　　H——电杆地面以上的高度。

（3）电杆最大弯矩确定（见图 1-3-6）。

电杆承受的荷重确定后，即可进行电杆强度校验。先作出电杆各水平荷重的作用位置图，标出各水平荷重对地的高度，按图计算出各水平荷重对电杆地面处断面产生的弯矩。由导线及电杆上风压在地面处产生的最大弯矩为：

$$M_A = P_1 h_1 + 2P_1 h_2 + P_2 \frac{H}{2}$$

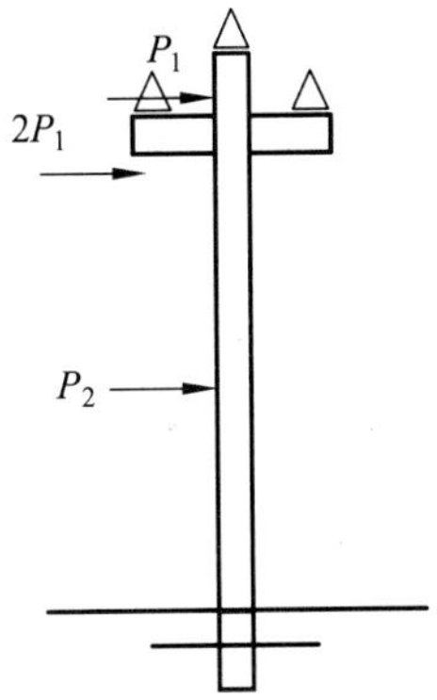

式中　P_1——单根导线上的风载荷；
　　　P_2——电杆上的风载荷；
　　　h_1、h_2——导线安装高度；
　　　H——电杆地面上的高度。

电杆风载荷的作用高度取杆高的一半。

在计算电杆的弯矩时，除考虑电杆水平和不平衡垂直载荷所产生的弯矩外，还必须考虑由于挠度和垂直载荷而生产的附加弯矩。附加弯矩一般为主弯矩的 5%，所以，单杆考虑垂直载荷和挠度影响的最大弯矩 M_D 为 $M_D = 1.05 M_A$。若电杆允许弯矩 $M_J \geq M_D$，电杆有足够的强度；反之需重选。一般电杆弯矩计算公式如下：

$$M = 1.05 M' = 1.05 \sum_{i=1}^{n} p_i、h_i$$

图 1-3-6

3. 电杆埋深计算

不带卡盘单杆的埋深计算可用下式：

$$h_J = \sqrt[3]{\frac{\mu \cdot M \cdot k_j}{mb_J}}$$

式中　h_J——电杆计算埋深，m；
　　　μ——与外力合力距地面高度 h 对埋深 h_J 之比有关的系数；
　　　M——外作用力矩，kN·m；

K_J ——基础安全系数（10 kV 直线杆：1.5；耐张杆：1.8；转角杆、终端杆：2.0）；
m ——被动土抗力，kN/m³；
b_J ——电杆埋入地下部分的计算宽度，m，单杆可取埋入部分平均直径的2倍。

例 1-3-8 某 10 kV 配电线路，导线为 LGJ-95，水平挡距为 100 m，线路通过Ⅱ级气象区，杆塔采用Φ190，杆长 10 m，导线架设方式和受力如图 1-3-7 所示，土壤为中砂。试校验杆塔的强度和稳定性。

解：（1）导线的风压比载的计算。

$$g_4 = \frac{0.163 a \cdot k_T v^2 \cdot d}{S} \times 10^{-3}$$

$$= \frac{0.163 \times 1.0 \times 1.2 \times 25^2 \times 13.61}{109.72} \times 10^{-3} = 57 \times 10^{-3} \text{ (N/m·mm}^2\text{)}$$

$$g_5 = \frac{0.613 a \cdot K_T v_b^2 (2b + d)}{S} \times 10^{-3}$$

$$= \frac{0.163 \times 1.0 \times 1.2 \times 10^2 \times (2 \times 5 \times 13.61)}{109.72} \times 10^{-3} = 15.83 \times 10^{-3} \text{ (N/m·mm}^2\text{)}$$

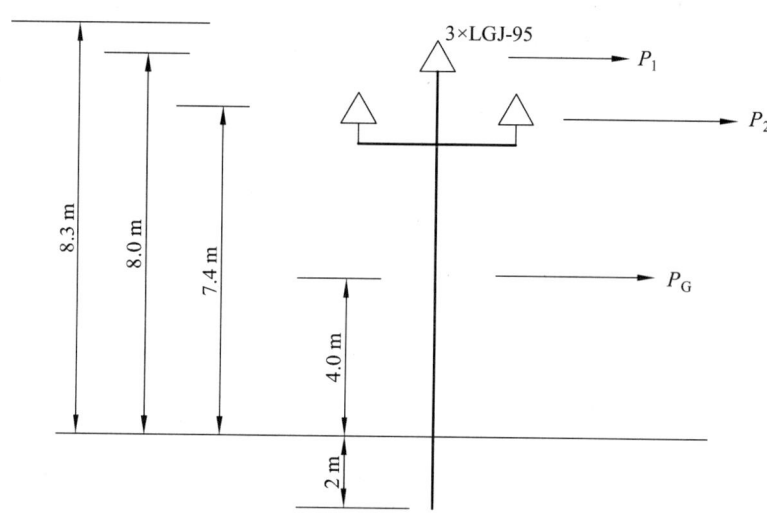

图 1-3-7 直线杆塔受力示意图

无冰时每相导线受风力：

$$P_1 = g_4 \cdot S \cdot l_s = 57 \times 10^{-3} \times 109.72 \times 100 = 625.4 \text{ (N)}$$

覆冰时每相导线受风力：

$$P_1' = g_5 \cdot S \cdot l_s = 15.38 \times 10^{-3} \times 109.72 \times 100 = 173.7 \text{ (N)}$$

（2）电杆受风力的计算。
无冰时电杆所受风力：

$$P \times 9.8 = 0.6 \times \left(0.19 + \frac{4}{75}\right) \times 8 \times \frac{25^2}{16} \times 9.8 = 447 \text{ (N)}$$

覆冰时电杆所受风力：

$$P \times 9.8 = 0.6 \times \left(0.19 + \frac{4}{75}\right) \times 8 \times \frac{10^2}{16} \times 9.8 = 71.5 \quad (\text{N})$$

比较上述两种情况，无冰最大风速对电杆产生的弯矩大于覆冰时的相应风速对电杆产生的弯矩。因此，按无冰最大风速时计算电杆承受的弯矩值。

（3）电杆的计算弯矩为：

$$\begin{aligned}
M &= 1.05 M' = 1.05 \sum_{i=1}^{n} p_i \cdot h_i \\
&= 1.05 \times (625.4 \times 8.3 + 2 \times 625.4 \times 7.4 + 447 \times 4) \\
&= 17\,046.5 \text{ (N·m)} = 17 \text{ (kN·m)}
\end{aligned}$$

查附表 1-3-14 知 $\Phi 190$，10 m 电杆，地面处允许弯矩为 21.2 kN·m，所以电杆具有足够的强度。

（4）电杆的埋深计算。

10 kV 线路直线杆的基础稳定系数 $K_J = 1.5$，电杆在地下部分的计算宽度 b_J 为：

$$b_J = 2dp = 2 \times \left(0.19 + \frac{9}{75}\right) = 0.62 \quad (\text{m})$$

查表 1-3-15 可得，被动土抗力 $m = 62.7 \text{ kN/m}^3$ 系数 μ 的值，根据 $h/h_J = 10/2 = 5$，查附表 1-3-11 可得 $\mu = 12$，因此计算埋深为：

$$h_J = \sqrt[3]{\frac{\mu \cdot M \cdot K_J}{m \cdot b_J}} = \sqrt[3]{\frac{12 \times 17 \times 1.5}{62.7 \times 0.62}} = 1.98 \quad (\text{m})$$

电杆的计算埋深小于假定埋深，按假定埋深立杆，具有足够的稳定性。

（八）拉线的计算

为防止架空线路杆塔倾覆、杆塔承受过大的弯矩和横担扭歪等，需要在杆塔或横担等部位装设拉线。拉线的作用是使拉线产生的力矩平衡杆塔承受的不平衡力矩，增加杆塔的稳定性。凡承受固定性不平衡载荷比较显著的电杆，如终端杆、分支杆、耐张杆、跨越杆等均应装设拉线。为避免线路受强大风力载荷破坏，或在土质松软的地区为了增加电杆的稳定性，也应装设拉线。

1. 拉线经济夹角

拉线与电杆的夹角大小，直接影响着拉线受力的大小和拉线的长短，而拉线受力的大小又影响着拉线棒、拉线盘的大小。经过实验证明，当电杆与拉线的夹角为 45°时，拉线消耗的材料最少，称其为经济夹角。

2. 受力计算

拉线受力是由导线所产生的水平拉力决定的，导线的水平拉力可按下式计算：

$$T = nS[\sigma]$$

式中 T——导线拉力；

n——导线条数；

S——导线截面积；

$[\sigma]$——导线最大运行应力，铝绞线为 58.8 N/mm²；钢芯铝绞线$[\sigma]$ = 113.7 N/mm²。

（1）杆受力：如图 1-3-8（a）所示，由力矩平衡条件可求出拉线的受力为 $F = \dfrac{Th}{h_2 \sin\theta}$。假设拉线上把固定点接近于导线拉力 $T(A)$点，则 $h_1 = 0$，$h = h_2$，由此可得拉线受力 F 的简便计算式为：

$$F = \frac{T}{\sin\theta}$$

式中 F——拉线拉力；

θ——拉线与电杆的夹角。

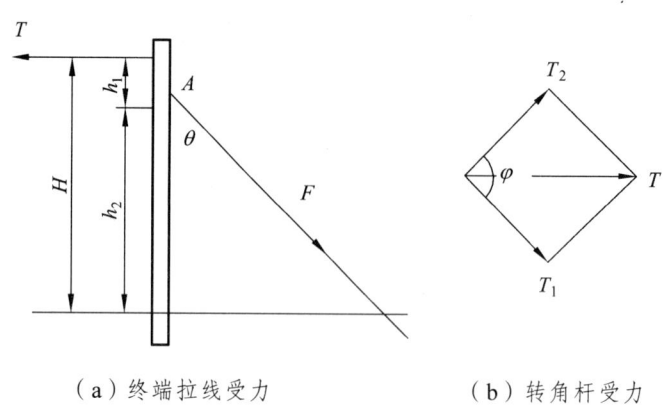

（a）终端拉线受力　　　　（b）转角杆受力

图 1-3-8　杆塔受力图

（2）转角杆拉线受力：如图 1-3-8（b）所示，一般可认为转角杆两侧导线截面相同，即拉力相同，水平方向角度合力可由平行四边形法则求出。角度合力 T 的计算式为：

$$T = \sqrt{T_1^2 + T_2^2 + 2T_1 T_2 \cos\varphi}$$

式中 T_1、T_2——转角杆两侧导线拉力；

φ——T_1、T_2 所构成的内角。

当转角小于 30°时，如图 1-3-9 所示，因两侧导线的拉力相等，可按下式计算其角度合力：

$$P_n = 2P \sin\frac{\varphi}{2}$$

式中 P_n——转角杆承受的导线的角度合力；

P——导线最大使用张力；

φ——线路角度。

令 $\mu = 2\sin\dfrac{\varphi}{2}$，则上式写成

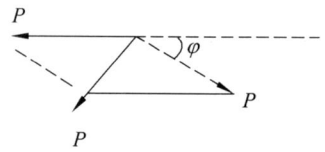

图 1-3-9　转角杆受力图

项目一 架空线路及设备安装、检修、维护

$$P_h = \mu P$$

式中 μ——转角折算系数，见表 1-3-10。

表 1-3-10 折算系数

线路转角	10	15	20	25	30
折算系数	0.17	0.26	0.347	0.433	0.528

例 1-3-9 一条额定电压为 10 kV 的配电线路，转角杆的转角为 25°，导线采用 LJ-35，导线的布置和受力点尺寸如图 1-3-10 所示，试选择 GJ 型钢绞线拉线的规格。

解：（1）求出各层导线的拉力。

由表 1-3-10 和 1-3-16 可得：LJ-35 $P_{max} = 2304(\text{N})$，$\mu = 0.433$。

$$P_{1h} = \mu P = 0.433 \times 2\,304 = 997.6 \text{ (N)}$$
$$P_{2h} = 2 \cdot P_{1h} = 2 \times 997.6 = 1\,995.2 \text{ (N)}$$

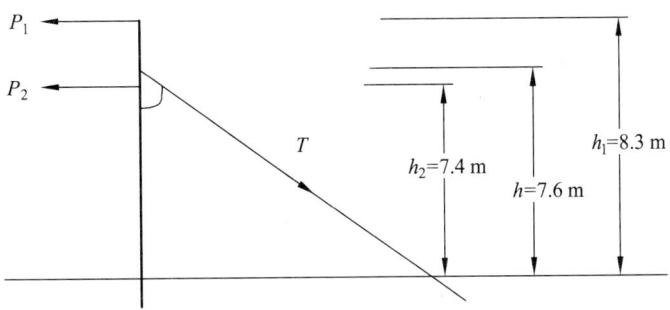

图 1-3-10 例 1-3-9 图

（2）求拉线拉力。

对地面取矩，列平衡方程：

$$P_{1h} \cdot h_1 + P_{2h} \cdot h_2 = T \cdot h \cdot \sin\theta$$
$$T = \frac{P_{1h} \cdot h_1 + P_{2h} \cdot h_2}{h \cdot \sin\theta} = \frac{997.6 \times 8.3 + 1\,995.2 \times 7.4}{7.6 \times \sin 45°} = 4\,288.8 \text{ (N)}$$

查表 1-3-16 拉线选择 GJ-25，其最大允许拉力为 81 378 N，大于 4 288.8 N，满足要求。

表 1-3-11 μ 的取值

h/h_J	μ
2.9 ~ 3.8	12.5
3.8 ~ 5.2	12.0
5.2 ~ 7.4	11.5
7.4 ~ 100	11.0

表 1-3-12 LGJ 型钢芯铝绞线比载表（×10⁻³N/m·mm²）

型号 比载	LGJ-16	LGJ-25	LGJ35-	LGJ-50	LGJ-75	LGJ-95
$g_1(0,0)$	33.951	33.980	33.976	33.967	33.971	34.012
$g_2(5,0)$	77.735	56.049	44.871	35.967	28.646	23.520
$g_2(10,0)$	229.152	158.962	123.838	96.569	74.758	59.679
$g_2(15,0)$	454.251	308.739	236.902	181.806	138.338	108.477
$g_3(5,0)$	111.686	90.030	78.847	69.934	62.017	57.533
$g_3(10,0)$	263.103	192.943	157.814	130.536	108.729	93.692
$g_3(15,0)$	488.202	342.719	270.878	215.773	172.309	142.489
$g_4(0,25)$	135.469	108.052	92.169	78.344	65.964	56.982
$g_4(0,30)$	195.076	155.594	132.723	112.816	94.988	82.054
$g_5(5,10)$	60.729	42.128	32.819	25.592	19.812	15.816
$g_5(10,10)$	99.783	66.967	50.892	38.650	29.070	22.515
$g_5(15,10)$	138.838	91.807	68.964	51.707	38.328	29.214
$g_6(0,25)$	139.659	113.269	98.232	85.391	74.197	66.361
$g_6(0,30)$	198.008	159.262	137.003	117.818	100.880	88.824
$g_7(5,10)$	127.129	99.398	85.404	74.469	65.676	59.667
$g_7(10,10)$	281.389	204.234	165.817	136.137	112.549	96.359
$g_7(15,10)$	507.560	354.803	279.519	221.882	176.521	145.453

表 1-3-13 LJ 型铝绞线比载表（×10⁻³N/m·mm²）

	LJ-16	LJ-25	LJ35-	LJ-50	LJ-75	LJ-95
$g_1(0,0)$	26.828	26.843	26.839	26.837	26.835	26.833
$g_2(5,0)$	88.141	62.486	50.447	39.236	30.751	25.478
$g_2(10,0)$	263.552	179.543	141.253	106.497	80.964	65.531
$g_2(15,0)$	526.230	351.177	272.416	201.783	150.639	120.159
$g_3(5,0)$	114.970	89.329	77.286	66.073	57.585	52.311
$g_3(10,0)$	290.380	206.338	168.092	133.343	107.799	92.364
$g_3(15,0)$	553.059	378.020	299.255	228.620	177.474	146.992
$g_4(0,25)$	147.439	116.606	100.271	83.556	69.632	60.259
$g_4(0,30)$	212.313	167.913	144.390	120.321	100.269	86.772
$g_5(5,10)$	69.846	47.583	37.435	28.224	21.457	17.367
$g_5(10,10)$	116.101	76.508	58.826	43.078	31.773	25.092
$g_5(15,10)$	162.357	105.434	80.217	57.933	42.088	32.818
$g_6(0,25)$	149.806	119.656	103.801	87.761	74.623	65.963
$g_6(0,30)$	214.001	170.045	146.863	123.278	103.798	90.826
$g_7(5,10)$	134.523	101.212	85.875	71.848	61.435	55.118
$g_7(10,10)$	312.730	220.113	178.088	140.120	112.384	95.712
$g_7(15,10)$	576.397	392.448	309.820	235.846	182.397	150.611

表 1-3-14　常用钢筋混凝土电杆规格表

梢径 （m）	杆长 （m）	埋深 （m）	地面处允许弯矩 （kN·m）	距杆顶 1 m 处允许弯矩 （kN·m）
Φ170	10	2.0	18.6	9.68
Φ170	11	2.0	20.3	9.68
Φ190	10	2.0	21.2	11.52
Φ190	11	2.0	24.8	13.04
Φ190	12	2.0	27.1	13.14
Φ190	13	2.2	28.5	12.74
Φ190	15	2.5	32.5	12.94

表 1-3-15　土壤分类参数

土壤分类	大块碎石	粗砂	中砂	细砂	坚硬黏土	硬塑黏土	可塑黏土
被动土抗力	92.0	72.0	62.7	52.2	105.0	62.7	48.0

表 1-3-16　用于配电线路的常用导线安全系数及最大使用应力

导线型号	拉断力	安全系数	最大允许拉力 （N）	导线计算截面 （mm²）	最大使用应力 （MPa）
LJ-16	2840	2.5	1136（947）	15.98	71.5
LJ-25	4335	2.5	1724（1452）	25.41	68.6
LJ-35	5760	2.5	2304（1960）	34.36	67.1
LJ-50	7930	2.5	3172（2643）	49.98	64.1
LJ-70	10950	3.0	3650	71.25	51.2
LJ-95	14450	3.0	4817	95.41	50.6
LJ-120	19420	4.0	4855	121.21	40
LGJ-16	6130	3.0	2034	18.82	108.6
LGJ-25	9290	3.0	3097	29.59	104.7
LGJ-35	12630	3.0	4210	40.67	103.5
LGJ-50	16870	3.5	4820	56.29	85.6
LGJ-70	23390	4.0	5848	79.39	73.7
LGJ-95	35000	4.0	8750	109.72	79.7
LGJ-120	41000	4.0	10250	134.49	76.2
LGJ-150	54100	4.0	13527	173.11	78.1
GJ-25	32549	4.0	81378(16274)*	26.60	305.9
GJ-35	45490	4.0	11372(22745)*	37.15	306.1
GJ-50	60588	4.0	15147(30294)*	49.46	306.2
GJ-70	88431	4.0	22107(44215)*	72.19	306.1
G-4.0	10471	2.0	5236	12.57	416.5
G-5.0	16360	2.5	6544	19.64	333.2

注：1. 括号（）内数据用于居民区国的重要地区；
　　2. 括号（）*内数据在导线做拉线用时采用

习　题

1. 一条长 50 km 的 35 kV 配电线路，双回路采用 LGJ-95 导线，水平排列线间距离为 4 m，试求线路参数（铝电阻系数取 31.5 Ω/km）。

2. 一条三相 10 kV 线路全长 10 km，用 LJ–120 型铝绞线，线间距为 1.0 m，导线的 r_0 = 0.237 Ω/km，x_0 = 0.327 Ω/km，负荷电流为 100 A，功率因数 $\cos\varphi$ = 0.7，当用户投入并联电容后，使功率因数提高到 $\cos\varphi$ = 0.95。试问：

（1）10 kV 末端电压提高多少伏？

（2）每月（按 30 天）线路损耗降低多少？

3. 额定电压 10 kV 的架空线路，传送功率 2 000 kW，功率因数为 0.9，线路通过居民区，环境温度为 30 ℃，试按发热条件选择钢芯铝绞线导线截面。

4. 额定电压为 10 kV 的配电线路，传送功率为 1 500 kW，功率因数为 0.85，工作为两班制，试按经济电流密度选择所用的钢芯铝绞线导线截面。

5. 一个 10 kV 线路，几何均距为 1 m，允许电压损失 5%，线路每段千米数、负荷的千伏安如图 1-3-11 所示；全线路采用同一截面，按允许电压损失选择导线截面（LGJ）。

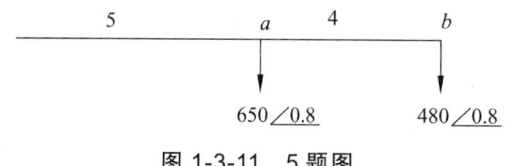

图 1-3-11　5 题图

6. 试分别求通过Ⅶ级气象区和Ⅱ级气象区 10 kV 架空配电线路，导线为 LGJ-50 的导线比载。

7. 已知某耐张段，导线型号为 LGJ-95，悬挂点等高，代表挡距为 50 m。计算弧垂为 0.8 m，采用减少弧垂补偿导线的塑性伸长，现在挡距为 60 m 的弧垂观测。求弧垂为多少应停止紧线？

8. 有一个 10 kV 架空线路穿越我院实训站场铁路，导线为 LGJ-50 应力为 70 MPa，跨越挡距 60 m，悬挂点距地面 9.7 m，跨越点距杆 20 m，现我院要在铁路上修建接触网，要求跨越点在最大弧垂时距承力索 3 m，如图 1-3-12 所示。求承力索最高应距轨面多少米？

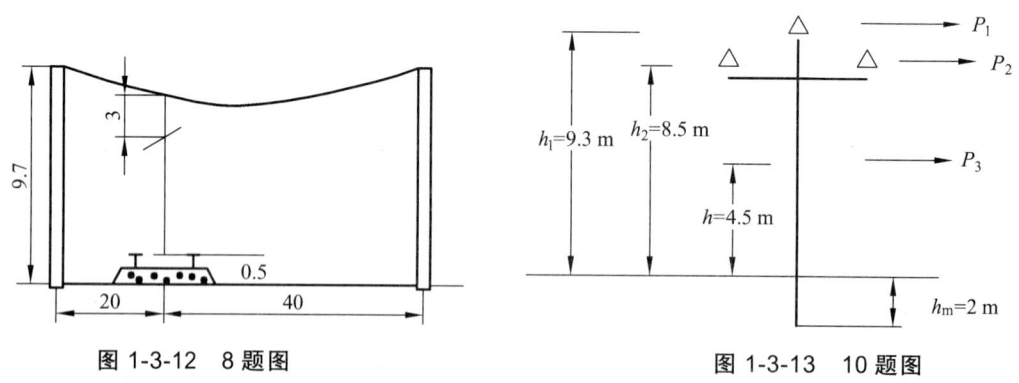

图 1-3-12　8 题图　　　　　　　　　图 1-3-13　10 题图

9. 某线路采用 LGJ-70 导线，其导线综合拉断力 T_P = 19 417 N，导线的安全系数 K = 2.5，导线计算截面 A = 79.3 mm^2，求导线最大使用应力。

10. 一条额定电压为 10 kV 的配电线路，采用 LGJ-70 导线，线路规律挡距 90 m，线路通过Ⅵ气象区，电杆为梢径 ϕ190，11 m 杆，受力及尺寸如图 1-3-13 所示，土壤为硬塑粘土，试校验直线杆的强度和稳定性。

课题四 架空线路施工准备

一、选线与定位

架空线路在地面上所经过的地带叫路线或路径，选择线路的路径叫选线或定线，确定杆塔位置叫定位。线路路径的走向选择对线路是否经济合理至关重要。选线和定位不仅要考虑施工的经济性，还要考虑到后来的运行与检修经济性和便利性，如考虑交通、运输、跨越、线损、巡线、城乡规划、规避危险地带等各方面因素。所以选线是一个较为复杂的问题。

选线和定位的原则是：（1）线路的起点与终点之间的距离尽量短，要求线路转角最少，并力求线路转角最小。（2）要便于施工维护，尽量避免架设在通行困难的山区或泥沼水网地区。在能够满足与通信线路交叉或接近的条件下最好能靠近公路。（3）尽量避免跨越房屋，最好绕过居民区。（4）尽量避免通过果园等经济作物区和其他森林植物区。（5）不允许线路通过易燃易爆危险品堆放区。（6）尽可能避免与其他线路、道路、铁路、河流交叉跨越。（7）杆塔位置要尽量避免在河道、河道边、稻田、泥沼地、流沙区等，避免基础不牢固造成施工成本增加和给后来检修带来困难。（8）应与城镇整体规划、土地、河道整治规划相合。

二、架空线路施工的工艺流程

架空线路施工一般可分为准备工作、施工安装、启动验收三个阶段。

（一）准备工作

1. 现场调查

施工前对线路沿线进行现场调查非常重要。

（1）沿线自然条件的调查。

① 沿线各桩位的地形、地貌、地质、地下水的调查，确定各桩位能否利用机械化施工，确定设计选定的杆位、塔位是否适合施工。

② 了解沿线气候情况，确定有无雨季积水、洪水和山洪等情况，对运输及施工有无影响。

（2）沿线交叉跨越及障碍物的调查。

① 了解沿线被跨河流的情况。

② 了解沿线被跨公路、铁路的情况。

③ 了解沿线被跨电力线、通信线的情况。

④ 了解沿线被跨房屋、树木及其他障碍物的情况。

（3）运输道路、桥梁情况的调查。

① 了解沿线各桩位运输道路、距离等情况。

② 了解沿线河流、桥梁、码头等情况。

2. 复测分坑

根据设计提供的杆塔明细表、线路平断面图，对设计终勘定线、转角、高差、杆位进行复测。在此基础上，按基础施工图进行分坑测量。分坑时要定出主桩、辅助桩，在地面上标出挖坑范围，并严格核对基础根开尺寸。

3. 备料加工

输电线路的设备主要有导线、避雷线、绝缘子和金具等，物资部门应根据技术部门编制的设备、材料清册进行订货，明确质量要求、交货期限和到货地点。

输电线路材料有部分要自行安排加工或委托地方加工的，如基础钢筋、地脚螺栓、铁塔、混凝土电杆及铁件（如横担、抱箍等），这个工作要根据工期提前进行，确保施工需要。

（二）施工安装

1. 基础施工及接地埋设

按设计提供的杆塔明细表、杆塔基础配制表、杆塔基础施工图，并按复测分坑放样的位置进行基坑开挖、基础施工，由于杆塔基础的形式很多，所以施工方法和顺序各不相同。但基础都是隐蔽工程，必须严格按质量标准进行验收，并做好记录。

接地装置一般随基础工程同时埋设，或基础工程结束后随即埋设接地装置。

2. 杆塔组立接地安装

杆塔工程一般包括立杆和立塔两部分。杆塔组立后就可将接地装置引出线与杆塔相连接。

3. 导地线架设及附件安装

架线包括导地线的展放、紧线、附件安装等内容。放线前要清理通道，处理交叉跨越等工作，放线时可采用拖地放线，也可采用张力放线，然后进行紧线、附件安装等作业。

（三）启动验收

1. 质量总检

这是施工单位在完工后进行的一道严格的自我检查。工程处根据施工结尾和项目验收情况向公司申请竣工验收，同时提供全部质量检查记录，公司组织有关部门人员做统一的、全面的质量检查。

2. 启动试验

在质量总检中存在的问题全部处理后，进行绝缘测量和线路常数测试。在经批准的启动委员会领导下，进行72小时试送电。

3. 投产送电

线路经72小时试运行良好就可以投产送电。投产前须移交全部工程记录和竣工图。

在施工中，为保证施工人员安全和设备安全，施工人员应该认真执行安全规程，严格按照作业标准进行施工。施工中应遵守施工组织纪律，做到分工明确，一切行动听指挥；遵守劳动纪律，做到坚守岗位，精神集中，尽心尽责完成本岗位工作；遵守技术纪律，坚持按规程操作，坚持按技术规范、技术措施施工。电力施工企业在执行《电力建设安全工作规程（架空电力线路部分）》的同时，在安全管理上应认真执行《电力建设安全健康与环境管理工作规定》。

三、测量工具

在电力架空输电线路的施工中,为确保施工质量和电力线路的安全运行,要进行多方面的测量工作,主要如下所述:

(1)杆塔主杆基础分坑测量:把杆塔基础坑的位置测定,并钉立木桩作为开挖基础的依据。

(2)拉线基础分坑测量:把杆塔拉线基础坑的位置测定,并钉立木桩作为拉线基础开挖依据。

(3)基础的操平找正和检查:开挖后的基础坑质量,是基坑能否进行基础施工的关键。为了确保各类型基础是建筑在指定的杆塔位置上,必须以杆塔中心桩为依据,对基坑进行质量检查、对施工中的基础进行操平找正。

(4)杆塔检查:对杆塔的组立质量及杆塔本身结构进行检查,保障输送电力能量的支柱安全,确保电力线路安全运行。

(5)弧垂观测和检查:线路设计中,通过严格计算的弧垂值,既可保证对地、对被跨越物有充足的安全距离,又可保证线路应力在许可范围内。施工时,根据设计的弧垂值,计算出观测弧垂并进行严格观测和检查,才能确保施工质量及保证线路安全运行。

在施工测量中,我们常用的测量工具主要有水准仪、经纬仪。另外,全站仪、全球定位系统(GPS)也逐渐应用于施工测量中。下面,我们对这些测量仪器作以简单的介绍。

(一)水准仪

1. DS3 型水准仪

DS3 型微倾式水准仪主要由望远镜、水准器、基座等组成。其结构如图 1-4-1 所示。

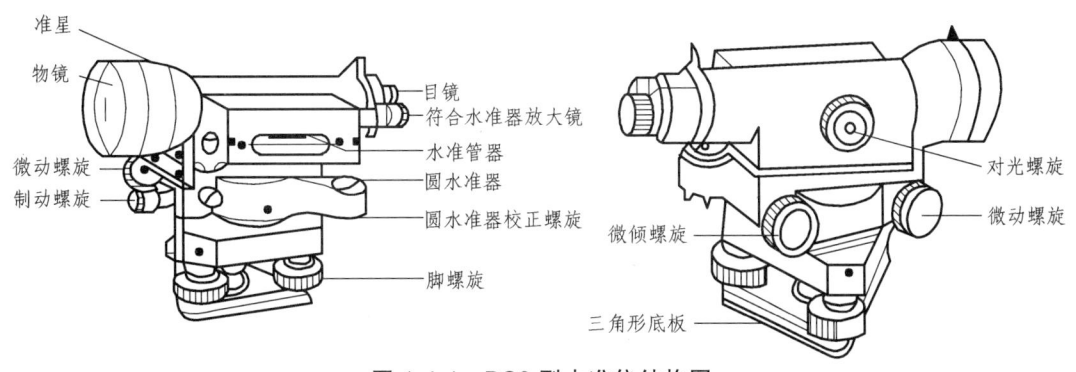

图 1-4-1　DS3 型水准仪结构图

(1)望远镜。望远镜具有成像和扩大视角的功能,是测量仪器观测远目标的主要部件。其作用是看清不同距离的目标和提供照准目标的视线。

望远镜由物镜、调焦透镜、十字丝分划板、目镜等组成。物镜、调焦透镜、目镜为复合透镜组,分别安装在镜筒的前、中、后三个部位,三者共光轴组成一个等效光学系统。通过转动调焦螺旋,调焦透镜沿光轴在镜筒内前后移动,改变等效光学系统的主焦距,从而可看清不同远近的目标。

十字丝分划板为一平板玻璃,上面刻有相互垂直的细线,称为十字丝。中间一条横线称为中丝或横丝,上、下对称且平行于中丝的短线称为上丝和下丝,上、下丝统称视距丝,用来测量距离。竖向的线称竖丝或纵丝。十字丝分划板压装在分划板环座上，通过校正螺丝套装在镜筒内，位于目镜与调焦透镜之间，它是照准目标和读数的标志。物镜光心与十字丝交点的连线称望远镜视准轴，用 C-C 表示，为望远镜照准线。

（2）水准器。水准器有圆水准器和管水准器之分，用来标示仪器竖轴是否铅直，视准轴是否水平。

① 圆水准器。圆水准器是一圆柱形的玻璃盒嵌装在金属框内而成的，玻璃盒顶面内壁是个球面，球面中央刻有一小圆圈，它的圆心 O 为圆水准器的零点，通过零点 O 和球心的直线即通过零点 O 的球面法线，称为圆水准器轴 $L_1—L_1$。当气泡居中时，圆水准器轴 $L_1—L_1$ 处于铅垂位置。

② 管水准器。管水准器又称水准管或长水准器，由圆柱状玻璃管制成，其内壁被研磨成较大半径的圆弧，管内注满酒精或乙醚，加热封口冷却后形成气泡。管面刻有间隔为 2 mm 的分画线，分画线的中点 O 称为水准管零点，过零点作圆弧的纵切线，称为水准管轴 $L_2—L_2$，当水准管气泡居中时，水准管轴处于水平位置。

为了提高水准管气泡居中的精度和速度，水准管上方安装了一套符合棱镜系统，将气泡同侧两端的半个气泡影像反映到望远镜旁的观察镜中。当气泡不居中时，两端气泡影像相互错开；转动微倾螺旋（左侧气泡移动方向与螺旋转动方向一致），望远镜在竖直面内倾斜，使气泡影像相吻合形成一光滑圆弧，表示气泡居中。这种水准器称为符合水准器。

③ 基座。基座由轴座、脚螺旋和连接板组成。仪器的望远镜与托板铰接，通过竖轴插入轴座中，由轴座支承，轴座用 3 个脚螺旋与连接板连接。整个仪器用中心连接螺固定在三脚架上。另外，控制望远镜水平转动的有制动、微动螺旋，制动螺旋拧紧后，转动微动螺旋，仪器在水平方向作微小转动，以利于照准目标。微倾螺旋可调节望远镜在竖直面内俯仰，以达到视准轴水平的目的。

2. DSZ3 型水准仪

DSZ3 自动安平水准仪如图 1-4-2 和图 1-4-3 所示。其外形小巧美观，结构比 DS3 紧凑，但构造原理基本一致。区别主要在于 DSZ3 仪器没有管水准器，而是在仪器内部安装了悬吊直角棱镜，如图 1-4-4 所示。悬吊直角棱镜借助自身重力起到补偿作用，可提高测量精度和工作效率及避免出差错。

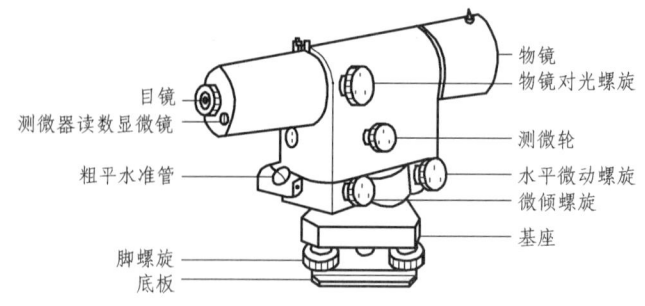

图 1-4-2　DSZ3 型水准仪结构图

为检查悬吊直角棱镜是否正常工作，在仪器表面一般有补偿器检查按钮，它与直角棱镜相连。读数时按动按钮，稳定后读数应该不变；否则，说明悬吊直角棱镜已坏，没有了补偿功能。如图 1-4-3 所示。

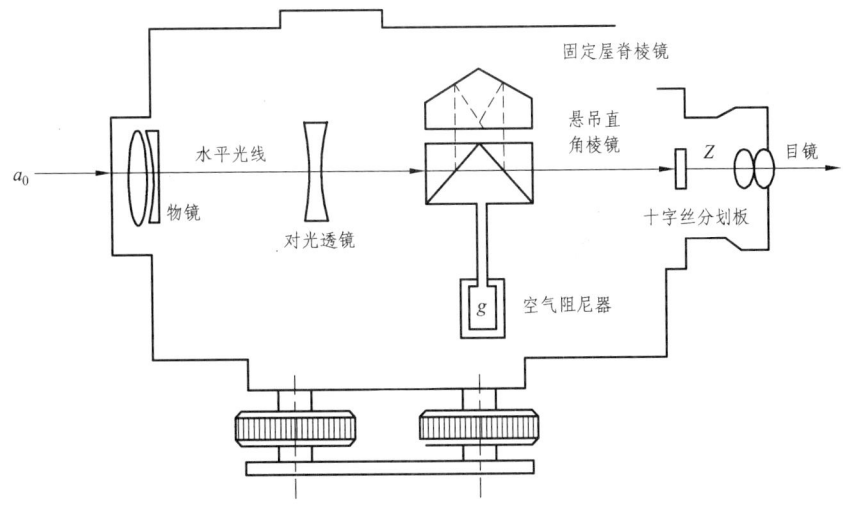

图 1-4-3 DSZ3 内部结构图

3. 两种水准仪的使用

使用时 DS3 需要调整微倾螺旋,使水准管气泡居中,从而光线水平再进行读数。而 DSZ3 在粗平瞄准目标后,即可读数。虽然视准轴不水平,但由于直角棱镜被悬吊,它在重力作用下会摆动至平衡位置,通过透镜的边缘部分折射,光线经过悬吊直角棱镜后即成水平线,从而保证结果正确。如图 1-4-4 所示。

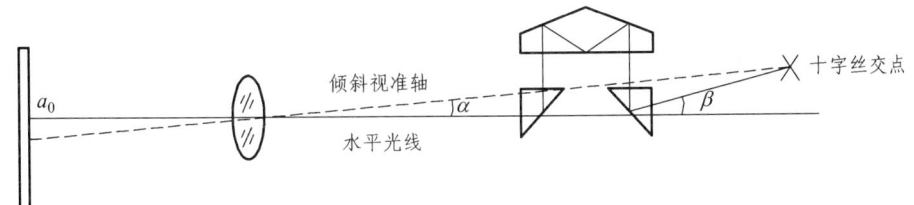

图 1-4-4 DSZ3 悬吊直角棱镜工作图

(二)经纬仪

1. DJ6 型光学经纬仪

DJ6 型光学经纬仪由照准部、水平度盘和基座三大部分组成。其结构如图 1-4-5 所示。

(1)照准部。

照准部由望远镜、竖直度盘、读数显微镜和照准部水准管等部分组成。

① 望远镜。用来照准目标,它固定在横轴上,绕轴而俯仰,可利用望远镜制动螺旋和微动螺旋控制器俯仰转动。

② 竖直度盘。用光学玻璃制成,用来测量竖直角度。

③ 读数显微镜。用来读取水平度盘和竖直度盘的读数。

④ 照准部水准管。用来置平仪器,使水平度盘处于水平位置。

(2)水平度盘。

① 水平度盘。它是用光学玻璃制成的圆环。在度盘上顺时针方向刻有 0°到 360°的划分,用来测量水平角度。在度盘的外壳附有照准部制动螺旋和微动螺旋,用来控制照准部与水平

度盘的相对转动。当关紧制动螺旋时,照准部与水平度盘连接,这时如转动微动螺旋,则照准部相对于水平度盘做微小的转动;若松开制动螺旋,则照准部绕水平度盘旋转。

② 水平度盘转动的控制装置。测角度时水平度盘是不动的,这样照准部转至不同位置,可以在水平度盘上读数求得角度值。但有时需要设定水平度盘在某一位置,就要转动水平度盘。

控制水平度盘的装置有两种。一是位置变动手轮,它又有两种形式,其中之一是度盘变换手轮,使用时拔下保险手柄,将手轮推压进去并转动,水平度盘亦随之转动,待转至需要位置后,将手松开,手轮退出,再上拨保险手柄,手轮就压不进去了。水平度盘变换手轮的另一种形式是使用时拔开护盖,转动手轮,待将水平度盘转至需要位置后,停止转动,再盖上护盖。具有以上装置的经纬仪,称为方向经纬仪。二是复测装置。当负责装置的扳手拔下时,读盘与照准部扣在一起同时转动,读盘读数不变。若将扳手向上拔,则两者分离,照准部转动时水平度盘不动,读数也随之改变。具有复测装置的经纬仪,称为复测经纬仪。

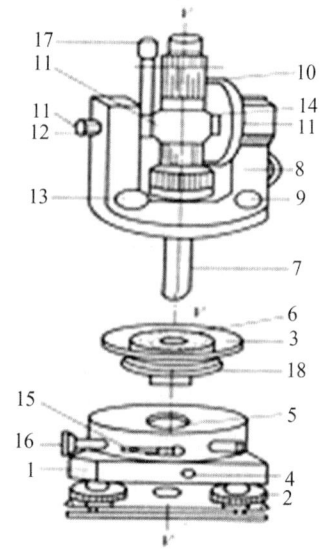

图 1-4-5　DJ6 型经纬仪结构图

1—基座；2—脚螺旋；3—竖轴轴套；4—固定螺旋；5—水平度盘；6—度盘轴套；7—旋转轴；8—支架；9—竖盘水准管微动螺旋；10—望远镜；11—横轴；12—望远镜制动螺旋；13—望远镜微动螺旋；14—竖直度盘；15—水平制动螺旋；16—水平微动螺旋；17—光学读数显微镜；18—复测盘

DJ6 型光学经纬仪的读数装置可分为微尺测微器和单平行玻璃测微器两种,其中以前者居多。

如图 1-4-6 所示,上半部是从读数显微镜中看到的水平度盘的像,只看到 115°和 116°两根刻画线,并看到刻有 60 个划分的分微尺。读数时,读取度盘刻画线落在分微尺内的那个读数,不足 1°的读数根据度盘刻图画线在分微尺上的位置读出,并估读到 0.1′。如图 1-4-6 所示上半部读得的水平度盘的读数为 115°54.0′;下半部是竖直度盘的成像,读数为 78°6.5′。

（3）基座。

基座是用来支承整个仪器的底座,用中心螺旋与三脚架相连接。基座上备有 3 个脚螺旋,转动脚螺旋,可使照准部水准管气泡居中,从而可使水平度盘处于水平位置,亦即仪器的竖轴处于铅锤位置。

2. DJ2 型光学经纬仪

随着建设工程项目的高度及规模增大,工程测量中角度测量的精度逐渐在提高,DJ2 级光学经纬仪有取代 DJ6 级光学经纬仪的趋势,如图 1-4-7 所示,为 DJ2 型经纬仪外貌。

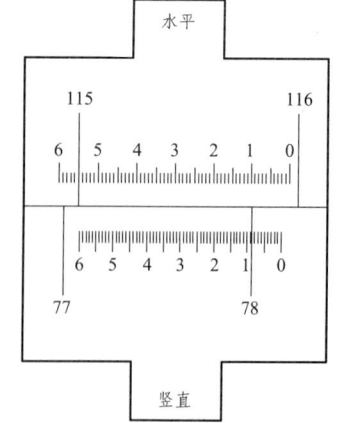

图 1-4-6　分微尺读数示意图

项目一 架空线路及设备安装、检修、维护

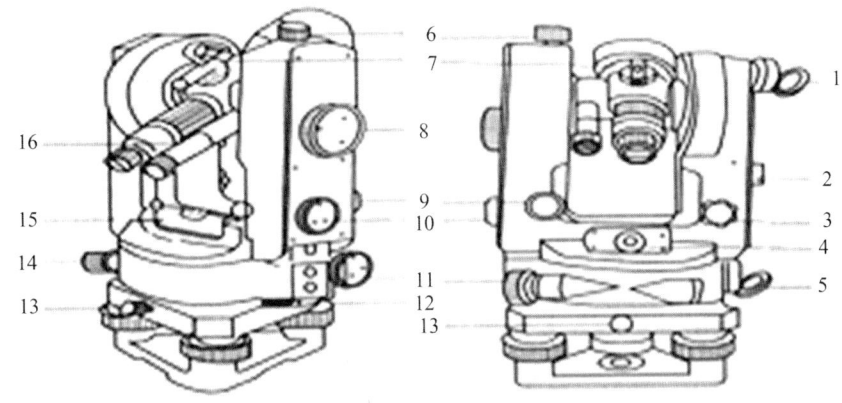

图 1-4-7 DJ2 型经纬仪结构图

1—竖盘照明镜；2—竖盘水准管观察镜；3—竖盘水准管微动螺旋；4—光学对中器；5—水平度盘照明镜；
6—望远镜制动螺旋；7—光学瞄准器；8—测微轮；9—望远镜微动螺旋；10—换像手轮；11—照准部
微动螺旋；12—水平度盘变换手轮；13—纵轴套固定螺旋；14—照准部制动螺旋；
15—照准部水准管（水平度盘水准管）；16—读数显微镜

在结构上，除望远镜的放大倍数稍大（30 倍），照准部水准管灵敏度较高（分划值为 20″/2 mm）、度盘格值更精细外，主要表现为读数设备的不同。DJ2 级光学经纬仪的读数设备有如下两个特点：

（1）DJ6 级光学经纬仪采用单指标读数，受度盘偏心的影响。DJ2 级经纬仪采用对径重合读数法，相当于利用度盘上相差 180°的两个指标读数并取其平均值，可消除度盘偏心的影响。

（2）DJ2 级光学经纬仪在读数显微镜中只能看到水平度盘或竖直度盘中的一种，读数时，必须通过转动换像手轮，选择所需要的度盘影像。

DJ2 读数方法，如图 1-4-8 所示，瞄准目标后调节经纬仪上的测微轮（此时照准部已固定），使度盘正倒像精确吻合。首先从读数窗中读取整度数 74；再从分读数的十位和个位得到整分数 47′；最后从秒读数的十位和分画线得到秒的整数值及估计值 16.0″；最终读数即为 74°47′16.0″。显然，DJ2 经纬仪读数可以精确到 1″，而 DJ6 则是 1′。

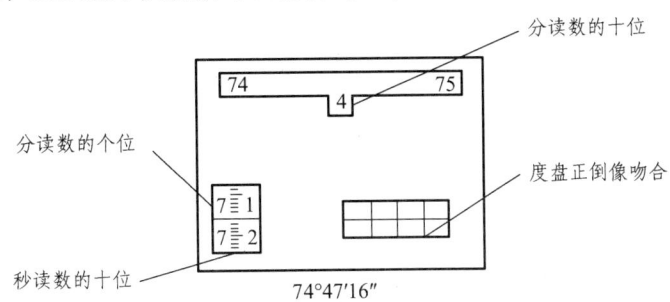

图 1-4-8 DJ2 经纬仪读数

3. 注意事项

（1）仪器安置：垂球对中误差应小于 3 mm，光学对点器对中误差应小于 1 mm；整平误差应不超过一格。

（2）仪器制动后不可强行转动，需转动时可用微动螺旋。

（3）观测竖直角时应先调整竖盘指标水准管，使竖盘指标水准管气泡居中，然后才能读取竖盘读数。

（4）测微轮式读数装置的经纬仪，读数时应先旋转测微轮使双线指标线准确地夹住某一分画线后才能读数。

四、常用电工工具

电工工具是电气操作的基本工具，电气操作人员必须掌握电工常用工具的结构、性能和正确的使用方法。

常用电工工具大致可分为三类：

（1）通用电工工具：指电工随时都可以使用的常备工具。

（2）线路装修工具：指电力内外线装修必备的工具。

（3）设备装修工具：指设备安装、拆卸、紧固及管线焊接加热的工具。

（一）通用工具

1. 验电器

它是用来判断电气设备或线路上有无电源存在的器具。分为低压和高压两种。

（1）低压验电器的使用方法。

① 必须按照图 1-4-9 所示方法握妥笔身，并使氖管小窗背光朝向自己，以便于观察。

② 为防止笔尖金属体触及人手，在螺钉旋具试验电笔的金属杆上，必须套上绝缘套管，仅留出刀口部分供测试需要。

③ 验电笔不能受潮，不能随意拆装或受到严重振动。

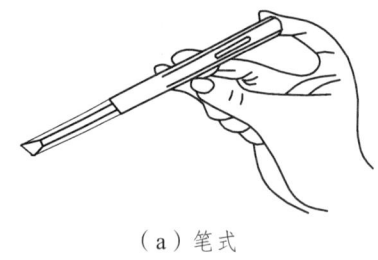 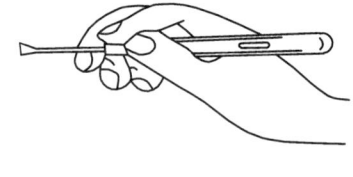

（a）笔式　　　　　　　　　（b）螺钉旋具式

图 1-4-9　低压验电笔握法

④ 应经常在带电体上试测，以检查是否完好。不可靠的验电笔不准使用。

⑤ 检查时如果氖管内的金属丝单根发光，则是直流电；如果是两根都发光则是交流电。

（2）高压验电器的使用方法。

① 使用时应两人操作，其中一人操作，另一个人进行监护。

② 在户外时，必须在晴天的情况下使用。

③ 进行验电操作的人员要戴上符合要求的绝缘手套，并且握法要正确。如图 1-4-10 所示。

④ 使用前应在带电体上试测，以检查是否完好。不可靠的

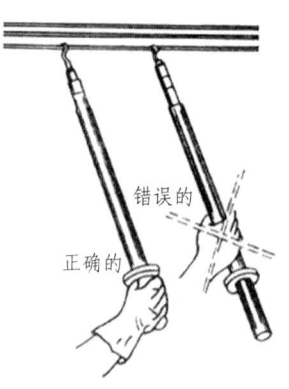

图 1-4-10　高压验电器握法

验电器不准使用。高压验电器应每六个月进行一次耐压试验,以确保安全。

2. 钢丝钳

(1)各部分作用。

各部位位置及握法如图 1-4-11(a)所示。

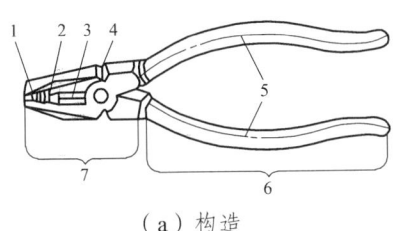
(a)构造

(b)握法

图 1-4-11 钢丝钳

1—钳口；2—齿口；3—刀口；4—铡口；5—绝缘管；6—钳柄；7—钳头

① 钳口：用来弯绞或钳夹导线线头。
② 齿口：用来固紧或起松螺母。
③ 刀口：用来剪切导线或剖切软导线的绝缘层。
④ 铡口：用来铡切钢丝和铅丝等较硬金属线材。

(2)钳柄上必须套有绝缘管。使用时的握法如图 1-4-11(b)所示

(3)钳头的轴销上应经常加机油润滑。

(4)钢丝钳使用方法。

钢丝钳是电工用于剪切或夹持导线、金属丝、工件的常用钳类工具,其结构和用法如图 1-4-12 所示。

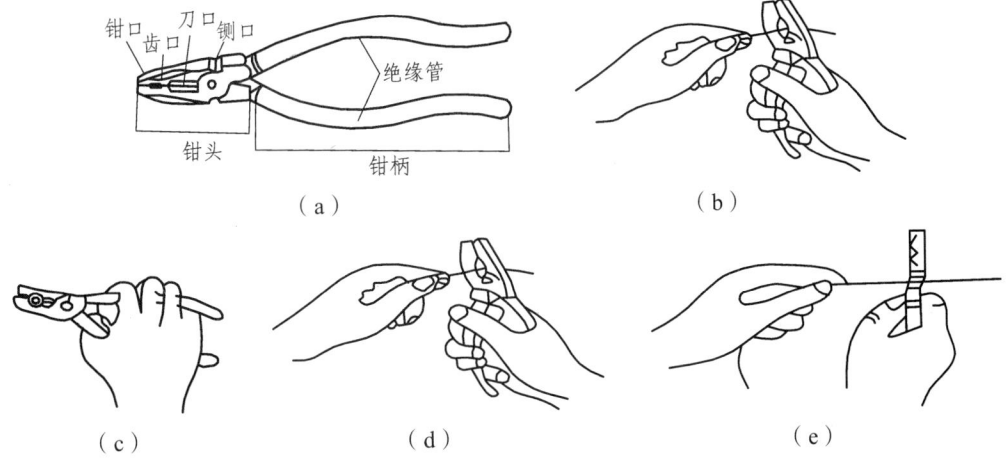

图 1-4-12 钢丝钳的构造和使用

其中钳口用于弯绞和钳夹线头或其他金属、非金属物体;齿口用于旋动螺钉螺母;刀口用于切断电线、起拔铁钉、削剥导线绝缘层等。铡口用于铡断硬度较大的金属丝,如钢丝、铁丝等。

常用规格有 150 mm、175 mm、200 mm 三种。电工用钢丝钳柄部加有耐压 500 V 以上的塑料绝缘套。使用前应检查绝缘套是否完好,绝缘套破损的钢丝钳不能使用。在切断导线时,不得将相线和零线或不同相位的相线同时在一个钳口处切断,以免发生短路。

3. 尖嘴钳

尖嘴钳的头部尖细、适用于在狭小空间操作。主要用于切断截面较小的导线、金属丝、夹持小螺钉、垫圈、并可将导线端头弯曲成型。如图 1-4-13 所示。

4. 断线钳

断线钳又名斜口钳、偏嘴钳，专门用于剪断较粗的电线或其他金属丝，其柄部带有绝缘管套。如图 1-4-14 所示。

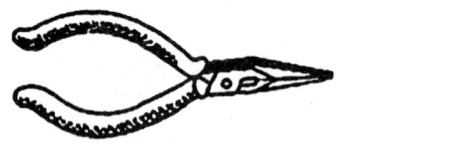
图 1-4-13 尖嘴钳

图 4-4-14 断线钳

5. 螺钉旋具

螺钉旋具又名螺丝刀、旋凿或起子。按照其功能不同，头部开关可分为一字槽和十字槽，如图 1-4-15 所示。其握柄材料又分为木柄和塑料柄两类。

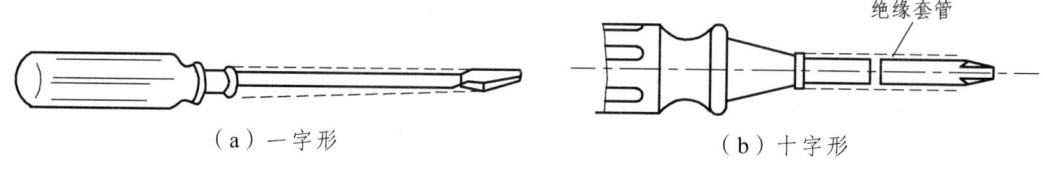

（a）一字形　　　　　　　　　　（b）十字形

图 1-4-15 螺丝刀

一字槽螺丝刀以柄部以外的刀体长度表示规格，单位为 mm，电工常用的有 100 mm、150 mm、300 mm 等几种。

十字槽螺丝刀按其头部旋动螺钉规格的不同，分为四个型号：Ⅰ、Ⅱ、Ⅲ、Ⅳ号，分别用于旋动直径为 2～2.5 mm、6～8 mm、10～12 mm 等的螺钉。其柄部以外刀体长度规格与一字形螺丝刀相同。

螺丝刀使用时，应按螺钉的规格选用合适的刀口，以小代大或以大代小均会损坏螺钉或电气元件。螺丝刀的正确使用方法如图 1-4-16 所示。

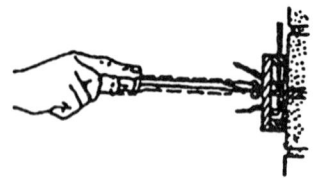　　　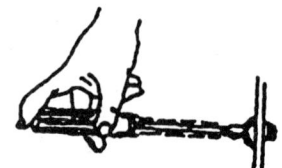

（a）大螺丝刀的使用　　　　（b）小螺丝刀的使用

图 1-4-16 螺丝刀的使用方法

6. 电工刀

电工刀在电气操作中主要用于剖削导线绝缘层、削制木榫、切割木台缺口等。由于其刀柄处没有绝缘，不能用于带电操作。割削时刀口应朝外，以免伤手。剖削导线绝缘层时，刀面与导线成 45°角倾斜切入，以免削伤线芯。电工刀的外形如图 1-4-17 所示。

项目一 架空线路及设备安装、检修、维护

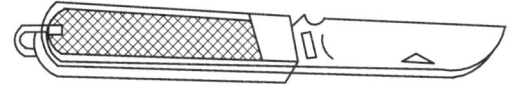

图 1-4-17 电工刀

（1）使用时刀口应朝外进行操作。用完后应随即把刀身折入刀柄内。

（2）电工刀的刀柄结构是没有绝缘的，不能在带电体上使用电工刀进行操作，避免触电。

（3）电工刀的刀口应在单面上磨出呈圆弧状的刃口。在剖削绝缘导线的绝缘层时，必须使圆弧状刀面贴在导线上进行切割，这样刀口就不易损伤线芯。

7. 活络扳手

活络扳手的钳口可在规格范围内任意调整大小，用于旋动螺杆螺母，其结构如图 1-4-18 (a) 所示。

活络扳手规格较多，电工常用的有 150 mm×19 mm、200 mm×24 mm、250 mm×30 mm 等几种，前一个数表示体长，后一个数表示扳口宽度。扳动较大螺杆螺母时，所用力矩较大，手应握在手柄尾部，如图 1-4-18 (b) 所示。扳动较小螺杆螺母时，为防止钳口处打滑，手可握在接近头部的位置，且用拇指调节和稳定螺杆，如图 1-4-18 (c) 所示。

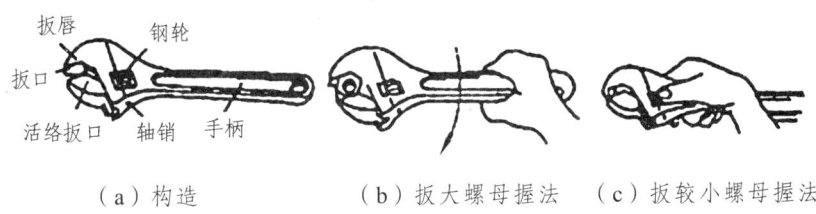

（a）构造　　　（b）扳大螺母握法　　（c）扳较小螺母握法

图 1-4-18 活络扳手

8. 电工工具夹

是电工用来盛装随身携带最常用工具的器具。形状如图 1-4-19 所示。使用时用皮带系结在腰间。

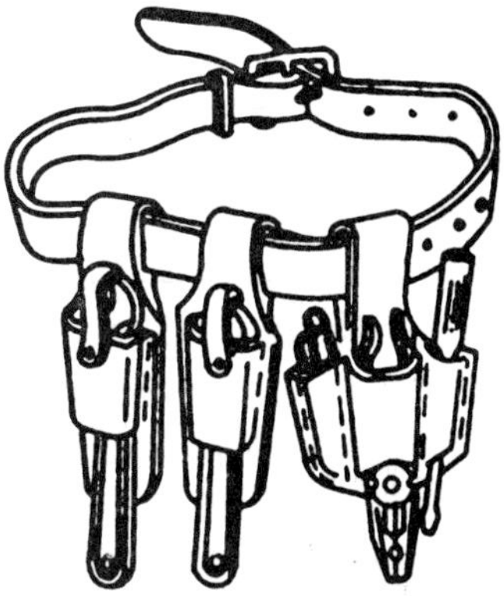

（二）线路装修工具

1. 钢锯

（1）锯弓：锯弓是用来张紧锯条的，锯弓分为固定式和可调式两类。

（2）锯条：锯条是用来直接锯削材料或工件的工具。一般由渗碳钢冷轧制成，也有用碳素工具钢或合金钢制造的。锯条的长度以两端装夹孔的中心距来表示，手锯常用的锯条长度为 300 mm、宽为 12 mm、厚 0.8 mm。如图 1-4-20 所示。

图 1-4-19 电工工具夹

2. 手锤

手锤由锤头、木柄等组成。规格有 0.25 kg、0.5 kg、1 kg 锤子的常见形状如图 1-4-21 所示。

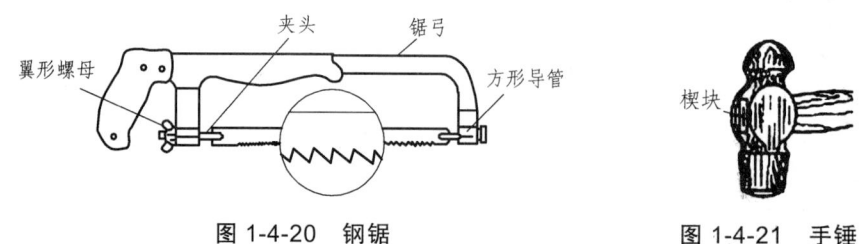

图 1-4-20 钢锯　　　　　图 1-4-21 手锤

3. 管子钳

用来拧紧或拧松电线管上的束节或管螺母，使用方法与活络扳手相同。形状如图 1-4-22 所示。

4. 管子割刀、管子台虎钳、管螺纹铰板

管子割刀、管子台虎钳、管螺纹铰板如图 1-4-23 所示。

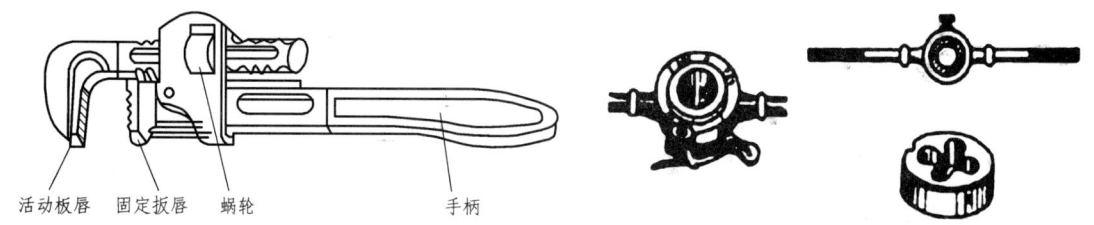

图 1-4-22 管子钳　　　　图 1-4-23 管子割刀、管子台虎钳、管螺纹铰板

5. 墙孔錾

有圆榫錾、小扁錾、大扁錾和长錾四种。

（1）圆榫錾：如图 1-4-24（a）所示，用来錾打混凝土结构的木榫孔。

（2）小扁錾：如图 1-4-24（b）所示，用来錾打砖墙上的木榫孔。

（3）大扁錾：如图 1-4-24（c）所示，用来錾打角钢支架和撑架等的埋没孔穴。

（4）长錾：如图 1-4-24（d）所示为圆钢长錾，用来錾打混凝土墙上通孔。图 1-4-24（e）所示为钢管长錾，用来錾打砖墙上通孔。

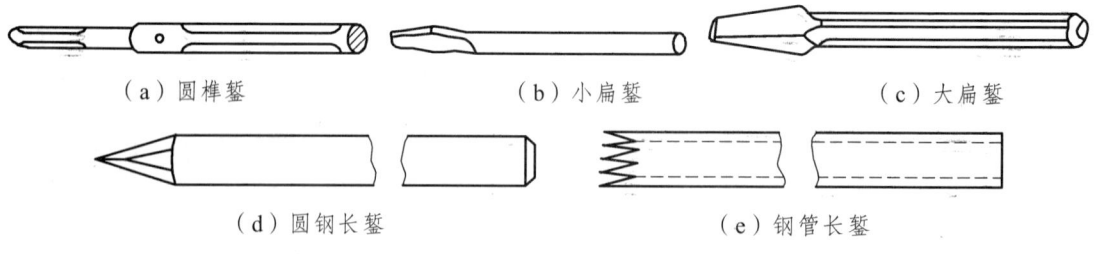

（a）圆榫錾　　　　（b）小扁錾　　　　（c）大扁錾

（d）圆钢长錾　　　　（e）钢管长錾

图 1-4-24 墙孔錾

在使用墙孔錾时要不断转动錾身，并经常拔离建筑面，使孔内灰沙、石屑及时排出，避免錾身堵塞在建筑物内。

6. 剥线钳

用来剥离 6 mm^2 以下的塑料或橡皮电线的绝缘层。钳头上有多个大小不同的切口，以适用于不同规格的导线，如图 1-4-25 所示。使用时导线必须放在稍大于线芯直径的切口上切剥，以免损伤线芯。

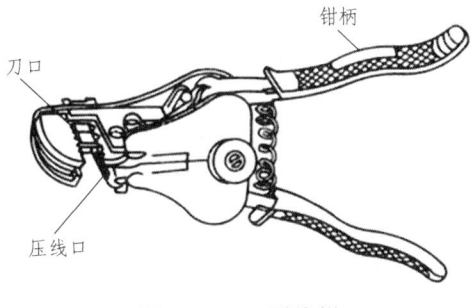

图 1-4-25 剥线钳

7. 液压导线压接钳

液压导线压接钳是连接大截面导线时将导线与连接管压接在一起的专用工具。形状如图 1-4-26 所示。

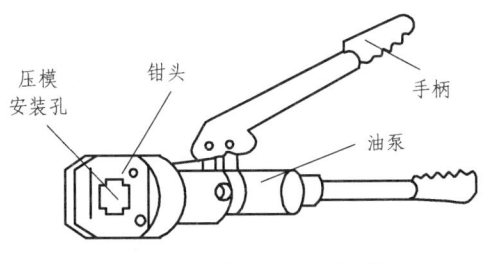

图 1-4-26 液压导线压接钳

8. 射钉枪

射钉枪又称射钉工具枪或射钉器，是一种比较先进的安装工具。它利用火药爆炸产生的高压推力，将尾部带有螺纹或其他形状的射钉射入钢板、混凝土和砖墙内，起固定和悬挂作用。其操作分为装弹、击发、退弹壳三个步骤。射钉枪的结构示意如图 1-4-27 所示。

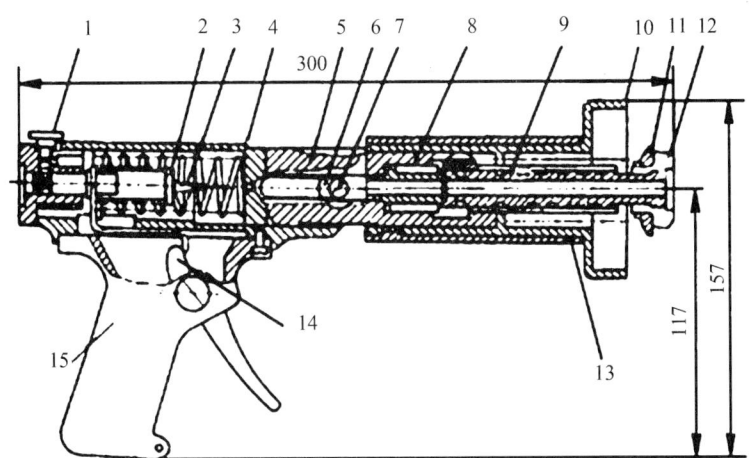

图 1-4-27 射钉枪器体结构图

1—按钮；2—撞针体；3—撞针；4—枪体；5—枪镜；6—轴闩；7—轴闩螺钉；8—后枪管；9—前枪管；
10—坐标护罩；11—卡圈；12—垫圈夹；13—护套；14—扳杈；15—枪柄

9. 手电钻

电钻主要由电动机、减速器、手柄、钻夹头或圆锥套筒及电源连接装置等部件组成。规格以最大钻孔直径表示。形状如图 1-4-28 所示。

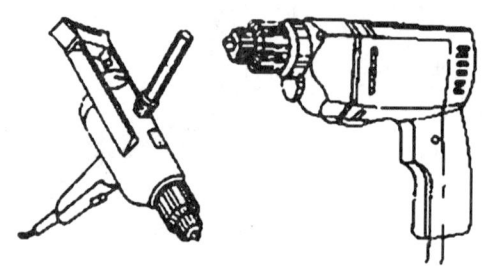

（a）手提式电钻　　（b）手枪式电钻

图 1-4-28　手电钻外形图

10. 冲击钻

冲击钻的作用是在砌块和砖墙上冲打孔眼，其外形与手电钻相似，如图 1-4-29（a）所示，钻上有锤、钻调节开关，可分别当普通电钻和电锤使用。

它是一种电动工具，可以作"电钻"也可作"电锤"使用。使用时只需要调至相应的挡位即可。

（1）应在停转的情况下进行调速和调挡（"冲"和"锤"）。钻打墙孔时，应按孔径选配专用的冲击钻头，冲击钻头如图 1-4-29（b）所示。

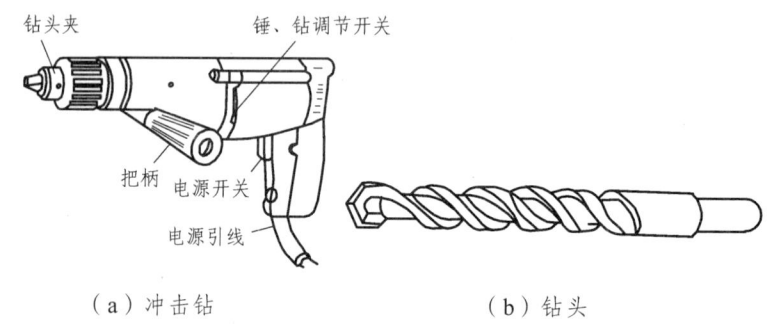

（a）冲击钻　　（b）钻头

图 1-4-29　冲击钻

（2）钻打过程中，为了及时将土屑排除，应经常把钻头拔出；在钢筋建筑物上冲孔时，遇到坚硬物不应施加过大压力，避免钻头退火。

11. 电锤

用于混凝土、砖石等硬质建筑材料上的钻孔，规格以最大钻孔直径表示。形状如图 1-4-30 所示。

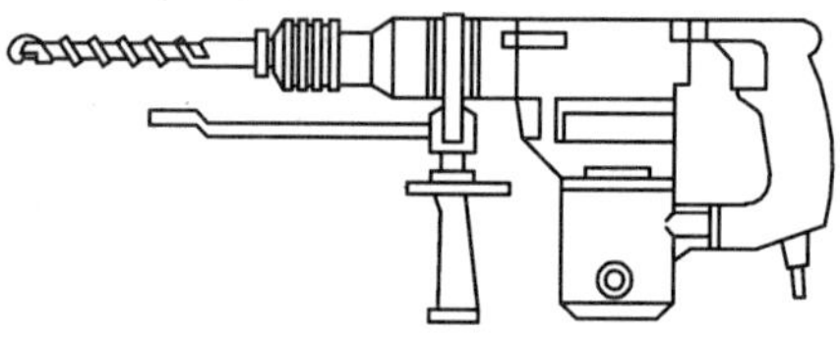

图 1-4-30　电锤

12. 绝缘棒

主要是用来闭合或断开高压隔离开关、跌落保险，以及用于进行测量和实验工作。绝缘棒由工作部分、绝缘部分和手柄部分组成。形状如图 1-4-31 所示。

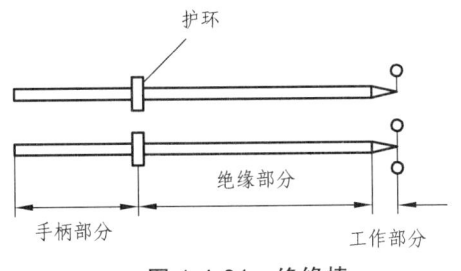

图 1-4-31 绝缘棒

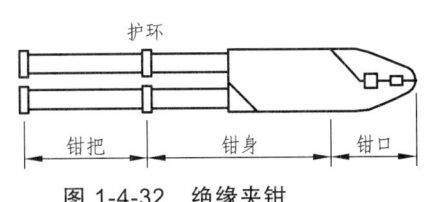

图 1-4-32 绝缘夹钳

13. 绝缘夹钳

主要用于拆装低压熔断器等。绝缘夹钳由钳口、钳身、钳把组成，所用材料多为硬塑料或胶木。钳身、钳把由护环隔开，以限定手握部位。绝缘夹钳各部分的长度也有一定要求，在额定电压 10 kV 及以下时，钳身长度不应小于 0.75 m，钳把长度不应小于 0.2 m。使用绝缘夹钳时应配合使用辅助安全用具。如图 1-4-32 所示。

14. 绝缘手套和绝缘鞋、绝缘垫和绝缘站台

绝缘手套是用橡胶材料制成的，一般耐压较高。它是一种辅助性安全用具，一般常配合其他安全用具使用。

15. 电气安全用具试验标准、安全工作标示牌

16. 紧线器

用来收紧户内外绝缘子线路和户外架空线路的导线，如图 1-4-33 所示。使用时定位钩必须勾住架线支架或横担，夹线钳头夹住需收紧线的端部，然后扳动手柄，逐步收紧。

17. 蹬板

又叫踏板，用来攀登电杆。绳的长度一般应保持一人一手长，如图 1-4-34（b）所示。蹬板和绳均应能承受 300 kg 以上的重量，每半年要进行一次载荷试验。要采取正确的站立姿势，才能保持平稳。如图 1-4-34（c）所示。

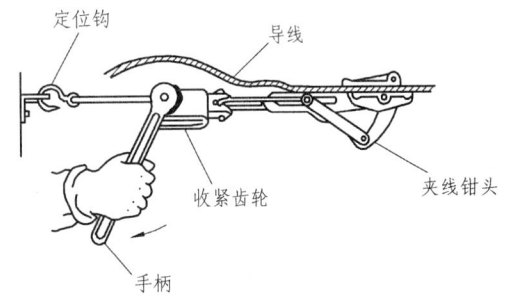

图 1-4-33 紧线器的构造和使用

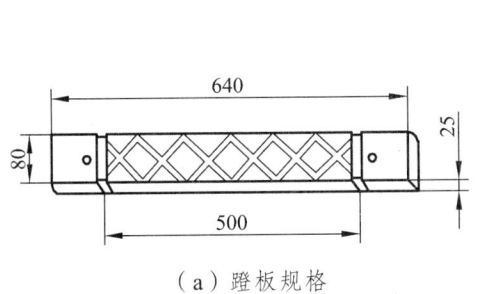

（a）蹬板规格　　（b）蹬板绳长度　　（c）在蹬板上作业的站立姿势

图 1-4-34 蹬板

18. 脚扣

脚扣用于攀登电杆，由弧形环扣、脚套组成，分为木杆脚扣和水泥杆脚扣两种。水泥杆脚扣可用于攀登木杆，但木杆脚扣扣环上有铁齿不能攀登水泥杆。水泥杆脚扣扣环上有橡胶皮套。每次登杆前对脚扣必做人体冲击试验。如图 1-4-35 所示。

（a）木杆回扣

（b）水泥杆脚扣

（c）杆上操作时两脚扣的定位方法

图 1-4-35 脚扣

19. 腰带、保险绳、腰绳

是用来防止空中坠落事故的。腰带系在腰部以下，臀部以上部位。保险绳是用来防止失足时人体坠落到地面上的，其一端系在腰带上，另一端用保险绳挂钩勾挂在横担或其他固定物上。腰绳绕电杆系在腰带上。如图 1-4-36 所示。

20. 防护用品

登杆操作必须戴防护帽、防护手套，穿电工绝缘胶鞋和电工工作服。

（三）设备装修工具

是进行电气设备检修或安装的工具。

1. 顶拔器

俗称拉具，分为双爪和三爪两种，是拆卸皮带轮和轴承等的专用工具。顶拔器形状和使用方法如图 1-4-37 所示。使用时各爪与中心丝杆应保持等距离。

图 1-4-36 腰带、保险绳、腰绳

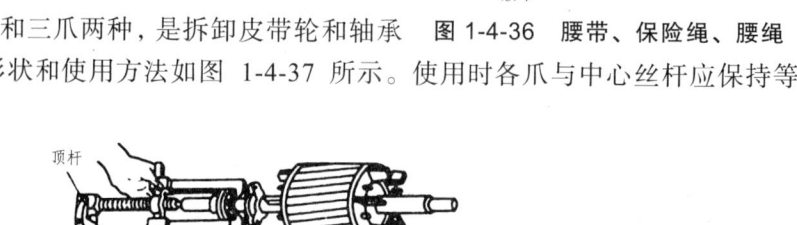

图 1-4-37 顶拔器结构和使用

2. 套筒扳手

用来拧紧或拧松沉孔螺母，或在无法使用活络扳手的地方使用。由套筒和手柄两部分组成，套筒的选用应适合螺母的大小，如图 1-4-38 所示。

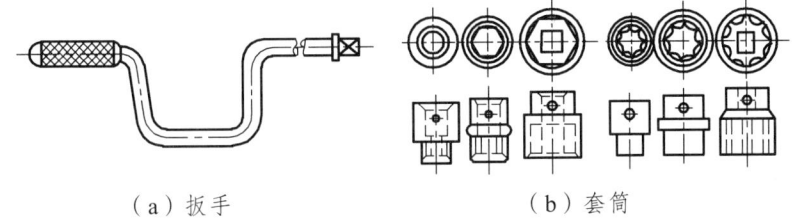

（a）扳手　　　　　　　　　　　（b）套筒

图 1-4-38　套筒扳手

3. 滑轮

俗称葫芦，专用于起吊较重的设备，如图 1-4-39 所示。在起重过程中，如需随时定位，或为防止在起吊时设备翻滚，应采用组合滑轮。

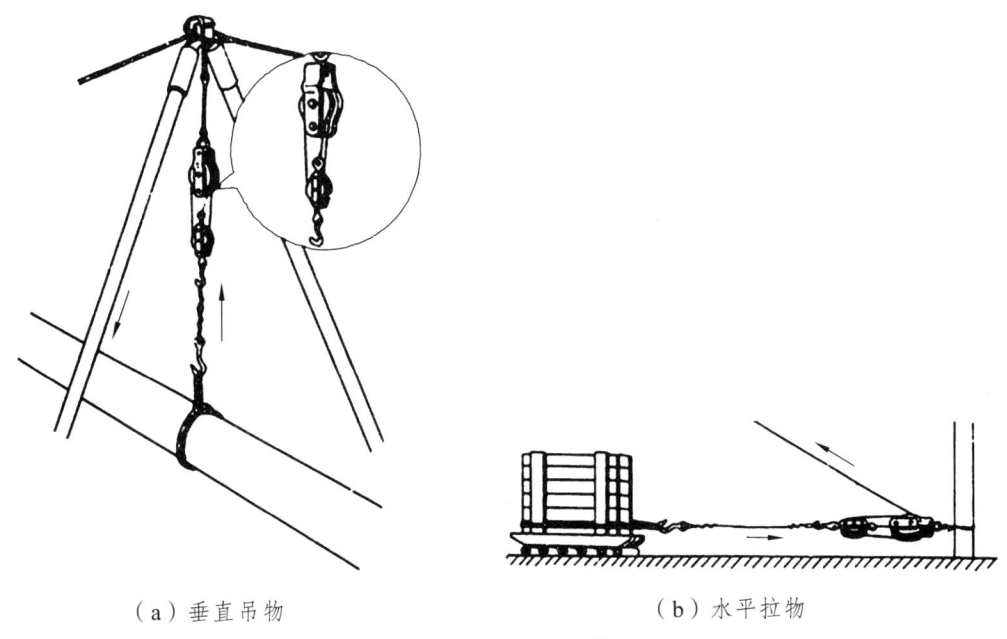

（a）垂直吊物　　　　　　　　　　　（b）水平拉物

图 1-4-39　滑轮的使用

4. 电烙铁

是烙铁钎焊的热源，有内热式和外热式两种，外形如图 1-4-40 所示。

（a）大功率电烙铁　　　　　　　　　　　（b）小功率电烙铁

图 1-4-40　电烙铁

使用时应注意：

（1）根据焊接面积大小选择合适的电烙铁。

(2)电烙铁用完要随时拔去电源插头。

(3)在导电地面(如混凝土)使用时,电烙铁的金属外壳必须妥善接地,防止漏电时触电。

5. 喷灯

喷灯是火焰钎焊的热源,火焰温度达 1 000 ℃。使用时要注意安全,防止发生火灾。外形如图 1-4-41 所示。

图 1-4-41 喷灯

1—筒体;2—加油阀;3—预热燃烧杯;4—火焰喷头;5—喷油针孔;6—放油调节阀;7—打气阀;8—手柄

图 1-4-42 梯子

6. 梯子

电工在登高作业时,要特别注意人身安全。而登高工具必须牢固可靠,方能保障登高作业的安全。电工用梯有直梯和人字梯两种。如图 1-4-42 所示。

(四)常用绳结扣结方法

有直扣和活扣、腰绳扣、抬扣、吊物扣、倒背扣、钢丝绳扣、钢丝绳与钢丝绳套连接扣。如图 1-4-43~图 1-4-49 所示。登杆如图 1-4-50 所示。

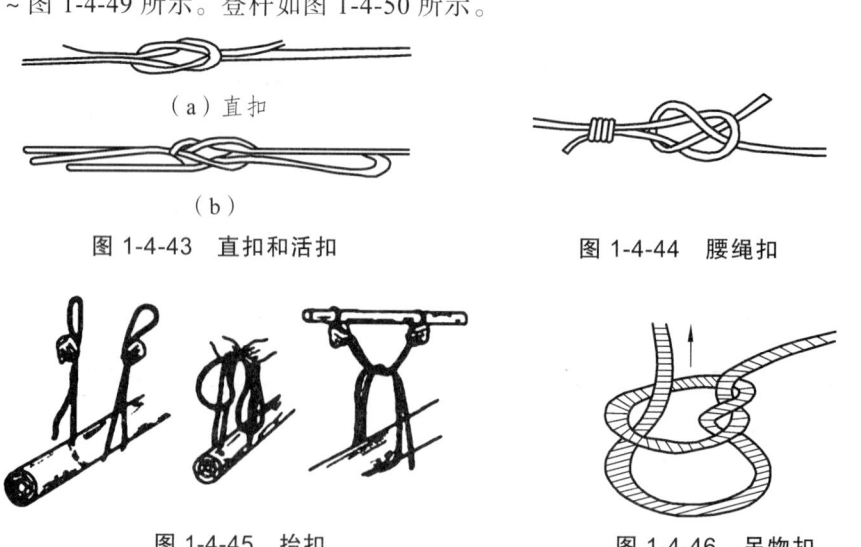

图 1-4-43 直扣和活扣

图 1-4-44 腰绳扣

图 1-4-45 抬扣

图 1-4-46 吊物扣

项目一 架空线路及设备安装、检修、维护

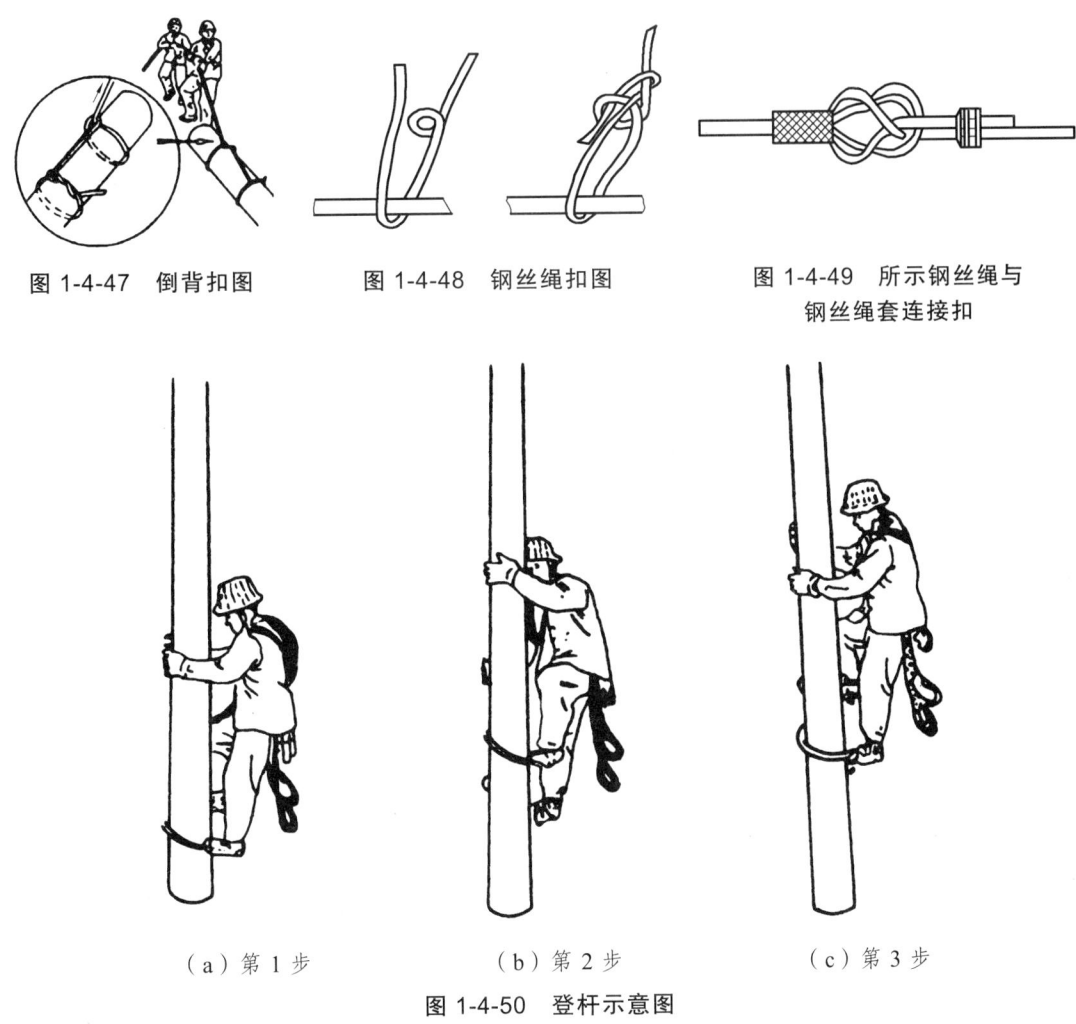

图 1-4-47 倒背扣图　　　图 1-4-48 钢丝绳扣图　　　图 1-4-49 所示钢丝绳与钢丝绳套连接扣

（a）第 1 步　　　　　（b）第 2 步　　　　　（c）第 3 步

图 1-4-50 登杆示意图

课题五　架空线路架设

架空线路的架设分杆位复测、基础施工（挖坑）、排杆、组杆、立杆和架线等环节，现简述如下：

一、杆位复测

施工前测量包括设计测量和施工复测。设计测量由设计部门完成，施工部门要根据设计部门提供的资料、图纸在施工前进行复测。复测的要求是核实勘查设计定线的桩位，包括编号、方向、距离、标高等要与线路平、断面图一致。如有不符应予以纠正。

为了按照设计所确定的路径施工电力线路，必须对全线路的转角桩、直线桩和杆位中心桩进行一次测量，这种测量就是施工测量。

（一）施工测量的要求

（1）路径、基本挡距、基本杆高等要符合设计图及设计交桩要求。

（2）保证对地距离，交叉跨越及平行接近满足 TBJ 207—86《铁路电力施工规范》的要求。

（3）直线杆顺线路方向位移不应大于设计挡距的 5%（35 kV 线路用经纬仪视距法复测时，误差不应大于 1%）；垂直线路位移不应大于 50 mm。

（4）转角杆位移不应大于 50 mm（35 kV 线路桩位角度误差用方向法复测时不应大于 1′30″）。

（5）对于丢失的杆位中心桩，应按设计图予以补钉。

（二）施工测量人员、工具及仪器

（1）测量人员：一般技术员 1~3 名，测量工人 6~15 名。

（2）测量工具：对讲机、测量绳、皮尺、花杆、锤子、砍刀、板尺、口哨、指挥旗、标桩、油漆等。

（3）测量仪器：经纬仪、测量仪等。

（三）施工测量内容

测量施工不同于设计定测，尤其是铁路电力线路，一般只测量下列项目：

（1）直线杆桩的测量。

（2）转角杆桩的测量。

（3）距离和高差的测量。

（4）丢桩补测。

（5）钉辅助桩。

（6）坑位测定。

（四）施工测量方法

1. 直线杆杆桩的测量

直线杆杆桩测量，以线路中心桩作为测量点，用重转法亦即正倒镜分中法测量。如图 1-5-1 所示，Z_1、Z_2 为线路中心桩，$5^\#$ 为直线杆杆桩。把经纬仪架于中心桩 Z_2 上并调整水平。先正镜后视 Z_1 桩上的花杆，然后固定转动盘，倒镜前视测得一点 A。再将经纬仪转动盘放松，把望远镜沿水平方向旋转，仍瞄准 Z_1 桩上的花杆，固定转动盘后，再倒镜前视测得一点 B，量出 AB 中点 C，如 C 点恰好与 $5^\#$ 桩重合，则说明该直线杆杆桩是正确的。如不重合时，量出 C 至 $5^\#$ 桩间的水平距离 D，D 即为杆塔横线路偏移值，一般要求不超过 50 mm 为合格，如超过时，应将 $5^\#$ 桩移至 C 点上，C 点就是改正后的直线杆杆桩位。按照此法，对准 C 点，固定经纬仪，就能向前依次测出直线杆杆桩位置。

2. 转角杆杆桩的测量

转角杆杆桩的测量，是复查转角的角度值是否与原设计的角度相符合。如图 1-5-2 所示，把经纬仪安置在转角桩 J_2 上，后视转角桩 J_1（如相距远不能后视 J_1，亦可后视中间直线桩），前视转角桩 J_3（或中间直线桩），测其右角 φ 测一个侧回，如测得的角度值与原设计的角度值相符，说明 J_2 桩没有移动。如不相符，且超过误差规定，必须继续测量前视桩位 J_3 是否存在错误，确认角度误差并非前视桩 J_3 造成，再与设计单位研究改正原设计角度。

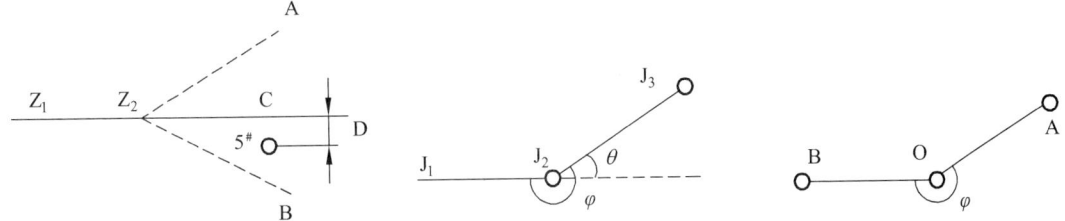

图 1-5-1　直线杆杆桩的测量　　图 1-5-2　转角杆杆桩的测量　　图 1-5-3　转角杆杆桩的测量方法

测量 φ 角，一般采用方向法，即测回法。

如图 1-5-3 所示，在 O 点安置经纬仪，以正镜照准线路前进方向的 A 点，固定水平读盘数 a_1，松开游标度盘按顺时针方向转动望远镜 B 点，读数为 b_1，则两次数值之差即为所求的角值 $\varphi_1 = b_1 - a_1$，这样测角一次为半测回，下半测回倒转望远镜照准 B 点，读数为 b_2，按顺时针方向转动望远镜再照准 A 点，读数 a_2，再取两数之差，即为所求的下半测回角值 $\varphi_2 = b_2 - a_2$，前后两半测回角值的平均数 $\varphi = \dfrac{\varphi_1 + \varphi_2}{2}$，即为方向法一测回所测的角。采用这种方法可以清除视准轴误差和横轴倾斜误差对测角的影响。

3．距离和高差的测量

（1）距离的测量。

在平坦地区可以采用测量绳或 50 m 钢尺直接丈量。目前在铁路电力线路测量中，由于挡距小，一般都采用这种方法。

在山地和丘陵地区多采用视距法。视距法就是利用经纬仪望远镜的视距线，观察测量点上竖立的板尺，读出板尺上的视距和仰俯角，再根据经纬仪的视距常数及附加常数按下列公式即可计算出镜点距所测点间的水平距离 D。

$$D = D_0 - \cos^2 \alpha + C$$

式中　D_0 ——视距尺上读数乘上视距常数，一般视距常数为 100；

　　　α ——垂直角；

　　　C ——附加常数。

（2）高差的测量。

一般在平坦地区不对高差进行测量，但当两杆间有凸起物和交跨物（如铁路、电力线、通航河流等）时，就必须测量高差。高差的测量也采用较为简单实用的视距法。

两点间高差可按下式计算：

$$h = \frac{1}{2} D_0 \sin 2\alpha + C \sin \alpha + i - L$$

式中　i ——仪器高；

　　　L ——视点高，即从视距尺底部至仪器中横丝所示处的距离。

4. 丢桩补测

如直线杆丢失，可按直线杆桩的测量方法，依据图纸所示挡距，进行补桩。

如转角中心桩丢失，可从前一转角点顺推过来，也可以从后一转角点倒推过来，亦可根据辅助桩的交点确定转角中心桩的位置，进行补桩，但必须复测前后挡距及前后转角点的角度。

5. 钉辅助桩

当线路所钉的桩在施工中不能完全满足要求时，就要钉辅助桩，如双杆的测量、三联杆的测量都要钉辅助桩。

6. 坑位的测定

（1）直线单杆分坑法。

① 找出杆位标桩，在标桩前后线路中心各钉一辅助桩。

② 找出线路中心线的垂直线，在此垂直线上于标桩的左右侧各钉一辅助桩。辅助桩是为校验杆坑挖掘位置是否正确和电杆是否立直之用。

③ 用皮尺在标桩左右侧沿线路中心线的垂直线各量出坑口宽度（设为 a）的一半，钉上两个小木桩 A 和 B，再用皮尺量取坑口周长的一半即 $2a$ 折成半个坑口形状，将皮尺的两个端头放在两个小木桩上，拉紧两折点，使两折点与小木桩的连线平行于线路中心线，并在两折点处分别钉上 1 号、2 号桩。用同样方法钉出 3 号、4 号桩，1、2、3、4 号依次连起来就是坑口尺寸，如图 1-5-4 所示。

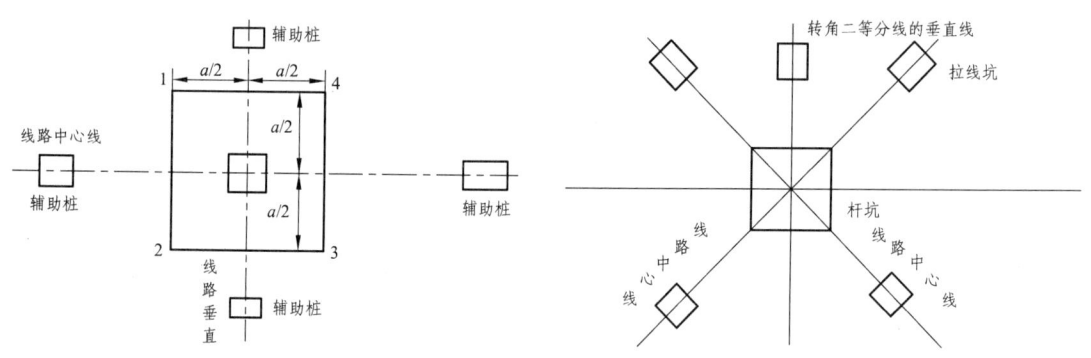

图 1-5-4 直线单杆分坑法　　　　图 1-5-5 转角单杆及拉线分坑法

（2）转角单杆及拉线分坑法。

① 检查转角的标桩是否正确。在被检查的标桩及前后相邻的四个标桩中心点上各插一根花杆，以两侧各看三根花杆，若转角杆上的花杆正好位于所看二直线的交叉点上，则表示该标桩位置正确。

② 在两直线上距转角标桩相等距离处各钉一辅助标桩 A 和 B，根据等腰三角形原理，用皮尺定出转角二等分线的垂直线。

③ 根据坑口宽度和周长，在转角二等分线的垂直线上即可定出坑口的位置，方法与直线杆相同。如图 1-5-5 所示。

④ 如拉线为顺线路方向，可在线路中心线的延长线上量出拉线盘至电杆的水平距离定出一点，则该点就是拉线的位置，分坑方法与直线杆相同。

⑤ 如为合力拉线,则在转角二等分线的垂直线上量出拉线盘至电杆的水平距离并定出一定点,则该点就是合力拉线位置。

二、基础施工

杆塔埋入地下的部分称为杆塔基础。基础的作用是防止电杆承受垂直荷重、水平载重及事故荷重等作用而产生上拔、下压、甚至倾倒。

(一)基本要求

(1)10 kV 及以下线路钢筋混凝土电杆其埋设深度,当设计未作规定时不宜小于表 1-5-1 所列。

表 1-5-1　10 kV 及以下线路钢筋混凝土电杆其埋设深度　　单位:m

杆高	8	9	10	11	12	13	15	18
埋深	1.5	1.6	1.7	1.8	1.9	2.0	2.3	2.6~3.0

(2)杆上变压器台的电杆其埋深设计未作规定时不宜小于 2.0 m。

(3)基础坑施工时应按设计要求的位置与深度挖掘基坑。电杆基础坑深度允许偏差为深 100 mm,浅 50 mm,坑底要平整。拉线基坑深度误差为浅 50 mm,深不控制。

基础施工前的定位,应符合下列要求:

① 调整杆位不应改变原设一杆形。

② 直线杆的顺线路方向位移不应超过设计挡距的 3%,垂直线路方向位移不应超过 50 mm。

③ 转角杆和分岐杆的横线路及顺线路方向的位移均不超过 50 mm。

单杆立好后应正直,位移偏差应符合下列要求:

① 电杆的倾斜不应使杆梢的位移大于半个杆梢。

② 直线杆横向位移不应大于 50 mm。

③ 转角杆应向外侧预偏,紧线后不应向内角倾斜,向外角倾斜不应使杆梢位移大于一个杆梢;转角杆的横向位移不应大于 50 mm。

④ 终端杆应向拉线侧预偏,紧线后不应向拉线反方向倾斜,向拉线侧倾斜不应使杆梢位移大于一个杆梢。

(4)双杆基坑根开的中心偏差不应超过 ±30 mm,深度宜一致。

双杆立好后应正直,偏差应符合下列要求:

① 直线杆结构中心与中心桩之间的横向位移不应大于 50 mm;转角杆结构中心与中心桩之间的横线路及顺线路方向位移不应大于 50 mm。

② 迈步不应大于 30 mm。

③ 根开不应超过 ±30 mm。

(5)电杆基础采用底盘、卡盘时应符合下列规定:

① 在土质松软和斜坡上埋设电杆时,适当加深或增设卡盘。

② 卡盘上口距地面不应小于 500 mm,卡盘与电杆连接应紧密。

③ 直线杆的卡盘应与线路平行，并在电杆左、右交替埋设。

④ 承力杆的卡盘应埋设在承力侧。

⑤ 底盘基础坑坑底应平整，底盘的圆槽面应与电杆中心线垂直，找正后应填土夯实致底盘表面。

（二）土壤的工程分类

基础的开挖应根据不同的土质采用不同的方法，土壤大致分为黏性土、砂石类土和岩石三大类。黏性土可分为黏土、亚黏土、亚砂土三种。砂石类土又可分为砂土和碎石。岩石有泥灰岩、页岩和花岗岩。

（三）基坑、拉线坑开挖

按照划好的坑口尺寸，规定的坑底尺寸和规定的坡度使用锹和镐进行挖掘。

（1）要熟悉了解开挖基坑的基础型式及尺寸要求，检查开挖基础的土壤情况是否与设计相符。

（2）杆塔基础坑深，以施工基面为准，拉线坑以拉线坑中心的地面标高为准。

（3）基坑开挖前要保护好辅助桩。

（4）挖出的土应堆放在离坑边 1 m 以外的地方，以免影响坑内工作和立杆。

（5）当挖到一定深度，坑内出水时，应在坑的一角深挖一个小坑集水，然后用水桶排出。

（6）当地下水位高，土质不良时，应采取适当措施处理，一般用打板桩的方法。

（7）坑底可用水平尺操平，边测量边修整，使四角与坑中心在同一平面上。

（8）钢筋混凝土杆超深部分 100~300 mm，以填土夯实处理。

（9）回填土时，每填入 300 mm 厚夯实一次。土中可掺石块，但杂草必须清除。基坑顶部应带有自然坡度的防沉层，土质一般时防沉层应高出地面 300 mm，冻土和不易夯实的土质，防沉层应高出地面 500 mm。如图 1-5-6 所示。

不带卡盘和底盘的杆坑以圆形坑为好，取土少，不易倒杆。带卡盘底盘可挖方坑，为便于立杆可在放置电杆侧开挖马道。如图 1-5-7 所示。

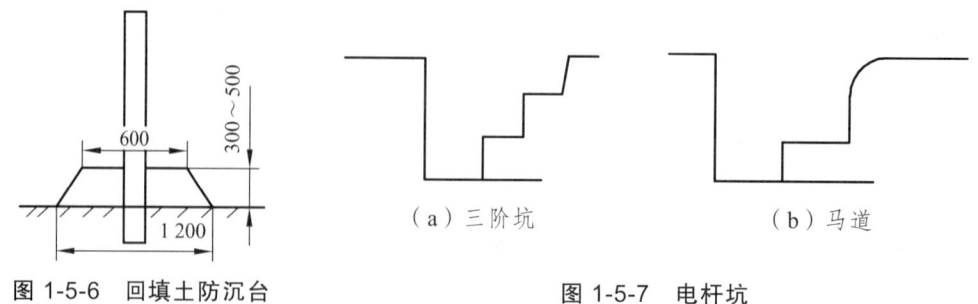

图 1-5-6 回填土防沉台

图 1-5-7 电杆坑

三、排　杆

根据图 1-5-8 和表 1-5-2 所列的杆号及杆型，将水泥杆分别运到便于立杆的对应杆坑处。

项目一 架空线路及设备安装、检修、维护

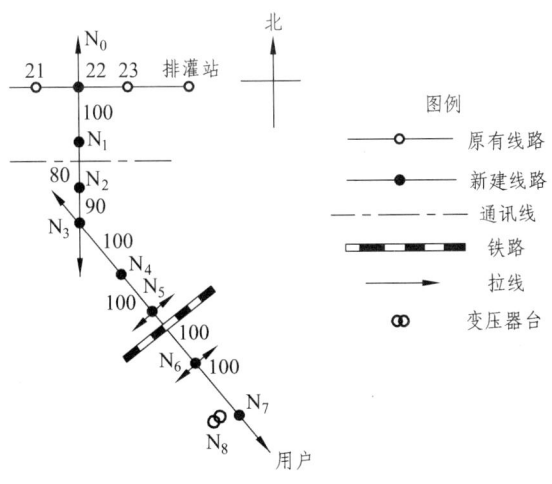

图 1-5-8 配电支线施工设计图

表 1-5-2 杆型一览表

杆号	杆型	杆高（m）	杆号	杆型	杆高（m）	杆号	杆型	杆高（m）
N_0	直线改支接	11	N_3	15°转角	11	N_6	直线跨越	12
N_1	直线跨越	11	N_4	直线杆	11	N_7	终端	11
N_2	直线跨越	11	N_5	直线跨越	12	N_8	附变压器	砖构台

四、组 杆

为了施工方便，一般都在地面上将电杆顶部金具及绝缘子等组装完毕，然后立杆。也可在立杆后再进行组装金具和绝缘子。

（一）横担、杆顶支座及绝缘子的安装

在一根电杆上根据需要安装一条或数条横担。这些横担须平行安设在一个垂直面上，和线路成直角。如高低压同杆架设时，高压横担应在低压横担上方。直线杆横担要装设在受电侧。终端杆、转角杆、分岐杆以及导线张力不平衡处的横担，均应装在张力的反方向。

横担安装方向如图 1-5-9 所示。

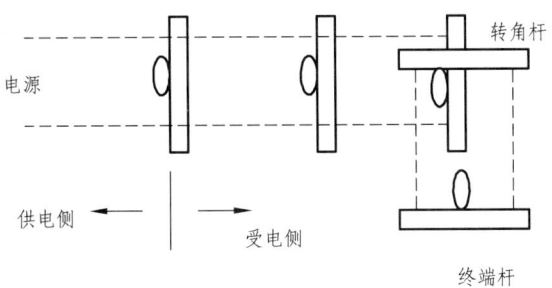

图 1-5-9 横担的安装方法

1. 铁横担的安装

目前，在钢筋混凝土电杆上安装角铁横担，采用 U 形螺栓或双螺栓固定。为防止横担倾斜，在横担和电杆之间加入一 M 形抱箍，增加其稳定性。

① 10 kV 直线杆的组装方式：一般采用 U 形螺栓，设 M 形垫铁。
② 耐张杆：一般为双横担，设 M 形垫铁。

垫铁弧形应与电杆直径配套。

横担安装应平直，误差不应大于下列规定：端部上下歪斜、左右歪斜不大于 20 mm。

2. 瓷横担的安装

瓷横担用于直线杆上起到代替横担和瓷瓶双重作用，它绝缘性能较好，断线时能自行转动，不致因一处断线而扩大事故。瓷横担的安装方法如图 1-5-10（a）所示。如图 1-5-10（b）所示为 3～10 kV 高压线路中导线为三角排列时的瓷横担安装位置。

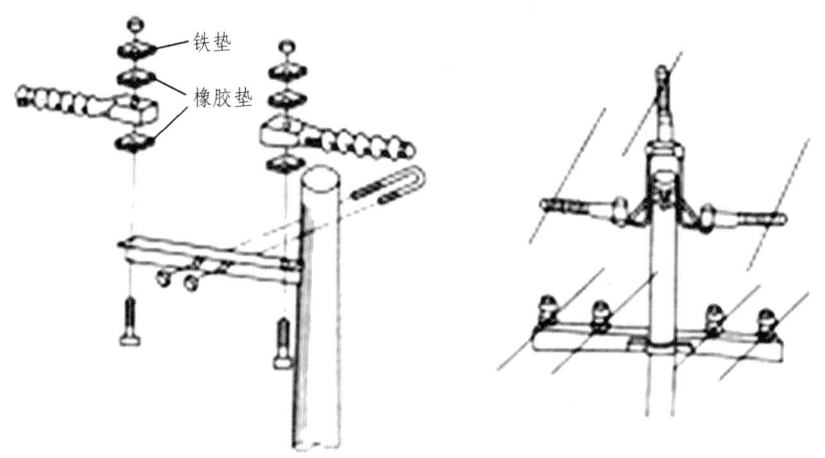

（a）瓷横担的安装步骤　　（b）导线三角排列时的瓷横担安装

图 1-5-10　瓷横担的安装

（二）电杆装配的质量要求

电杆组装后应进行一次全面检查，检查电杆装配是否符合设计规范，安装工艺是否符合要求。其检查项目如下：

（1）电杆各部分螺栓，螺丝穿入方向，顺线路者均由送电侧穿入，横线路方向位于两侧者一律向外穿，中间者向统一方向穿（一般是面向受电侧，由左向右），垂直地面者一律由下向上穿。螺丝两端必须有铁垫，伸出长度要露出螺帽三丝以上，但不应大于 50 mm。

（2）横担应牢固地装设在电杆之上，并与电杆保持垂直，当电杆立起后，使横担处于水平位置。如果是双重横担，各横担应保持平行。横担端部上下、左右歪斜不大于 20 mm。

（3）绝缘子安装应连接可靠牢固。针式绝缘子应竖直安装，固定在横担上时应有弹簧垫圈或使用双螺帽以防松脱；悬式绝缘子安装时，与横担、导线金具的连接处无卡压现象，绝缘子串上的弹簧销子，螺栓及穿钉方向规定为：垂直方向应由上向下穿，顺线路方向由电源侧向受电侧穿入，两边应由内向外，中间应由左向右穿入。

（4）导线与电杆、构架、导线间距的规定：导线与拉线、电杆、构架的净空距离要求高压不小于 0.2 m，低压不小于 0.1 m，过引线、引下线与邻相净空距离要求高压不小于 0.3 m，低压不小于 0.15 m。

五、立　杆

（一）立杆方法

立杆的方法很多，常用的有以下几种：

1. 汽车立杆

这种方法比较理想，既安全可靠，效率又高，有条件的地方应尽量采用。用汽车吊起立电杆的方法：首先应将吊车停在合适的地方，放好支腿，若遇土质松软的地方，支脚下垫一块面积较大的厚木板。起吊电杆的钢丝绳套，一般可拴在电杆重心以上的部位，对于拔梢杆的重心在距大头端电杆全长的 2/5 处加上 0.5 mm。等径杆的重心在电杆的 1/2 处。如果是组装横担后整体起立，电杆头部较重时，应将钢丝绳套适当上移。拴好钢丝套后，再在杆顶向下 500 mm 处临时结三根调整绳。起吊时坑边站两人负责电杆根部挡坑，另三人各扯一根调整绳，站成以坑为中心的三角形，由一人指挥。立杆时，在立杆范围以内应禁止行人走动，非工作人员应撤离施工现场以外。电杆在吊至杆坑中之后，应进行校正、填土、夯实，其后方可拆除钢丝绳套。如图 1-5-11 所示。

2. 撑式立杆

这种方法使用工具比较简单，但劳动强度大，当立杆少，又缺乏机械的情况下，而且低于 12 m 的混凝土杆可以采用。主要立杆工具有杈杆、大绳、顶板滑板等。如图 1-5-12 所示。

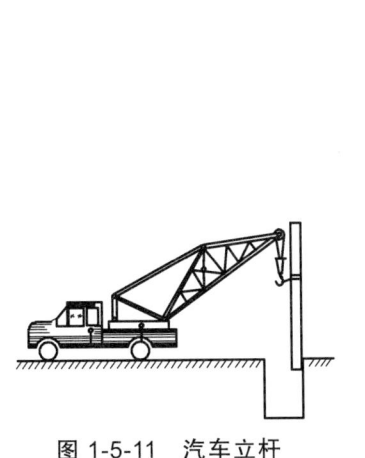

图 1-5-11　汽车立杆

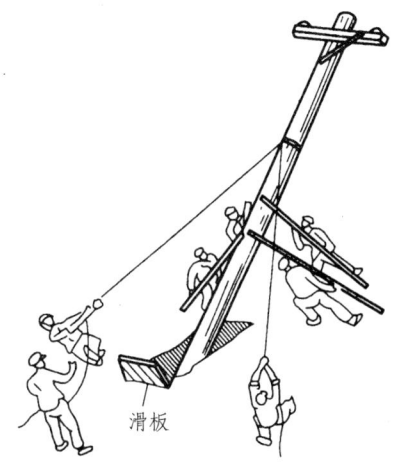

图 1-5-12　撑式立杆

3. 倒落式立杆

立杆时由于地形和地物的限制，不能用汽车吊进行，可采用这种方法。立杆的主要工具有人字抱杆、滑轮、卷扬机、钢绳等。立杆前先把要立的电杆移到杆坑合适位置，安装好各类工具，起吊要使抱杆同时立起，缓慢牵动，使电杆根部正确沿滑板入坑，电杆应在抱杆失效前接触坑底，在起吊过程中，两根晃绳紧密配合，适当松紧来保证电杆不摇晃并沿直线竖起，防止电杆向牵引侧倾倒，如图 1-5-13 所示。

4. 固定式人字抱杆立杆法

固定式人字抱杆立杆法如图 1-5-14 所示。以立 10 kV 线路电杆为例，起吊工具有人字抱杆 1 副，高度约为杆高的 1/2；起吊用钢丝绳 1 条，长约 45 m，直径一般为 10 mm；固定抱杆用牵引钢丝绳 2 条，长约为杆高的 1.5 倍，直径为 6 mm；承载 3t 的滑轮组 1 份，承载 3t 的滑轮 1 个；绞磨 1 台；钢钎数根。

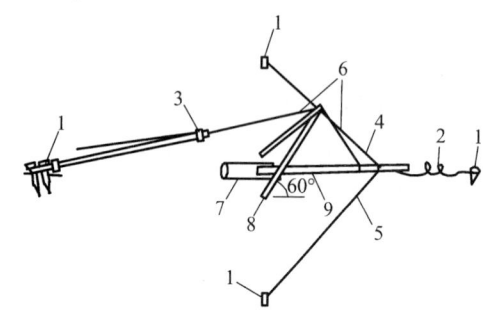

图 1-5-13　倒落式抱杆立杆法

1—钢钎；2—反面拉绳；3—滑轮组；4、5—侧面拉绳（棕绳）；6—钢丝绳；7—杆坑；8—脱离式抱杆；9—电杆

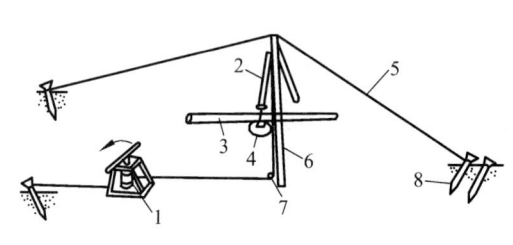

图 1-5-14　固定式人字抱杆立杆法

1—绞磨；2—滑轮组；3—电杆；4—杆坑；5—钢丝拉绳；6—固定抱杆；7—引导滑轮；8—钢钎

（二）杆身调正

电杆立起后，应进行找正，即电杆位置调正。杆身调正包括顺线路方向和横线路方向的调正。顺线路方向的调正方法是：当第一根电杆立起后，观测人员要在距离已立好电杆 3~4 个坑位远的线路中心立花杆，由 1 人站在花杆后面 10 m 以外的坑位中心观测，看电杆是否位于线路中心线上。横线路方向调正时，应距电杆 10 m 以外垂直线路中心线方向看电杆是否垂直，否则进行调正。

1. 单电杆调正后应满足的要求

（1）直线杆的横向移动不应大于 50 mm；电杆的倾斜不应大于半个杆梢（35 kV 电杆倾斜度不应大于 3‰）。

（2）转角杆应向外角预偏，紧线后不应向内角倾斜，向外角倾斜不应使杆梢位移大于一个杆梢。

（3）终端杆应向拉线预偏，紧线后不应向拉线反方向倾斜，向拉线侧倾斜不应使杆梢位移大于一个杆梢。

（4）变更导线并带有双侧拉线的跨越杆、耐张杆，应向非跨越方向预偏，紧线后不应向跨越方向倾斜，向非跨越方向倾斜，不应大于一个杆梢。

2. 双杆立好后，位移偏差应符合的规定

（1）直线杆双杆中心与中心桩之间的横向位移不大于 50 mm，转角双杆中心与中心桩之间的横线路及顺线路方向位移不应大于 50 mm。

(2)迈步不应大于 30 mm。

(3)根开不应超过±30 mm。

(4)两杆高差不应大于 20 mm。

六、拉线制作与安装

(一)拉线的结构

配电线路的拉线一般由拉线抱箍、延长环、楔形线夹(俗称上把)、绞线、拉线绝缘子、UT 线夹(俗称下把、底把)、拉线棒和拉线盘等元件构成。如图 1-5-15 所示。

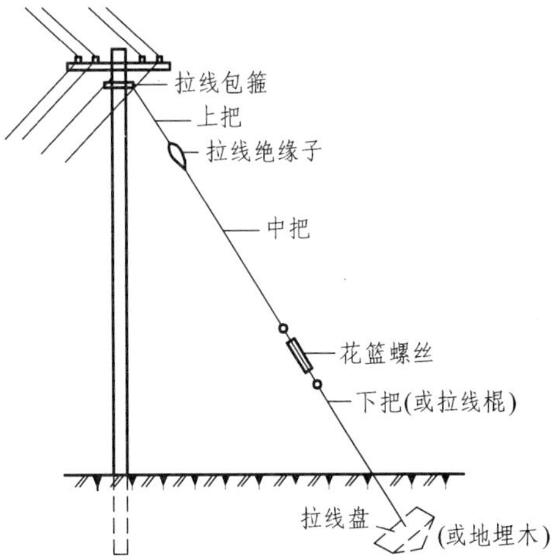

(二)拉线制作

拉线制作主要是钢绞线做回头和回头尾线的固定绑扎方法。

(1)钢绞线的截取。通常可根据经验估计实际长度,钢绞线在截取前应用扎丝在剪断处两侧各缠 3~5 圈,然后再剪断,防止钢绞线散股。

(2)钢绞线回头制作方法。制作回头前应量取回头长度,一般上、下把回头长度可取 300~500 mm。

(3)将钢绞线穿入楔形线夹并将回头绑扎固定。

图 1-5-15 拉线结构

把钢绞线穿入楔形线夹时,短头应从楔形线夹的凸肚侧穿出,钢绞线应紧贴楔形线夹的舌头。

(三)拉线安装的有关规定

(1)拉线装设的方向应与电杆受力方向相反且在同一条直线上。承力拉线应与线路方向的中心线对正;分角拉线与线路分角线对正;防风拉线应与线路垂直。

(2)拉线与地面夹角越小效果越好,但线路占地面积大,所以拉线与地面夹角一般为 45°~60°。

(3)配电线路拉线不宜固定在横担上,应设拉线抱箍。

① 导线三角形排列时,在横担上方距横担中心 150~300 mm 处。

② 导线水平排列时,在横担下方距横担中心 150~300 mm 处。

(4)拉线受力较大时应采用拉线棒与拉线盘。拉线棒与拉线盘垂直,拉线棒出土露出地面长度为 500~700 mm,拉线坑需挖一马道,拉线盘距地面 1.2~1.5 m。

(5)无论采用 UT 线夹还是花篮螺栓,拉线安装完毕,都应有一半以上的调整长度,以便以后拉线松的时候进行调整。调整后,UT 线夹的双帽应并紧。花篮螺栓调整后应予封固。

(6)安装拉线绝缘子的位置,应使拉线断线而沿电杆下垂时,绝缘子离地面的高度在 2.5 m 以上,不致触及行人。

(7)拉线位于交通要道或人易触及的地方,须套有红白油漆相间标志的竹(塑料)管保护。

(8)拉线设置受地形和条件限制时,可用钢筋混凝土撑杆代替。

（9）耐张杆两侧导线截面不同时，应在截面小的一侧设拉线或按两侧导线截面的不同设两条不同规格的拉线。

（10）过道拉线：

① 拉线距路面中心的垂直距离不应小于 6 m；对轨面高度不应小于 7 m。

② 拉线柱埋深不应小于杆长 1/6。

③ 拉线柱上端拉线固定点的位置距杆顶为 250 mm，距地面不小于 4.5 m。

④ 拉线柱应向张力反方向倾斜 10°～20°；拉线柱坠线与拉柱夹角不应小于 30°。

（11）弓形拉线夹角应为 45°。

拉线局部安装如图 1-5-16 所示。

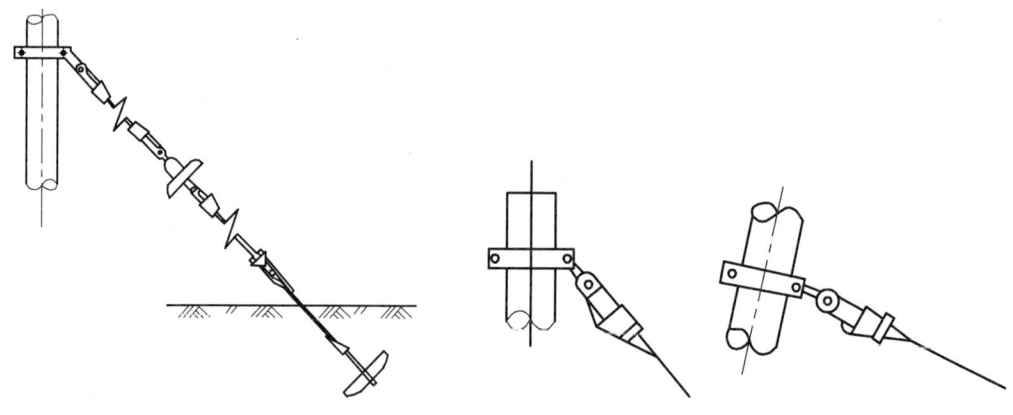

图 1-5-16　拉线安装

（四）撑杆安装

当地形受到限制，无法安装拉线时，也可用撑杆代替拉线，作为平衡张力稳定电杆之用，如图 1-5-17 所示。撑杆的规格和高度，应根据电杆的高度、规格和受力情况来确定。撑杆与电杆间的夹角，应满足设计要求，一般为 30°，允许偏差为 ±5°。撑杆底部埋深不宜小于 0.5 m，且底部应垫以底盘或块石，并应与撑杆垂直。在撑杆与主杆的结合处，一般采用 ∠63×63×6 的角钢制成的联板支架（两块）和四个 M16×210～270 的方头螺栓固定。在角钢联板与主杆及撑杆之间要垫以 4 块特制的 M 形抱铁，使撑杆与电杆连接紧密、牢固。

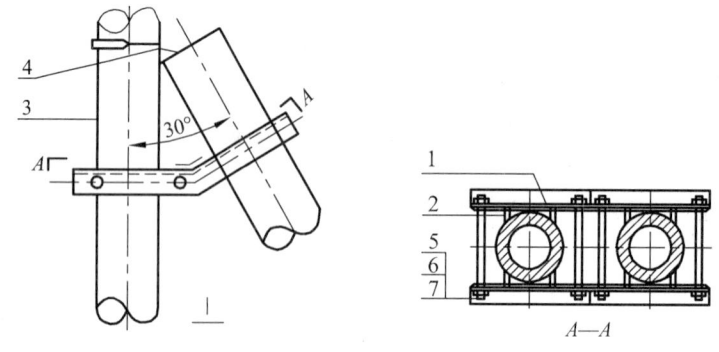

图 1-5-17　撑杆安装

1—撑杆支架；2—方头螺栓；3—电杆；4—撑杆；5—从形抑铁；6—方螺母；7—方垫圈

七、导线架设

当电杆立好后,进入导线架设的最后阶段。这个过程中施工负责人需要对架线施工做全面考虑,如工具、材料的准备、人员分工、通信联系方式、紧线受力问题等。

架线程序通常可分为放线、挂线、接线、紧线、调整弧垂和固定导线等。

(一)放　线

1. 放线前检查

放线前应检查导线的规格、型号是否符合设计要求。导线有无严重机械损伤,如断线、破股、背花、灯笼等情况,特别是铝导线还应观察有无严重腐蚀现象。当导线有损伤时应按要求进行缠绕、修补、锯断重接的现场处理。达到下列情况之一时必须锯断重接:① 单金属绞线超过总面积的 17%,钢芯铝绞线超过总面积的 25%。② 导线损伤截面在允许范围内,但损伤长度已超过一个修补金具所能修补的长度。③ 钢芯铝绞线的钢芯断股。④ 导线的金钩、破股、灯笼使导线形成无法修复的永久变形。导线的修补:导线在同一处损伤程度导致强度损失不超过总拉力的 5%时以缠绕修理;导线在同一处损伤程度已超过 5%,但不足 17%且截面积损伤也不超过总面积的 25%时可采用修补管补修。

2. 放　线

放线通常按每个耐张段进行。放线前,应选择合适位置安放放线架和线盘,线盘在放线架上要保持导线从上方引出,在放线段内每根电杆上挂一个开口滑轮(铝制);不得将导线在横担上拖拉。牵引导线要一条一条的进行,牵引动力视导线截面大小,可用人力或机动车辆进行,随导线拖至每根电杆处,用绳子吊升导线,其方法是将绳子穿过放线滑轮,一端绑导线,拉动另一端而将导线吊起进入滑轮内。在放线过程中,线盘处应有专人看守,负责导线质量,发现问题应立即停止,待处理后继续进行。放线速度应尽量均匀,不应突然加快,以防止绞线架倾倒。托线放线法如图 1-5-18 所示。

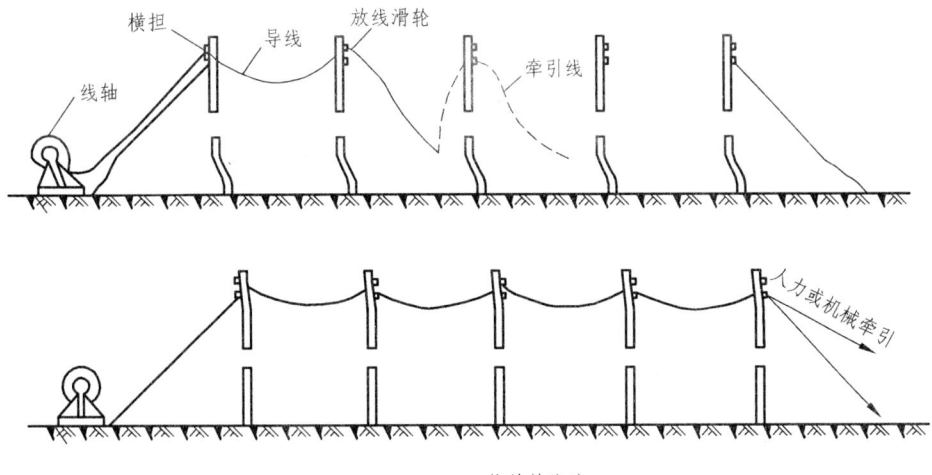

拖放放线法

图 1-5-18　拖线放线法

3. 注意事项

（1）放线架应支架牢固。

（2）导线经过地区要消除障碍，在岩石等坚硬地面处，应垫稻草等物，以免磨伤导线。

（3）在每基杆上应设专人监护，注意滑轮转动是否灵活，导线是否掉槽，压接管通过滑轮是否卡住。

（4）人力牵引导线放线时，拉线人之间要保持适当距离，以不使导线拖地为宜。

（二）紧　线

在紧线过程时，必须按照设计的弧垂要求进行，防止导线弧垂过大或过小。弧垂过大容易造成导线对地的限距不够，还容易造成导线间的混连，弧垂太小使导线所承受的运行张力明显增大。所以弧垂的大小直接和导线的安全运行相联系，紧线工作的安全重点是解决杆塔和导线的受力问题。

紧线是在两耐张杆之间进行的。当耐张杆、转角杆和终端杆的拉线完成之后就可以进行紧线工作了。线路较长，导线截面较大时可利用卷扬机或绞磨进行。对一般中小型铝绞线或钢芯铝绞线可用紧线器。其方法是：先将导线通过滑轮组，用人力初步拉紧，然后将紧线器上的钢丝绳松开，固定在横担，另一端夹住导线。用紧线器紧线时横担两侧的导线应同时收紧，以免横担受力不均而歪斜。最常用的方法是先紧中相，然后两边相。

紧线时，要根据当时的气温，确定导线的弧垂值。观测弧垂的方法是：在耐张段内选择一个标准挡距，在该挡距的两端电杆上，根据要求的弧垂值，各绑一横板（弛度尺，见图 1-5-19），当导线紧到观察档导线弛度最低点和两块横板，这三点成一条直线时就可以了。

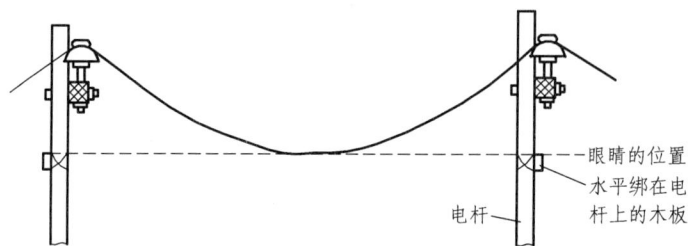

图 1-5-19　紧线与观测弧垂

导线弧垂规定如下：

（1）导线弧垂由气象条件、导线截面及挡距等条件决定，正常挡距的弧垂见有关规定。

（2）导线弧垂的误差，不应超过设计弧垂的±5%。导线紧好后，同挡距内各相导线弧垂力求一致，水平排列的导线弧垂相差不应大于 50 mm。

（3）架设新导线时，应考虑导线的初伸长，一般采用减小导线弧垂法补偿，弧垂减小的百分数为：硬铝绞线——2.0%；钢芯铝绞线——1.2%。

（4）同一层横担上架设截面不同的导线时，导线弧垂应以弧垂最大的导线为准。

紧线时应注意的几个问题：

（1）紧线前，应检查导线是否都放在铝滑车中。小段紧线亦可将导线放在针式绝缘子的顶部沟槽内。不许将导线放在铁横担上，以免磨伤。

（2）紧线时要有统一的指挥和明确的松紧信号。指挥人员要根据观测档对弧垂观测的结果,指挥松紧导线。各种导线在不同温度下的弧垂值,因地区气象特点而不同。不同气象地区,应根据本地区电力部门规定的弧垂进行紧线。

(3)紧线时,一般应做到每基电杆有人,以便及时松动导线,使导线接头能顺利越过滑子或绝缘子。

(三)导线在绝缘子上的固定

紧线后要对架空配电线路的导线进行固定,导线在针式绝缘子及悬式绝缘子上的固定普遍采用绑扎线缠绕法和耐张线夹固定法。绑线的材料与导线材料相同,其直径应在 2.6~3 mm 范围内。铝导线在绑扎前,将导线与绝缘子和绑线接触的地方缠绕铝包带且与导线绕向一至。

1. 导线在针式绝缘子上固定应符合的规定

(1)直线杆:10 kV 导线应固定在针式绝缘子的顶槽内,0.38 kV 及以下导线应固定在针式绝缘子的侧槽内。

(2)30°及以下直线转角杆:导线应固定在针式绝缘子外槽内。

(3)双针式绝缘子直线杆:导线及辅助线各绑在两个绝缘子外侧的侧槽内,但不绑成菱形。

(4)绑扎应牢固。

2. 导线在绝缘子上的绑扎方法

(1)顶绑法。

直线杆针式绝缘子上的绑扎。绑扎时,首先在导线绑扎处绑铝带 150 mm。所用铝带宽为 10 mm,厚为 1 mm。绑线的材料应与导线的材料相同,其直径应在 2.6~3 mm 范围内。绑扎步骤如下:

① 绑线短头留整个长度的 1/5 左右,起手在左侧,绑线在导线上先缠绕两圈,然后两线头拧二个劲(垂直向下)。

② 短头在前,长头在后顺瓶颈到右侧,两线头拧二个劲(垂直向上)。

③ 短线头右前上起,在导线上缠绕 1 圈,在右下回到瓶颈中前部;长线头右后下起,在导线上缠绕 1 圈,在右下再经瓶颈后部回到左侧。

④ 长头在导线下起,在导线上缠绕 1 圈,经瓶颈前部回到右侧。

⑤ 长头在导线下起,在导线上缠绕 1 圈,经瓶颈后部回到左侧。

⑥ 长头在导线下起,在导线上缠绕 1 圈,经瓶颈前部回到右侧。下起在导线上缠绕 1 圈。

⑦ 长头右下后起,经瓶顶到左上前下缠。

⑧ 长头在导线下向后在瓶颈上逆时针缠绕 1.25 圈到瓶颈后中部。

⑨ 短头在瓶颈上顺时针缠绕 1/2 圈,到瓶颈后中部。

⑩ 两绕头在瓶颈后中部拧三个劲,余绕剪下,按顺时针方向按倒。

(2)侧绑法。

转角杆针式绝缘子上的绑扎,导线应放在绝缘子颈部外侧。若导线截面较大时,直线杆也可以用这种绑扎方法。绑扎步骤如下:

① 绑扎短头留整个长度的 1/8 左右，起手在左侧，绑线在导线上先缠绕两圈，然后两线头拧二个劲（垂直向前）。

② 短头沿逆时针方向按在瓶颈前中部，长头在瓶颈前面逆时针方向到右侧。

③ 长头在右前上经瓶颈后面逆时针到左后下缠绕。

④ 长头在左下沿前瓶颈到右侧，经右下沿后瓶逆时针方向到左侧上前，再沿前瓶颈回到右侧。

⑤ 长头右侧下起，在导线上缠绕 2 圈，沿瓶颈前面顺时针方向到左侧。

⑥ 长头右侧下起，在导线上缠绕 2 圈，沿瓶颈前面逆时针方向到右侧。

⑦ 长头右侧下起，在导线上缠绕 2 圈，右侧上起沿瓶颈前面顺时针方向到前中部。

⑧ 两绕头在瓶颈前中部拧三个劲，余线剪下，沿顺时针方向按倒。

（3）终端绑。

蝶形绝缘子一般安装在终端杆，耐张杆上。绑扎步骤如下：

① 绑扎长度：铝导线截面为 50 mm^2 及以下，铜导线截面为 35 mm^2 及以下时，绑扎长度为 150 mm；铝导线截面为 70~120 mm^2，铜导线截面为 50~70 mm^2 时，绑扎长度为 200 mm。

② 把绑线盘成圆盘，在绑线一端留出一个短头，长度比绑扎长度多 50 mm。

③ 把绑线短头夹在导线与折回导线中间凹进去的地方，然后用长头在导线上绑扎。第一圈要距离绝缘子外缘 80 mm。

④ 绑扎到规定长度后，与短头拧 2~3 圈的麻花线，余线剪去，留下部分并压在导线上。

⑤ 把导线端部折回，压在绑线上。

⑥ 绑线长度一般为 4.5 m。

3. 耐张线夹固定导线法

耐张线夹是用来将导线与绝缘子串连接在一起的金具，用于耐张杆、终端杆、分支杆及 45°~90°的转角杆。安装时首先将导线的固定处缠绕一段铝包带用来防止导线损伤。然后将导线安放于耐张线夹的线槽内，在导线上放上压舌，同时装上 U 形螺丝并拧紧螺丝，通过压舌将导线牢牢地固定在线槽内，最后通过线夹的连接螺丝把耐张线夹和悬式绝缘子串上的 U 形挂环连接在一起。

（1）耐张线夹固定方法如下：

① 用紧线器将导线收紧，使弧垂比所要求的数值稍小些，然后将导线与耐张线夹接触部分用铝包带包缠上。包缠时应从一端开始绕向另一端，其方向须与导线外层线股缠绕方向一致，包缠长度须露出线夹两端各 10~20 mm。最后将铝包带或线股端头压在线夹内，以免松脱。

② 卸下线夹的全部 U 形螺栓，使耐张线夹的线槽紧贴导线缠绕部分，装上全部 U 形螺栓及压板，并稍拧紧。最后按顺序拧紧。所有螺栓拧紧后复紧，再检查复紧一次。

（2）架空线路上的线夹安装应注意以下事项：

① 线夹型号应与导线、避雷线的型号配套。否则，导线、避雷线在线夹中固定不牢靠，可能发生事故。

② 铝绞线、钢芯铝绞线和铝包钢绞线不得与线夹直接接触，而应在这些绞线的表面紧密缠包 1~2 层铝包带（用预绞丝护线条者除外），以防止运行中被线夹磨损。铝包带的缠绕方向应与导线外层线股绞制方向相同，两端露出线夹口 10~30 mm，铝包带的端头应压入线夹内，以防端头散开。

③ 在线路经过的居民区，线路与铁路、公路、通信线路和其他电力线路交叉跨越的地点，以及线路检修困难的地段，均不得采用释放型线夹，以免误动而造成事故。

④ 倒装式螺栓形耐张线夹的无螺栓侧应指向导线端；有螺栓侧应指向跳线端如图 1-5-20（a）所示，如果安装方向相反，如图 1-5-20（b）所示，将造成线夹受力状态不良而发生事故。线夹与绝缘子的连接应选用适当长度的连接金具，使线夹附件的跳线与绝缘子瓷裙保持一定距离。

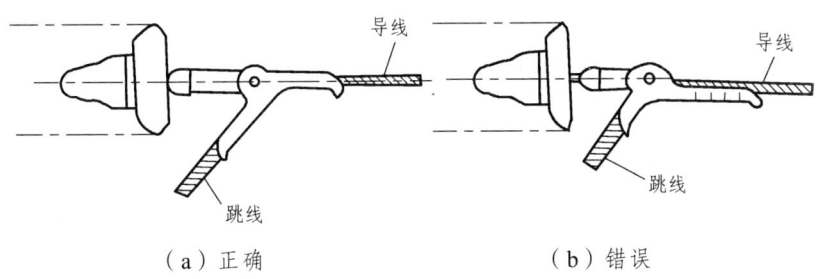

（a）正确　　　　　　　　　（b）错误

图 1-5-20　倒装式螺栓型耐张线夹的安装

⑤ 线夹上的螺栓应有弹簧垫圈，螺栓应拧紧，受力应均匀。

（四）导线在杆塔上过引线（跳线）的连接

1. 过引线采用并沟线夹连接时应符合的要求

（1）铜铝导线的连接必须使用铜铝过渡线夹，线夹的连接面应平整、光洁，连接螺栓齐全，并逐个均匀拧紧。

（2）钢芯铝绞线、硬铝绞线的连接应采用铝制并沟线夹，线夹的连接面应平整、光洁，连接螺栓齐全，并逐个均匀拧紧。

（3）采用并沟线夹时，其数量不应少于两个。连接面应平整、光洁。导线及并沟线夹槽内应清除氧化膜，涂电力复合脂。线夹两端应用绑扎线绑扎 50 mm，采用双线夹时，除端部绑扎外，还在两线夹间绑扎 50 mm，将两根导线绑扎在一起。

2. 过引线采用绑扎连接时应符合的要求（见图 1-5-21）

（1）70 mm² 以下硬铝线右搭接绑缠，绑扎长度如下：

35 mm² 及以下　　　绑扎长度 ≥150 mm；

50 mm²　　　　　　绑扎长度 ≥200 mm；

70 mm²　　　　　　绑扎长度 ≥250 mm。

（2）绑扎连接时，应接触紧密、均匀、无硬弯，过引线呈均匀弧度。绑扎用的绑线，应选用与导线同金属的单股线，其直径不应小于 2.0 mm。

（3）过引线对相邻导线的距离：10 kV 不应小于 300 mm，0.38 kV 不应小于 150 mm。

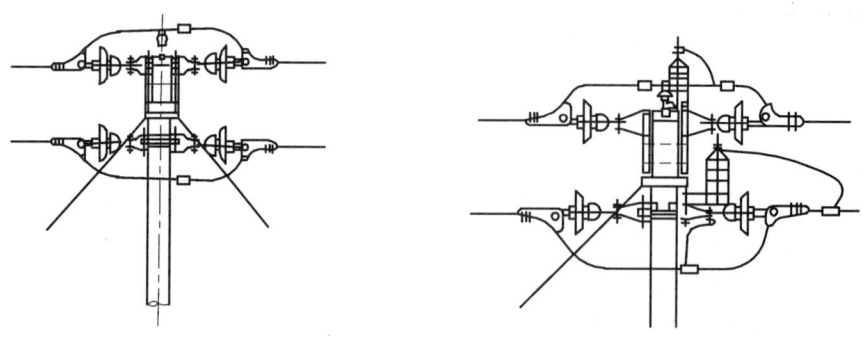

图 1-5-21 耐张绝缘子过引线连接图

八、导线的连接

在配电线路的施工中，常常遇到导线的连接问题。通常在架空线路中最常用的连接方法有压接、搭接、插接、捻接等。

（一）导线的连接要求

（1）导线连接应牢固可靠，挡距内接头的机械强度不应小于导线抗拉强度的 90%。
（2）导线接头处应保证有良好的接触。接头处的电阻应不大于等长导线的电阻。
（3）不同材料的导线连接需要采用特殊处理方法，型号不同的导线连接方式要考虑导线的使用场合。

（二）导线连接

1. 导线钳压连接

钳压接法适用于硬铝线、钢芯铝绞线，如图 1-5-22 所示。施工方法如下：
（1）将两根铝绞线接头处用绑线缠好，端头锯齐，以免导线散开。
（2）导线连接部分表面，连接管内壁用汽油清洗干净，然后导线表面涂一层中性凡士林，再用钢刷清除表面的氧化膜。

图 1-5-22 导线钳压接

（3）将两根导线分别从连接管的两端头插入，使导线端头露出管外 20～30 mm 为止，然后将其端部用绑线扎紧，以防松散。如为钢芯铝绞线时，应再插入一根导线，中间插入一片铝垫片、再插入另一根导线，这样可增加接头握着力，使接触良好。
（4）选择合适的压模嵌在压钳中，并使两侧导线平直，按顺序、压坑数和尺寸进行压接。钢芯铝绞线连接管应从中间开始，依次向一端交错钳压，再从中间向另一端交错钳压。铝绞线连接管压接顺序是从管端开始，依次向另一端上下交错钳压。
（5）校直及打磨：压接后的连接管一般都会有不同程度的弯曲，所以压接后应用木锤对连接管进行校正。校正后再用细砂纸将连接管的毛刺擦去。

2. 并沟线夹法

这种方法适用于杆上分支线和跳线的连接。并沟线夹分等径和不等径两种。线夹的型号可根据导线的截面进行选择。安装时,线夹内和导线表面都要用钢丝刷将氧化膜除净,涂以中性凡士林油,并在其上包缠铝包带。拧紧线夹螺栓,拧螺栓时要彼此均匀拧紧,以保证接头强度,减小接触电阻。

3. 绑接和插接

(1)插接法。

多股铜导线多用此法。首先拧开两根导线头,把它们交叉在一起,如图 1-5-23(a)所示;再用绑线在中间缠绕 50 mm,如图 1-5-23(b)所示;然后再用导线本身的单股线或双股线向两端逐步缠绕;一股缠完后,将余下的线尾压在下面,再用另一股缠,直至缠完为止,如图 1-5-23(c)所示;全部缠完后的插接接头,如图 1-5-23(d)所示,导线截面在 50 mm² 以下的连接长度一般为 200~300 mm。

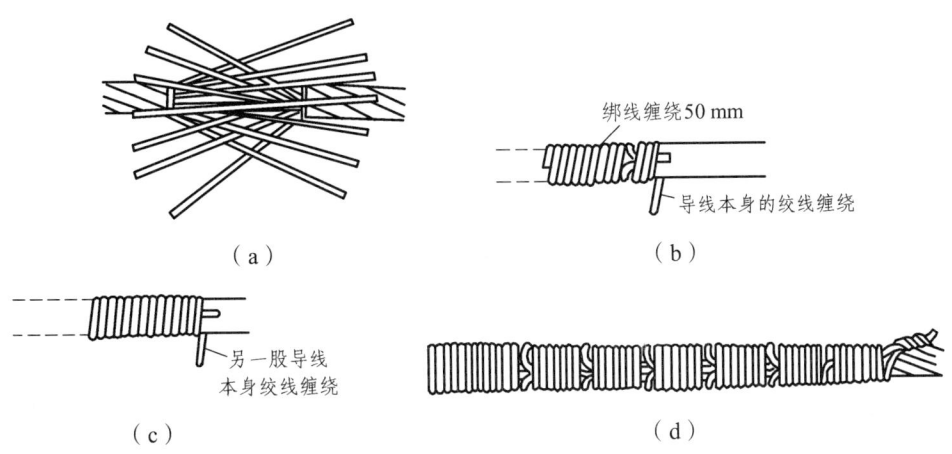

图 1-5-23 导线插接法

(2)绑接法。

对于单股导线以及较小型号导线的弓子线连接,可采用绑接法(临时供电线路中的铜导线或铝绞线也可使用此法),如图 1-5-24 所示。大线号的跳线弓子线,应使用线夹连接。绑接长度请参考表 1-5-3。

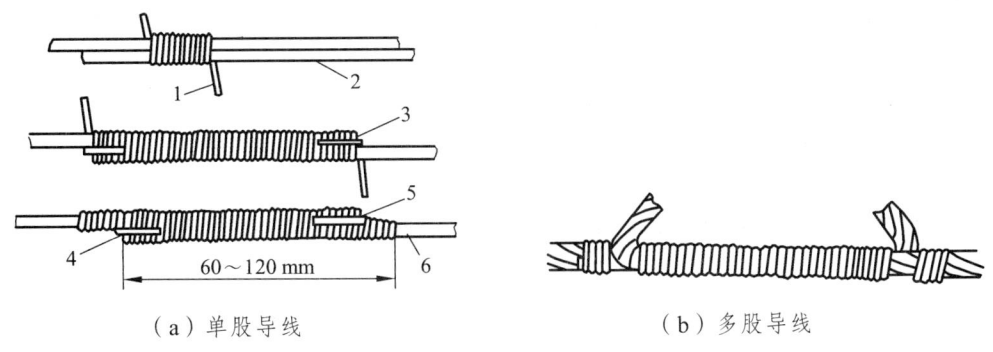

(a)单股导线　　　　　　　　　(b)多股导线

图 1-5-24 导线的绑接法

1—绑线;2—辅助线;3、4—主线的多余部分弯起;5—绑线在辅助线和一根主线上缠 5~6 圈;

表 1-5-3　绑接长度

导线型号	挡距内绑接长度（mm）	弓子线绑接长度（mm）	绑线直径（mm）
单股铜线直径 3.2 mm 单股铁线直径 3.2 mm	80	80	1.6
单股铜线直径 4.0 mm 单股铁线直径 4.0 mm	100	100	1.6
铝绞线 35 mm^2 以下	250～300	150～200	不小于单股导线直径

九、接户线

接户线是指从配电线路上某一级电杆引到用户室外第一支持点的一段线路，无论是沿墙敷设或直接自电杆引下的，均称接户线。套护线是指用户室外配电箱（或接户线第一支持点）到用户进户点的一段线路。由于一般一条接户线带一个或几个用户，所以套护线的数量也不等，套护线长度不超过 50 m。进户线是指套护线引到用户室内第一支持点的一段线路。接户线是将电能输送和分配到用户的最后一部分线路，也是用户用电线路的开端部分。按架空配电线路的电压，可分为高压接户线和低压接户线。

（一）高压接户线

高压接户线一般适用于用电量较多的单位。供电部门与用户的线路分界处应装设开关，可以是跌落式熔断器、隔离开关或柱上开关。高压接户线如图 1-5-25 所示。对高压接户线的要求如下：

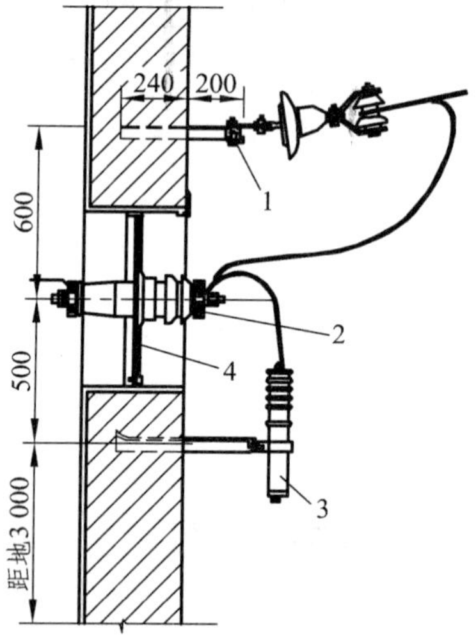

（1）当接户导线截面积较小时，一般使用悬式绝缘子与蝶式绝缘子串联方式固定在建筑物的支持点上；当截面积较大时则使用悬式绝缘子和耐张线夹的方式固定在建筑物的支持点上。支持点应安装牢固，能承受接户线的全部拉力。

（2）高压接户线引入室内时，必须采用穿墙套管而不能直接引入，以防导线与建筑物接触漏电伤人及接地故障发生。

（3）高压接户线截面要求。铜线截面不小于 16 mm^2，铝线截面不小于 25 mm^2。

（4）高压接户线的挡距不应大于 30 m，线间距离不应小于 0.6 m（穿墙套管线间距不应小于 0.45 m），对地距离不应小于 4 m。

图 1-5-25　高压接户线
1—进户线绝缘子支架；2—高压穿墙瓷套管；3—避雷器及支架；4—穿墙板

（5）高压接户线不宜跨越道路，如必须跨越，应设高压接户杆。

（6）不同金属、截面的接户线在挡距内不应连接，挡距内不允许有接头。

（二）低压接户线

低压接户线适用于家庭照明、小型动力等用户，这些小型动力用户不需要再架设专门的变压器。对低压接户线的要求如下：

（1）低压接户线在墙上固定采用角铁或铁板嵌入墙内，配以针式绝缘子固定导线。当导线截面较大超过 16 mm² 时用蝶式绝缘子固定导线。

（2）低压接户线应采用橡皮绝缘导线或黑护套塑料绝缘导线，导线截面积应根据允许载流量选择，但不应小于表 1-5-4 中的规定。

表 1-5-4

接户线架设方式	档中（m）	最小截面积（mm²）	
		绝缘铜线	绝缘铝线
自电杆引下	25 以下	4.0	6.0
沿墙敷设	6 及以下	2.5	4.0

（3）低压接户线的挡距不宜大于 25 m，超过 25 m 时宜设接户杆，低压接户杆的挡距不应超过 40 m。

（4）低压接户线在房檐处引入线对地面距离不应小于 2.5 m，不应高于 6 m，不足 2.5 m 者应立接户杆升高。接户杆宜采用钢筋混凝土杆，梢径不应小于 100 mm。

（5）低压接户线在最大弧垂时的对地距离不应小于下列数值：① 跨越车辆通行的街道 6 m；② 跨越通车困难的街道，人行道 3.5 m；③ 跨越胡同 3 m。

（6）低压接户线的固定应符合下列规定：① 接户线在杆上的一端，应采用蝶式绝缘子固定；用户墙上或房檐处也应采用蝶式绝缘子固定；② 接户线横担宜采用镀锌角钢制作，角钢截面不应小于 40 mm×4 mm；③ 接户线横担宜采用穿墙壁螺栓固定，为防止拔出，内端应有垫铁。混凝土结构的墙壁，可不穿透，但应用水泥浇灌牢固，禁止采用木塞固定。

（7）接户线最小线间距离，不应小于表 1-5-5 中的规定，且支持瓷瓶应整齐美观。

表 1-5-5

架设方式	挡距（m）	线间距离（m）	对地距离（m）
自电杆引下	25 及以下	0.15	2.5
	25 以上	0.2	2.5
沿墙敷设	4 以下	0.1	2.5
	6 以上	0.15	2.5

（8）低压接户线与同杆上的低压接户线交叉、接近时的最小净空距离不应小于 0.1 m，不能满足时应套上绝缘管。

（9）低压接户线与建筑物有关部分的距离，不应小于下列数值：① 与接户线下方窗户的垂直距离 0.5 m；② 与接户线上方阳台或窗户的垂直距离 0.8 m；③ 与窗户或阳台的水平距离 0.75 m；④ 与墙壁、构架的距离 0.05 m。低压接户线如图 1-5-26 所示。

（10）低压接户线不得从高压引下线穿过，亦不应跨越铁路。低压接户线与弱电线路的交叉距离，不应小于下列数值：① 低压接户线在弱电线路上方 0.6 m；② 低压接户线在弱电线路下方 0.3 m；③ 如不能满足要求，应采取隔离措施。

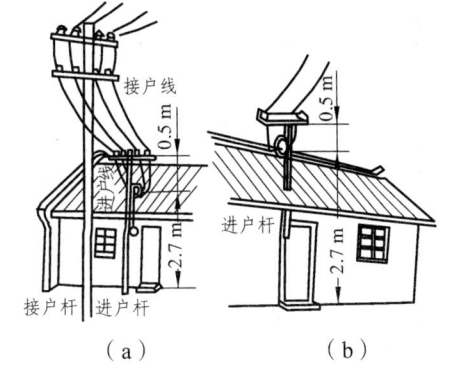

图 1-5-26 低压接户线

> 实训项目

实际工作任务1　开挖一般土质10 m直线杆坑

一、场地工具材料

1. 场地：一般土质平坦的室外场地，至少定好3个直线杆杆位，并在杆坑中心钉好标桩。
2. 工具材料：石灰、铁锹、镐、土蓝、钢卷尺、标杆、辅助桩、大直角尺、皮尺、小木桩、安全帽。

二、工作任务

开挖一般土质10 m直线杆杆坑一个，杆坑深度1.7 m，圆坑。具体要求如表1-5-6所示。

表1-5-6　操作要领及评分

项目及分配		考评内容及评分	扣分	得分
操作技能	80分	1．计算杆坑坑口、坑底宽度： （1）坑口宽度＝电杆根宽度+0.4×杆坑深度×2＝1.07 m （2）坑底宽度＝电杆杆根宽度+0.4＝0.73 m，漏、错一项扣3分。 2．复测杆坑位置并画线： （1）在被复测的坑位标桩及前后相邻的两个坑位标桩中心点上各立直1根标杆，用三点一线法测定坑位中心位置，划出线路中心线，并在坑位中心位置前后沿线路中心线各钉一个辅助桩。 （2）在坑位中心位置上，用大直角尺找出线路中心线的垂直线并划出，在此垂直线上于坑位中心位置的左右两侧各钉一辅助标桩，用于校验杆坑位置是否正确。 （3）在坑位中心位置的左右两侧沿线路中心线的垂直线各量出坑口宽度的一半，钉上两个小木桩；用皮尺量出坑口周长的一半，折成半个坑口的形状，将皮尺的两个端头放在坑宽的两个小木桩上，拉紧两折点，使两折点与小木桩的连线平行于线路中心线，此时两折点与小木桩和两折点之间的连线即为半个坑口的开挖线，依此划线后，将皮尺翻过来按上述办法划出另外半个坑口的开挖线。漏、错一处扣5分。 3．开挖杆坑： （1）挖坑中心线必须与辅助桩中心线对正。 （2）土质松软处应设防塌板。 （3）坑深超过1.5 m时，坑内工作人员必须戴安全帽。 （4）严禁采用掏洞方法挖坑，并不得在坑内休息。 （5）开挖工具必须坚实牢固，并经常检查。漏、错一处扣5分。 4．杆坑尺寸符合要求： （1）深度允许偏差为：深100 mm，浅50 mm。 （2）顺线路方向的位移不超过设计挡距的3%，垂直线路方向的位移不超过50 mm。		
工具使用	10分	正确使用工具：（1）使用不当每次扣2分。（2）工具损坏一件扣5分。		
安全	10分	1．人身无损伤：轻伤扣5分；受伤不能工作扣41分。 2．弃土堆放不符合要求，场地不洁，每项扣3分。		

实际工作任务 2　登杆作业

防护人员到位并戴好安全帽。登杆人员穿戴好安全用具（工作服、安全帽、手套、安全带）。

1. 登杆前对脚扣进行人体载荷冲击试验，试验时，先登一步电杆，然后使整个人体的重力以冲击的速度加在一只脚扣上，若没问题，再换一只脚扣做冲击试验。当试验证明两只脚扣都完好时，才能进行登杆作业。
2. 然后左脚向上跨扣，左手应同时向上扶住电杆。
3. 接着右脚向上跨扣，右手应同时向上扶住电杆。
4. 以后步骤重复，直至所需高度。
5. 下杆方法与登杆方法相同。

实际工作任务 3　安装 10 kV 架空直线杆铁横担

一、材料工具

电力线路工个人工具一套、铁横担、U 形螺栓、M 形垫铁、针式瓷瓶、杆顶支座、脚扣、吊绳、钢卷尺、安全带。

二、工作任务

安装 1 组横担、杆顶支座以及瓷瓶。具体要求如表 1-5-7 所示。

表 1-5-7　操作要领及评分

项目及分配		考评内容及评分	扣分	得分
操作技能	80 分	1. 领取工具材料，检查材料状况： （1）检查金具：表面光洁，无裂纹、毛刺、飞边、砂眼、气泡、镀锌良好，无锌皮剥落、锈蚀。 （2）绝缘子外观检查：铁件与瓷件结合紧密、无歪斜现象；铁件镀锌良好；瓷釉光滑、无裂纹、缺釉、斑点、烧痕、气泡等。 缺陷漏检一处扣 1 分。 2. 上下杆动作熟练、规范。错一处扣 2 分。 3. 杆顶支座安装： 杆顶支座安装在距杆顶 150 mm 处，杆顶支座螺栓由送电侧穿入，安装牢固，无倾斜。 4. 安装横担： 横担安装在距杆顶 800 mm 处，横担安装应平直，端部上下歪斜、左右扭斜不大于 20 mm。 5. 安装瓷瓶： 安装前应清除瓷瓶表面污垢、附着物及不应有的涂料等，瓷瓶无倾斜、固定牢固。每错一处扣 5 分。		
工具备品	10 分	1. 工具使用不当，每次扣 2 分。 2. 工具、零件损坏，每件扣 5 分。		
安全	10 分	1. 未按规定着装扣 5 分。 2. 违反上杆作业安全规定每次扣 3 分。 3. 轻伤，扣 5 分；重伤不能工作扣 41 分。		

实际工作任务 4　普通 25 mm² 钢绞线拉线制作安装

一、工具材料

电力线路工个人工具一套、脚扣、安全带、拉线抱箍、钢绞线 25 mm²、楔形线夹、UT 线夹、双眼板、镀锌铁线 $\Phi 16$。

二、工作任务

制作 25 mm² 钢绞线拉线，安装拉线抱箍及拉线。具体要求如表 1-5-8 所示。

表 1-5-8　操作要领及评分

项目及分配		考评内容及评分	扣分因素	得分
操作技能	80 分	1. 检查材料状况： （1）检查金具：表面光洁，无裂纹、毛刺、飞边、砂眼、气泡、镀锌良好。 （2）检查钢绞线：无严重腐蚀、散股、断股、硬弯现象。 少一件扣 2 分；漏检 1 处扣 1 分。 2. 上下杆动作规范、熟练。错一处扣 3 分。 3. 安装拉线抱箍： （1）导线为三角形排列时，拉线抱箍安装在横担上方距横担中心 150～300 mm 处。 （2）导线为水平排列时，拉线抱箍安装在横担下方离横担中心 150～300 mm 处。 安装错误扣 10 分。 4. 制作拉线： （1）计算拉线所用钢绞线长度，截取钢绞线。 （2）在地面上制作拉线上把，其缠绕长度不小于 20 mm。 （3）在拉线抱箍上挂上拉线上把。 （4）制作拉线下把，下把的上端、花缠和下端的缠绕长度分别不得小于 80 mm、250 mm 和 150 mm。 （5）安装前线夹丝扣上应涂润滑剂。 （6）线夹舌头与拉线接触紧密，受力后无滑动现象。 （7）拉线弯曲部分不得有明显散股现象。 （8）线夹处露出尾线长度不得超过 400 mm，尾线回头应与本线扎牢。 （9）UT 形线夹应有不小于 1/2 的螺栓丝扣调整余量，并且双螺母应拧紧。 （10）拉线松紧适度，制作美观。 每漏、错一处扣 5 分。		
安全	20 分	1. 未拴安全带、戴安全帽，各扣 5 分。 2. 未按规定进行登杆前检查，扣 2 分。 3. 违反杆上作业安全规定每次扣 3 分。 4. 轻伤扣 5 分，重伤不能工作扣 41 分。		

实际工作任务 5　钢芯铝绞线压接

一、材料工具

导线、导线压接管、绑扎线、液压钳、钢锯、钢卷尺、电力复合脂。

二、工作任务

用液压钳进行钢芯铝绞线或硬铝绞线导线压接。具体要求如表 1-5-9 所示。

表 1-5-9　操作要领及评分

项目及分配		考评内容及评分	扣分因素	得分
操作技能	80分	1. 检查材料状况： 连接管型号与导线截面是否一致，连接管无弯曲、严重氧化、无毛刺等。缺陷漏检一处扣2分。 2. 导线压接： （1）将导线端锯齐锯前应将锯口端用绑扎线缠好，以免导线散开。 （2）清除压接管、导线接触部分的氧化膜。 （3）钳接后，导线端头露出压接管长度不小于 20 mm。 （4）压接后管身应平直，弯曲度不大于 2%。安装错误扣 10 分。 （5）压接管两端的第一个压坑必须在导线的短头侧、钢芯铝绞线的短头侧应压两个坑。 （6）压接后，连接管两端附近的导线不应有灯笼、抽筋现象，连接管两端出口处、合缝处及外露部分应涂刷电力复合脂。 （7）压接管的压接坑位置操作顺序、压坑数以及外径见表 1-5-10。 操作不当每处扣 5 分；压坑顺序、位置错误每处扣 3 分；压坑每少一个扣 5~10 分，每漏、错一处扣 5 分。		
工具使用	10分	1. 工具使用不当，每次扣 3 分。 2. 工具损坏扣 10 分。		
安全	10分	1. 未按规定着装扣 5 分。 2. 轻伤，扣 5 分；重伤不能工作扣 41 分。		

表 1-5-10　压坑位置、压坑数及外径尺寸表

导线型号		钳压部位尺寸（mm）			压后尺寸 D（mm）	压口数
		a_1	a_2	a_3		
铝绞线	LJ-16	28	20	34	10.5	6
	LJ-25	32	20	36	12.5	6
	LJ-35	36	25	43	14.0	6
	LJ-50	40	25	45	16.5	8
	LJ-70	44	28	50	19.5	8
	LJ-95	48	32	56	23.5	10
	LJ-120	52	33	59	26.5	10

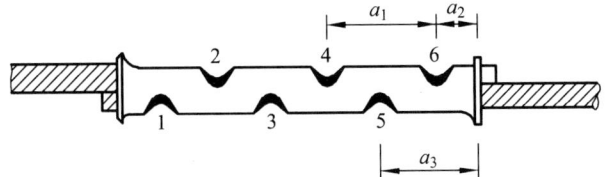

图 1-5-27 压坑位置、压坑数及外径尺寸图

实际工作任务 6　10KV 架空线直线转角杆导线绑扎

一、材料工具

电力线路个人工具 1 套、脚扣、安全带、吊绳、铝包带、扎线、LGJ-50 导线。

二、工作任务

对 10 kV 架空线路转角杆三相导线进行绑扎。具体要求如表 1-5-11 所示。

表 1-5-11　操作要领及评分

项目及分配		考评内容及评分	扣分因素	得分
操作技能	80 分	1. 领取工具材料并检查： 绑线选用 Φ2.5 mm 铝线。 材料外观检查：绑扎线无伤痕，铝包带平整、光洁、无严重氧化。 工具材料少一件扣 1 分；缺陷漏检一处扣 1 分。 2. 绑扎作业： （1）上下杆动作熟练、规范。错一处扣 2 分。 （2）用 Φ2.5 mm 铝线将导线固定在针式绝缘子转角外侧边槽内，导线与绝缘子接触部分缠绕铝包带，缠绕长度超过接触部分 30 mm；缠绕方向与导线外层线股绞制方向一致。 （3）导线侧绑应符合《铁路电力设备安装标准》。 固定位置错误扣 20 分；未缠铝包带或缠绕方向不符合要求扣 25 分；绑扎线不符合规定、不牢固扣 15 分；绑扎不美观扣 5 分。		
工具备品使用	10 分	1. 工具使用不当，每次扣 2 分。 2. 工具损坏，每件扣 5 分。		
安全	20 分	1. 未按规定着装扣 5 分。 2. 违反上杆作业安全规定，每次扣 3 分。 3. 轻伤，扣 5 分；重伤不能工作扣 41 分。		

实际工作任务 7　调整 10 kV 架空线路 1 个孤立耐张段内的导线弧垂

一、材料工具

电力线路工个人工具 1 套、脚扣、安全带、吊绳、紧线器、卡线器铝包带。

二、工作任务

调整 10 kV 架空线路 1 个孤立耐张段内的导线弧垂。具体要求如表 1-5-12 所示。

表 1-5-12　操作要领及评分

项目及分配		考评内容及评分	扣分因素	得分
操作技能	80 分	1. 导线弛度由气象条件、导线截面及挡距等条件决定；正常挡距导线弧垂弛度可由《铁路电力设备安装标准》中给出的导线弧垂值表中查得。 2. 导线弛度误差不超过设计弛度的±5%，导线紧好后，同挡距内各相导线弧垂力求一致，水平排列的导线弧垂相差不应大于 50 mm。 3. 架设新导线时，应考虑导线的初伸长，一般采用减小导线弧垂法补偿，弧垂减小的百分数为钢芯铝绞线 1.2%。每错、漏检一项扣 3 分。 2. 调整边相弛度： （1）将紧线器在横担适当位置固定好，便于收紧或放松导线。 （2）根据边相导线与中相导线弛度相差情况，选择适当位置用卡线器将边相导线夹紧，导线被夹处应缠铝扎皮。 （3）将卡线器与紧线器连接好。 （4）如果需要将边相导线弛度调小，则利用紧线器将导线均匀收紧，使导线弛度比需要的稍小些，完全松开耐张线夹，在导线适当位置处重新安装好耐张线夹，然后放松导线，观察是否达到要求。 （5）如果需要将边相导线弛度调大，则适当松开耐张线夹 U 形螺栓，用板手轻敲线夹，将导线缓慢松出，使导线弛度达到要求，拧紧耐张线夹 U 形螺栓，然后放松导线，观察是否达到要求。 （6）安装耐张线夹时，应将导线与线夹接触部分用铝包带缠好，缠绕长度应超过线夹两端各 20 mm，缠绕方向应与外层线股缠绕方向一致；导线缠绕部分就紧贴线槽；不得偏斜卡碰，并使其受力均匀；所有螺栓紧固一次后，应进行全面检查是否符合要求，并再紧固一次，防止导线滑动或松出。 上下杆动作不熟练，每处扣 3 分；操作不当每处扣 3 分；导线弛度调整未达标扣 15 分；杆上有无遗留材料，工具漏检扣 5 分。		
工具使用	10 分	1. 材料、工具少领，每件扣 2 分。 2. 工具状态漏检，每件扣 2 分。 3. 工具使用不当，每次扣 3 分。		
安全	10 分	1. 未按规定着装扣 5 分。 2. 未按规定进行登杆前检查，扣 2 分。 3. 违反杆上作业的安全规定，每次扣 3 分。 4. 人身无损伤：轻伤扣 5 分；受伤不能工作扣 41 分。		

实际工作任务 8　10 kV 耐张杆过引线连接

一、材料工具

电力线路个人工具 1 套、脚扣、安全带、吊绳、铝包带、电力复合脂、针式瓷瓶、铝并沟线夹、铁丝刷。

二、工作任务

连接 10 kV 架空线路耐张杆三相过引线。具体要求如表 1-5-13 所示。

表 1-5-13　操作要领及评分

项目及分配		考评内容及评分	扣分因素	得分
操作技能	70 分	1. 领取工具材料检查材料状况： 铝包带、并沟线夹连接面应平整、光滑、无严重氧化。缺陷漏检一处扣 1 分。 2. 上下杆动作熟练、规范。错一处扣 2 分。 3. 杆顶支座安装： 杆顶支座安装在距杆顶 150 mm 处，杆顶支座螺栓由送电侧穿入，安装牢固，无倾斜。 4. 过引线连接： 并沟线夹、导线连接面清除氧化膜，涂电力复合脂，导线连接面缠绕长度超过接触部分 30 mm，方向与外层股绞制方向一致；并沟线夹连接螺栓齐全并逐个均匀拧紧，过引线对相邻导线的距离不小于 300 mm。 铝包带缠绕漏、错扣 10 分，过引线尺寸错扣 10 分，其余每错一处扣 5 分。		
工具备品使用	10 分	1. 工具使用不当，每次扣 2 分。 2. 工具、零件损坏，每件扣 5 分。		
安全	20 分	1. 未按规定着装扣 5 分。 2. 未按规定进行登杆检查扣 2 分。 3. 违反上杆作业安全规定每次扣 3 分。 4. 轻伤，扣 5 分；重伤不能工作扣 41 分。		

习 题

一、填空

1. 电杆基础坑深度允许偏差为深_____ mm，浅_____ m，坑底要平整。拉线基坑深度误差为浅_____ mm，深不控制。

2. 直线杆的顺线路方向位移不应超过设计挡距的_____，垂直线路方向位移不应超过_____ mm。

3. 转角杆和分岐杆的横线路及顺线路方向的位移均不超过____ mm。

4. 电杆的倾斜不应使杆梢的位移_____杆梢。

5. 转角杆应_____侧预偏，紧线后不应向_____倾斜，向外角倾斜不应使杆梢位移大于_____梢；转角杆的横向位移不应大于_____ mm。

6. 终端杆应向_____侧预偏，紧线后不应向拉线_____倾斜，向拉线侧倾斜不应使杆梢位移大于_____杆梢。

7. 双杆立好后迈步不应大于_____ mm；根开不应超过_____ mm。

8. 基坑挖出的土应堆放在离坑边_____ m 以外的地方，以免影响坑内工作和立杆。

9. 回填土时，每填入_____ mm 厚夯实一次。土中可掺石块，但杂草必须清除。基坑顶部应带有自然坡度的防沉层，土质一般时防沉层应高出地面_____ mm，冻土和不易夯实的土质，防沉层应高出地面 _____ mm。

10. 直线杆横担要装设在_____侧。终端杆、转角杆、分岐杆以及导线张力不平衡处的横担，均应装在张力的_____。

11. 电杆各部分螺栓，螺丝穿入方向，顺线路者均由_____穿入，横线路方向位于两侧者一律_____穿，中间者向统一方向穿（一般是面向受电侧，由左向右），垂直地面者一律由_____穿。螺丝两端必须有铁垫，伸出长度要露出螺帽_____以上，但不应大于___ mm。

12. 绝缘子串上的弹簧销子，螺栓及穿钉方向规定为：垂直方向应由_____穿，顺线路方向由电源侧向_____穿入，两边应由内向外，中间应由_____穿入。

13. 配电线路的拉线一般由拉_____、_____、_____、拉线_____、_____、_____和_____等元件构成。

14. 拉线与地面夹角越小效果越好，但线路占地面积大，所以拉线与地面夹角一般为_____。

15. 配电线路拉线不宜固定在横担上，应设拉线抱箍；导线三角形排列时，在横担上方距横担中心_____处。导线水平排列时，在横担下方距横担中心_____处。

16. 拉线位于交通要道或人易触及的地方，须套有_____管保护。

17. 导线在绝缘子上的绑扎方法有_____、_____、_____。

二、简答

1. 叙述架空线路施工的工艺流程。通常在施工中要做哪些测量工作？
2. 架空线路的施工要求是什么？
3. 常用登高工具有哪些？
4. 简述横担安装方法及要求。

5. 架线程序有哪些?

6. 导线连接有什么要求?

7. 什么是接户线?

三、综合题

如图 1-5-28 所示:

（1）按图进行排杆。

（2）画出 3 号杆装配示意图，并列出所需材料表（3 号杆转角为 40 度）。

（3）画出 2 号杆装配图，并列出所需材料表。

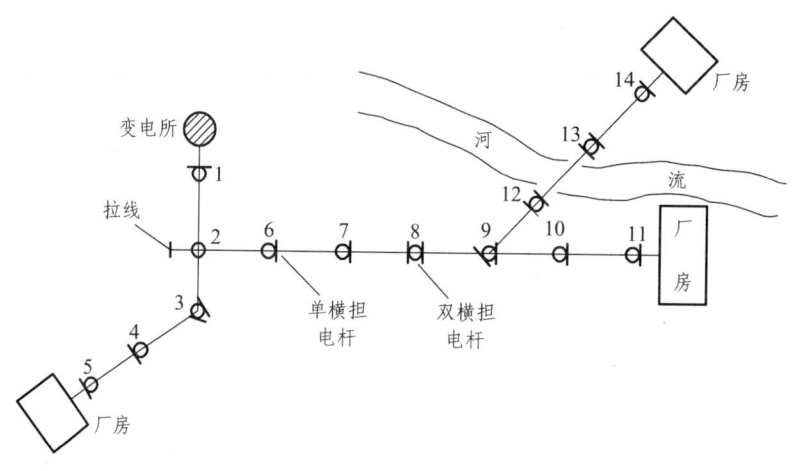

图 1-5-28

课题六　配电线路设备

一、变压器

在电力系统中变压器是一个十分重要的设备，对电能的传输起着重要的作用。一方面，需要它将发电机发出的较低电压等级升高到一定电压等级后，才能输送到电力网中进行远距离传送；另一方面，当电能输送到受电区（用户）时，又需要它将输电线上的高压降到配电网的电压，再经过一系列的配电变电站将电压降至用户可以使用的电压等级。因此在整个输送过程中不仅要有升压和降压变压器的配合，而且还要求性能好、运行安全可靠。所以变压器对电能的经济传输、灵活应用和安全使用都具有重要意义。

（一）变压器的工作原理

变压器是利用电磁感应原理制成的静止电气设备。它能将某一电压值的交流电变换成同频率的所需电压值的交流电，以满足高压输电，低压供电及其他用途的需要。

变压器一次绕组通电后在铁芯中产生一个正弦交变磁通 Φ，该磁通又在一次、二次绕组中感应出电动势 E_1 和 E_2。当二次绕组接有负载 Z_{fF} 时，就会输出电压 U_2 和电流 I_2，这就是变压器传输电能的过程。变压器的工作原理实际上就是利用电磁感应原理,把一次的电能传送给二次的负载。如图 1-6-1 所示。

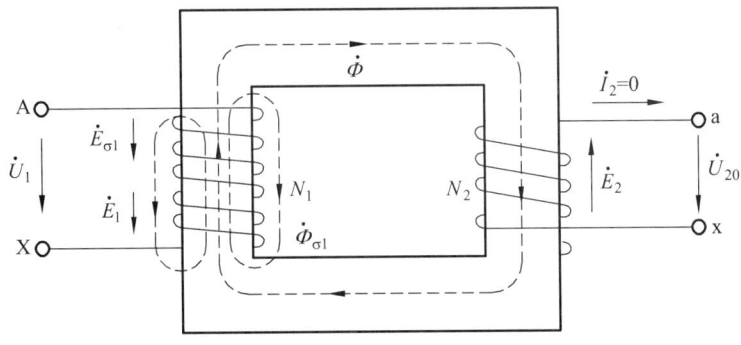

图 1-6-1　变压器的工作原理

(二) 变压器的结构

油浸式变压器结构主要部分是铁芯和绕组。还有油箱、绝缘套管、储油柜、冷却装置、压力释放阀、安全气道、温度计及气体继电器等。如图 1-6-2 所示。

1. 绕组

绕组是变压器的电路部分,常用绝缘铜线或铝线绕制而成。接电源的绕组称为一次绕组;接负载的绕组称为二次绕组。按绕制的方式分为同心绕组和交叠绕组。

(1) 同心绕组。

同心绕组将一次、二次侧线圈套在同一铁芯柱的内外侧,一般低压绕组在内侧,高压绕组在外侧。

(2) 交叠绕组。

交叠绕组是将高、低压线圈绕成饼状,沿铁芯轴向交叠放置,两端靠近铁轭处放置低压绕组,有利于绝缘。

2. 铁芯

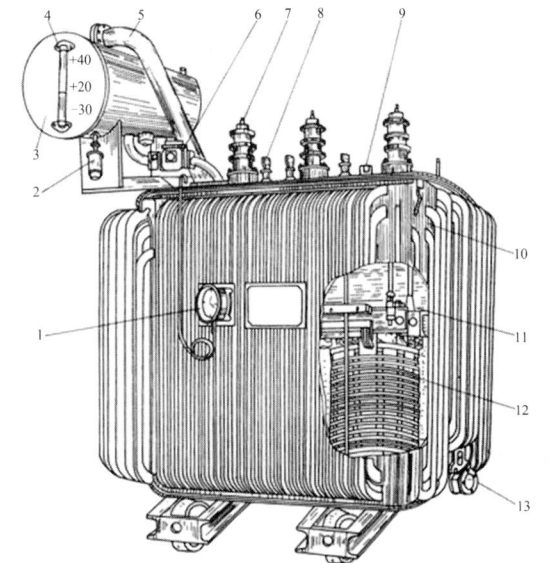

图 1-6-2　变压器的结构

铁芯是主磁通 $\varPhi$ 的通道,也是器身的骨架。采用性能好的导磁材料是关键。铁芯用硅钢片叠装而成。铁芯因线圈的位置不同分为芯式和壳式两类,芯式线圈包铁芯,用得多。

3. 主要附件

(1) 油箱。

里面装满了变压器油,保护铁芯绕组不受潮,绝缘和散热用。外侧有散热管。

(2) 储油柜。

油枕与油箱连通,油因热胀冷缩而引起油面上下变化时,油枕中的油面就会上下变化,不使油箱挤破或油面下降使空气进入油箱。油枕侧面装有玻璃油表观查油面高低。全密封变压器可省去油枕，15年不维护。

（3）气体继电器。

气体继电器装在油箱与储油柜之间的管道中，变压器发生故障时因过热使油分解产生气体，进入继电器内，发生报警信号。

（4）分接开关。

变压器的输出电压可能因负载和一次侧电压发生变化而变化，可通过分接开关控制输出电压在允许范围内变动。分接开关一般装在一次侧，通过改变一次侧线圈匝数调节输出电压。

（5）绝缘套管。

绝缘套管穿过油箱盖，将油箱中变压器绕组的输入、输出线从箱内引到箱外与电网相接。绝缘套管由外部瓷套管和中间的导电杆组成。

（6）安全气道和压力释放阀。

安全气道又称防爆管，装在油箱顶盖上。变压器发生严重故障产生大量气体，油和气体冲破防爆玻璃喷出。现在防爆管已被淘汰，改用压力释放阀。

（7）测温装置。

测温装置是热保护装置。

（三）国产电力变压器的铭牌

每个变压器都有铭牌，它是了解和使用变压器的依据。

（1）型号：表示变压器的结构特点、额定容量、高压侧电压等级。

① 旧型号：SJL-560/10：S表示三相、D表示单相；J表示油冷、F表示风冷、G表示干式、S表示水冷；L表示铝线；P表示强迫油循环；560表示额定容量560 kV·A；10表示高压侧电压，10 kV。

② 新型号：S7-500/10：S表示三相变压器，7表示序号设计，容量为500 kV·A，一次侧额定电压10 kV。

（2）额定电压 U_N：一次侧额定电压指正常工作时的线电压，由变压器绝缘强度和允许发热条件规定的。二次侧额定电压是指一次侧加额定电压时，二次侧空载时的线电压，单位V。

（3）额定电流 I_N：在某种环境温度、冷却条件下允许规定的满载线电流

（4）额定容量 S_N：额定工作条件下变压器的最大输出功率，单位 kV·A，指视在功率，单相时 $S_N = U_{2N}I_{2N}$；三相时 $S_m = \sqrt{3}U_{2N}I_{2N}$。

（5）阻抗电压 U_K：也称短路电压。

（6）温升：额定工作条件下，内绕组允许的最高温度与环境温度差。

（7）冷却方式：ONAN——油浸自冷。

（8）绝缘水平：L1雷击耐压75 kV，AC交流耐压35 kV。

国产电力变压器：SJ6，SJL，SJL1，S7，S9，树脂浇注型干式变压器。

（四）配电变压器容量的选择

配电变压器是电力系统中的最后一级变压器，在电力网中的用量非常大，其容量大概是电网中装机容量的4~7倍，其损耗占全网损耗的20%左右，这是非常巨大的数字，因此合

理选择配电变压器的容量,使变压器处于经济运行状态,对节能降耗,提高经济效益意义重大。选择变压器是一个多种因素的经济问题,需要考虑变压器的负荷状态、负荷性质、年损耗小时数、变压器价格、地区电价、负荷增长情况、变压器过载能力等。对用户来说,既希望变压器的容量不要选得过大,以免增加投资,又希望变压器的运行效率高,电能损耗小,以节约运行费用。这是一对矛盾的两个对立面。在实际生产中,多数采用近似估算的方法选择变压器容量,通常选择计算负荷相对于变压器,负载率在60%左右,不宜低于50%,也不宜过高。

(五)变压器的安装和运行

1. 安装原则

(1)小容量,多布点,短半径,尽量靠近负荷中心;
(2)高低压进出线方便,避开易燃易爆、易被水冲刷的地带;
(3)施工、运行和维护方便;
(4)变压器高低压侧要装设熔断器或隔离开关,为变压器提供保护;
(5)变压器外壳、避雷器、低压中性点接地端必须连在一起,通过接地引下线接地。

2. 安装方式

(1)柱上安装。

将变压器安装在线路电杆组成的台架上,可分为单杆变台和双杆变台。这种方式施工安装、运行维护简单,在配电网中最常见。变压器容量一般控制在400 kV·A以下。

① 30 kV·A及以下变压器易采用单杆式变台,变台离地高度2.5~3 m,30 kV·A及以上变压器宜采用双杆变台,变台离地高度2.5~3 m,两杆距离2~3 m,组成H形变台。

② 根据需要装设工作台及防护栏杆,其栏杆高度不应低于1 m,并安装牢固。

③ 变台的台架安装应平整牢固,水平倾斜不大于台架根开的1%。

④ 台架应采用钢材,用螺栓组装,零件应热镀锌。

⑤ 变压器安装后,套管表面应光洁,不应有裂纹、破损等现象,各部件应齐全,安装牢固;油枕油位正常,外壳干净;引线排列整齐,绑扎牢固。

⑥ 接地可靠,接地电阻值符合规定。

变压器柱上安装如图1-6-3所示。

(2)落地安装。

将变压器安装在用砖或石块砌成的台上,高度不低于0.3 m,地台安装造价低,操作方便,但易造成牲畜、儿童触电,不常采用。

(3)室内安装。

将变压器安装在专用的配电室内,采用电缆进出线;

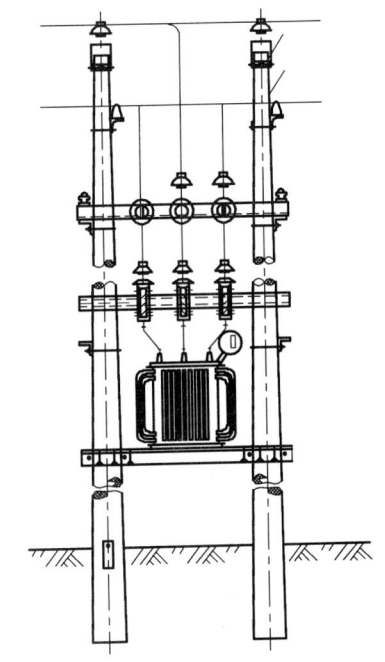

图1-6-3 变压器的柱上安装

当受市容、地形、周围污秽腐蚀等环境因素限制或容量超过 400 kV·A 的变压器宜采用室内安装。

3. 变压器安装前检查

为了保证配电变压器的安全可靠运行，配电变压器安装前必须进行全面检查和试验，符合要求才可进行安装。

（1）首先进行外观全面检查，检查内容：① 套管完整，无损坏裂缝现象；② 油位正常，油质良好，油色正常；③ 外壳无缺陷，外表清洁，密封良好，无渗油、漏油现象；④ 分接头调整灵活，接触良好；⑤ 干燥剂合格，不变色；⑥ 压力释放阀正常，处于工作状态；⑦ 铭牌位置合理，醒目。

（2）试验项目有：① 绝缘电阻；② 电压比测量；③ 接线组别检测；④ 绕组直流电阻测量；⑤ 工频耐压试验；⑥ 空载电流和空载损耗；⑦ 短路电压和负载损耗；⑧ 绝缘油试验等。

4. 配电变压器的运行

（1）巡视检查。配电变压器巡视检查是配电变压器管理的一项最基本的工作，可以掌握变压器运行状况，及时发现缺陷，并采取措施消除，保证变压器安全运行。检查项目有：① 油温；② 油位；③ 变压器声音；④ 变压器套管；⑤ 接地装置。

（2）小修。小修周期一般为 1~2 年。主要项目有：① 检查并紧固引线接头；② 检查油面、油色是否正常，缺油应补油；③ 检查套管有无放电痕迹和裂缝，并清扫；④ 检查有无渗、漏油，各处密封垫有无老化，消除渗油现象；⑤ 检查干燥剂是否失效，若有，应更换；⑥ 测量绝缘电阻，不低于出厂值的 70%或 300 MΩ（20 ℃）；⑦ 检查接地装置并测绝缘电阻；⑧ 检查两侧熔断器和熔丝；⑨ 全面清扫，紧固各处连接。

二、熔断器

（一）10 kV 跌落式熔断器

10 kV 跌落式熔断器可安装在杆上变压器高压侧，互感器和电容器与线路连接处，提供过载和短路保护，也可装在长线路末端或分支线路上，对继电保护保护不到的范围提供保护。跌落式熔断器结构简单、价格便宜、维护方便、体积小巧，在配电网中应用广泛。如图 1-6-4 所示。

1. 工作原理

熔丝穿过熔管，两端拧紧，正常时，靠熔丝的张力使熔管上动触头与上静触头可靠接触，当故障时，熔丝熔断，形成电弧，熔管内产生大量气体，对电弧形成吹弧，使电弧拉长并熄灭，同时失去熔丝拉力，在重力的作用下，熔丝管向下跌落，切断电路，形成明显断开距离。

2. 型　号

型号中可表示以下内容：

R：熔断器；W：屋外式；N：屋内式；设计序号；额定电压；

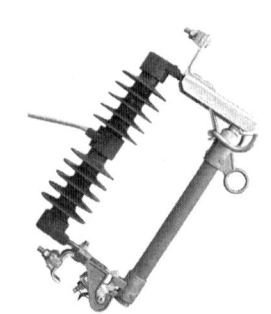

图 1-6-4　跌落式熔断器

额定电流；断开熔量。例如：RW3－10。

3. 结 构

跌落式熔断器由上下导电部分、熔丝、绝缘部分和固定部分组成。熔丝管又包括：熔管、熔丝、管帽、操作环、上下动触头、短轴。熔丝材料一般为铜银合金，熔点高，并具有一定的机械强度。

4. 技术参数

跌落式熔断器主要技术参数有额定电压、额定电流、额定开断电流、最小开断电流、额定雷电冲击耐受电压、额定 1 min 工频耐受电压、爬电比距、能够开断负荷电流水平等。熔丝的主要技术参数有熔体的额定电流、材料和熔断特性曲线等。

5. 跌落式熔断器的选择

10 kV 跌落式熔断器适用于四周空气无导电粉尘、无腐蚀性气体及易燃、易爆等危险性环境，年温度差变化在 ±40 ℃ 以内的户外场所。其选择是按额定电压和额定电流两项参数进行，也就是熔断器的额定电压必须与被保护设备（线路）的额定电压相匹配。熔断器具有的额定电流应大于或等于熔体的额定电流（一般熔体的额定电流可选为熔断器的 0.5～0.1 倍），而熔体的额定电流选择为 100 kV 及以下 2～3 倍额定电流，100 kV 以上 1.5～2 倍额定电流。此外，应按被保护系统三相短路容量，对所选定的熔断器进行校核。保证被保护系统三相短路容量小于熔断器额定电流容量的上限，但必须大于额定断开量的下限。

6. 跌落式熔断器的安装

（1）安装时应将熔断体拉紧，否则容易引起触头发热；

（2）熔断器安装在横担（构件）上应牢固可靠，不能有任何的晃动现象；

（3）熔管应有向下 30°的倾角，以利熔体熔断时能靠自身重量迅速跌落；

（4）熔断器应安装在离地面垂直距离不小于 4 m 的横担上，若安装在变压器的上方，应与配变的最外轮廓边界保持 0.5 m 以上的水平距离，以防万一熔管掉落引发其他事故；

（5）所使用的熔体必须是正规厂家的标准产品并有一定的强度；

（6）10 kV 跌落式熔断器安装在户外，要求相间距离大于 50 cm。如图 1-6-5 所示。

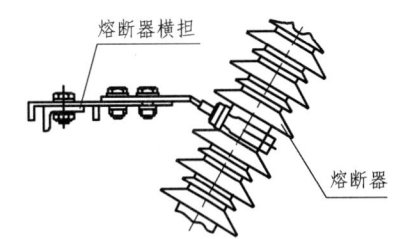

图 1-6-5 跌落式熔断器安装

7. 跌落式熔断器的操作

一般情况下不允许带负荷操作跌落式熔断器，只允许其操作空载设备（线路）。但在农网 10 kV 配电线路分支线和额定容量小于 200 kV·A 的配电变压器允许按下列要求带负荷操作：

（1）操作时由两人进行（一人监护，一人操作），但必须戴经试验合格的绝缘手套，穿绝缘靴、戴护目眼镜，使用电压等级相匹配的合格绝缘棒操作，在雷电或者大雨的气候下禁止操作。

（2）在拉闸操作时，一般规定为先拉断中间相，再拉背风的边相，最后拉断迎风的边相。这是因为配电变压器由三相运行改为两相运行，拉断中间相时所产生的电弧火花最小，不致造成相间短路。其次是拉断背风边相，因为中间相已被拉开，背风边相与迎风边相的距离增加了一倍，即使有过电压产生，造成相间短路的可能性也很小。最后拉断迎风边相时，仅对地的电容电流，产生的电火花则已很轻微。

（3）合闸的时候操作顺序与拉闸时相反，先合迎风边相，再合背风的边相，最后合上中间相。

（4）操作熔管是一项频繁的项目，注意不到便会造成触头烧伤引起接触不良，使触头过热，弹簧退火，促使触头接触更为不良，形成恶性循环。所以，拉、合熔管时要用力适度，合好后，要仔细检查鸭嘴舌头能紧紧扣住舌头长度三分之二以上，可用拉闸杆钩住上鸭嘴向下压几下，再轻轻试拉，检查是否合好。合闸时未能到位或未合牢靠，熔断器上静触头压力不足，极易造成触头烧伤或者熔管自行跌落。

8. 跌落式熔断器的运行维护管理

（1）为使熔断器能更可靠、安全地运行，除按规程要求严格地选择正规厂家生产的合格产品及配件（包括熔件等）外，在运行维护管理中应特别注意以下事项：

① 熔断器额定电流与熔体及负荷电流值是否匹配合适，若配合不当必须进行调整。

② 熔断器的每次操作须仔细认真，不可粗心大意，特别是合闸操作，必须使动、静触头接触良好。

③ 熔管内必须使用标准熔体，禁止用铜丝铝丝代替熔体，更不准用铜丝、铝丝及铁丝将触头绑扎住使用。

④ 对新安装或更换的熔断器，要严格验收工序，必须满足规程质量要求，熔管安装角度达到25°左右的倾下角。

⑤ 熔体熔断后应更换新的同规格熔体，不可将熔断后的熔体联结起来再装入熔管继续使用。

⑥ 应定期对熔断器进行巡视，每月不少于一次夜间巡视，查看有无放电火花和接触不良现象，有放电，会伴有嘶嘶的响声，要尽早安排处理。

（2）在春检停电检修时应对熔断器做如下内容的检查：

① 静、动触头接触是否吻合，紧密完好，有无烧伤痕迹。

② 熔断器转动部位是否灵活，有无锈蚀、转动不灵等异常，零部件是否损坏、弹簧有无锈蚀。

③ 熔体本身有无受到损伤，经长期通电后有无发热伸长过多变得松弛无力。

④ 熔管经多次动作管内产气用消弧管是否烧伤及日晒雨淋后是否损伤变形、长度是否缩短。

⑤ 清扫绝缘子并检查有无损伤、裂纹或放电痕迹，拆开上、下引线后，用 2 500 V 摇表测试绝缘电阻应大于 300 MΩ。

⑥ 检查熔断器上下连接引线有无松动、放电、过热现象。

对上述项目检查出的缺陷一定要认真检修处理。

9. 跌落式熔断器巡视检查

定期对熔断器进行巡视，每月不少于一次夜间巡视，查看有无放电火花和接触不良现象，有放电，会有嘶嘶的响声，要尽早安排处理。

（二）低压熔断器

杆上配电变压器低压侧一般装设低压刀开关熔断器（空气开关）。动作特性是：1.3 倍额定电流 1 h 内不熔断，1.6 倍额定电流 0.5h 内熔断，2 倍额定电流 1 min 内熔断。

三、避雷器

（一）雷电的危害和作用方式

1. 雷电的危害

雷电在放电过程中，对建筑物和电气设备有很大的危害性。

（1）高电压。雷云放电时，将产生过电压。过电压幅值一般可达几十万伏，它会使电气设备绝缘发生闪络或击穿，甚至引起火灾和爆炸，造成人身伤亡。

（2）大电流。雷电流非常大，通过导体时，会产生很大的热量。在雷电流的作用下，会使导体熔化。

（3）电磁力。雷云对地放电时，强大的雷电流产生的电磁力击毁杆塔和建筑物，劈裂电力线路的电杆和横担等。

（4）电击。由于雷电流的幅值很大，所以雷电流流过接地装置时所造成的电压降可能达到数十万至数百万伏。此时，与该接地装置相连的电气设备外壳、杆塔及架构等处于很高的电位，从而使电气设备的绝缘发生闪络。

2. 雷电的作用方式

（1）直击雷过电压：是线路或设备直接受到雷击而引起的。其过电压数值可达到几百万伏，对电气设备的危害最大。架空线路遭到雷击，不仅将危害线路本身，而且雷电还会沿导线运动到发、变、配电所，因而危害发、变、配电所的正常运行。

（2）感应雷过电压：在线路的上空有雷云存在，由于电荷的同性相斥、异性相吸的作用，使导线上带有与雷云电荷符号相反的电荷（如果雷云带有负电，则导线上就被感应而带正电），如图 1-6-6 所示。当雷云对地或对另一雷云放电后，导线上感应的电荷失去束缚，由于导线上积聚了很多电荷，它的电压就比远处导线的电压高，因此，这些积聚着的电荷就要向导线的两端流动，于是就有电压很高的电压波，在导线上分向两端移动。这种电压波因为是被雷电感应出来的，所以称为感应雷。

3. 雷电的形成

雷电是一种自然现象。主要是天空中的饱和水蒸气，由于上升气流的作用而使水滴分裂，水滴分裂过程的同时，微细水滴带有不同的电荷，使带正（或负）电荷的水滴下降，带负（或正）电荷的水滴上升，带电荷的小水滴飘浮在空中，就形成雷云。雷云越集越多，也就是电荷越集越多。到一定程度后，足以击穿

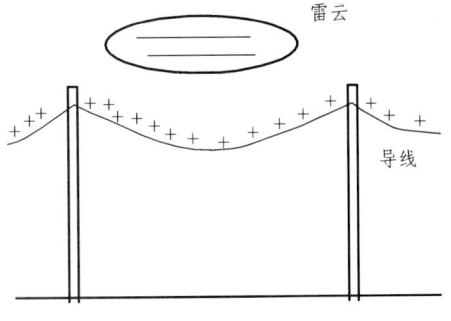

图 1-6-6　导线感应过电压情况

与大地或是地面上的建筑物与电气设备之间的空气时，就会发生强烈的放电，同时发出强烈

的电光和巨响。

当直接对着电气设备放电时，就形成了直击雷。

如果在架空线路附近，雷云对地放电，可能在架空导线中引起 20～30 万伏的高电压，这就是感应雷。

（二）避雷器

避雷器安装在线路与大地之间或与被保护设备并联并可靠接地，使雷电或其他原因产生的过电压对地放电，从而保护线路或设备。当过电压来到时，通过避雷器对地快速放电，当电压降到正常电压时，则停止放电，以防止正常工频电流对地放电，造成短路。

1. 避雷器类型

避雷器的发展，经历了火花间隙，管型避雷器，阀型避雷器到金属氧化物避雷器的几个阶段，目前国内避雷器主要有阀型避雷器和金属氧化物避雷器。

2. 阀型避雷器的结构

阀型避雷器主要由瓷制绝缘套管、火花间隙和阀片电阻等元件组成，根据结构性能和用途的不同，阀型避雷器主要有以下几种型号：FS 型避雷器，FZ 型避雷器，FCD 型避雷器和 FZC 型避雷器。

阀型避雷器虽然运行经验丰富成熟，但其密封不严，易受潮，甚至发生爆炸。在实际现场已不多使用。

3. 阀型避雷器的工作原理

（1）火花间隙。由多个间隙串组成，每个间隙是由黄铜片为电极，其间用云母垫圈隔开构成。每个间隙形成均匀的电场，伏秒特性平坦，能与被保护设备绝缘达到配合。在正常情况下，火花间隙将阀片电阻与带电设备隔开，出现过电压时，间隙击穿，有效降低电压，过电压消失后，在阀片电阻的共同作用下将工频续流电弧熄灭。

（2）阀片电阻。多为碳化硅材料，具有良好的非线性伏安特性，当雷电流通过阀片电阻时，其电阻甚小，产生的残压不会超过被保护设备的绝缘水平。当雷电流通过后，其电阻自动变大，将工频续流峰值限制在 80A 以下，以保证火花间隙可靠灭弧。

4. 金属氧化物避雷器

金属氧化物（见图 1-6-7）主要由氧化锌为原料，添加其他稀有金属氧化物，所以金属氧化物避雷器又称氧化锌避雷器，氧化锌避雷器分为无间隙和有间隙两种，主要是无间隙避雷器。氧化锌避雷器是电力系统过电压保护的新产物，20 世纪 70 年代末在我国开始采用。由于其优越的保护性能，有逐步取代其他类型避雷器的趋势。氧化锌避雷器一般是无间隙的，内部

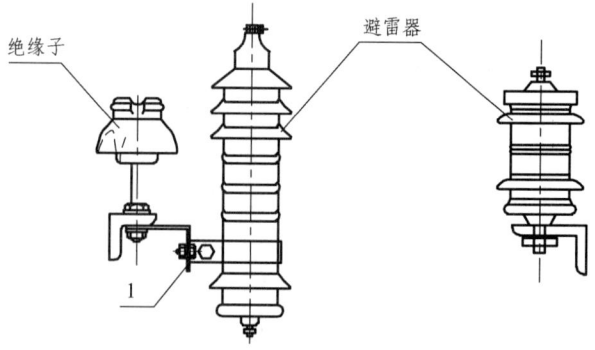

图 1-6-7 金属氧化锌避雷器的安装

由 ZnO 阀片组成。其优越性能取决于它的无间隙结构和氧化锌电阻片的非线性。正常情况下，氧化锌电阻呈现出极高的电阻，通过它的电流只有微安级，对电网运行影响极小。氧化锌避雷器具有如下优点：（1）由于不用串联火花间隙，所以结构简单、体积小。且防污性好，避免了由于瓷套管秽污使串联火花间隙放电电压不稳定的缺点。（2）由于氧化锌阀片的通流能力很大，提高了避雷器的动作负载能力。（3）可以降低电气设备所受的过电压。（4）当装入 SF_6 组合电器时，不存在因 SF_6 气体变化引起放电电压的变动和间隙中电弧引起 SF_6 气体分解的问题。（5）易于制成直流避雷器。因为直流续流不像工频续流那样会自然过零点，所以直流避雷器中如用串联间隙就比较难以制造。（6）氧化锌避雷器在过电压下动作后，实际上没有工频续流通过，所以通过避雷器的能量大为减少，从而可以承受多重雷击，并延长工作寿命。

（1）型号 YHY□□□□-□/□□。

其中，按从左向右顺序依次为：Y——有机；H——复合绝缘外套；Y——氧化锌；□——标称放电电流，kA；□——W 有无间隙，G 为有间隙；□——使用场合：S 为配电，Z 为电站；□——设计序号；□——额定电压，kV；□——标称放电电流下残压；□——特征代号。

例如，HY5WS2-17/50 表示：复合绝缘外套，氧化锌，标称放电电流 5 kA，无间隙结构，配电线路用，设计序号 2，额定电压 17 kV，标称放电电流下残压 50 kV。

（2）主要技术参数。① 额定电压：允许施加的最大工频电压有效值，不同于系统的标称电压，一般为 17 kV（不接地或经消弧线圈接地），12 kV（经小电阻接地）；② 持续运行电压：允许长时间施加的工频电压有效值；③ 冲击电流残压：包括陡波冲击电流残压、雷电冲击电流残压和操作冲击电流残压；④ 直流 1 mA 参考电压。

（三）配电网防雷

配电网防雷的目的，就是要使线路的雷害跳闸次数减少到最低限度。运行经验表明：配电网的雷害事故非常多，因此必须加强配电线路的防雷保护工作，才能保证供电安全，提高供电可靠性。

1. 配电线路的防雷保护

（1）配电线路的绝缘水平低，通常只有一个针式绝缘子，且线路的高度不高，常受树木或建筑遮蔽，避雷线的作用非常小，因此一般不装避雷线；

（2）可利用钢筋混凝土电杆自然接地作用，采用中性点接地方式，雷击发生单相闪络时不跳闸，同时装设重合闸，提高供电可靠性；

（3）在多雷区，可采用高一电压等级的绝缘子或顶相采用针式绝缘子两边相改用两片悬式绝缘子，也可采用瓷横担，提高线路的绝缘水平；

（4）消弧线圈能使单相接地电弧更易熄灭，使雷电造成的单相短路影响更小；

（5）个别绝缘弱点加装避雷器；

（6）架空绝缘线路，在周围无防雷屏障地区，在直线杆上采用放电箝位绝缘子或在负荷侧加装放电线夹，或加装避雷器，防止绝缘导线雷击断线。

2. 配电设备防雷保护

（1）配电变压器高压侧需安装避雷器，避雷器安装在跌落式熔断器或开关的内侧，尽量靠近变压器，且避雷器、外壳和低压中性点三点需共同接地，避雷器接地端到配电变压器外壳的接地线应尽量短，接地电阻满足要求（4Ω或10Ω）；

（2）柱上开关，动合开关装在电源侧，常开装在两侧；

（3）动断刀闸两侧装避雷器；

（4）户外电缆头在刀闸或跌落式熔断器线路侧装避雷器；

（5）在郊区无建筑屏蔽时，配电变压器低压侧加装避雷器；

（6）采用Yzn11接线配电变压器。

四、开关设备

配电网常用开关设备种类很多，按分合能力可分为断路器、负荷开关、隔离开关等；按灭弧介质可分为真空、SF_6、油、自产气、空气等。

（一）断路器

1. 功　能

断路器在任何情况下都具备开断和关合电路的能力，甚至在线路发生最大可能短路时，也能开断和分合短路电流。

2. 结　构

断路器类型很多、结构比较复杂，但总体包括下述几部分（见图1-6-8）：

（1）开断元件：包括断路器动、静触头以及消弧装置等。

（2）支撑元件：用来支撑断路器的器身。

（3）底座：用来支撑和固定断路器。

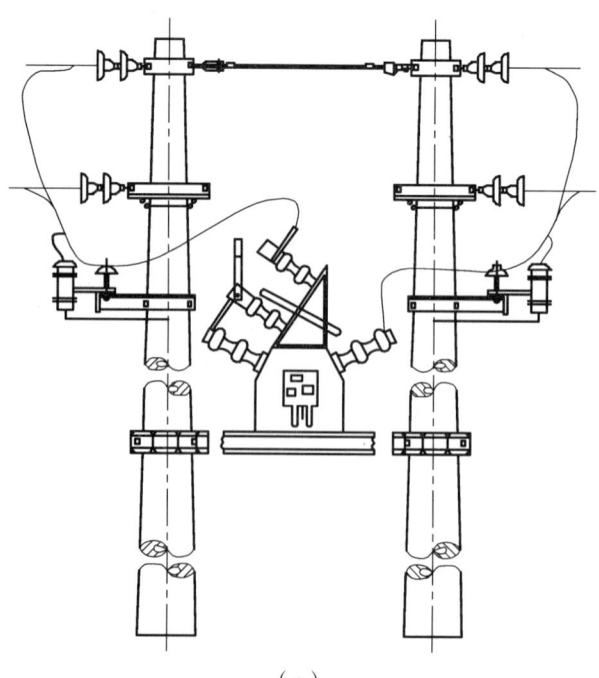

(a)

项目一 架空线路及设备安装、检修、维护

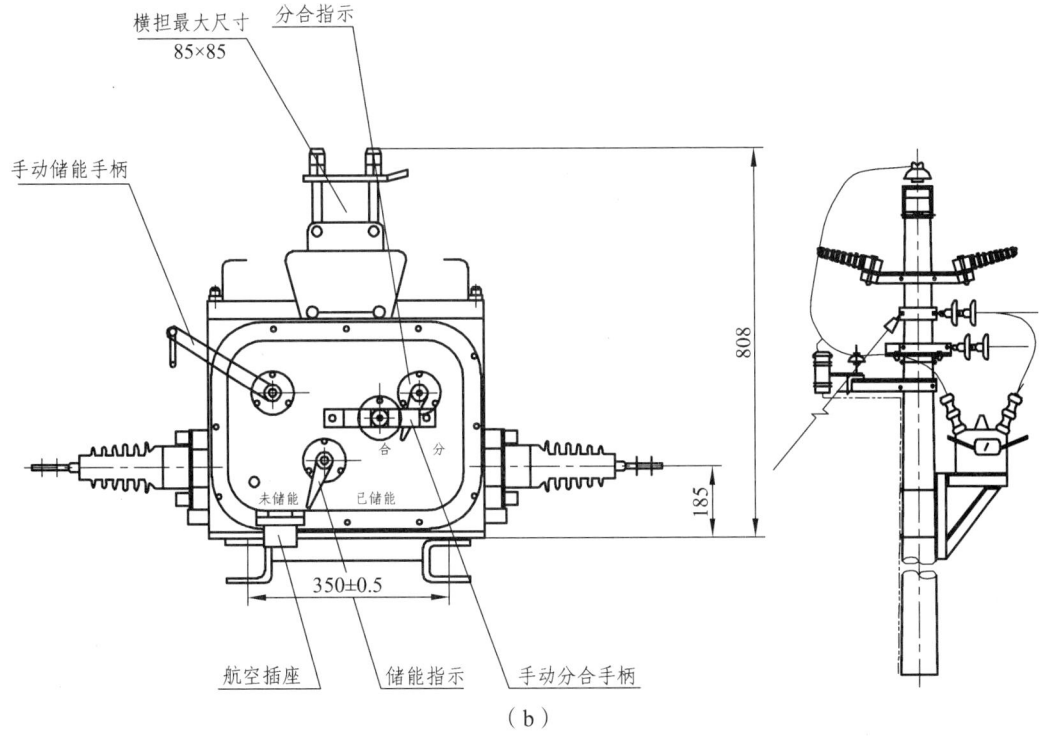

图 1-6-8 断路器的结构

（4）操作机构：用来操动断路器分、合闸。

（5）传动元件：将操动机构的分、合运动传动给导电杆和动触头。

操动机构的组成包括以下几部分：

（1）提升机构：其作用是利用传动机构送来的运动，促使导电杆的升降，导致触头接通或分断。

（2）缓冲器：在高压断路器的合闸或分闸过程中，在某些特定位置，要求有规定的速度；缓冲器的作用是吸收机构运动的动能，使机构从高速运动状态平稳的停止。缓冲器有油缓冲器和弹簧缓冲器。

3．技术参数

（1）额定电压：是保证断路器正常长期工作的电压。

（2）额定电流：是断路器可长期通过的最大电流。

（3）额定开断电流：是指断路器在额定电压下允许开断的最大电流。额定开断电流是表征断路器开断能力的一个参数，是选择断路器的主要条件之一。

（4）热稳定电流：热稳定电流是指在一段时间内流过断路器且使各部分发热不超过短时容许温度的最大断路电流。

（5）动稳定电流：额定动稳定电流是指在关合状态下，断路器能通过不妨碍其正常工作的最大短路电流瞬时值，也称极限电流。

4．型　号

产品型号排列顺序及含义见表 1-6-1。

表 1-6-1　产品型号排列顺序及含义

序号	分类	含义	代表字母	序号	分类	含义	代表字母
1	产品名称	少油断路器 多油断路器 空气断路器 SF₆断路器 真空断路器	S D K L Z	5	产品标志	改进型 隔离开关带接地刀闸 带操动机构箱 有快速分闸装置 分相操作 有重合闸装置 有脱扣器 带限流电阻	G J X K F Z T H
2	安装条件	户外 户内	W N				
3	设计序号			6	额定电流		A
4	额定电压		kV	7	额定断流容量		MV·A

5. SF₆断路器

SF₆作为一种绝缘气体，具有很多优点，是一种无色、无味、无毒、不可燃的惰性气体，并有优异的冷却电弧特性，特别是在开关设备有电弧高温的作用产生较高的冷却效应，避免局部高温的可燃性。缺点是在电弧放电时，分解成硫的低氟化合物，不但有毒，且对某些绝缘材料和金属材料具有腐蚀作用。如图 1-6-9（a）所示。

（a）SF₆断路器　　　　（b）真空断路器

图 1-6-9　断路器

6. 真空断路器

真空断路器的主要优点是：触头开距小，动作快；燃弧时间短，触头烧损影响小；体积小，质量轻；维修工作量小；防火防爆；操作和运行时噪声小；适用于频繁操作，特别适合于开断容性负载电流。但真空断路器的造价较高，开断小电感电流时，有可能产生较高的过电压，需采取降低过电压的措施，一般采用并联金属氧化物避雷器。如图 1-6-9（b）所示。

真空断路器由气密绝缘外壳、导电回路、屏蔽系统、波纹管等部分组成。

（1）触头：触头的结构和大小是影响断路器开断能力的重要因素。真空灭弧室的触头一般采用对接式，但对接式触头易产生触头弹跳现象，因此需要提高触头的压力，减少触头弹跳。触头的形式有圆盘式和磁吹式两种。触头开距，10 kV 一般为 10~16 mm。

（2）屏蔽罩：屏蔽罩是包围在触头周围的金属圆筒，它的作用是吸收燃弧过程中放出的金属蒸气和金属液滴，防止其返回触头间隙引起重燃，和防止沉积到绝缘外壳表面引起外壳绝缘强度降低。

（3）波纹管：波纹管是真空灭弧室的重要部件。利用波纹管的纵向可伸缩性，从真空灭弧室外部用机械方法使内部触头运动，而又不破坏外壳的气密性。

(4) 绝缘外壳：真空灭弧室的绝缘外壳常用材料有玻璃或高氧化铝陶瓷。

（二）负荷开关

1. 功　能

负荷开关具备分、合正常负荷电流、线路环流、充电电流的能力，还具备分、合短路电流的能力。通常安装在线路上，将线路进行分段，从而达到缩小事故停电范围，尽快恢复正常段线路供电，实现负荷转移的作用。负荷开关按操作性能分为一般型和频繁型，一般型多为油、自产气式负荷开关；频繁型多为真空、SF_6式负荷开关。

2. 真空负荷开关

常用 FZW-12 柱上真空自动负荷开关。

3. FS_6 负荷开关

常用 FLW-12 柱上自动负荷开关。

4. 产气（压）式负荷开关

（1）产气式负荷开关。在分合电路时，产气材料在电弧的作用下产生气体而形成强烈吹弧，使电弧熄灭。

（2）压气式负荷开关。用压缩空气的气流在短时间熄灭电弧。

（三）隔离开关

1. 作　用

隔离开关在停电检修中形成明显可见的、足够大的间断点，或将处于备用的设备隔离开来，以确保运行和检修的安全。

2. 性　能

结构简单、无灭弧装置，断开时有明显的断开点，分、合状态明显，不能带负荷操作，一般有闭锁装置，可使用隔离开关进行下列操作：分合电压互感器和避雷器；分合母线充电电流；分合空载变压器，空载线路；分合变压器中性点接线。

3. 隔离开关的结构

主要由以下几部分组成：

（1）支持底座：起支持固定作用，将导电部分、绝缘子、传动机构、操作机构等固定为一体，并固定在基础上。

（2）导电部分：包括触头、闸刀、接线座，作用是传导电路中的电流。

（3）绝缘子：包括支持绝缘子、操作绝缘子，其作用是将带电部分和接地部分绝缘。

（4）传动机构：传动机构的作用是接受操动机构的力矩，完成刀闸的分、合动作。

（5）操动机构：向隔离开关的动作提供能源。

4. 安装规定

（1）单极隔离开关在柱上安装时。相间距不应小于 600 mm；三极联动式采用托架安装在杆上，操作杆应校直，用抱箍固定在同一垂直线上。

（2）三极联动隔离开关的三相隔离刀刃应分、合同期。水平安装的隔离刀刃，合闸时宜使静触头带电。操作手柄下抱箍中心线距地面 1.2～1.5 m。

（3）隔离开关应加锁并可靠接地。

（4）单极隔离开关在单杆上安装，当架空线路三角形排列时隔离开关安装在高压横担上。

（5）GW4-15 型户外隔离开关安装在杆顶。

五、箱式变电站

箱式变电站是一种将高压开关设备、变压器、低压配电设备按照一定接线方案组合成一体的成套配电设备，安装在一个防潮、防尘、防鼠、防火、防盗、隔热、全封闭、可移动的钢结构体内，机电一体化、全封闭运行。它与常规的土建变电站相比，具有占地面积小、现场安装工作量少、安装周期短、可自由移动、减少线路损耗、投资少等优点。随着高速铁路建设的发展，对电力自动化、可靠性、安全性要求越来越高，高度集成化、智能化铁路专用箱变也应运而生。尽管类型有所不同，但基本原理大同小异，同时与普速线建的开关、变压器室、变台相比从运行方式、运行环境、维护成本均有极大改善。

（一）箱式变电站的特点

箱式变电站具有质量轻，安装方便，外形美观等特点，特别适合于工矿企业，城市配电、公园、居民区等场所。箱式配电站主要由多回路高压开关系统、铠装母线、变电站综合自动化系统、通信、远动、计量、电容补偿及直流电源等电气单元组成，安装在一个防潮、防锈、防尘、防鼠、防火、防盗、隔热、全封闭、可移动的钢结构箱体内，机电一体化，全封闭运行，主要特点如下：

（1）技术先进，安全可靠。箱体部分采用目前国内领先技术工艺，外壳一般采用镀铝锌钢板，框架采用标准集装箱材料及制造工艺，有良好的防腐性能，20 年不锈蚀，内封板采用铝合金扣板，夹层采用防火保温材料，箱体内安装空调及除湿装置，设备运行不受自然气候环境及外界污染影响，保证在 -40 ℃～+40 ℃ 的恶劣环境下正常运行。箱体内一次设备采用全封闭高压开关柜、干式变压器、干式互感器、真空开关、弹簧操作机构、旋转隔离开关等设备，产品无裸露带电部分，为全封闭、全绝缘结构，完全达到零触电事故，安全性高，二次采用微机综合自动化系统，可实现无人值守。

（2）自动化程度高。全智能化设计，保护系统采用变电站微机自动化装置，分散安装，可实现"四遥"，即遥测、遥信、遥控、遥调，每个单元均具有独立运行功能，继电保护齐全，可对运行参数进行远方设置，对箱体内湿度、温度进行控制和远方烟雾报警，满足无人值班的要求。

（3）工厂预制化。设计时，只要设计人员根据变电站的实际要求，作出一次主接线图和箱外设备设计，就可以选择由厂家提供的箱变规格型号，所以设备在工厂一次安装、调试合格，真正实现变电站建设工厂化，缩短了设计制造周期；现场安装仅需箱体定位、箱体间电缆联络、出线电缆连接、保护定值校验、传动试验及其他调试工作，整个变电站从安装到投运只需 5～8 天，大大缩短了建设工期。

（4）组合方式灵活。箱式变电站结构比较紧凑，每个箱均成一个独立系统，这就使得组合方式灵活多变，使用单位可根据实际情况自由组合一些模式，以满足安全运行的需要。

（5）投资省，见效快。箱式变电站较同规模常规变电站减少投资 40%~50%。且维护量少，节约运行维护费用，整个经济效益十分可观。

（6）占地面积小。选用箱式变电站，仅为同规模变电站占地面积的 1/10，符合国家节约土地政策。

（7）外形美观，易与环境协调。

（二）箱式变电站的分类

1. 拼装式

将高低压成套装置和变压器装入金属箱体，高低压配电装置中留有操作走廊，这种箱体积大，现已很少采用。

2. 组合装置型

不使用现有成套装置，而将高低压控制、保护电器设备直接装入箱内成为一体。设计按免维护考虑，无操作走廊，箱体小，又叫欧式变箱（普通型变箱）。

3. 一体型

简化高压控制、保护装置，将高低压配电装置与变压器主体一齐装入变压器油箱，成为一个整体，体积更小，接近同容量油浸变压器，是欧式变箱的 1/3。又叫美式变箱。

（三）箱式变电站结构（见图 1-6-10）

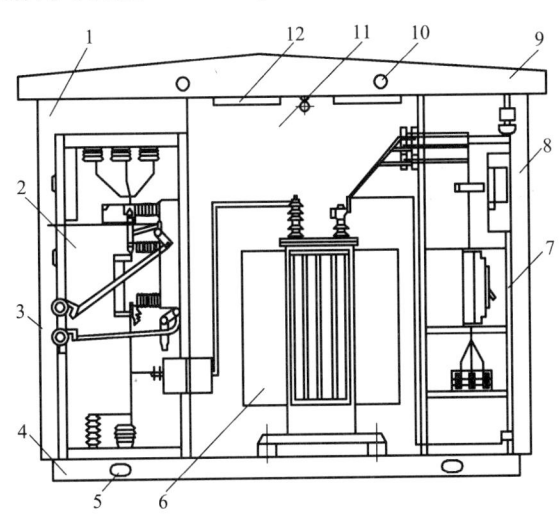

图 1-6-10 箱式变电站

1—高压室；2—环网柜；3—框架；4—底座；5—底部吊装轴；6—变压器；7—低压柜；8—低压室；
9—箱顶；10—顶部吊装支撑；11—变压器室；12—温控排风扇

1. 外 壳

（1）箱式变外壳的材料以≥2 mm 国标牌号为 06Cr19Ni10（304 型）高品质不锈钢板，

外壳应有足够的机械强度，满足国标要求，在起吊、运输和安装时不应变形或损伤。外壳应满足：外形美观、防粘贴小广告、机械强度高、耐暴晒、阻燃、隔热、防腐、防潮、降噪、防凝露等特点。

（2）箱变外壳采用不锈钢钢板，金属材料应经过防腐处理和喷涂防护层，外表覆盖层为静电喷涂而成，涂层部分不应小于 150 μm 并应均匀一致。表面覆盖涂层应有牢固的附着力。箱壳颜色至少 15 年不褪色。

（3）外壳颜色应与周围环境相协调，箱壳表面应有明显的反光警示标志。反光警示标志颜色至少 5 年不褪色。箱内色彩应与内部主设备颜色协调。

（4）外壳箱体四周喷涂或安装"当心触电"安全警告标志，该标志应符合国家标准。

箱体在无须维护的情况下，保证 20 年以上的正常使用寿命。

SMC 材料箱体外壳的主要技术参数（按国标检测，需提供型式试验报告）：

工频介电强度≥12.0 MV/m；

冲击强度：60-94KJ/M2；

弯曲强度：≥150 MPa；

绝缘电阻：>1.0×10^{13} Ω；

阻燃性：FV0；

耐电弧：≥180 s；

耐漏电起痕指数（PTI）≥600；

箱体材料热变形温度≥200 ℃。

2. 箱　体

（1）高压室、低压室和变压器室可布置成目字形或品字形。

（2）箱门的设计尺寸应与所装用的设备尺寸相配合，所有的门应向外开，开启角度应大于 90°，并设定位装置。门应有密封措施，并装有把手、暗闩，能防雨、防堵、防锈，铰链应采用不锈钢内铰链，箱门应有装设外挂锁孔。门的设计尺寸应与所装用的设备尺寸相配合。

（3）箱体设置箱体下部进风，顶部出风的结构，应设足够的自然通风口和隔热措施，使箱内无凝露产生，以保证在正常环境条件下运行时，所有电气设备不超过其最大允许温度。

（4）箱体顶盖的倾斜度不应小于 3°，并应装设防雨檐。

（5）箱体基座和所有外露金属件均应进行防锈处理，并喷涂耐久的防护层。

（6）箱体应有可靠的密封性能，门、窗和通风口应设防尘、防小动物进入和防渗、漏雨水措施。箱体的内壁和隔板可用金属或非金属材料，其色彩应与内部电气设备颜色协调，金属构件亦应进行防锈处理和喷涂防护层。

（7）高、低压室和变压器室应设自动开闭的照明设施。

3. 高压配电装置

（1）高压开关柜具有可靠的五防功能。

（2）高压母线和连线应有相别标记，其结合部位应采用支持绝缘子固定，使用绝缘导线的应采用线夹固定，三相导线应各自单独固定。

（3）高压室门的内侧应标出主回路的线路图，同时应注明操作程序和注意事项。高压配电间隔的门面上应标出主回路图。开关状态位置应有中文标识（分、合、接地）。接地开关需设置防误操作的外挂锁。信号灯及仪表应装设在易于观察和方便、安全更换的地方。电缆接线套管的高度应满足安装、试验、检修的要求。

（4）避雷器的安装位置应便于试验，接地应符合有关标准的规定。

（5）应采用可插拔式、具有验电和二次核相功能的带电指示器，其安装位置应便于观察。

（6）高压开关柜采用远动、手动操作机构。

4．变压器

（1）变压器的铭牌应面向箱门。

（2）与变压器相连接的高、低压连线可采用单芯绝缘线或绝缘铜排，其截面选择应满足额定电流和热稳定电流的要求，固定方式应满足动稳定电流的要求。变压器的接线端子上宜设绝缘保护罩。

（3）变压器室应根据高压配电装置设计技术规程的要求装设可靠的安全防护网或遮栏，并设应具有带电闭锁防护网（或遮栏）打开的功能。

5．低压配电装置

（1）低压配电装置所选用的电气产品，其技术性能应满足有关的国家标准，并且是通过国家正式认证的定型产品。

（2）低压固定面板式结构的配电装置应有金属板制成的间隔和门，其位置设置应便于电气元件的安装、试验、操作、检修或更换。

（3）低压配电装置的连线均应有明显的相别标记。低压主开关应选择能可靠开断短路电流。

（4）箱式变的低压出线一般≤6回，各出线回路采用塑壳，低压室门的内侧应标出主回路的线路图，信号灯及仪表应装设在易于观察和方便、安全更换的地方。低压零线截面应与主母线截面相同。

6．电能计量要求

电能计量应用专用的电流互感器，精度为 0.5 级，电能计量装置的外形尺寸、布置方式和颜色均应与箱式变内的高、低压配电装置相协调。

7．接　地

（1）箱式变的接地系统应符合 DL/T 621—1997《交流电气装置的接地》的要求。

（2）箱式变的箱体应设专用接地导体，该接地导体上应设有与接地网相连的固定连接端子，其数量不少于 3 个，其中高压间隔至少有 1 个，低压间隔至少有 1 个，变压器室至少有 1 个，并应有明显的接地标志，接地端子用铜质螺栓直径不小于 12 mm。

（3）箱式变的高、低压配电装置和变压器专用接地导体应相互连接，否则应通过专用的端子可靠地连接在一起。箱式变高、低压间隔所有的非带电金属部分（包括门、隔版等）均应可靠接地，门和在正常运行条件下可抽出部分的接地，应保证在打开或处于隔离位置时，仍可靠接地。

8．绝缘要求

柜内 10 kV 部分相对地、相间空气间隙必须大于 125 mm，复合绝缘距离必须大于 30 mm，柜内套管、支持绝缘件采用阻燃材料,其爬电比距须大于 2 cm/kV。

9. 母线要求

母线采用铜质,其电流密度在额定的接地故障时,不超过 200 A/mm^2,截面不少于 100 mm^2。母线的外露部分须加绝缘外套防护。

(四)试 验

箱变应按照有关国家标准和行业标准规定的项目、方法进行试验,并且各项试验结果应符合本技术条件书近下列条款的要求。

1. 箱变试验项目

(1)一般检查;
(2)绝缘试验;
(3)温升试验;
(4)机械试验;
(5)主回路电阻测量;
(6)动热稳定试验;
(7)接地回路试验的检查;
(8)防护等级检查;
(9)防雨试验;
(10)噪音测量;
(11)外壳机械强度试验;
(12)SF$_6$设备年漏气率和含水量的检测。

2. 出厂试验项目

(1)一般检查;
(2)机械操作和机械特性试验;
(3)工频耐压测试;
(4)仪表、指示元件等的检查;
(5)高压主回路电阻测量和接地回路检查。

习 题

一、填空

1. 变压器的基本结构有_____、_____、_____、_____、_____。
2. 变压器容量选择的方法有_____、_____、_____、_____。
3. 柱上安装变压器变台高度为_____,双杆安装时两杆间距为_____。
4. 跌落式熔断器由_____、_____、_____、_____部分组成。
5. 跌落式熔断器安装要求与垂线的夹角为_____、安装高度_____、相间距_____。
6. 10 kV 跌落式熔断器应安装在柱上变压器_____侧。

7. 熔丝管包括_____、_____、_____、_____、_____。
8. 目前国内避雷器主要有_____和_____。
9. 断路器总体包括_____、_____、_____、_____、_____部分。
10. 常用断路器有_____、_____。
11. 雷电的作用方式有_____，_____。
12. 跌落式熔断器的作用是_____和_____保护。
13. 开关按分合能力分为_____、_____、_____。
14. 箱式变电站由_____、_____、_____、_____。

二、简答

1. 简述跌落式熔断器的工作原理。
2. 感应雷是如何产生的?
3. 简述避雷器的工作原理。
4. 操作、安装跌落式熔断器的要求分别是什么?
5. 无功补偿的目的是什么?
6. 负荷开关和隔离开关各有什么作用?
7. 高压断路器的种类有哪些?
8. 配电设备安装避雷器有哪些要求?
9. 变压器检查项目有哪些?

课题七 接地及接地装置施工

一、接地的基本概念

(一)接地装置

电力系统为保证人身安全和电气设备的可靠运行，需要符合规定地接地。架空线路是电力系统的重要组成部分，无论在施工、运行还是检修的过程中，也存在许多接地的场合。电气设备的某一部分与大地作良好的电气连接，称为接地。与大地连接的部分，理想情况下可以认为电位为零。

(1)接地装置包括接地体和接地引下线。
① 接地体：直接进入大地与土壤做好良好接触的金属导体称为接地体或接地极。
② 接地线：连接于接地体与电气设备之间的金属导体称为接地线或引下线。

接地装置的作用就是将电流引入大地，并通过接地体向大地扩散，所以接地装置不仅需要可靠的机械强度，还要有足够截面积，以保证电流通过时的动稳定和热稳定。

(2)接地极是接地电流流向土壤的流散件，接地极的金属导体可分为自然接地体和人工接地体两种。
① 自然接地体：自然接地体是利用已有的与大地有良好接触的金属作为接地电流的流散件。如埋入地下的金属管道、建筑物地下基础部分的金属构件等，可节省材料和施工费用。

② 人工接地体：人工接地体是按照施工要求专门埋设的金属体，可以是词扁钢、钢管、圆钢或角钢。

接地线是指电气设备需要接地的部分用金属导体与接地体相连的部分，是接地电流由接地部位传导至大地的途径。

（二）接地种类

接地按其作用不同可分为工作接地、保护接地、防雷接地、检修接地和防静电接地、屏蔽接地等。

1. 工作接地

电力系统中因运行的需要进行的接地，如三相系统的中性点接地。

2. 保护接地

在低压线路中，为防止电气设备金属外壳因绝缘损坏带电而将其与接地体连接，称为保护接地。

3. 保护接零

在中性点直接接地的供电系统中，将正常时与带电系统相绝缘的电气设备的金属部分与零线相连接，称为保护接零。接零的作用是当设备的绝缘损坏外壳带电时通过零线形成短路，迫使保护动作，切断电源，以免人身触电。

4. 重复接地

为防止零线断线造成的危害，将供电系统零上一点或多点与地再次做电气连接，称为重复接地。

5. 防雷接地（过电压保护接地）

为消除雷击和内部过电压的危害而设的接地，如架空线路上的避雷线、避雷器、避雷针的接地。

6. 检修接地

在对线路进行检修时，为防止误送电、反送电、感应电及远方雷电对检修人员造成伤害而做的接地。

二、接地电阻

（一）影响接地电阻的因素

架空线路接地装置通过故障电流时，从接地螺栓起其接地部分与大地零电位之间的电位差，称为接地装置的电压。接地装置对地电压与通过接地体流入电流的比值称为接地电阻。它包括接地线的电阻、接地体的电阻、接地体与土壤间的接触电阻和土壤电阻四项。而接地体和接地线是由金属做成的，本身电阻就不大，降低接地线和接地体电阻的效果不明显。前两项电阻比后两项小得多，接地电阻主要决定于后两项。

(二)降低接地电阻的措施

1. 增加接地体长度

增加接地体的长度是降低接地电阻的有效措施,但不是任意增加。对于高土壤电阻率的地区,一般均采用多根并联的水平接地体或水平接地体与垂直接地体相结合的方法。当采用 6~8 条总长不超过 500 m 的放射形接地体后,其工频接地电阻就不受限制。

2. 深埋接地小环与水平接地体并联敷设

利用基坑深埋接地小环与水平接地装置并联使用已成为目前降低接地电阻的一种方法。利用基坑深埋接地小环,一般是每个基坑埋 1~2 个小环。其材料与水平接地体材料相同,小环的尺寸依基坑大小而定,但小环距混凝土基础边缘应不小于 0.2 m。若同一基坑有两个小环时,上、下小环间距不应小于 1.5 m。基坑内的上、下小环与水平接地体应有良好的电气连接。

3. 引外接地

引外接地适用于杆塔附近有可以利用的低土壤电阻率的地方(如由岩石山上的塔位引至山下的耕地处等)。引外接地即用较长的接地线由杆塔引至低电阻率的土壤中,再做集中接地。采取这一措施时,必须控制引外接地线的最大长度。

4. 连续伸长接地

在高土壤电阻率($\rho>5\,000\,\Omega\cdot m$)的地区,由于普通型式的接地装置难以满足接地电阻不大于 30 Ω 的要求,设计单位往往采用连续伸长接地的措施。

连续伸长接地的长度一般不宜小于 450 m,杆塔数不应少于 2 基,采取沿线路方向敷设 1~2 条连续伸长接地体方式。连续伸长接地措施适用于地势较为平坦且杆塔位之间无地面障碍物的地区。

5. 更换土壤法

将接地体周围的土壤换为电阻率较小的土壤。

6. 降低土壤电阻率

高土壤电阻率地区接地问题是多年来一直没有完满解决的难题。

降阻剂的降阻作用机理是由于降阻剂的电阻率远小于土壤电阻率,接地体周围的降阻剂相当于扩大了接地体的直径。降阻剂有很强的附着力,能有效地消除接地体与土壤的接触电阻,从而可增加降阻的作用。

在选择降阻剂时应参照原电力工业部武汉高压研究所提出的《接地降阻剂暂行技术条件》(修改稿),考虑三个方面的技术要求:

(1)降阻特性。室温为 (25 ± 15) ℃,在工频小电流下,其电阻率应小于 $50\,\Omega\cdot m$,且比土壤电阻率小 20 倍以上。降阻剂粒度应能通过相应的标准目筛。

(2)腐蚀性。表面腐蚀率应不大于 0.05 mm/年,且 pH 值应为 8~12。降阻剂配料在 24 小时内完全凝固。

(3)稳定性。经失水、冷热循环、水浸泡三项试验合格。

应按设计单位规定选用符合要求的降阻剂。使用降阻剂的接地体敷设断面图如图 1-7-1 所示。为了确保接地体在降阻剂的包围之中，应每隔 1 m 设一接地体支架(用 8 号铁线制作)。降阻剂应均匀填充在接地体周围并进行压实。

我国主要的降阻剂有：

（1）聚丙烯酰胺化学降阻剂。

（2）富兰克林-民生 909 长效接地电阻降阻剂。

（3）XJZ-2 型稀土化学降阻剂。

（4）JFJ-1 型长效降阻剂。

（5）海泡石粉末长效降阻剂。

降阻剂的使用方法及用量可参阅产品说明书。

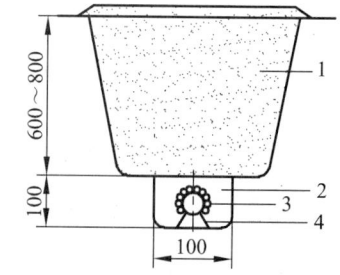

图 1-7-1　使用降阻剂的接地体敷设断面图

1—回填土；2—降阻剂；3—接地体；4—接地体支架

（三）对接地电阻的要求

接地电阻值的大小，是根据接地装置在有接地短路电流流过时允许的对地电压来确定的。从安全的角度讲，接地电阻越小，可能产生的对地电压就越低，对人产生的接触犯电压和跨步电压就越低。因此，在施工中接地电阻应小于接地设计规程中上限允许值。

1. 高压电气设备的保护接地电阻

（1）大接地短路电流系统：在大接地短路电流系统中，由于短路电流很大，接地装置一般采用棒形和带形接地联合组成环形接地网，以均压的措施达到降低跨步电压和接触电压目的，一般接地电阻 ≤0.5 Ω。

（2）小接地短路电流系统：当高压设备与低压设备共用接地装置时，要求在设备发生接地故障时，对地电压不超过 120 V，要求接地电阻 = 120/I ≤ 10 Ω（I 为接地电流）；当高压设备单独装设时对地电压可放宽到 250 V，接地电阻 = 2500/I ≤ 10 Ω。

2. 低压、中压电气设备的保护接地电阻

（1）变台接地电阻不大于 4 Ω。

（2）真空断路器接地电阻不应大于 10 Ω。

（3）低压线路重复接地时，变压器容量在 100 kV·A 以上时重复接地电阻不应大于 10 Ω，变压器容量在 100 kV·A 以下时重复接地电阻不应大于 30 Ω，且重复接地处不少于 3 处。

3. 架空线路杆塔接地电阻的要求

① 无避雷线 10 kV 线路居民区都要接地，接地电阻不超过 30 Ω。

② 有避雷线的架空电力线路，杆塔不连接避雷线时的工频接地电阻，在雷季干燥时，不宜超过表 1-7-1 所列数值。

表 1-7-1　有避雷线架空电力线路杆塔的工频接地电阻

土壤电阻率（Ω·m）	100 及以下	100～500	500～1 000	1 000～2 000	2 000 以上
工频接地电阻（Ω）	10	15	20	25	30

注：如土壤电阻率很高，接地电阻很难降低到 30 几时，可采用 6～8 根总长度不超过 500 m 的放射形接地体或连接伸长接地体，其接地电阻不受限制。

三、接地装置的安装

(一) 接地装置的组成

接地装置由接地体和接地引下线组成。接地体是埋在地下与土壤接触的金属体,在架空线路工程中常用的接地体形式有垂直接地体和水平接地体,水平接地体又可分为放射型接地体、环形接地体和环形与放射型组合的接地体。架空线路杆塔的接地装置型式由设计单位根据土壤电阻率大小选择确定。

水平敷设的环形接地装置如图 1-7-2 所示,水平敷设的环形及放射状联合接地装置如图 1-7-3 所示,水平接地及垂直接地联合接地装置如图 1-7-4 所示,水平接地与深埋小环联合接地装置如图 1-7-5 所示。

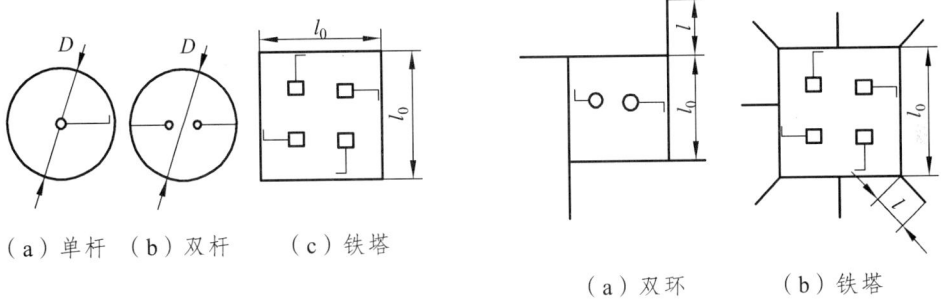

(a) 单杆　(b) 双杆　(c) 铁塔

图 1-7-2　环形接地装置示意图

(a) 双环　(b) 铁塔

图 1-7-3　环形与放射状联合接地装置示意图

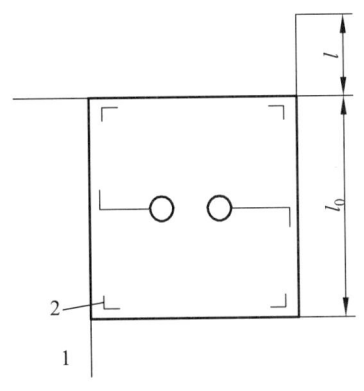

图 1-7-4　水平接地与垂直接地
联合接地装置示意图

1—水平接地体；2—角铁接地极

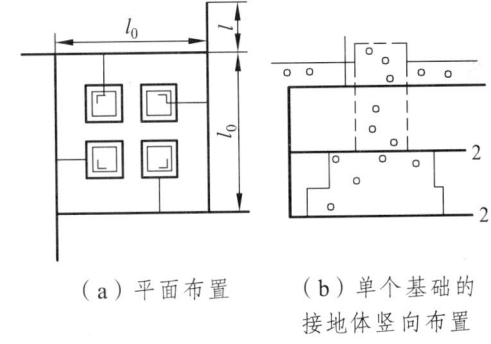

(a) 平面布置　(b) 单个基础的
　　　　　　　　接地体竖向布置

图 1-7-5　水平接地与深埋小环
联合接地装置示意图

1—水平接地体；2—深埋小环

有避雷线的架空输电线路的每座杆塔都应设接地装置,其接地体的形式由该塔位的土壤电阻率的大小决定。对于在山区的岩石处的塔位土壤电阻率较大时,接地电阻达不到要求,可以加长接地体来减小接地电阻。根据实验,每根接地体的长度超过 60 m 后,再增长接地线,接地电阻减小很微弱,因此每根接地线的长度以 60 m 为限。

(二) 接地装置型式

为确保接地电阻符合要求,应采取在基础施工时同时进行接地施工的做法。这样既保证了接地质量，又减少了土石方开挖量，获得了良好的效果。现将结合基础施工进行接地施工采用的杆塔接地装置型式介绍如下：

1. 闭合环形深埋式人工接地装置

在位于土壤电阻率 $\rho \leqslant 100\ \Omega \cdot m$ 的居民区、潮湿淤泥土和水田土的接地体，可采用围绕杆塔基础底层敷设闭合环形深埋接地体的方式。

2. 闭合环形及垂直组合深埋式人工接地装置

在土壤电阻率 $100\ \Omega \cdot m < \rho \leqslant 500\ \Omega \cdot m$ 的黏土地区的接地体，可围绕杆塔基础底层敷设闭合环形深埋接地体，并在基础四角打入垂直体（钢管或圆钢）。

3. 闭合环形及水平放射形人工接地装置

在 $500\ \Omega \cdot m < \rho \leqslant 1\ 000\ \Omega \cdot m$ 的山岳地区，可围绕杆塔基础底层敷设闭合环形深埋式接地体，并在基础四方敷设水平放射形接地体，其埋设深度为 0.6 m。

4. 水平环形及水平放射形组合接地装置

在 $1\ 000\ \Omega \cdot m < \rho \leqslant 2\ 000\ \Omega \cdot m$ 的山丘地带，宜在杆塔基础外围敷设水平环形及 4~6 根水平放射形组合的浅埋接地体，埋设深度为 0.5~0.6 m。

5. 水平放射形浅埋接地装置

在 $\rho > 2\ 000\ \Omega \cdot m$ 地带时，宜在杆塔基础外围敷设水平放射形浅埋接地体，埋设深度为 0.5 m。

（三）接地装置材料及技术要求

1. 接地装置材料

接地装置所用材料一般都是钢材，都要考虑防腐及机械强度的需要。

垂直接地体一般采用角钢或钢管。角钢应大于∟50 mm×6 mm，钢管外径应大于 25 mm，钢管壁厚应大于 3.5 mm。水平接地体一般采用圆钢或扁钢，圆钢直径不小于 10 mm，扁钢截面不小于 100 mm^2，厚度不小于 4 mm，如 4 mm×25 mm、4 mm×40 mm 接地引下线一般采用圆钢，直径为 12 mm，如用镀锌钢绞线时，其截面积在地上部分应大于 35 mm^2，在地下部分应大于 50 mm^2。接地体埋入地下部分可不进行防腐，但引下线及地面下 300 mm 部分需镀锌防腐处理。

2. 接地装置的技术要求

（1）接地电阻应符合要求。

接地装置的技术要求主要指接地电阻的要求，原则上接地电阻越小越好，考虑到经济合理性，接地电阻以不超过规定的数值为准。

接地电阻的要求是：避雷针和避雷线单独使用时的接地电阻小于 10 Ω；配电变压器低压侧中性点接地电阻应在 0.5~10 Ω 之间；保护接地的接地电阻应小于或等于 4 Ω。多个设备采用一副接装置，接地电阻应以要求最高的为准。

（2）具有导电的连续性。

必须保证电气设备至接地体之间或电设备之间导电的连续性，不得有脱节现象。采用建筑物的钢结构、行车钢轨、工业管道等自然导体作接地线时，在其伸缩缝或接头处应另加跨接线，以保证连续可靠。跨接线可以用接地线弯成弧状焊接在接缝处。

自然接地体与人工接地体之间务必连接可靠，以保证接地装置导电的连续性。

（3）具有可靠的电气连接。

接地装置之间的连接应采用焊接和压接。焊接时扁钢搭焊长度应为宽度的 2 倍，且至少在三个棱边进行焊接；圆钢搭焊长度应为直径臣的 6 倍；圆钢与扁钢连接时，其长度为圆钢直径的 6 倍，不能采用焊接和压接时，可采用螺栓或卡箍连接，但必须保持接触良好。在有振动的地方，应采取垫加弹簧垫等防松措施。

（4）具有足够的导电能力和机械强度。

通常接地线的载流能力应不小于相线允许载流量的 1/2，但接地线的最小截面，对绝缘铜线为 1.5 mm^2，裸铜线为 4 mm^2，而绝缘铜线为 2.5 mm^2，裸铝裸线为 6 mm^2，同时还要保证接地体与接地线有足够的机械强度（见表 1-7-2 和表 1-7-3）。

表 1-7-2 钢接零线、接地线和接地体的最小尺寸

材料种类		地上		地下
		屋内	屋外	
圆钢直径（mm）		5	6	8
扁钢	截面（mm^2）	24	48	48
	厚度（mm）	3	4	4
角钢厚度（mm）		2	2.5	4
钢管管壁厚度（mm）		2.5	2.5	3.5

表 1-7-3 铜、铝接零线和接地线最小尺寸

材料种类	铜（mm^2）	铝（mm^2）
明设的裸导体	4	6
绝缘导体	1.5	2.5
电缆接地芯与相线包在同一保护外壳的多芯导线的接地芯	1	1.5

（5）具有足够的热稳定性。

对大接地短路电流系统的接地装置，应校核发生单相接地短路时的热稳定性，即校核是否能承受单相接地短路电流转换出来的大量热能。

（6）具有防止机械损伤的性能。

接地线或接零线尽量安装在人不易接触到的地方，以免意外损坏；但又必须是在明显处，以便于检查。

接地线或接零线与铁路交叉时，应加钢管或角钢保护，或略加曲向上拱起，以便在振动时有伸缩余地，避免断裂；穿过墙壁时，应敷设在明孔、管道或其他坚固的保护管中；与建筑物伸缩绍缝交叉时，应弯成弧状或另加补偿装置。

（7）有防腐蚀性能。

为了防止腐蚀，钢制接地装置最好镀锌，焊接处涂沥青防腐。明敷的裸接妄地线和接零线可以涂漆防后腐。

在腐蚀性较强的土壤中，接地体除应镀锌外，还应适当加大其截面积。

采用化学方法处理时，要注意控制其对接地体的腐蚀性。

（8）具有明显的颜色标志。

接地线应涂漆以示明显标志，其颜色一般规定是：黄绿双色为保护接地线，淡蓝色为接地中性线。

（四）接地装置的安装

接地装置的安装应与基础工程同步进行，但接地电阻的测量可安排在架线之后。

接地装置安装前必须做好技术准备、材料准备及机具准备工作。

接地装置连接应可靠，除设计规定的断开点用螺栓连接外，其余应采用焊接或爆炸压接，连接前应清除连接部位的铁锈等附着物。

若采用搭接焊，对于其搭接长度，采用圆钢时为其直径的 6 倍，并双面施焊；采用扁钢时为其宽度的 2 倍，并四面施焊。

若采用爆炸压接，外压管的壁厚不得小于 3 mm，搭接爆压管的长度为圆钢直径的 10 倍，对接爆压管的长度为圆钢直径的 20 倍。

1. 垂直接地体

垂直接地体也称接地极，施工前应将接地极端部加工成锥状或斜面，施工时，用大锤将接地极垂直打入地下，以防止晃动。深度应符合设计要求，以保证接地极与土壤有良好的接触。

2. 水平接地体

（1）地槽开挖。

① 接地体槽位的选择应尽量避开道路地下管道及电缆管线等，并应防止接地体可能受到山洪的冲刷。

② 地槽应按设计要求开挖，一般槽深为 0.5~0.8 m，可耕地应敷设在耕地深度以下，接地槽底面应平整，并应清除槽中一切影响接地体与土壤接触的杂物。

③ 地槽如遇大石块等障碍物，可绕道避开，改变接地体形状。如原接地体环形者应仍保持环状，如为放射形者，可不受限制，但也应尽量避免放射形接地体弯曲。

（2）接地体敷设。

① 接地体敷设前需预校正，不应有明显弯曲。接地体敷设于槽底。

② 在倾斜的地形上，宜沿等高线敷设，防止因接地沟被冲刷而造成接地体外露。

③ 两接地体间的平行接地距离应不小于 5 m。

④ 不能按设计图形敷设接地体时，应根据实际施工情况在施工记录上绘制接地装置的敷设简图。

（3）地槽回填。

接地体敷设完后，应回填土，不得将石块杂草等杂质埋入，岩石地区应换好土回填，回填土应每隔 200 mm 夯实一次。回填土的夯实程度对接地电阻值有明显影响。回填土应高出地面 200 mm，作为防沉层。

3. 接地引下线

接地引下线应沿电杆敷设引下，应尽可能短而直，以减少冲击阻抗，并用支持件固定在杆身上，支持件间距为 1~1.5 m。

四、接地装置的检查与维修

接地装置受自然环境和外力的影响，破坏较大，在运行中一旦发生损坏或接地电阻不符合要求，就会危害电气设备和人身安全，所以对运行中的接地装置要进行定期检查、测量，发现问题及时处理。

（一）接地装置定期检查和测量

1. 电气装置的接地装置应定期检查，检查周期要求
（1）变配电所的接地电网，每年应检查一次；
（2）车间电气设备的接地线及接地中线，每年至少应检查一次；
（3）各种防雷装置的接地引下线，每年在雷雨季节前检查一次；
（4）独立的避雷针的接地装置，一般情况下每年检查一次。

2. 接地装置应定期测量接地电阻，测量接地电阻周期要求
（1）变（配）电所的接地装置，每年一次；
（2）10 kV 及以下线路变压器的工作接地装置，每两年一次；
（3）低压线路中性线重复接地的接地装置，每两年一次；
（4）车间设备保护接地的接地装置，每年一次；
（5）防雷保护装置的接地装置，每年一次。

测量接地电阻，应在土壤最干燥的季节，土壤电阻率最高时进行。北京地区一般在每年 3~4 月份进行测量。

各种防雷装置的接地电阻，应在雷雨季节前进行测量，如表 1-7-4 所示。

表 1-7-4　接地装置检查和测量周期表

接地装置类别	检查周期	测量周期
变配电所接地网	每年一次	每年一次
车间电气设备的接地（接零）线	每年至少二次	每年一次
各种防雷保护接地装置	每年雷雨季节前检查一次	每两年一次
独立避雷针接地装置	每年雷雨季节前检查一次	每五年一次
10 kV 及以下线路变压器工作接地装置	随线路检查	每两年一次
手持工具的接地（接零）线	每次使用前检查一次	每两年一次
对有腐蚀性或化学成份的土壤中的接地装置	每五年局部挖开检查腐蚀情况	每两年一次

(二) 接地装置巡视检查的内容

（1）检查接地线与电气设备的金属外壳、接地网等连接情况是否良好，有无松动脱落等现象；

（2）检查接地线有无机械损伤、断股及腐蚀现象；

（3）检查接地体是否完整；

（4）有腐蚀性的场所，应挖开接地引下线的土层，检查地面下 50 cm 以上接地引下线的腐蚀程度；

（5）人工接地体周围地面上，不应堆放或倾倒有腐蚀性的物质；

（6）明装接地线表面涂漆有无脱落现象；

（7）移动式电气设备的接地或接零线，在每次使用前应检查其接触情况是否良好，接地线有无断股现象。

(三) 接地装置的维修

运行中的接地装置，若发现有下列情况之一时应及时进行维修。

（1）接地线连接处焊缝开焊及接触不良；

（2）电力设备与接地线连接处的螺栓松动；

（3）接地线有机械损伤、断股或有化学腐蚀情况；

（4）接地体由于外力影响露出地面；

（5）测量的接地电阻阻值超过规范规定值。

(四) 降低接地电阻的方法

在低阻值土壤地区，当采用自然接地体的接地电阻值大于规定值时，应增加人工接地体来降低接地电阻。当采用人工接地体的接地电阻值大于规定值时，则应补打人工接地体来降低接地电阻。在高阻值土壤地区，降低接地电阻的方法如下：

（1）换土法：在原接地极坑内填入电阻率低的土壤如黄黏土、黑土等；

（2）深埋法：若在接地体位置深处的土壤电阻率较低时，可采用深井式或深管式接地体。

（3）外引法：将接地体引至附近的水井、泉眼、河沟、水库边、河床内等土壤的导电性能降低接地电阻。

（4）延长法：延长垂直接地体的长度或水平接地体的长度或改变接地体的安装形状。

（5）长效降阻剂：在接地体周围埋设长效固化型降阻剂。改变接地体周围土壤的导电性能降低接地电阻。

（6）特殊的接地体材料：JHY 离子接地体能够通过顶部的呼吸孔吸收空气和土中的水分，使接地极中的化合物潮解产生电解离子释放到周围的土中，活性调节周围的土，将土的电阻率降至最低，从而使接地系统的导电性保持较高的水平。

五、接地电阻测量

常用的接地电阻测量仪主要有 ZC-8 型和 ZC-29 等几种。

ZC-8 型测量仪主要由手摇发电机、电流互感器、滑线电阻及检流计等组成，全部机构都装在铝合金铸造的携带式外壳内,由于外形与普通摇表相似,所以一般将之称为接地摇表。

测量仪有三个接线端子和四个接线端子两种,它的附件包括两支接地探测针、三条导线(其中 5 m 长的用于接地板;20 m 长的用于电位探测针;40 m 长的用于电流探测针)。

(一)使用方法和测量步骤

(1)停电,拆开接地干线与接地体的连接点或拆开接地干线上所有接地支线的连接点。

(2)将连接处打磨光滑,去除锈蚀。

(3)将电流探针插入离接地体 40 m 远的地下,将电压探针插入离接地体 20 m 远的地下,且两支接地测量探针应布置在与线路或地下金属管道垂直的方向上。

(4)将导线相应地连接在仪表的端钮 E、P、C 上。

(5)将仪表置于接地体近旁平整的地面上,根据被测接地体的接地电阻要求,调节好粗调旋钮,检查检流计的指针是否指于刻度中心线上。

(6)以每分钟 120 转的速度均匀地摇动仪表的手柄,当指针偏斜时随即调整细调拨盘,直至表针对准中心刻度线为止。以细调拨盘调定后的读数去乘以粗调定位的倍率即是被测接地体的接地电阻值。

(二)测量注意事项

(1)仪表一般不做开路试验。

(2)被测极及辅助接地极连接的导线不应与高压架空线、地下金属管道平行,以防干扰和测量的准确。

(3)雷雨季节阴雨天气,不得测量避雷装置的接地电阻值,一般应在干燥季节摇测。所测接地电阻值要小于规定值才算符合要求。

(4)不准带电测量接地装置的接地电阻。

接地体敷设后不应立即测量接地电阻,一般是接地体敷设一个月后或工程竣工移交前测量接地电阻。

(三)ZC-8 型接地电阻测量仪测量接地电阻

送电线路杆塔接地装置接地电阻测量广泛使用 ZC-8 型接地电阻表,它与电流-电压法测量相比,具有操作简单、携带方便等特点,它比较适合测量单个接地体的接地电阻。

接地电阻表是根据电位补偿原理,即电位差计的原理工作的。它由手摇发电机、电流互感器、可调电阻及检流计等组成。全部机构装于铝合金铸造的携带式盒子内,附件有接地探测针(即辅助电极)和连接导线等。其原理和外形如图 1-7-6 所示,它的外形和摇表相似,所以又称接地电阻摇表。

这种测量仪有三端钮式和四端钮式两种。三端钮式测量仪"P_2"和"C_2"已在内部短接,只引出一个"E",如图 1-7-6 所示。测量接地电阻时,"E"接在接地体上,"C_1"接电流辅助探针插入距接地体较远地中,"P_1"接电位辅助探针插入距接地体较近地中。手摇交流发电机发出 115 Hz 的交流电,在"E"和"C_1"间形成电流为 I 的闭合回路,"E"和"P_1"间的压降为 IP_X,互感器二次侧电流为 KI,R_S 为可调电阻,调节阻的接线和布置 KIR_S 和 IR 相等时,检流器指针处于零位,则被测接地阻为:$R_X = KR_S$。

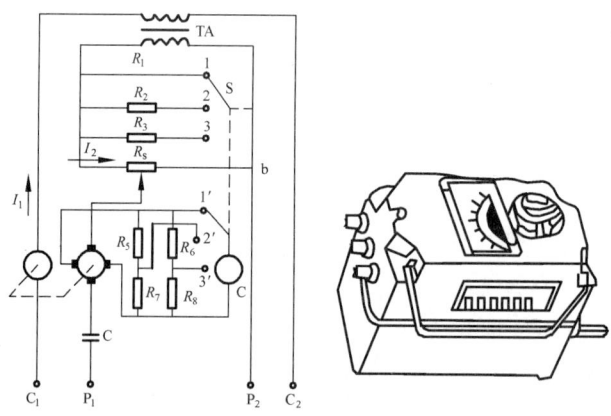

图 1-7-6　ZC-8 型接地电阻测量仪

由于采用磁电式检流计,故两侧压降经机械整流器或相敏感流器整流。S 是联动的两组三档分流电阻 $R_1 \sim R_3$ 及 $R_5 \sim R_8$ 的转换开关,用以实现对电流互感器二次侧电流及检流计支路的分流。选择转换开关三个挡位,可以得到 $0 \sim 1\,\Omega$、$0 \sim 10\,\Omega$、$0 \sim 100\,\Omega$ 三个量程。

四端钮式的接地电阻测量仪,可以测量接地电阻,也可以测量土壤电阻率。

1. 接地电阻测量

测量接地电阻可按测量仪表的说明书布线,具体测量接线和布置如图 1-7-7 所示。测量时打开接地引下线,E 和引下线 D 连接,距接地装置被测点 D 为 Y 处打一钢棒 A(电位探针)并与接线端钮 P_1 连接,再在距 D 点为 Z 处打一钢棒 B(电流探针)并与接线端钮 C_1 连接。电位探针和电流探针布置距离为:$Y \geq 2.5L$,$Z \geq 4L$(L 为最长水平伸长接地体长度)。一般取 $Y = 80\,\text{m}$,$Z = 120\,\text{m}$。

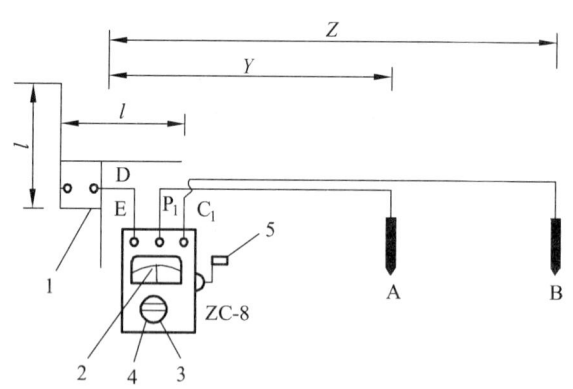

图 1-7-7　测量接地电阻的接线和布置

1—被测接地装置；2—检流计；3—倍率标度；4—测量标度盘；5—摇柄

测量步骤为:

(1)按图 1-7-7 布置,将直径 10 mm 的钢棒 A、B 打入地下 0.5 m 左右。

(2)接好连线,检查检流计指针是否在零位,否则用零位调整器调整。

(3)将"倍率标度"放在最大处(如 ×100),慢慢摇动摇柄,同时旋转"测量标度盘",使检流计指针指在零位。

（4）当检流计指针接近平衡时，加速摇动摇柄达到额定值（120 r/min），调整"测量标度盘"，使检流计指针指在零位。

（5）如果"测量标度盘"的读数小于 1 时，应将"倍率标度"置于较小的倍数，再重新调整"测量标度盘"，以得到正确的读数。

（6）用"测量标度盘"的读数乘以"倍率标度"的倍数，即得到所测的接地电阻的数值。

测量接地电阻时，应避免在雨雪天气测量，一般可在雨后三天进行测量。

所测的接地电阻值尚应根据当时土壤干燥、潮湿情况乘以季节系数，其值可按表 1-7-5 取用。

表 1-7-5　防雷接地装置的季节系数

埋深（m）	水平接地体	2~3 m 的垂直接地体
0.5	1.4~1.8	1.2~1.4
0.8~1.0	1.25~1.45	1.15~1.3
2.5~3.0	1.0~1.1	1.0~1.1

注：测量接地电阻时，如土壤比较干燥，则应采用表中较小值；如土壤比较潮湿，则应采用表中较大值。

2. 土壤电阻率的测量

单位立方体土壤的地面之间的电阻称为土壤电阻率，单位是 $\Omega \cdot cm$ 或 $\Omega \cdot m$。

测量土壤电阻率用四端钮式 ZC-8 型接地电阻测量仪，其测量接线和布置如图 1-7-8 所示。将四个测量端钮接四根接地棒，成一直线打入土内，它们之间距离为 a 时，棒的埋入深度不应小于 $a/20$，a 可以取整数，以便于计算。

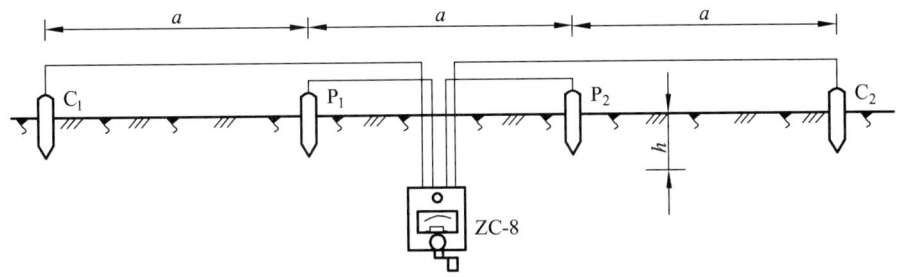

图 1-7-8　测量土壤电阻率的接线和布置

其测量步骤与测接地电阻步骤相同。边摇动摇柄调节节"倍率标度"和"测量标度盘"，针平稳地处于零位时，可读得连接 P_1 和 P_2 的电阻，将测得电阻按下式计算，可得相当于 $a/20$ 深度处的近似平均土壤电阻率。

$$\rho = 2\pi a R$$

式中　ρ——被测土壤电阻率，$\Omega \cdot m$；

　　　R——所测电阻值，Ω；

　　　a——电极间距离，m，一般取值为 4~7。

3. 钩表式接地电阻计测量接地电阻

除上述 ZC-8 型接地电阻表用来测量接地电阻外，还有一种钩表式接地电阻计（类似钳形电流表的外形），它可以在无独立辅助电极下测量接地电阻，可应用于多处并联接地系统，而不需要切断地线。钩表式接地电阻计在测量接地电阻时，不得将接地引下线由杆塔上拆下，也无须辅助电极连线，操作简单方便。

（1）PROVA-5600型钩表式接地电阻计的构造。

PROVA-5600型接地电阻计的外形尺寸为（长×宽×厚）257 mm×100 mm×47 mm，如图1-7-9所示。

钩部组合用来钩住电极或接地棒，两钩部间不能有间隙，它靠扣压钩部扳机开启。保持钮用来锁住显示器上的数值，开关是电源开关兼功能选择。电池电压为9 V，消耗电流为40 mA。

（2）钩表式接地电阻计的工作原理。

图1-7-10所示是一个典型配电系统接地装置，它的并联电路示意图如图1-7-10（a）所示，图1-7-10（b）是图1-7-10（a）所示电路的等效电路。

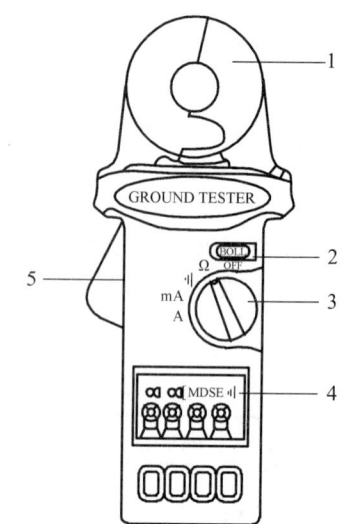

图1-7-9　PROVA-5600型接地电阻计

1—钩部组合（内径Φ23 mm）；2—保持钮；3—旋盘开关；4—液晶显示；5—钩部扳机

假设每个电杆接地装置的电阻为R_1、R_2、R_3、…、R_n，则：

$$R_{eq} = \frac{1}{R_1} + \frac{1}{R_2} + \frac{1}{R_3} + \cdots + \frac{1}{R_n} = \frac{1}{\sum \frac{1}{R_i}}$$

式中　R_g——被测电杆的接地电阻，Ω。

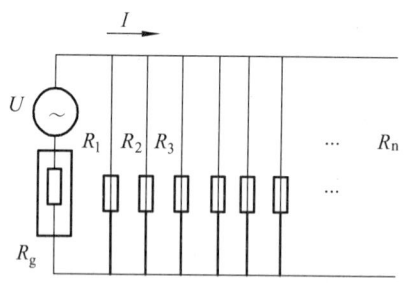 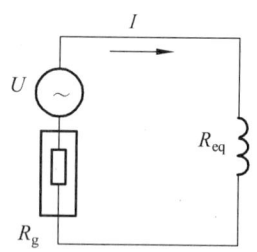

图1-7-10　曲型配电系统接地装置电路图

若R_g，R_1，R_2，R_3，…，R_n，均相等，且n足够大时，那么$R_g \gg R_{eq} \rightarrow 0$。由此可知，测量接地电阻时，只要接地处够多，便可忽略R_{eq}所造成的影响，这就是钩表式接地电阻计利用其他杆塔接地装置代替辅助电极的原理。

（3）接地电阻的测量。

① 打开钩部，确认钩部保持干净，无杂质、异物时即可扣压扳机数次，让钩部接合面调整到最佳位置。

② 开机、旋盘开关切于Ω挡位。开机后，电阻计将自动校准，以获得较佳的准确度，校准时显示器将显示CAL7，CAL6，…，CAL2，CAL1，需等待其自动校准完成。若电阻计发出哔的一声，表示校准完成，方可使用。

③ 勾住待测的接地线（见图 1-7-11），扣压钩部扳机数次，从显示器上可以读出接地电阻值 R_g。

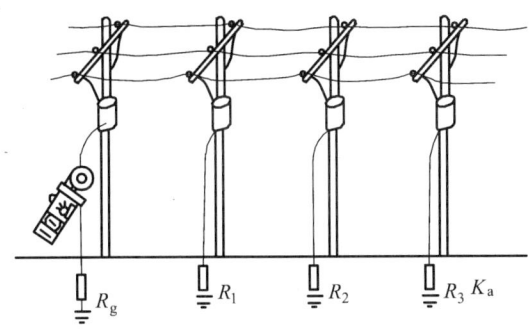

图 1-7-11 配电系统接地装置示意图

（4）注意事项。

① 电阻计在自动校准过程中，严禁勾住任何导体或开启钩部。

② 开机前，须扣压钩部扳机数次；开机时，不可勾住任何导体；勾住电极后，再扣压扳机数次，以达到最佳的测量效果。

习　题

1. 什么是接地？接地装置的作用是什么？
2. 接地种类有哪些？
3. 简述接地装置的构成。
4. 接地电阻主要包括哪几项？如何采取有效的措施降低接地电阻？
5. 架空线路接地装置的作用是什么？它由哪些部分组成？
6. 架空线路接地装置的技术要求是什么？
7. 接地电阻如何进行测量？
8. 为什么在同一电力系统中接地与接零不能混用？
9. 降低接地电阻的措施有几种？
10. 运行中的接地装置发现哪些情况时要进行维修？

课题八　运行维护检修

一、配电线路的巡视

架空线路一般长达几公里到几百公里，线路设备长期露置在大自然的环境中运行，遭受各种气候条件的侵袭（如暴风雨、洪水冲刷、冰雪封冻、云雾、污秽、雷击等）；此外，还受有其他的外力破坏（如农田耕种机械撞击杆塔或拉线基础，树竹倾倒碰撞导线，线路附近修建施工取土，开山爆破，射击，来往车辆及吊车等撞断导线，风筝挂在导线上造成相间短路，鸟兽造成的接地短路等）。所有这些因素都随时危及线路的安全运行。因此线路出现故障的机会较多，而且一旦发生故障，需要较长时间才能修复送电，会造成程度不同的损失。为了保证线路的安全运行，在线路运行过程中，必须贯彻安全第一，预防为主的方针，加强线路的巡视和检查，随时发现设备的缺陷和危及线路安全运行的因素，以便为检修提供依据及时检修消除隐患，并制定安全措施。

（一）配电线路的巡视种类

1. 定期巡视

定期巡视是由专职巡线员进行，掌握线路运行情况，沿线环境变化情况，并做好宣传工作。

2. 特殊性巡视

特殊巡视是在气候恶劣（如台风、暴雨、覆冰等）、河水泛滥、火灾和其他特殊情况下，对线路的全部或部分进行巡视。

3. 夜间巡视

夜间巡视是在线路高峰负荷或阴雾天气时进行。检查导线接点有无发热打火现象，绝缘子表面有无闪络。

4. 故障巡视

查明线路发生故障的地点和原因。

5. 监查性巡视

由部门领导和线路专业技术人员进行，目的是了解线路及设备状况，并检查指导巡线员工作。

（二）配电线路巡视内容

架空线路的巡视内容主要有三项：线路本身、线路周边环境、线路设备设施。

1. 杆　塔

（1）基础有无损坏，下沉或上拔，周围土壤有无挖掘或沉陷，寒冷地区电杆有无冻鼓现象。
（2）杆塔是否倾斜；铁塔构件有无弯曲、变形、锈蚀；螺栓有无松动；混凝土杆有无裂纹、酥松、钢筋外露。
（3）杆塔位置是否合适，有无被车撞的可能，保护设施是否完好，标志是否清晰。
（4）杆塔有无被水淹、水冲的可能，防洪设施有无损坏、坍塌。
（5）杆塔标志（杆号、相位警告牌等）是否齐全、明显。
（6）杆塔周围有无杂草等植物附生，有无危及安全的鸟巢、风筝及杂物。

2. 导线、架空地线

（1）导线、架空地线有无断股、损伤、烧伤痕迹，在化工厂或沿海等地区的导线有无腐蚀现象，导线三相弛度是否平衡，有无过紧、过松现象。

（2）导线接头是否良好，有无过热现象（如接头变色，雪先融化等），连接线夹弹簧垫是否齐全，螺帽是否紧固。
（3）跳引线有无损伤、断股、歪扭，与杆塔构件及其他引线间距离是否符合规定。
（4）导线上有无抛扔物，绑线有无松弛或断开现象。

3. 绝缘子
（1）瓷件有无脏污、损伤、裂纹和闪络痕迹。
（2）铁角、铁帽有无锈蚀、松动、弯曲。

4. 横担、金具
（1）金具有无锈蚀、变形；螺栓是否紧固，有无缺帽；开口销有无锈蚀、断裂、脱落。
（2）铁横担有无锈蚀、歪斜、变形。

5. 防雷设施
（1）避雷瓷套管有无裂纹、损伤、闪络痕迹，表面是否脏污。
（2）避雷器的固定是否牢固。
（3）引线连接是否良好，与相邻杆塔构件的距离是否符合规定。
（4）各部件是否锈蚀，接地端焊接处有无开裂、脱落。
（5）保护间隙有无烧损、锈蚀或被外物短接，间隙距离是否符合规定。
（6）雷动作记录装置是否完好。

6. 接地装置
（1）接地体有无外露、严重腐蚀，在埋设范围内有无土方工程。接地引下线有无丢失、断股、损伤。
（2）接头接触是否良好，线夹螺栓有无松动、锈蚀。接地引下线的保护管有无破损、丢失，固定是否牢靠。

7. 拉 线
（1）拉线有无锈蚀、松弛、断股和张力分配不均等现象，水平拉线对地距离是否符合要求。
（2）拉线绝缘子是否损坏或缺少。
（3）拉线是否妨碍交通或被车碰撞。拉线棒、抱箍等金具有无变形或锈蚀。
（4）拉线固定是否牢固，拉线基础周围土壤有无突起、沉陷、缺土等现象，撑杆、拉线柱、保护桩等有无损坏、开裂、腐朽等现象。

8. 接户线
（1）线间距离和对地、建筑物等交叉跨越距离是否符合规定。
（2）绝缘层是否老化、损坏，接点接触是否良好，有无电化腐蚀现象。
（3）绝缘子有无破损、脱落，支持物是否牢固，有无腐朽、锈蚀、损坏等现象。
（4）弧垂是否合适，有无混线、碰线、烧伤现象。

9. 沿线环境

（1）沿线有无易燃、易爆物品和腐蚀性液、气体。

（2）导线对地、道路、公路、铁路、管道、索道、河流、建筑物等距离是否符合规定，有无可能触及导线的铁烟囱、天线等。周围有无被风刮起危及线路安全的金属薄膜、杂物等。

（3）有无威胁线路安全的工程设施。

（4）查明防护区内植树、种竹情况及导线与树、竹间距离是否符合规定。

（5）线路附近有无射击、放风筝、抛扔外物、飘洒金属和在杆塔、拉线上拴牲畜等。

（6）查明沿线污秽情况，查明沿线江河泛滥、山洪和泥石流等异常现象，有无违反电力设施保护条例的建筑。

10. 变压器

（1）变压器有无渗漏油。

（2）套管有无脏污、裂缝、损坏及闪络痕迹。

（3）台架有无倾斜，腐朽。

（4）外壳有无污垢，温度是否过高，是否缺少警示牌等。

（三）做好线路保护的宣传工作

（1）在必要的架空电力线路保护区的区界上，应设立标志牌，并标明保护区的宽度和保护规定；

（2）在架空电力线路导线跨越重要公路和航道的区段，应设立标志牌，并标明导线距穿越物体之间的安全距离；

（3）不得向电力线路设施射击、抛掷物体；

（4）在架空电力线路导线两侧各三百米的区域内严禁放风筝；

（5）不得擅自在导线上接用电气设备；

（6）不得擅自攀登杆塔或在杆塔上架设电力线、通信线，广播线，安装广播喇叭；

（7）不得利用杆塔、拉线作起重牵引地锚，或在其上攀附农作物；

（8）不得在杆塔、拉线基础的规定范围内取土、打桩、钻探、开挖或倾倒酸、碱、盐及其他有害化学物品；

（9）不得在杆塔内（不含杆塔与杆塔之间）或杆塔与拉线之间修筑道路；

（10）不得拆卸杆塔或拉线上的器材，移动、损坏永久性标志或标志牌。

二、配电线路的防护

架空线路不仅分布很广，而且又长期处于露天下运行，所以经常会受到周围环境和大自然变化的影响，从而使架空线路在运行中会发生各种各样的故障。为了防止线路在不同季节发生故障，就应有针对性的采取防事故措施，从而保证线路安全运行。

（一）造成线路故障的主要原因

（1）雷电的影响。雷电不仅会使绝缘子发生闪络或击穿，有时还会断线或劈裂木杆。

(2)冰雪过多。当线路导线、避雷线上出现严重覆冰时,首先是加重导线和杆塔的机械载荷,使导线弧垂过分增大,从而造成混线或断线;当导线、避雷线上的覆冰脱落时,又会使导线避雷线发生跳跃现象,因而引起混线事故。此外,由于瓷瓶或横担上积聚冰雪过多,进而引起绝缘子闪络事故。

(3)雨量影响。毛毛雨能使脏污绝缘子发生闪络,甚至损坏绝缘子。大雨久下不停时,会使山洪暴发或河水上涨,造成倒杆事故。

(4)风力过大。风力超过杆塔的机械强度,就会使杆塔歪倒或损坏,并使导线产生振动、碰线或跳跃。

(5)鸟害。鸟在杆塔上筑巢或在杆塔上停落,有时大鸟穿过导线飞翔,均可能造成线路接地或短路等事故。

(6)气温变化。空气温度变化时,导线张力也变化。在炎热的夏天,由于导线的伸长,使弧垂变大,可能会造成交叉跨越处放电事故;而在寒冷的冬天,由于导线的收缩,弧垂变小,应力增加,可能造成断线事故。

(7)环境污染。在工业区,特别是化工区或其他有污染源的地区,所产生的尘污或有害气体,会使绝缘子的绝缘水平显著降低,以致发生闪络事故。有些氧化作用很强的气体,会腐蚀金属杆塔、导线、避雷线和金具等。

除上述各点之外,造成线路事故的原因还有很多,如外力影响的事故,在线路附近放风筝,在导线附近打鸟放枪,在杆塔基础旁挖土以及线路附近有高大树木等。这些都会影响线路的正常运行,也可能造成严重事故。

(二)线路的防风、防锈、防鸟害工作

1. 线路的防风工作

防风工作的基本要求是:

(1)掌握线路所通过地区的大风规律,以便在大风来到之前做好一切防风准备工作。

(2)对杆塔基础进行全面检查。如果发现基础坑内的土壤下沉,应填补土壤予以夯实。当发现杆塔有倾斜时,应分析找出原因,并设法立即扶正,同时将基础夯实。对配电线路还应加装人字拉线。

(3)杆塔拉线检查。检查杆塔拉线的松紧程度,松的应调紧。还应检查拉线埋入地下部分的腐蚀或锈蚀情况,严重时应予以更换。此外,对导线、避雷线和跳线的弧垂,在大风到来之前也应进行重点测量和调整。

2. 线路的防锈工作

防锈工作的主措施:

(1)适当加大拉线棒及地网直径,地网采用热镀锌等办法。

(2)在拉线棒的上 0.2 m 至地下 0.8 m 段采用隔离涂层,加强耐腐蚀的措施,如涂防锈油漆、沥青包裹、水泥包封等。

(3)为防止金属的空气氧化锈蚀,应及时在金属将出现锈蚀前就进行油漆防腐工作,使锈蚀所需的水和氧不能到达金属表面,延缓其锈蚀的速度。

3. 防止鸟对架空线路的危害

（1）增加巡视次数，随时拆除鸟巢。

（2）安装惊鸟措施，使鸟不敢接近架空线路。常用的办法有：① 在杆塔上部挂镜子或玻璃片；② 装风车或翻板；③ 在杆塔上挂带有颜色或能发出声响的物品；④ 在杆塔上挂死鸟；⑤ 安装防鸟刺。

（三）污秽和防污工作

架空线路的绝缘子，当表面粘附污秽物质后，在潮湿的天气里，吸收水分而具有导电性，致使绝缘子的绝缘水平大为降低，绝缘子表面的泄漏电流增加，以致在工作电压下也能发生绝缘子闪络，通常称为污闪。

1. 污闪的种类

（1）按污秽的来源可分为工业污秽和自然污秽。工业污秽是指在工业生产中所产生的工业污秽；自然污秽是指无人参与在自然条件下所产生的污秽。

（2）按污秽的形态可分为颗粒性污秽、液体性污秽和气体性污秽。颗粒性污秽，一般是各种形式的颗粒，如氧化铝、氧化钙、氧化硅等粉尘、烟尘；液体污秽，如冷却塔、喷水池放出的水雾、水滴和酸雨等；气体性污秽，物质弥漫在空气中，且有很强的附着力。

2. 污闪的形成及危害

各种污秽物质的性质不同，对架空线路的影响也不同。普通的灰尘容易被雨水冲刷掉，所以对绝缘性能影响不大。而工业粉尘附着在绝缘子的表面上能形成一层薄膜，就不容易被雨水冲掉，因此对绝缘影响极大。这些污秽物质在干燥时，电阻很大，导电不好，对线路安全运行没有很大危险。但在雾、毛毛雨、雪等潮湿的天气里，绝缘子吸收水分而呈离子状态，此时电阻大为减小，泄漏电流也急剧增加。当泄漏电流增加时，绝缘子表面某些污层较薄的地方或潮湿程度较轻的地方，尤其是直径最小的绝缘子钢角附近电流密度大的地方，局部污秽表面首先发热而烘干，形成高电阻干燥带。此时干燥带的电压降迅速增大，如果空气的耐压强度低于在干燥带上的电压，则在干燥带上首先发生局部放电。此时电压全部加在绝缘子干燥带的其余部分，当电压大于此部分空气的耐压强度时，使整个绝缘子发生闪络。当一个绝缘子发生闪络时，绝缘子串上的电压便加在其余绝缘子的干燥带上，迫使所有绝缘子快速串联放电而形成污闪。污闪是在工频运行电压长期作用下产生的，它与其他类型闪络有所区别，污闪的电弧总是从表面开始的，只有在最终阶段才使绝缘子串附近空气击穿。

污闪事故主要有以下几种危害：（1）污闪事故具有明显的季节特点；（2）污闪事故面积大，并维持时间长；（3）污闪有可能引起木杆烧杆；（4）污闪能引起导线、避雷线、杆塔上的金属部件发生锈蚀；（5）污闪事故发生时，对附近的电视、通信等设备是一个干扰源，影响收听和收看效果。

3. 防止污秽事故的措施

（1）做好绝缘子的定期清扫。清扫的方法有停电清扫、不停电清扫、不停电水冲洗三种。

（2）定期测试和及时更换不良绝缘子。

（3）提高线路绝缘水平。

（4）采用防污绝缘子。① 污秽严重的地段可将一般悬式绝缘子更换成防污绝缘子；② 采用防污涂料绝缘子，即在绝缘子瓷件表面涂上一层涂料，从而增强绝缘子的抗污能力，其常用涂料有有机硅类和蜡类两种；③ 采用半导体釉绝缘子：这种绝缘子与一般绝缘子不同点是表面涂有含半导体材料的釉。

（四）导线的防振和消除覆冰

1. 导线防振

架空线路的导线、避雷线由于风力等因素的作用而引起周期性振荡，称为导线的振动。导线振动有多种类型，如由于微风的作用产生的微风振动；分裂导线上产生的次挡距振动；在风力和覆冰条件下产生的舞动；在短路电流作用下产生的振动；在电压和雨的作用下产生的电晕振动。

防振的方法有两种：

（1）用护线条或特殊线夹专为防止振动所引起的导线损坏。

（2）采用防振锤、防振线（阻尼线）来吸收振动的能量以消除振动。

2. 消除覆冰

消除导线上的覆冰，有电流溶解法和机械除冰法。

（1）电流溶解法。这种方法，主要是加大负荷电流或用短路电流来加热导线使覆冰融化落地，达到除冰的目的。① 用改变电力网的运行方式来增大线路负荷电流；② 将线路与系统断开，并将线路的一端三相短路起来，另一端用特设的变压器或发电机来供给短路电流。

（2）机械除冰法。机械除冰主要采用以下几种做法：① 从地面上向导线或避雷线抛掷短木棍，打碎覆冰，使之脱落，也可以用木杆或竹杆进行敲打，使覆冰脱落，如果线路停电困难也可以用绝缘杆来敲打覆冰；② 用木制套圈套在导线上，并用绳子顺着导线拉，便可消除覆冰；③ 用滑车式除冰器来除冰。

（3）采用特别复合导线除冰和导线上安装脱雪环。

（五）线路防暑工作

随着夏季到来，气温升高，雨水增多，植物生长茂盛，这给架空线路安全运行带来很大影响。为了保证线路安全运行，我们必须做好防暑工作，主要包括交叉跨越距离，防洪、防止树木引起事故等。

1. 检查交叉跨越距离

在夏天，由于气温高，导线弧垂增大，会使交叉跨越距离变小，容易发生事故。因此，在巡视线路时，应检查交叉跨越距离，检查时应注意以下几个问题：

（1）运行中的线路导线弧垂的大小主要决定于气温、导线温升和导线上的垂直载荷。

（2）在检查交叉跨越时，一定要注意交叉点距杆塔的距离。在同样的交叉距离下，交叉点越靠近挡距中心，危险越大。

（3）检查交叉距离时应记录当时的气温，以便对照。

2. 架空线路的防洪

在夏季洪汛季节，架空线路有可能遭受洪水的袭击而发生事故。所以架空线路的防洪工作是非常重要的。

（1）洪水对架空线路的危害。

洪水对线路杆塔的危害主要有下列几种情况：

① 基础已被洪水淹没，水中漂浮物挂到杆塔或拉线上，这就增大了洪水对杆塔的冲击力，若杆塔的强度不够则造成倒杆事故。

② 杆塔基础土壤受到严重冲刷流失，因而破坏了基础的稳固性，造成杆塔倾倒。

③ 跨越江河的杆塔，由于其导线的弧垂较大跨越距离较小，故随洪水而来的高大物件容易挂碰导线，造成混线、断线或倒杆。

（2）防洪的基本对策及要求。

必须以预防为主，事先摸清水情，了解洪水规律，对有被洪水冲击的杆塔应在汛前认真检查，及时采取措施。具体如下：

① 对杆塔基础周围的土壤，如有下沉、松动的情况，应填土夯实，并在根部培出一个高出地面的土台。

② 对于设在水中或汛期有可能被水浸淹的杆塔，应根据具体情况增添拉线或撑杆。

③ 采用各种方法保护杆塔基础的土壤，使其不被冲刷或坍塌。

④ 在汛期有可能被洪水冲击的杆塔，根据情况应增添护堤。

3. 树木的修剪和砍伐

春夏季树木生长速度很快，在线路下面或附近的树木就有可能碰触导线。在大风天树木摇摆，有可能发生断枝、倒树的情况，当触及架空线路导线时，就会造成接地或烧伤导线等故障，还可能引起火灾。为防止树木引起的线路故障，就必须适当进行树木修剪和砍伐工作，以使树木与线路之间能保持一定安全距离。修剪砍伐应与有关部门协商。

三、配电线路的检修

（一）杆塔的检修工作

（1）倾斜杆塔的扶正。

运行中的杆塔因各种原因有时会发生倾斜，当其倾斜程度超过运行标准时，必须将杆塔扶正，这一工作称为正杆。正杆前应判明造成杆塔倾斜的原因，最常见的原因有基础下沉、拉线松弛、外力破坏等。对于杆塔倾斜不太严重的情况，一般可采取以下的加固措施；对于倾斜严重的杆塔，应根据具体情况进行加固设计，按设计要求进行施工。

由于原设计考虑不周或雨季长时间积水，有可能因土壤抗压强度不够，引起杆塔基础不均匀下沉，从而造成杆塔倾斜。对带拉线的单杆基础，在基础下沉时必然造成拉线松弛，如果电杆下沉量不大，导线对地距离尚能满足要求，而电杆又未出现裂纹等其他问题时，则可以只调紧拉线并用拉线将电杆扶正。带拉线的双杆，基础下沉时也会造成某一根电杆的拉线松弛，这时可先拆开叉梁的下抱箍，再调紧拉线并正杆，然后把横担找平再装好叉梁抱箍。若为转角杆，杆向转角合力倾斜时，最好打一条临时拉线（转角合力方向的相反方向），用该拉线调正电杆。无拉线电杆倾斜，常因埋深不够或土壤松软所致。若倾斜的电杆基础未埋设卡盘，则可在电杆调正后加装卡盘。如电杆已有卡盘，则在电杆扶正后，在横线路方向加装拉线（人字拉线）。

拉线松弛也是引起电杆倾斜的重要原因。由于拉线抱箍螺栓未拧紧而导致拉线抱箍下滑和引起拉线松弛时，可先放松拉线下把的 UT 线夹，将抱箍复位后拧紧抱箍螺栓，重新用 UT 形线夹调紧拉线即可。

如果由于汽车、拖拉机等撞击拉线造成电杆倾斜时，首先应检查电杆损伤与否、抱箍是否下滑、拉线棒是否撞弯，然后针对损坏情况进行处理。如果电杆局部破裂、必要时可更换电杆。如未露钢筋时可沿损坏处的电杆周围浇筑厚度不少于 100 mm 的混凝土。因拉线的马道坡与拉线方向不一致，使拉线弯曲，经运行一段时间后，拉线受力将拉线棒勒入土中，从而使拉线松弛，引起电杆倾斜。对这种情况可以重新开挖马道并调直拉线棒后，再调紧拉线扶正电杆。

以上所述电杆的倾斜均指电杆沿横线路方向倾斜。如电杆沿顺线路方向倾斜，往往是由于导线的拉力差引起的，这时最有效的措施是沿顺线路方向加装拉线。

（2）直线杆移杆。

直线杆移位项目属于停电检修项目。直线杆偏离线路中心大于 0.1 m 时，需进行位移正杆，可使用吊车，也可悬绑绳索利用人工进行位移。

使用吊车移杆的步骤如下：① 用吊车将电杆固定。吊点绳位置一般在距杆梢 3~4 m 处。② 摘除杆上导线，使其脱离杆塔。③ 在需要移位一侧靠杆根处垂直下挖，直到电杆埋深的深度。④ 使用吊车将电杆移位到正确位置，校正垂直，然后回填土夯实。⑤ 恢复并固定导线。

悬绑绳索利用人工移杆的步骤如下：① 登杆悬绑绳索。绑点位置在距杆梢 2~3 m 处，一般使用 4 根直径不小于 16 mm 的棕绳。拉紧绳索，从相对的 4 个方向将电杆固定。② 摘除杆上导线，使其脱离杆塔，登杆人员下杆。③ 在需要位移一侧靠杆根处垂直下挖，直到电杆埋深的深度。④ 拉动绳索，使杆梢倾向需位移的相反方向，杆根则移向需要位移的方向，杆根移到正确位置后，将电杆竖直。在整个正杆过程中，受力绳索相对方向的绳索要给予辅助，防止电杆受力失控倾倒。⑤ 在位移距离较大或土质较松软时，可在坑口垫枕木，使电杆更好地倾斜移动。⑥ 电杆移位到位后，校正垂直，回填土方夯实，恢复并固定导线。

（3）杆塔增高。

运行的线路经常因出现导线对地距离不够或新的被交叉跨越而需要加高杆塔，以满足安全距离的要求。混凝土杆的增高多数是在电杆顶部加装一段由角钢组成的平面或立体的钢架，简称铁帽子。

（二）线路导线的检修工作

1. 导线修补与接续

运行线路的导线由于磨损或断股，会降低导线的机械强度和载流量，需要及时进行处理。

（1）裸导线或绝缘导线损伤有下列情况，需要剪断重接：① 在同一断面内，导线损伤或断股面积超过导线导电面积的 15%，7 股铝绞线断股数在 2 股及以上，19 股导线断 4 股及以上。② 导线出现的"灯笼"直径超过导线直径 1.5 倍而无法修复时。③ 导线背花调直后，已形成无法修复的永久变形时。④ 导线连接破损，应进行修补，当修补长度超过一个修补管长度时。⑤ 钢芯铝绞线的钢芯断股或铝线部分损伤面积超过 25%时。

（2）铝导线及钢芯铝绞线损伤、断股不足上述数值时可采用敷线修补。敷线长度要超出损伤部分，两端各绑扎长度不小于 100 mm。

（3）导线磨损截面不超过导线导电部分截面积的 15%，或单股导线损伤深度不超过单股直径的 1/3 时，可用同规格导线在损伤部位缠绕，绑扎长度要超出损伤部分两端各 30 mm。

（4）架空绝缘导线绝缘层损伤修补。绝缘层损伤深度在 0.5 mm 及以上时应及时修补。

（5）接续方法有绞接、缠接、钳接、压接接线端子接线夹等形式。导线的承力接头的强度不低于导线强度的 90%，电阻应不大于等长导线的电阻。

2. 导线局部换线

如果导线损伤长度超过一个修补管长度或损伤严重，则需将导线切断重接。如果损伤部位靠近耐张杆，可将旧导线切断再接一段新导线。其施工方法是：

（1）首先把相邻耐张杆塔的直线杆塔导线打临时拉线，再在耐张杆塔上安装一个紧线滑车，牵引绳通过紧线滑车将导线卡住，并在耐张杆塔上打好临时拉线；

（2）将耐张杆上的引流线拆开，然后可拉紧牵引绳将导线拉紧，这时耐张绝缘子串松弛，将耐张绝缘子串从横担挂点拆下并绑在牵引绳上；

（3）慢慢放松牵引绳使耐张绝缘子串连同导线落地；

（4）切断损伤导线并连接一段新导线，新导线长度应等于换去的旧导线长度并考虑连接用长度；

（5）导线连接完毕后，另一端与耐张线夹连接好，这时拉紧牵引绳将导线连同耐张绝缘子串一起吊上杆塔，当耐张绝缘子串接近横担时，再稍微拉紧牵引绳以便将耐张绝缘子串挂在横担上；

（6）当耐张绝缘子串挂在横担上后，接好引流线最后拆除临时拉线和牵引绳等设备。

（三）横担更换

1. 更换 10 kV 架空线路直线杆横担

直线杆横担更换方法如下：

（1）登杆；

（2）解开并临时固定导线，拆除旧横担、杆顶支座及瓷瓶，并用吊绳将其缓慢放至地面；

（3）安装新横担、杆顶支座及瓷瓶，杆顶支座安装在距杆顶 150 mm 处，安装无倾斜；

（4）新横担安装在受电侧，安装在距杆顶 800 mm 处，安装应平直，端部上下歪斜及左右扭斜不大于 20 mm；

（5）安装瓷瓶，应牢固无倾斜；

（6）绑扎固定导线，导线与绝缘子固定处缠绕铝包带，缠绕长度超过接触部分 30 mm，缠绕方向与导线外层股的绞制方向一致。

2. 耐张杆横担更换

耐张杆横担更换方法如下：

（1）用双钩紧线器临时将横担吊住，然后拆除横担吊杆；

（2）拆除横担抱箍与电杆连接的螺栓；

（3）对转角杆，为方便横担向上移动，可在外角侧的横担上加装临时拉线，以抵消角度合力，拉线随横担上移徐徐放松；

（4）待横担上移 200 mm 左右时，将新横担吊上并安装在电杆上；

（5）利用双钩紧线器将两侧导线拉紧，这时可自旧横担上拆下耐张绝缘子串，并挂在新横担上；

（6）一切安装完毕后，用吊绳将旧横担放到地面上，并拆除临时拉线。

（四）更换绝缘子

在线路运行中，有时会出现绝缘子闪络、损伤等缺陷。当发现上述缺陷后，需要更换绝缘子。更换 10 kV 耐张绝缘子串的方法如下：

（1）在地面将绝缘子串装配好；

（2）登杆；

（3）将紧线器尾线固定在横担上，在耐张线夹前 0.3~0.5 m 处卡好紧线器，导线被夹处应缠铝扎皮；

（4）用紧线器收紧导线，使绝缘子不受力；

（5）松开线夹与绝缘子间连接螺栓，取下旧绝缘子串；

（6）用吊绳将其送至地面，同时将新装配好的绝缘子用吊绳吊上；

（7）安装新绝缘子串，慢慢松开紧线器，调整至原状态，固定导线。

（五）更换拉线

由于施工质量、外力影响等因素，拉线会因锈蚀、电杆倾斜等原因需要更换。更换拉线的条件和注意事项如下：

（1）拉线因锈蚀、断股需要更换时必须先将新拉线做好，然后拆除旧拉线；

（2）更换的拉线与地锚拉杆连接处若为花篮螺丝，应用 ϕ4.0 mm 镀锌线进行锁护，若为 UT 形调节螺栓，应带双螺帽，做到紧固牢靠；

（3）由于杆塔倾斜需要调整拉线，必须先正杆，然后调整或重做拉线；

（4）腐蚀的拉线棒需要及时更换，并用沥青油煮麻袋包缠防腐。

可用手板葫芦或紧线器作紧线工具，方法如下：

（2）将钢丝绳套固定在拉线抱箍处，将手板葫芦的牵引吊钩钩在钢丝绳套上；

（2）下端固定吊钩通过钢丝绳套与拉线底把环连接，收紧手板葫芦；

（3）将下面的钢丝绳尾端头从底把环内穿过，并用钢丝卡子卡牢钢丝绳本体或用铁丝绑牢，防止手板葫芦跑嘴；

（4）工用人员上杆将新拉线上把与原拉线抱箍连接，杆下人员紧好新拉线；5.松开手板葫芦，拆下两端钢丝绳套。

(六)接地装置检修

1. 接地体锈蚀处理方法

当接地体锈蚀时,接地体上下引线连接点连接不牢,增大接触电阻,达不到原设计要求,失去接地保护作用,应及时处理:

(1)用钢丝刷将所有外露接地的锈蚀部分擦拭除锈,再用干棉纱布擦净尘锈,然后涂上红丹或黄油;

(2)对埋设部分的接地体,应用锄头挖去表层泥土,视锈蚀情况如何,可进行除锈或驳焊钢筋,再覆土整平并做好记录;

(3)对锈蚀严重的接地体,应及时更换。

2. 外力破坏、假焊和地网外露的处理方法

(1)轻度外力破坏变形,可进行矫形复位,必要时可设置警示标志;

(2)发现地网有假焊缺陷,应进行补焊,同时重新测量接地电阻,并做好记录;

(3)由于水土流失或人为取土,造成接地体外露,应及时进行复土工作,必要时可设置保护电力设施的警示标志。

3. 降低接地电阻方法

为了降低输电线路杆塔和避雷线的接地电阻,可采取以下几种方法:

(1)尽量利用杆塔金属基础,钢筋水泥基础,水泥杆的底盘、卡盘、拉线盘等自然接地体;

(2)尽量利用杆塔基础埋设人工接地体,这样既减少土方,又可深埋,还能避免地表干湿的影响;

(3)利用化学处理的方法增加地网抗阻功能,即用土壤质量1%左右的食盐,加木炭与土壤混合,或用国产长效网胶减阻剂与土壤混合,这对降低杆塔接地电阻有较好作用,不过,这些腐蚀性较强,目前有些地方采用热镀锡的方法,以降低对金属的腐蚀。

4. 更换接地线

操作步骤如下:

(1)杆塔上人员登杆后,首先将固定接地引下线的线夹卡环螺丝或绑扎铁线松开;

(2)杆上人员用绳留住接地引下线顶端,上下人员配合,然后顺着线路方向徐徐放下地面;

(3)用锄头铁铲挖开地网上下引线至地网连接处,把锈蚀严重的上引线剪断;

(4)裁剪一根与锈蚀严重的上引线同样长的圆钢,把它与地网连起来,并回填好土;

(5)把裁好的杆塔引下线由杆上人员用传递绳牵引上杆塔,紧贴杆身并装好线夹、卡环或绑扎牢固;

(6)作业结束,清理现场。

实训项目

实际工作任务1　更换10 kV直线杆铁横担

一、材料工具

电力线路工个人工具1套、脚扣、安全带、铁横担、杆顶支座、针式绝缘子、铝包带、钢卷尺、吊绳。

二、工作任务

更换10 kV直线杆铁横担。具体要求如表1-7-6所示。

表1-7-6　操作要领及评分

项目及分配		考评内容及评分	扣分因素	得分
操作技能	70分	1. 领取工具材料检查材料状况： （1）检查金具：表面光洁，无裂纹、毛刺、飞边、砂眼、气泡，镀锌良好，无锌皮剥落、锈蚀。 （2）绝缘子外观检查：铁件与瓷件结合紧密、无歪斜现象；铁件镀锌良好；瓷釉光滑、无裂纹、缺釉、班点、烧痕、气泡等。 缺陷漏检一处扣1分。 2. 上下杆动作熟练、规范。错一处扣2分。 3. 拆除旧横担： 解开并临时固定导线，拆除旧横担、杆顶支座及瓷瓶，并用吊绳将其缓慢放至地面。 操作不当每处扣3分；抛下卸下零件每次扣10分。 4. 杆顶支座安装、安装横担、安装瓷瓶、绑扎导线： （1）杆顶支座安装在距杆顶150 mm处，杆顶支座螺栓由送电侧穿入，安装牢固，无倾斜。 （2）横担安装在受电侧距杆顶800 mm处，横担安装应平直，端部上下歪斜、左右扭斜不大于20 mm。 （3）安装前应清除瓷瓶表面污垢、附着物及不应有的涂料等，瓷瓶无倾斜、固定牢固。 （4）导线固定在针式绝缘子顶槽内，绑扎牢固；导线与绝缘子固定处缠绕铝包带，缠绕长度超过接触部分30 mm，缠绕方向与导线外层股的绞制方向一致。 每错一处扣5分。		
工具备品使用	10分	1. 工具使用不当，每次扣2分。 2. 工具、零件损坏，每件扣5分。		
安全	20分	1. 未按规定着装扣5分。 2. 违反上杆作业安全规定每次扣3分。 3. 轻伤，扣5分；重伤不能工作扣41分。		

实际工作任务 2　导线不落地更换 10 kV 耐张绝缘子串

一、材料工具

脚扣、安全带、吊绳、紧线器、卡线器、耐张绝缘子、铝扎皮。

二、工作任务

装配、更换 10 kV 架空线路耐张绝缘子串（一串）。具体要求如表 1-7-7 所示。

表 1-7-7　操作要领及评分

项目及分配		考评内容及评分	扣分因素	得分
操作技能	80 分	1. 检查材料状况： 绝缘子外观检查：铁件与瓷件结合紧密、无歪斜现象；铁件镀锌良好；瓷釉光滑、无裂纹、缺釉、斑点、烧痕、气泡等；弹簧销、弹簧垫齐全，弹力适宜。 缺陷漏检一处扣 1 分。 2. 装配耐张绝缘子串符合规定（见图 1-7-12 及主要零件）。 漏错装配一处扣 5 分。 3. 更换耐张绝缘子串： （1）上下杆动作熟练、规范。错一处扣 2 分。 （2）用夹线器将中相导线夹紧，导线被夹处应缠铝扎皮。 （3）使用紧线器将导线收紧，取下旧绝缘子串（用吊绳系下同时将新绝缘子串吊上）。 （4）安装新绝缘子串，将导线放松，调整至原状态，取下铝扎皮。 操作不当每处扣 5 分。		
工具备品使用	10 分	1. 工具使用不当，每次扣 2 分。 2. 工具、零件损坏，每件扣 5 分。		
安全	10 分	1. 未按规定着装扣 5 分。 2. 违反上杆作业安全规定每次扣 3 分。 3. 轻伤，扣 5 分；重伤不能工作扣 41 分。		

耐张施绝缘子串（见图 1-7-12），主要零件如下：

耐张线夹 NLD、悬式绝缘子 XP-7、悬式绝缘子 XP-7C、碗头挂板 WS-7、平行挂板、直角挂板、球头挂环 Q-7。

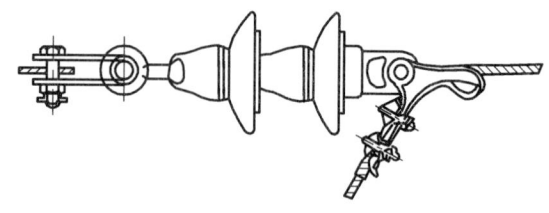

图 1-7-12

习 题

一、填空

1. 架空配电线路故障原因有_____、_____、_____、_____、_____、_____、_____。

2. 配电线路巡视内容_____、_____、_____、_____、_____和_____、_____、_____、_____、_____。

二、简答

1. 配电线路巡视种类有哪些？
2. 巡视内容主要有哪些？
3. 如何做好防风工作？
4. 什么是污闪？
5. 防止污秽事故的措施有哪些？
6. 覆冰对导线或线路有何影响？消除导线覆冰的方法有哪些？
7. 防止鸟害的办法有哪些？
8. 简述如何更换直线杆横担。
9. 简述如何更换耐张绝缘子。
10. 线路的防暑工作主要有哪几方面？

项目二 电力电缆线路维护检修

课题一 电力电缆的结构和种类

电缆线路是指采用电缆输送电能的线路,主要由电缆本体、电缆中间头、电缆终端头等组成,以及相对应的土建设施,如电缆沟、排管、竖井、隧道等。与架空线路相比,电缆线路的优点是:受自然气象条件(如风雨、雷电、盐雾、污秽等)和周围环境的影响很小,具有良好的供电可靠性;电缆供电有利于防止触电和安全用电;电缆敷设地下,不占地面走廊,同一地下管道可容纳多回线路;在城市采用电缆输配电,有利于美化城市;电缆线路运行维护费用比较低。电缆线路供电的缺点是:维护和检修比较复杂;供电成本较高。因此,在大城市的交通枢纽、建筑物密集、通信和电力线路繁多、各种管路纵横交错、无法架设架空线路时,多采用电缆线路供电。为提高供电可靠性,高速铁路电力设计采用了线路入地、设备进屋、全程监控的设计理念。高速铁路电力系统两条电力贯通线多数采用单芯电缆线路,敷设方式不同于普速铁路电缆直埋敷设方式采用沿线路两侧电缆槽敷方式,实现了线路入地。

一、电力电缆的结构

电力电缆由导体、绝缘层、护层三大部分组成,对 6 kV 以上电缆,导体和绝缘层外还有屏蔽层,如图 2-1-1 所示。电缆采用铜或铝做导体;绝缘体包在导体外面起绝缘作用,可分为纸绝缘、橡皮绝缘和塑料绝缘三种;护套起保护绝缘层的作用,可分为铅包、铝包、铜包、不锈钢包和综合护套;外护层一般起承受机械外力或接力作用,以免电缆绝缘受损,主要有钢带和钢丝两种。

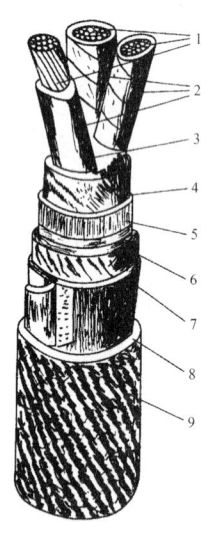
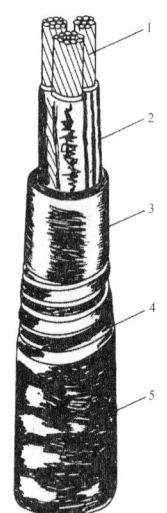

1—缆芯(铜芯或铝芯);2—油浸纸绝缘层;3—麻筋(填料);4—油浸纸(统包绝缘);5—铅包;6—涂沥青的纸带(内护层);7—浸沥青的麻被(内护层);8—钢铠(外护层);9—麻被(外护层);10—缆芯(铜芯或铝芯);11—交联聚乙烯绝缘层;12—聚氯乙烯护套(内护层);13—钢铠或铝铠(外护层);14—聚氯乙烯外套(外护层)

图 2-1-1 电缆结构

二、电力电缆的种类

电力电缆种类很多,通常按使用电压等级、绝缘结构和某些特殊用途划分序列和种类。

电力电缆目前多以铝芯代替铜芯,以铝包代替铅包;以塑料绝缘代替油浸纸绝缘和橡胶绝缘;以塑料护套代替铠装外护套的产品。

电缆可按下面几个方面进行分类:

(1)根据芯线和材质,可分为单芯、双芯、三芯、四芯、五芯的铜芯和铝芯电缆。

(2)根据绝缘,可分为油浸纸绝缘、挤包绝缘、塑料绝缘、橡胶绝缘电缆。

(3)根据构造,可分为统包型电缆、屏蔽型电缆及分相铅包型电缆。

(4)按电压等级,可分为低压电压电力电缆(1 kV);中电压电力电缆(6~35 kV);高电压电力电缆(110~500 kV)。

所有单芯电缆及多芯电缆且其芯线截面在 16 mm^2 以下时为圆形芯线,截面在 25 mm^2 及以上时为半圆形或扇形芯线。采用扇形芯线可以使电缆外径较圆形芯线时小,从而增强了绝缘,降低了外部保护性金属(铅皮、铠装)的消耗量,同时散热也比较好。

(一)按电压等级分类

电力电缆可分为 220 V/380 V、10 kV、35 kV、110 kV、220 kV、330 kV、500 kV 等电压等级,通常把 35 kV 及以下电压等级的电缆称为中低压电缆,把 110 kV 以上电压等级的电缆称为高压电缆。电力电缆的电压等级有两个数值,用斜杠分开,斜杠前的数值是相电压值,斜杠后的数值是线电压值,如在中低压配电网中常用电缆电压等级有 0.6/1 kV、6/6 kV、6/10 kV、8.7/10 kV、12/20 kV、21/35 kV、26/35 kV 等。

(二)按绝缘和结构不同分类

1. 纸绝缘电缆

纸绝缘电缆是以绕包绝缘纸带后浸渍绝缘剂(油类)作为绝缘的电缆,它有使用寿命长、价格便宜、热稳定性高等优点;缺点是制造和安装工艺较复杂。根据浸渍不同,纸绝缘电缆可分为两个系列,即黏性浸渍纸绝缘电缆和不滴流浸渍纸绝缘电缆。这两个系列的电缆结构完全一样,制造过程除浸渍工艺有所不同外,其他均相同,不滴流电缆的浸渍剂黏度大,在工作温度下不滴流,能满足落差较大的地方(如矿山、竖井等)使用。按不同的绝缘结构,纸绝缘电缆主要可分为统包绝缘电缆、分相屏蔽电缆和分相铅套电缆三种。

2. 挤包绝缘电缆

挤包绝缘电缆又称固体挤压聚合电缆,它是以热塑性或固体材料挤包形成绝缘的电缆。目前,挤包绝缘电缆有聚氯乙烯(PVC)电缆、聚乙烯(PE)电缆、交联聚乙烯(XLPE)电缆和乙丙橡胶(EPR)电缆等。这些电缆使用在不同电压等级,即:聚氯乙烯电缆用于 1~6 kV;聚乙烯电缆用于 1~400 kV;交联聚乙烯电缆用于 1~500 kV;乙丙橡胶电缆用于 1~35 kV;目前,交联聚乙烯电缆已取代了油浸纸绝缘电缆。110~220 kV 交联聚乙烯电缆已在大、中城市电网中成批投入运行。

3. 压力电缆

压力电缆是在电缆中以能够流动、并具有一定压力的绝缘油或气体的电缆。由于油浸纸绝缘电缆的纸层间，在制造和运行过程中，不可避免地会产生气隙。气隙在电场强度较高时，会出现游离放电，最终导致绝缘层击穿。因而不用于 35 kV 以上的电压等级。压力电缆的绝缘处在一定压力状态下，抑制了绝缘层中形成气隙，使电缆绝缘工作场强明显提高，可用于 63 kV 及以上电压等级的电缆线路。为了抑制气隙，用带压力的油、气填充或压缩气体，是压力电缆结构的特点。

地中敷设用电力电缆的种类，可分为：油浸纸绝缘铅包电力电缆；油浸纸绝缘铝包电力电缆；聚氯乙烯绝缘聚氯乙烯护套电力电缆；交联聚乙烯绝缘聚氯乙烯护套电力电缆和橡皮绝缘聚氯乙烯护套电力电缆等。

（1）油浸纸绝缘铅包电力电缆：其线芯分铜芯和铝芯两种，电缆的型号、主要用途如表 2-1-1 和表 2-1-2 所示。

表 2-1-1　电缆型号字母及数字的意义

字母或数字	代表的意义	字母或数字	代表的意义
Z	纸绝缘	Y	移动式
X	橡皮绝缘	H	橡套
V	塑料绝缘及护套	1	麻被护套
L	铝包或铝芯	2	钢带铠装护层
T	铜芯	20	裸钢带铠装护层
Q	铅包	3	细钢丝铠装护层
D	不滴流	30	裸细钢丝铠装护层
P	干绝缘	5	粗钢丝铠装护层
F	分相铅包	11	防腐护层
C	船用或重型	12	钢带铠装有防腐层
HF	非燃性橡套	120	裸钢带铠装有防腐层

表 2-1-2　油浸绝缘纸绝缘铅包电力电缆型号及主要用途

型　号	名　称	主要用途
ZLQ（ZQ）	铝（铜）芯纸绝缘裸铅包电力电缆	敷设于室内无机械损伤，无腐蚀处
ZLQ1（ZQ1）	铝（铜）芯纸绝缘铅包麻被电力电缆	敷设于室内无机械损伤，无腐蚀处
ZLQ2（ZQ2）	铝（铜）芯纸绝缘铅包钢带铠装电力电缆	敷设于土壤中，能承受机械损伤，但不能受大拉力
ZLQ20（ZQ20）	铝（铜）芯纸绝缘铅包裸钢带铠装电力电缆	敷设在室内能承受机械损伤，但不能受大拉力
ZLQ3（ZQ3）	铝（铜）芯纸绝缘铅包细钢丝铠装电力电缆	敷设在土壤中，能承受机械损伤和相当的拉力
ZLQ30（ZQ30）	铝（铜）芯纸绝缘铅包裸细钢丝铠装电力电缆	敷设在室内及矿井，能承受机械损伤和相当的拉力
ZLQ5（ZQ5）	铝（铜）芯纸绝缘铅包粗钢丝铠装电力电缆	敷设在水中，能承受较大拉力
ZLQF2（ZQF2）	铝（铜）芯纸绝缘分相铅包钢带铠装电力电缆	敷设条件同 ZLQ2 用于 20～35 kV
ZLQF20（ZQF20）	铝（铜）芯纸绝缘分相铅包裸钢带铠装电力电缆	敷设条件同 ZLQ20 用于 20～35 kV
ZLQF5（ZQF5）	铝（铜）芯纸绝缘分相铅包粗钢丝铠装电力电缆	敷设条件同 ZLQ5 用于 20～35 kV

（2）油浸纸绝缘铝包电力电缆：按照以铝代铅的方针，铝包电缆将逐步代替铅包电缆。在外护层结构方面，目前的铠装形式，不但结构复杂、用料多、生产效率低，而且防腐性能不好。电线电缆部门通过各项试验，证明无铠装塑料护套铝包电缆的机械性能相当于铅包铠装电缆，能承受电缆在敷设时和运行中可能遭受的机械外力作用，而且有良好的防腐性能，敷设也方便，所以在一般情况下，可以采用 ZLL11（ZL11）型电缆直接埋地敷设，以代替 ZLL12（ZL12）型铠装电缆。

ZLL12（ZL12）型、ZLL13（ZL13）型和 ZLL15（ZL15）型铠装一级防腐电缆，其护套由防腐蚀的内衬层、铠装层和外被层组成。ZLL120（ZL120）型和 ZLL130（ZL130）型则无外被层。ZLL22（ZL22）型和 ZLL23（ZL23）型二级防腐电缆，除有内衬层外，在铠装外面挤包一层塑料护套作为外被层，ZLL25（ZL25）型则在每根钢丝上有塑料护套。

油浸纸绝缘铝包电力电缆的型号、主要用途，如表 2-1-3 所示。

表 2-1-3　绝缘铝包电力电缆型号及主要用途

型号	名　称	主要用途
ZLL（ZL）	铝（铜）芯纸绝缘裸铝包电力电缆	敷设于室内无机械损伤，无腐蚀处
ZLL11（ZL11）	铝（铜）芯纸绝缘铝包一级防腐电力电缆	可直埋地敷设，能承受机械外力作用，但不能承受拉力
ZLL12（ZL12）	铝（铜）芯纸绝缘铝包钢带铠装一级防腐电力电缆	同上
ZLL120（ZL120）	铝（铜）芯纸绝缘铝包裸钢带铠装一级防腐电力电缆	敷设在室内，能承受机械外力作用，但不能承受拉力
ZLL13（ZL13）	铝（铜）芯纸绝缘铝包细钢丝铠装一级防腐电力电缆	敷设在土壤内和水中，能承受机械外力作用，亦能承受相当的拉力
ZLL130（ZL130）	铝（铜）芯纸绝缘铝包裸细钢丝铠装一级防腐电力电缆	敷设在室内，能承受机械外力作用，亦能承受相当的拉力
ZLL15（ZL15）	铝（铜）芯纸绝缘铝包粗钢丝铠装一级防腐电力电缆	敷设在水中，能承受较大的拉力
ZLL22（ZL22）	铝（铜）芯纸绝缘铝包钢带铠装二级防腐电力电缆	同 ZLL12，但防腐作用较好
ZLL23（ZL23）	铝（铜）芯纸绝缘铝包细钢丝铠装二级防腐电力电缆	同 ZLL13，但防腐作用较好
ZLL25（ZL25）	铝（铜）芯纸绝缘铝包粗钢丝铠装二级防腐电力电缆	同 ZLL15，但防腐作用较好

（3）聚氯乙烯绝缘聚氯乙烯护套电力电缆（简称全塑电力电缆）：是用聚氯乙烯塑料代替橡胶或油浸纸作绝缘和代替铅或铝作保护层。聚氯乙烯塑料绝缘性能好、抗腐蚀、具有一定的机械强度、制造简单，因此采用塑料作为绝缘及护套材料，已经成为发展电缆新品种和提高电缆性能的重要途径之一。

这种电缆的使用电压目前生产 0.5 kV、1 kV、3 kV 和 6 kV 四级，线芯长期允许工作温度应不超过+65 ℃，并应在环境温度不低于 −40 ℃ 时的条件下使用。

聚氯乙烯绝缘聚氯乙烯护套电力电缆的型号、主要用途，如表 2-1-4 所示。

表 2-1-4　聚氯乙烯绝缘聚氯乙烯护套电力电缆型号及主要用途

型号	名称	主要用途
VLV（VV）	铝（铜）芯聚氯乙烯绝缘及护套电力电缆	敷设在室内，隧道及管道中
VLV2（VV2）	铝（铜）芯聚氯乙烯绝缘及护套钢带铠装电力电缆	敷设在地下，能承受机械外力作用，但不能受大的拉力
VLV20（VV20）	铝（铜）芯聚氯乙烯绝缘及护套裸钢带铠装电力电缆	敷设在室内，能承受机械外力作用，但不能受大的拉力
VLV3（VV3）	铝（铜）芯聚氯乙烯绝缘及护套细钢丝铠装电力电缆	敷设在室内，能承受相当的拉力
VLV30（VV30）	铝（铜）芯聚氯乙烯绝缘护套裸细钢丝铠装电力电缆	敷设在室内，隧道及矿井中，能承受相当的拉力

（4）交联聚乙烯绝缘聚氯乙烯护套电力电缆：是用交联聚乙烯作为电缆绝缘层，用聚氯乙烯作为保护层(护套)。交联聚乙烯系将聚乙烯经交联处理及硫化处理而成的一种新型塑料，性能比聚氯乙烯好。由于它的耐热性能好，使线芯允许工作温度可以提高到 80 ℃，因而电缆允许工作电流随之增加。它的绝缘性能很好，能够作为 35 kV 级及以下的电缆绝缘。该型电缆敷设方便，敷设高差不受限制，可以代替纸绝缘、干绝缘和不滴流电力电缆等型号产品。

交联聚乙烯绝缘聚氯乙烯护套电力电缆的型号及主要用途，如表 2-1-5 所示。

表 2-1-5　交联聚乙烯绝缘聚氯乙烯护套电力电缆的型号及主要用途

型号	名称	主要用途
YJV	交联聚乙烯绝缘，聚氯乙烯护套电力电缆	敷设在室内，隧道及管道中，不能承受机械外力
YJV2	交联聚乙烯绝缘，聚氯乙烯护套钢带铠装电力电缆	敷设在地下，能承受机械外力作用，不能受大的拉力
YJV20	交联聚乙烯绝缘，聚氯乙烯护套裸钢带铠装电力电缆	敷设在室内，能承受机械外力作用，不能受大的拉力
YJV3	交联聚乙烯绝缘，聚氯乙烯护套细钢丝铠装电力电缆	敷设在地下，能承受相当的拉力
YJV30	交联聚乙烯绝缘，聚氯乙烯护套裸细钢丝铠装电力电缆	敷设在室内，能承受相当的拉力

（5）橡皮绝缘聚氯乙烯护套电力电缆：是用橡胶作为电缆绝缘层，用聚氯乙烯作为保护层（护套），用于交流 500 V 及以下的线路。为了节约橡胶，一般应以聚氯乙烯绝缘聚氯乙烯护套电缆代替该类型电缆。

橡皮绝缘聚氯乙烯护套电力电缆的型号及主要用途，如表 2-1-6 所示。

表 2-1-6　橡皮绝缘聚氯乙烯护套电力电缆的型号及主要用途

型号	名称	主要用途
XLV（XV）	铝（铜）芯橡皮绝缘聚氯乙烯护套电力电缆	敷设在室内，隧道及管道中，不能承受机械外力作用
XLV2（XV2）	铝（铜）芯橡皮绝缘聚氯乙烯护套钢带铠装电力电缆	敷设在地下，电缆能承受机械外力作用，但不能受大的拉力
XLV20（XV20）	铝（铜）芯橡皮绝缘聚氯乙烯护套裸钢带铠装电力电缆	敷设在室内，隧道及管道中，能承受相当的拉力

三、电缆终端和接头

电缆的连接分为电缆终端头和电缆中间头,通常称为电缆终端和接头。电缆终端和接头统称为电缆附件,它们是电缆线路中电缆与电力系统其他电气设备相连接和电缆自身连接不可缺少的组成部分。

(一)电缆终端和接头的选择

电缆终端和接头的选择应符合以下原则:

(1)优良的电气绝缘性能。终端和接头的额定电压应不低于电缆的额定电压,其雷电冲击耐受电压应与电缆相同。

(2)合理的结构设计。终端和接头的结构应符合电缆绝缘类型的特点,使电缆的导体、绝缘、屏蔽和护层这四个结构层分别得到延续和恢复,并力求安装与维护方便。

(3)满足安装环境的要求。终端和接头应满足安装环境对其机械强度与密封性能的要求。电缆终端的结构形式与电缆所连接的电气设备的特点相适应,设备终端和 SF_6 全封闭组合电器终端应具有符合要求接口装置,其连接金具必须相互配合。户外终端应具有足够的泄漏比距、抗电蚀与耐污闪性能。

(4)符合经济合理原则。电缆终端和接头的各种组件、部件和材料,应质量可靠、价格合理。

(二)终端和接头的基本技术性能

根据电缆终端和接头特点,其基本技术要求可归纳为以下四点,即良好的导体连接、完善的绝缘性能、可靠的密封措施和足够的机械强度。

(1)导体连接。电缆的导体连接应紧密,连接可靠,并且导体连接处的接触电阻要符合规定。

(2)绝缘性能。电缆终端和接头要有满足电缆线路在各种状态下长期安全运行的绝缘性能,并有一定的裕度。户外电缆终端的外绝缘必须满足装置环境条件(如污秽等级、海拔高度等)的要求,有一个合适的泄漏比距。电缆终端和接头的试样,应能通过按标准规定的交、直流耐压试验、冲击耐压试验和局部放电试验。户外终端应能承受淋雨和盐雾条件下的耐压试验。

(3)密封结构。确保电缆附件的绝缘性能需要完善而可靠的密封。电缆附件的密封质量,在很大程度上决定了电缆附件的使用寿命。终端和接头的密封结构包括壳体、密封垫圈、热缩管等,要能有效地防止外界水分或有害物质侵入绝缘,并能防止终端或接头中绝缘剂流失。在终端和接头中采用密封垫圈的装配部位,如金属法兰、壳体和套管的平面或凹槽,必须符合工艺要求,应进行抽样密封试验。电缆接头的密封套,还应同时具有防腐蚀性能。

(4)机械强度。电缆终端和接头应能承受各种运行条件下所产生的机械应力。终端的瓷套管和各种金具,包括上下屏蔽罩、紧固件、底板及尾管等,都应有足够的机械强度。高压电缆户外终端的机械强度应满足使用环境的风力和地震等级的要求,并能承受和它连接的避雷线的水平拉力。固定敷设的电缆接头,其连接点的抗拉强度应不低于电缆导体抗拉强度的60%。为了保护接头免受机械损伤和腐蚀,在接头处应有保护盒。保护盒外壳与电缆外护层黏合，其中浇注绝缘剂。直埋土壤的接头保护盒应作防腐处理，并能承受路面荷载压力。

课题二　敷设方式

一、电缆线路的路径选择

（一）考虑因素

对于电缆线路的路径选择，应从节省投资、施工方便和安全运行三方面来考虑：
（1）为了节省投资，应尽可能选择最短距离的路线。
（2）布设电缆线路便利的地方。
（3）地形平坦处所。
（4）如道路的一侧设有水道管、瓦斯管及地下通信等电路时，则应在道路的另一侧。
（5）将来不要求埋设深度变化的地方。
（6）将来不致建筑房舍的地方。
（7）便于搬运，而且容易补修的地方。

（二）敷设地下电缆线路要避免下列处所

（1）时常存水的地方。
（2）地下埋设物复杂的地方。
（3）发散腐蚀性瓦斯或溶液的地方。
（4）预定建设建筑物或时常挖掘的地方。
（5）制造或贮藏容易爆炸或燃烧的危险物质的处所。

二、电缆敷设方法

电缆工程敷设方式的选择应根据工程条件、环境特点和电缆类型、数量等因素确定，且按运行可靠、便于维护的要求和经济技术合理的原则来选择。电力电缆敷设方式一般选择排管敷设、隧道敷设、直埋敷设、电缆沟敷设、水下敷设，以及上述方式相互结合的方式敷设，具体的敷设方法分为人力敷设和机械敷设。电缆敷设方式的选择应根据工程项目中电缆类型及数目，电缆路径特点等因素来选择。

（一）直埋敷设

直埋敷设具有投资省的显著优点，是被广为采用的一种敷设方式。敷设电缆前，应检查电缆表面有无机械损伤；并用 1 kV 兆欧表测量绝缘电阻，绝缘电阻一般不低于 10 MΩ。

1. 一般要求

（1）电缆沟的深度应按有关部门提供的标准来决定，必须保证电缆的埋设深度。直埋电缆深度不应小于 0.7 m，穿越农田时不应小于 1 m。直埋电缆的沟底应无硬质杂物，沟底铺

100 mm 厚的细土或黄沙，电缆敷设时应留全长 0.5%~1%的裕度。电缆在 20°~50°斜坡地段敷设时坡度小于30°以下每15 m设一个固定桩，30°以上每 10 m 设一固定桩，固定桩为松木、钢筋混凝土、角钢，均作防腐处理。敷设后再加盖 100 mm 细土或黄沙，然后用水泥盖板保护，其覆盖宽度应超过电缆两侧各 50 mm，也可以用砖块代替水泥盖板。回填到沟深一半时，建议铺带有警示标志的彩条布。待回填完成后，应在电缆转弯处、中间头处、与其他管线交叉处等特殊位置放置明显的方位标志和标柱以增强防止外力破坏能力，如图 2-2-1 所示。

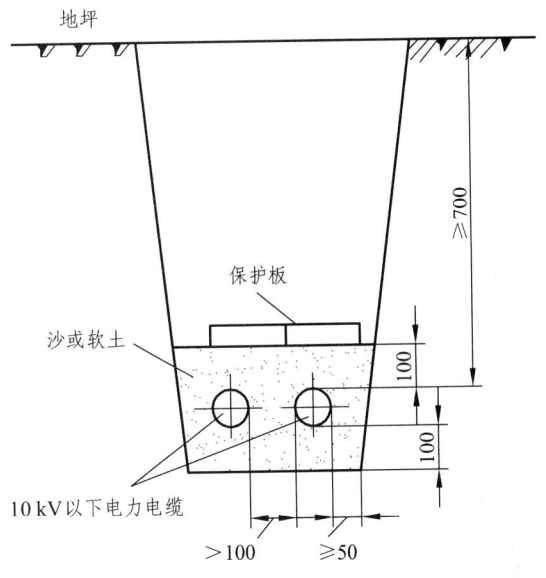

图 2-2-1 电缆沟断面

（2）电缆穿越道路及建筑物或引出地面高度在 2 m 以下部分，均应穿钢管保护。内径不应小于电缆外径的 1.5 倍。两端管口做成喇叭形，管内壁应光滑无毛刺，钢管外面应涂防锈漆。电缆引入引出电缆沟、建筑物及穿入保护管时，出入口和管口应封闭。当电缆与铁路、公路、城市街道、厂区道路交叉时敷设做法如图 2-2-2 所示。

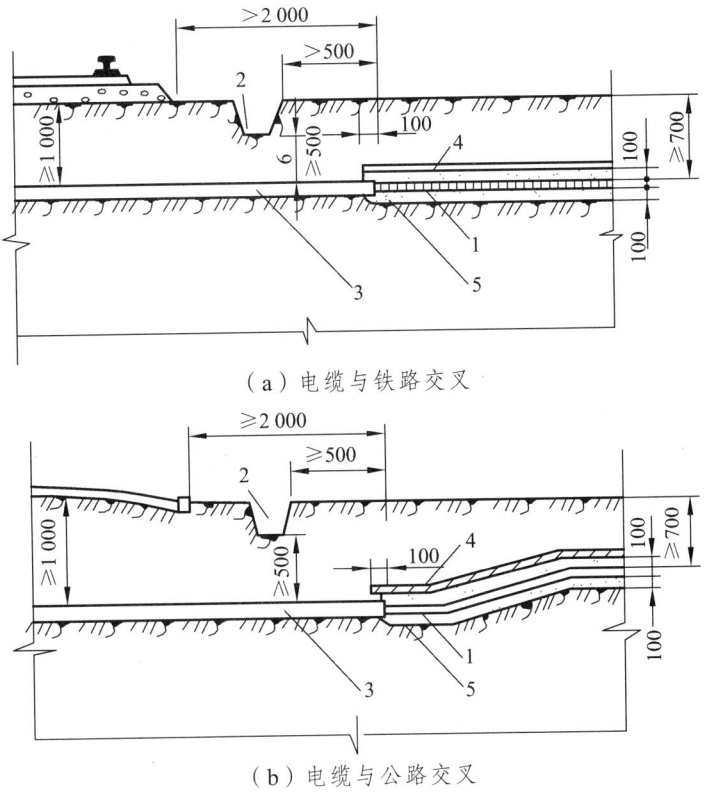

（a）电缆与铁路交叉

（b）电缆与公路交叉

图 2-2-2 电缆与铁路、公路交叉敷设的做法

1—电缆；2—排水沟；3—保护管；4—保护板；5—砂或软土

（3）交流四芯电缆穿入钢管或硬质塑料管时，每根电缆穿一根管子。单芯电缆不允许单独穿在钢管内，固定电缆的夹具不应有铁件构成的闭合磁路。

（4）地下并列敷设的电缆，中间头的位置需互相错开，防止接头事故时损伤其他接头。对于电缆与其他管线、建筑物平行和交叉时应按规格的规定执行，不得随意更改。

（5）农村低压电力电缆，一般采用聚氯乙烯绝缘电缆或交联聚乙烯绝缘电缆。在有可能遭受损伤的场所，应采用有外护层的铠装电缆；在有可能发生位移的土壤中（沼泽地、流沙、回填土等）敷设电缆时，应采用钢丝铠装电缆。

2. 敷设方法

（1）挖样洞：在设计的电缆线路上先开挖试样洞以了解土壤情况和地下管线布置，对发现的问题，及时提出解决方法，样洞大小一般长 0.4~0.5 m，宽与深为 1 m，数量可根据地下管线复杂程度决定，直线每隔 40 m 左右开挖一个，在转弯处、交叉路口和有障碍的地方均需开挖样洞，开挖时不要损坏地下管线设备。

（2）放样：根据设计图纸及开挖样洞的资料决定电缆走向，用石灰画出开挖范围（宽度）。

（3）敷设过路管道，电缆穿越道路铁路时应事先将全部过路导管全部敷设完毕，以便敷设顺利进行。

（4）挖土：挖土时应垂直开挖，不可上宽下狭，也不要掏空挖掘，挖出的土放在距沟边 0.3 m 的两旁。施工地点处于交通道路或繁华地段的，其周围应设置遮栏和警告标志。电缆沟的挖掘应满足敷设后的电缆的弯曲半径不小于：① 3 芯浸渍纸绝缘电力电缆为 15 倍；② 单芯浸渍纸绝缘电力电缆为 25 倍；③ 3 芯及单芯橡皮和塑料绝缘电缆为 10 倍，无铠装为 6 倍；④ 纸绝缘控制电缆为 10 倍。

（5）敷设电缆：一般采用人工展放和机械敷设两种。采用机械牵引进行电缆敷设，具体做法是先沿沟底放好滚轮，将电缆放在滚轮上，使电缆牵引时不至于与地面摩擦，然后用机械和人工两者兼用牵引电缆，如图 2-2-3 所示。

（6）填沟：电缆放入沟底后，经检查合格后上面应覆以 100 mm 软土或砂层，然后盖上水泥保护盖板，电缆少时可盖砖，再回填土。最后在地面上堆高土层 200~300 mm，以备松土自然沉落。

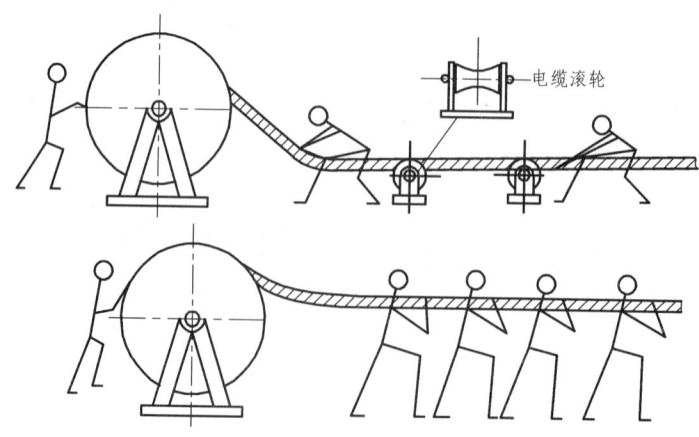

图 2-2-3 人力牵引电缆示意图

（二）电缆在沟内敷设

电缆沟敷设方式主要适用于在厂区或建筑物内地下电缆数量较多但不需采用隧道时，以及城镇人行道开挖不便，且电缆需分期敷设时。电缆隧道敷设方式主要适用于同一通道的地下中低压电缆达 40 根以上或高压单芯电缆多回路的情况以及位于有腐蚀性液体或经常有地面水流溢出的场所。电缆沟和电缆隧道敷设具有维护、保养和检修方便等特点。

电缆沟和电缆隧道敷设的施工工艺：

（1）砌筑沟道。

电缆沟和电缆隧道通常由土建专业人员用砖和水泥砌筑而成。其尺寸应按照设计图的规定，沟道砌筑好后，应有 5～7 天的保养期。电缆沟的断面如图 2-2-4 所示。电缆隧道内净高不应低于 1.9 m，有困难时局部地区可适当降低。电缆隧道断面如图 2-2-5 所示。图中尺寸 C 与电缆的种类有关，当电力电缆为 36 kV 时，$C \geqslant 400$ mm；电力电缆为 10 kV 及以下时，$C \geqslant 300$ mm；若为控制电缆，$C \geqslant 250$ mm。其他各部尺寸也应符合有关规定。

电缆沟应平整，防止地下水浸入。电缆沟内表面应平正，每隔 45～50 m 设置积水坑，电缆沟应有不小于 0.3% 的坡度或排水沟，积水可及时直接接入排水管道或经积水坑、积水井用水泵抽出，以保证电缆线路在良好环境下运行，转角不应小于电缆允许弯曲半径。

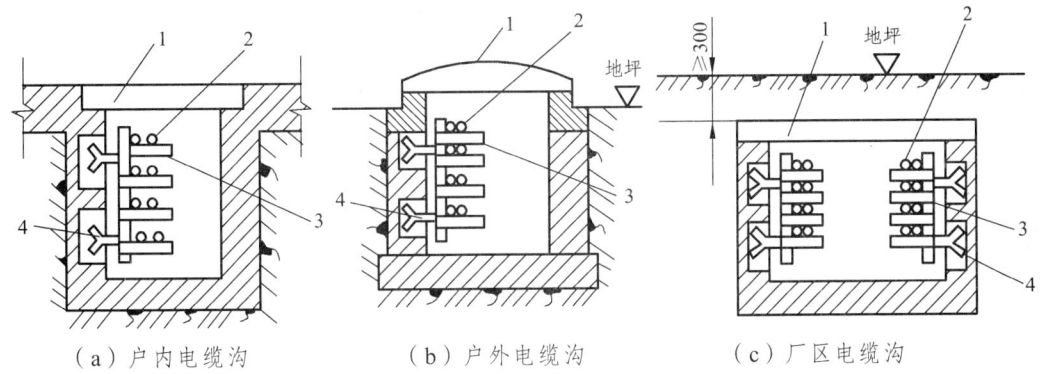

（a）户内电缆沟　　　（b）户外电缆沟　　　（c）厂区电缆沟

图 2-2-4　电缆在电缆沟内敷设

1—盖板；2—电力电缆；3—电缆支架；4—预埋铁件

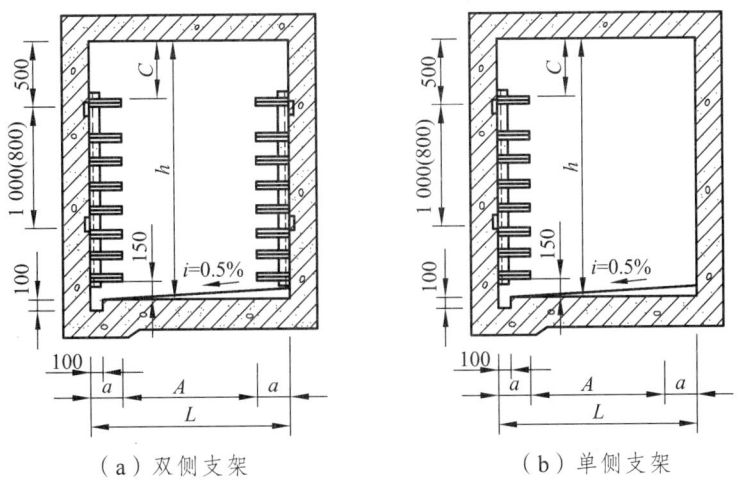

（a）双侧支架　　　　（b）单侧支架

图 2-2-5　电缆隧道直线段

（2）制作、安装支架。

常用的支架有角钢支架和装配式支架，角钢支架需要自行加工制作，装配式支架由工厂加工制作。支架的选择、加工要求一般由工程设计决定。也可以按照标准图集的做法加工制作。安装支架时，宜先找好直线段两端支架的准确位置，先安装固定好，然后拉通线再安装中间部位的支架，最后安装转角和分岔处的支架。角钢支架安装如图 2-2-6 所示。支架制作、安装的一般要求如下：

① 制做电缆支架所使用的材料必须是标准钢材，且应平直无明显扭曲。

② 电缆支架制作中，严禁使用电、气焊割孔。

③ 在电缆沟内支架的层架（横撑）的长度不宜超过 0.35 m，在电缆隧道内支架的层架（横撑）的长度不宜超过 0.5 m。保证支架安装后在电缆沟内、电缆隧道内留有一定的通路宽度。

④ 电缆沟支架组合和主架安装尺寸、支架层间垂直距离和通道宽度的最小净距、电缆支架最上层及最下层至沟顶和沟底的距离、电缆支架间或固定点间的最大距离等应符合设计要求或有关规定。

⑤ 支架在室外敷设时应进行镀锌处理，否则，宜采用涂磷代底漆一道，过氧乙烯漆两道。如支架用于湿热、盐雾以及有化学腐蚀地区时，应根据设计作特殊的防腐处理。

⑥ 为防止电缆产生故障时危及人身安全，电缆支架全长均应有良好的接地，当电缆线路较长时，还应根据设计进行多点接地。接地线应采用直径不小于 12 mm 镀锌圆钢，并应在电缆敷设前与支架焊接。

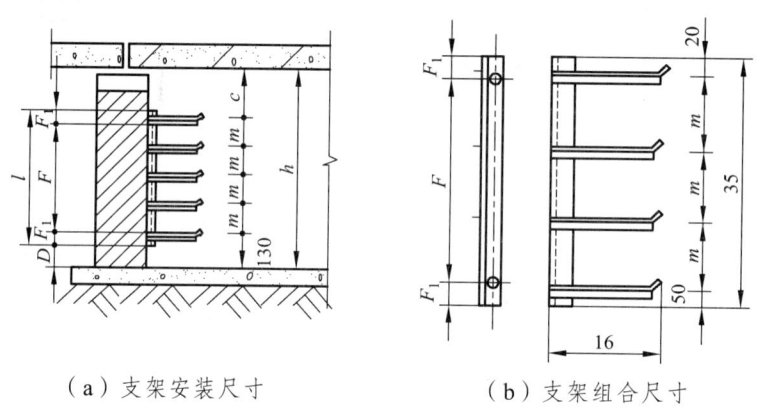

（a）支架安装尺寸　　　　　　（b）支架组合尺寸

图 2-2-6　支架安装和支架组合尺寸图

（3）电缆敷设。

按电缆沟或电缆隧道的电缆布置图敷设电缆并逐条加以固定，固定电缆可采用管卡子或单边管卡子，也可用 U 形夹及 Π 形夹固定。电缆固定的方法如图 2-2-7 和图 2-2-8 所示。

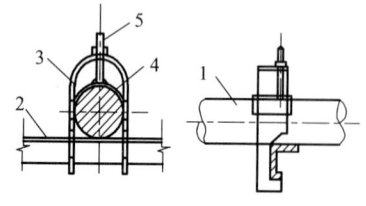

图 2-2-7　电缆在支架上用 U 形夹固定安装

1—电缆；2—支架；3—U 形夹；4—压板；5—螺母

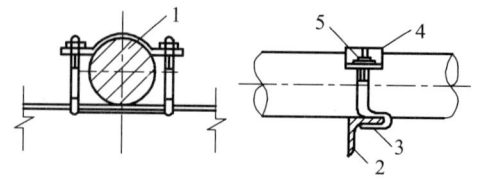

图 2-2-8　电缆在支架上用 Π 形夹固定安装

1—电缆；2—支架；3—Π 形夹；4—压板；5—螺栓

电缆沟或电缆隧道电缆敷设的一般规定：

① 各种电缆在支架上的排列顺序：高压电力电缆应放在低压电力电缆的上层；电力电缆应放在控制电缆的上层；强电控制电缆应放在弱电控制电缆的上层。若电缆沟和电缆隧道两侧均有支架时，1 kV 以下的电力电缆与控制电缆应与 1 kV 以上的电力电缆分别敷设在不同侧的支架上。

② 电力电缆在电缆沟或电缆隧道内并列敷设时，水平净距应符合设计要求，一般可为 35 mm，但不应小于电缆的外径。

③ 敷设在电缆沟的电力电缆与热力管道、热力设备之间的净距，平行时不小于 1 m，交叉时不应小于 0.5 m。如果受条件限制，无法满足净距要求，则应采取隔热保护措施。

④ 电缆不宜平行敷设于热力设备和热力管道上部。

（4）盖盖板。

电缆沟盖板的材料有水泥预制块、钢板和木板。采用钢板时，钢板应做防腐处理。采用木板时，木板应做防火、防蛀和防腐处理。电缆敷设完毕后，应清除杂物，盖好盖板，必要时尚应将盖板缝隙密封。

（三）排管敷设方式

作为城市目前采用最多的一种敷设方式，适用于电缆数量不多（一般不超过 12 根），而与道路交叉较多，路径拥挤，又不宜采用直埋或电缆沟敷设的地段。为更好地利用各种地形，保护电缆安全运行，这是一种最合理的方式。其不足之处，一是使电缆散热条件下降，降低了载流量；二是建设成本较高。

穿电缆的排管大多是水泥预制块，如图 2-2-9 所示。排管也可采用混凝土管或石棉水泥管，电缆排管断面如图 2-2-10 所示。

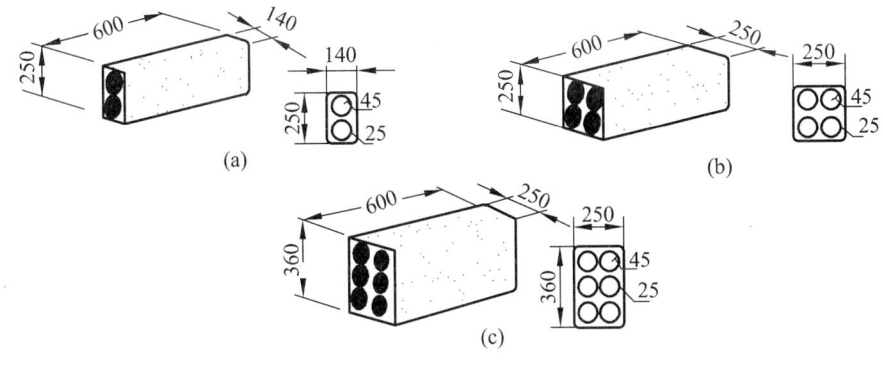

图 2-2-9 混凝土管块

电缆排管敷设的施工工艺为：挖沟→人孔井设置→安装电缆排管→覆土→埋标桩→穿电缆。

（1）挖沟。

电缆排管敷设时，首先应根据选定的路径挖沟，沟的挖设深度为 0.7 m 加排管厚度，宽度略大于排管的宽度。排管沟的底部应垫平夯实，并应铺设厚度不小于 80 mm 的混凝土垫层。垫层坚固后方可安装电缆排管。

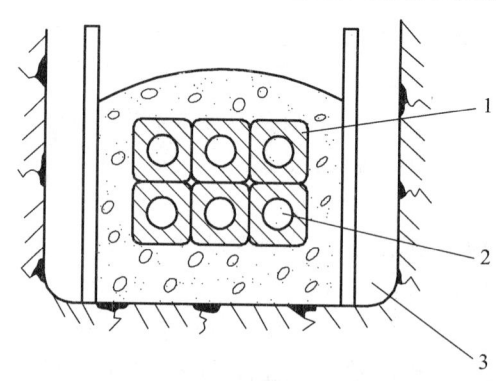

图 2-2-10 电缆排管

1—水泥排管；2—电缆孔；3—电缆沟

（2）人孔井设置。

电缆井的设置距离，应验算电缆芯线受牵引力时的允许拉力，并应在电缆排管转弯处、终端及直线段每隔 75 m 处设人孔井，以便于敷设、拉引电缆。一般人孔井净空高度不应小于 1.8 m，其上部直径不小于 0.7 m。人孔井内应设集水坑，以便集中排水。人孔井由土建专业人员用水泥砖块砌筑而成。人孔井的盖板也是水泥预制板，待电缆敷设完毕后，应及时盖好盖板。

（3）安装电缆排管。

将准备好的排管放入沟内，用专用螺栓将排管连接起来，既要保证排管连接平直，又要保证连接处密封。排管安装的要求如下：

① 排管孔的内径不应小于电缆外径的 1.5 倍，但电力电缆的管孔内径不应小于 90 mm，控制电缆的管孔内径不应小于 75 mm。

② 排管应倾向人孔井侧有不小于 0.5% 的排水坡度，以便及时排水。

③ 排管的埋设深度为排管顶部距地面不小于 0.7 m，在人行道下面可不小于 0.5 m。

④ 在选用的排管中，排管孔数应充分考虑发展需要的预留备用。一般不得少于 1~2 孔，备用回路配置于中间孔位。

⑤ 当电缆有中间接头盒时，应放在电缆井中，在接头盒的周围应有防止发生事故而引起火灾延燃的措施。

⑥ 穿管所用管材一般采用水泥管或 PVC 管。水泥管一般用于低压电缆管道，110 kV 电缆管产大多采用 PVC 管。PVC 管道管壁光滑，安装简便，电缆敷设时摩擦力较小，对外护套损伤较轻。砖砌或预制沟体敷设方式也是一种普遍采用的电缆敷设方式。优点是可以同时容纳许多类型、许多数量电缆，用电缆支架加以区分隔离。对于高压电缆，敞开式沟体中电缆敷设更安全直观。缺点是沟体占地较宽，不太适合城市地下管线布置。

（4）覆土。

与直埋电缆的方式类似。

（5）埋标桩。

与直埋电缆的方式类似。

（6）穿电缆。

穿电缆前，首先应清除孔内杂物，然后穿引线，引线可采用毛竹片或钢丝绳。在排管中敷设电缆时，把电缆盘放在井坑口，然后用预先穿入排管孔眼中的钢丝绳，将电缆拉入管孔内，为了防止电缆受损伤,排管口应套以光滑的喇叭口,井坑口应装设滑轮,如图 2-2-11 所示。

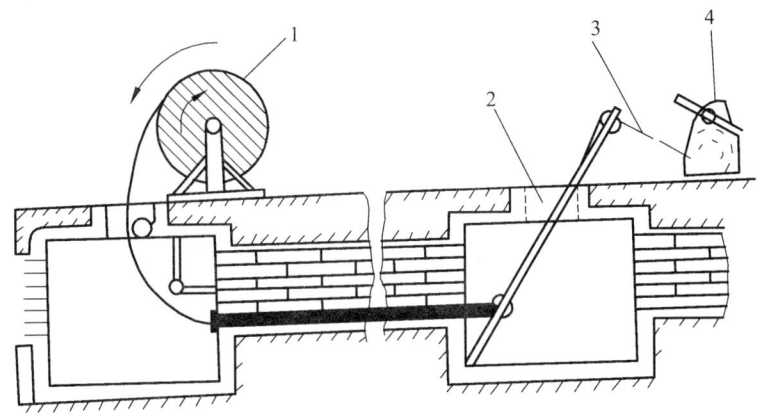

图 2-2-11　在两人孔井间拉引电缆

1—电缆盘；2—井坑；3—绳索；4—绞磨

(四) 隧道或地下管廊敷设方式

对城市某些地段,地下管线集中,难以布局,这时必须建设较大空间的地下走廊。根据不同管线,考虑安全合理因素加以安排。在隧道中敷设电缆必须考虑的问题是防火和防潮。电缆隧道如图 2-2-12 所示。

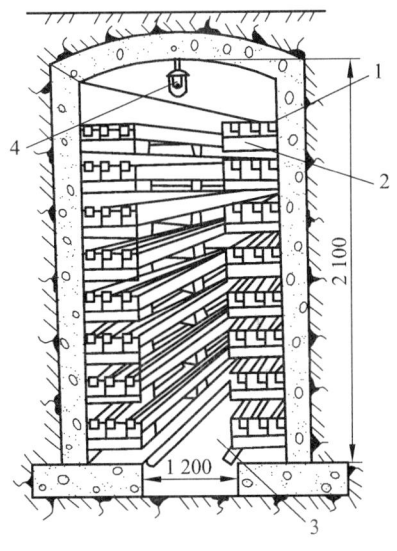

图 2-2-12　电缆隧道

1—电缆；2—电缆支架；3—沟槽；4—照明灯

(五) 电缆桥架敷设

1. 应用场合

对于工厂配电所、车间、大型商厦和科研单位等场所,电缆数量较多或较集中,设备分散或经常变动,一般采用电缆桥架的方式敷设电缆线路。电缆桥架的结构如图 2-2-13 所示。

2. 电缆桥架敷设优点

电缆的敷设更标准、更通用，结构简单、安装灵活，可任意走向，具有绝缘和防腐蚀功能，适用于各类型的工作环境，使配电线路的敷设成本大大降低。

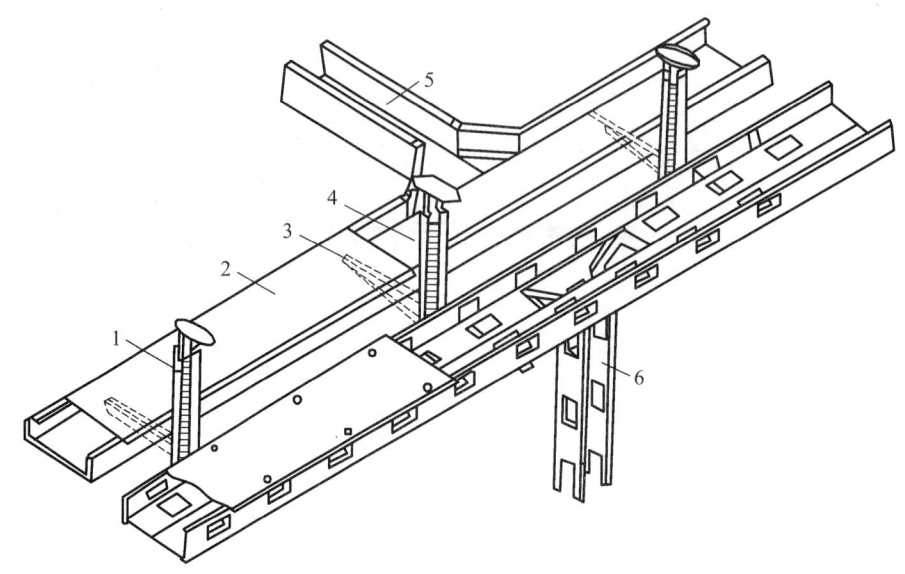

图 2-2-13 电缆桥架的结构

1—支架；2—盖板；3—支臂；4—线槽；5—水平分支线槽；6—垂直分支线槽

（六）高铁电力电缆敷设

高速铁路电力系统两条电力贯通线多数采用单芯电缆线路，敷设方式不同于普速铁路电缆直埋敷设方式，采用沿线路两侧电缆槽敷方式，实现了线路入地。高速铁路电力电缆采用 YJV62 型交联单芯电缆。和普速线采用的三相电缆相比，单芯电缆制造长度每盘可达 3.0 公里，具有减少电缆中间头 3/4，减少故障点。

高速铁路电力电缆敷设工艺：

（1）交流单芯电缆宜采用"品"字形敷设或三相全换位敷设。

（2）单芯电缆的三相电缆穿于一根钢管内，需在钢管内绞编敷设。单芯电缆以单根穿管时不得采用未分隔磁路的钢管。

（3）单根单芯电缆需要固定时，应采用铝合金等不构成磁路闭合的钓具，在进出配电柜处及支承电缆的桥架、支架及固定钓具，均应采用分隔磁路的措施。

（4）采用的单芯电缆原则上不超过 3 公里的各箱变间不应出现接头。对必须设置的电缆中间头，宜采用冷缩头工艺并做好防水。

（5）并列敷设的电缆，中间头应错开，其距离不应小于 0.5 m，电缆中间头与邻近电缆之间的净距离不得大于 0.25 m，当不符合时应采取隔离措施。

（6）单芯贯通线电缆终端头的金属层均应采取沿正常供电方式向首端单点直接接地的方式，电缆头的另一端采用通过护层保护器接地。

（7）贯通线电缆在桥墩两端和伸缩缝处，电缆应充分松弛，各种电缆进出箱变电缆预留均应做好防水处理，单芯电缆可三相合穿 PVC-C 电力保护管。

（8）电缆敷设在一些特殊地段时应及时固定，如垂直敷设或超过 45°倾斜敷设的电缆在每个支架上；桥架上每隔 2 m 处；水平敷设的电缆，在电缆首末两端及转弯、电缆接头的两端处。护套有绝缘要求的电缆，在固定处应加绝缘衬垫。

三、电缆敷设的一般规定

电缆的敷设一般按下列程序进行：先敷设集中的电缆，再敷设分散的电缆；先敷设电力电缆，再敷设控制电缆；先敷设长电缆，再敷设短电缆；先敷设敷设难度大的电缆，再敷设敷设难度小的电缆。

电缆敷设的一般规定如下：

（1）施工前应对电线进行详细检查，规格、型号、截面、电压等级均符合设计要求，外观无扭曲、坏损及漏油、渗油等现象。

（2）每轴电缆上应标明电缆规格、型号、电压等级、长度及出厂日期。电缆盘应完好无损。

（3）电缆外观完好无损，铠装无锈蚀、无机械损伤，无明显皱折和扭曲现象。油浸电缆应密封良好，无漏油及渗油现象。橡套及塑料电缆外皮及绝缘层无老化及裂纹。

（4）电缆敷设前进行绝缘测定。如工程采用 1 kV 以下电缆，用 1 kV 摇表摇测线间及对地的绝缘电阻不低于 10 MΩ。摇测完毕，应将芯线对地放电。

（5）冬季电缆敷设，温度达不到规范要求时，应将电缆提前加温。

（6）电缆短距离搬运，一般采用滚动电缆轴的方法。滚动时应按电缆轴上箭头指示方向滚动。如无箭头时，可按电缆缠绕方向滚动，切不可反缠绕方向滚运，以免电缆松弛。

（7）电缆支架的架设地点应选好，以敷设方便为准，一般应在电缆起止点附近为宜。架设时，应注意电缆轴的转动方向，电缆引出端应在电缆轴的上方，敷设方法可用人力或机械牵引。

（8）有麻皮保护层的电缆，进入室内部分，应将麻皮剥掉，并涂防腐漆。

（9）电缆穿过楼板时，应装套管，敷设完后应将套管用防火材料封堵严密。

（10）电缆两端头处的门窗装好，并加锁、防止电缆丢失或损毁。

（11）三相四线制系统中必须采用四芯电力电缆，不可采用三芯电缆加一根单芯电缆或以导线、电缆金属护套等作中性线，以免损坏电缆。

（12）电缆敷设时，不应破坏电缆沟、隧道、电缆井和人孔井的防水层。

（13）并联使用的电力电缆，应使用型号、规格及长度都相同的电缆。

（14）电缆敷设时，不应使电缆过渡弯曲，电缆的最小弯曲半径应符合规范的规定。

（15）电缆进入电缆沟、隧道、竖井、建筑物、盘（柜）以及穿入管子时。出入口应封闭，管口应密封。

四、电缆终端头和中间头制作

1. 10 kV 交联聚乙烯绝缘电缆热缩终端头制作

交联聚乙烯电缆终端头制作要严格按照工艺要求进行。具体制作工艺如下：

（1）剥外护层、锯钢铠装、撕内垫层、铜带屏蔽、半导体和线芯端绝缘。垂直固定电缆，户外端头在距末端 750 mm 处（户内端头量取 500 mm），在量取处刻一环形刀痕。顺线路方向破开塑料护层，然后向两侧分开剥除。由断口向上量取 50 mm 铠装后绑扎线作临时绑扎，并锯开钢带，剥去上部铠装。用喷灯均匀烘烤后逐层撕去内垫层。

（2）焊接地线。将编织接地铜线一端拆开均分三份，将每一份重新编织后分别绕包在三相屏蔽层上并绑扎牢固，锡焊在各相铜带屏蔽上，对铠装电缆需用镀锡钢带线绑在钢铠上并绑扎焊牢再行引下，对无铠装电缆可直接将接地线引下。在密封段内，用焊锡熔填 15~20 mm 长一段编织防潮段的缝隙，用作防潮段。

（3）安装分支手套。用自粘带式填充胶剂填充三芯分支处及铠装周围，使外形整齐呈苹果状，清洁密封段电缆外护套。在密封段下区作出标记，在编织接地线内层和外层各绕包热熔胶带 1~2 层，长度约为 60 mm，将接地线绕包在当中。套进三芯分支手套，尽量往下，手套下口到达标记处。用慢火先从手指根部向下缓慢环绕加热收缩，完全收缩后下口应有少量胶液挤出。再从手指根部向上缓慢环绕加热收缩手指部至完全收缩。从手套中部开始加热收缩有利于排除手套内的气体。

（4）剥切铜带屏蔽、半导体层、绕包自粘带。从分支手套手指端部向上量 40 mm 为铜带屏蔽切断处，先用铜线将铜带屏蔽绑扎再进行切割，切口整齐。保留半导电层 20 mm，其余剥除，剥除要干净，不要损伤主绝缘。对残留在主绝缘外表的半导电层，可用细砂布打磨干净。用溶剂清洁主绝缘，用半导电带填充半导电层与主绝缘的间隙 20 mm。以半叠包方式绕包一层，与半导电层和主绝缘层各搭接 10 mm，形成平滑过渡。从半导电层中间开始向上以半叠包方式绕包自粘带 1~2 层，统包长度 110 mm。半导电带和自粘带统包时，都要先将其拉伸至其原来宽度的一半，再进行绕包。

（5）压接线鼻子。线芯末端绝缘剥切长度为接线鼻子孔深加 5 mm，线端绝缘削成"铅笔头"形状，长应为 30 mm。用压钳和模具进行接线鼻子压接。压后用锉刀修整棱角毛刺。清洁鼻子表面。用自粘带填充压坑及不平之处，并填充线芯绝缘末端与鼻子之间自粘带与主绝缘及接线鼻子各搭接 5 mm，形成平滑过渡。

（6）安装应力管。清洁半导电层和铜带表面，清洁线芯绝缘表面，确保绝缘表面没有碳迹，套入应力控制管。应力控制管下端与分支手套手指上端相距 20 mm，用微弱火焰自下而上环绕应力控制管加热促其收缩。在应力控制管上端包绕自粘带，使其平滑过渡。

（7）套热收缩管。清洁线芯绝缘表面，应力控制管及分支手套表面。在分支手套手指部和接线鼻子根部，包统热熔胶带（有的配套供货的热收缩管内侧已涂胶，则不必再包热熔胶带）。套入热收缩管，热收缩管下部与分支手套手指部搭接 20 mm。用弱火焰自下往上环绕加热收缩。完全收缩后管口应有少量胶液挤出。在热收缩管与接线鼻子搭接处及分支手套根部，用自粘带拉伸至原来宽度的一半，以半叠包方式绕包 2~3 层，包绕长度为 30~40 mm，与热收缩管和接线鼻子分别搭接，确保密封。

（8）安装雨裙。户外终端头应安装雨裙。清洁热收缩管表面，入三孔雨裙，下落到分支手套手指根部自下而上加热收缩。再在每相上套入两个单孔雨裙，找正后自下而上加热收缩。

电缆终端头如图 2-2-14 所示。

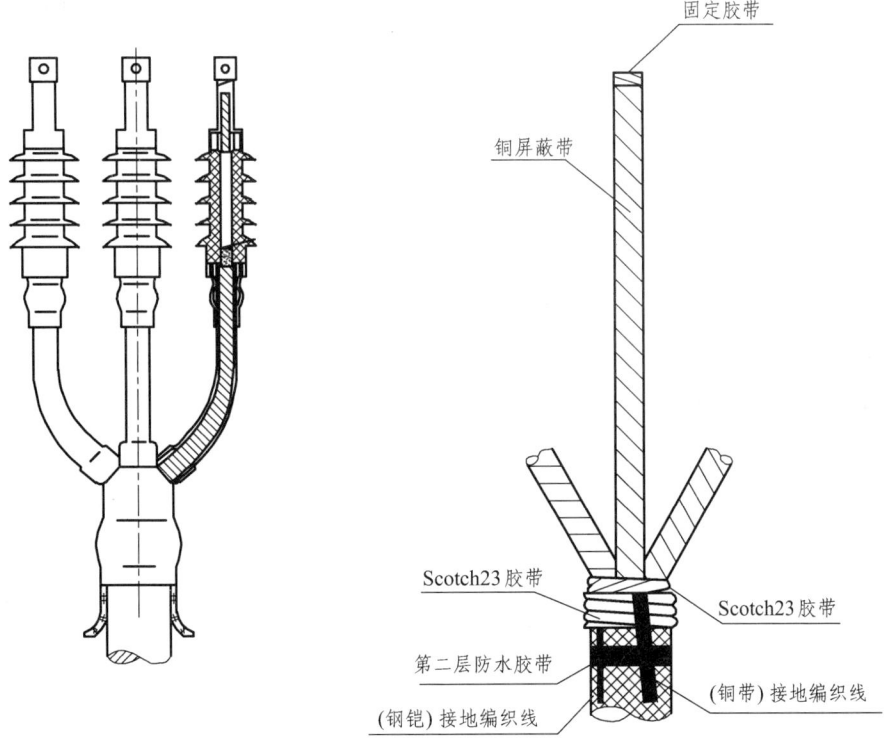

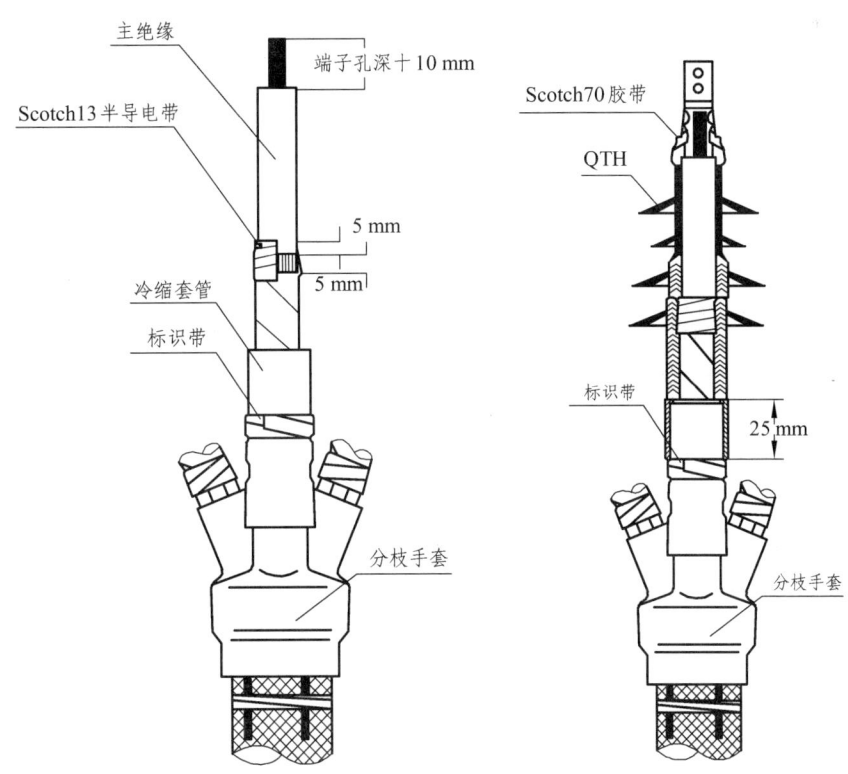

图 2-2-14 电缆终端头

2. 10 kV 交联聚乙烯绝缘电缆热缩中间接头制作

10 kV 交联聚乙烯绝缘电缆中间头制作除参考 10 kV 交联聚乙烯绝缘电缆终端头制作有关要求外，还要注意由于中间接头处于电缆铜带屏蔽已断开，故要包铜丝网并与两根电缆的铜带屏蔽绑扎用焊锡焊牢；压线连接管时，先压两端后压中间；接头施工完毕要待完全冷却后才可移动，以免损坏密封。如图 2-2-15 和图 2-2-16 所示。交联聚乙烯绝缘电缆热缩中间接头具体制作工艺如下：

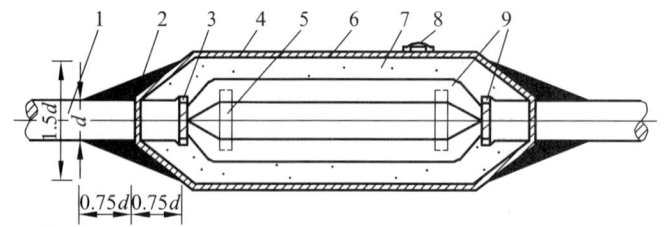

图 2-2-15　电缆中间头　　　　　　图 2-2-16　中间头制作

1—铅包；2—线芯涂包层；3—绕包纸；4—半导体纸；5—压接管；
6—绕管涂包层；7—压接管涂包层；8—自粘带；
9—三叉口涂包层

（1）剥切电缆。将电缆对直固定，将电缆末端重叠 200 mm 取其中心作出标记。按照厂家给定尺寸剥切电缆外护套。在距外护套切口 40 mm 以内，绑扎铜线，锯切钢带。保留 10 mm 长内衬层，去除填充物。

（2）剥切铜带屏蔽，削末端绝缘。在铜带屏蔽断口内侧，绑扎铜线，剥切铜带屏蔽。保留 30 mm 半导电外屏蔽层，其余剥除，剥除多余线芯绝缘。将线芯末端绝缘削成"铅笔头"形，长度为 30 mm。剥除绝缘表面碳迹。可用细砂布打磨，用清洁剂擦净。

（3）套热收缩保护管。将两根电线距外护套断口 200 mm 内的外护套表面打毛，再将两根热收缩保护管（长、短配套）两端 100 mm 内的内表面打毛，用清洁剂清洁干净，分别套到两根电缆上去（长管套到长端上，短管套到短端上，不要搞错）。

（4）套绝缘热收缩管和半导电热收缩管。在长端电缆三根芯线上分别套入红色绝缘热收缩管和黑色半导电热收缩管。将三个铜丝网扩张缩短分别套到三个黑色外导体电热收缩管上。

（5）压接连接管。将长端和短端的三相导线分别按相对应插入已清洁好的连接管内，进行压接。先压两端，后压中间。用锉刀和砂布去除连接管表面的棱角和毛刺。用清洁剂清洁连接管表面，校直电缆，准备包绕屏蔽和绝缘。

（6）包绕屏蔽层和增绕绝缘层。用清洁剂清洁绝缘表面。用半导电带填平连接管的压坑，并用半叠绕方式填平连接管与线芯半导电内屏蔽层之间的间隙，然后在连接管上半叠绕包两层半导电带。将绝缘热收缩管从长端线芯上移至连接管上，中部对正，从中部加热向两端收缩。加热时要均匀缓慢环绕进行，保证完好收缩。在绝缘热收缩管的两端与半导电层外屏蔽上用半导电带以半叠绕方式绕包成约 40 mm 长的锥形坡，以达到平滑过渡。将半导电热收缩管从线芯上移到绝缘热收缩管上，中部对正，从中间加热收缩。加热要均匀缓慢环绕进行。保证完好收缩，两端部包压在铜带屏蔽上约 10～20 mm。三相线芯依次收缩完毕。将三相线芯上的铜丝网放到中部，对正中心，将铜丝网拉紧拉直平滑紧凑地包在半导电热收缩管上，两端用铜丝绑在铜带屏蔽上，并用焊锡焊好。

（7）焊接地线，安装热收缩保护管。将编织铜接地线焊在两段电缆的钢带铠装上。把三相线芯并拢收紧，用塑料带将三相芯线和接地线缠绕扎紧，使其成为紧凑平滑的圆柱。在电缆长、短两端已打毛的外护套上，分别缠绕 100 mm 宽的热熔胶带 1~2 层，钢带铠装上也缠 1~2 层热熔胶带更好。从短端电缆上将短热收缩护套管拉出，使其与短端电缆的外护套搭接 100 mm，从此端向另一端加热收缩。从长端收缩护套管的另一端与已收缩的短端热收缩护套管的搭接处做好搭接标记。在该搭接长度标记内，用热熔胶带包绕 1~2 层，从长端电缆侧向中间方向进行加热收缩。加热要均匀缓慢环绕进行，完好收缩时，保护管两侧应有少量胶液挤出。在电缆外护套与保护管交界处，用自粘带绕包 3 层，长 200 mm，分别包在外护套和保护管上各 100 mm。在两保护管交界处，用自粘带绕包 3 层，长 200 mm，分别包在两保护管上各 100 mm。待中间接头完全冷却后，才可移动。

3. 单芯交联电缆中间头制作

（1）施工流程。

校直电缆→剥切外护套→剥切铜屏蔽层→剥切外半导电→剥切主绝缘层→绕包半导电→清洁绝缘层表→套入管→压接连接管→涂抹混合剂→确定校验→确定定位点→安装冷缩管→安装屏蔽铜网→绕包填充胶带→绕包防水带→绕包装甲带。

（2）操作要点。

① 校直电缆。

将电缆校直，两端重叠 200~300 mm 确定接头中心后，在中心处锯断。

② 剥切外护套。

按图 2-2-17 和表 2-1-7 所示尺寸[(A+140)mm]，剥除外护套。注意：清洁切口处 50 mm 内的电缆外护套。

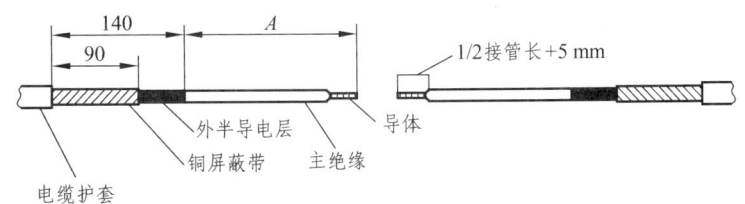

图 2-2-17 单芯电缆冷缩中间切剥图

表 2-1-7 15 kV 单芯交联电缆冷缩中间头选型尺寸参考

型号	导体截面（mm²）	绝缘外径（mm）	连接管外径（mm）	连接管最大长度（mm）	尺寸 A（mm）
I	50~150	17.7~26.0	14.2~25.0	135	120
II	150~240	22.3~33.2	18.0~33.0	145	125
III	300~400	28.4~42.0	23.3~42.0	220	175

注：电缆绝缘外径为选型的最终决定因素，导体截面为参考。对带有铜金属铠装的 15 kV 单芯交联电缆，切割尺寸参考 15 kV 三芯交联电缆中间接头。

③ 剥切铜屏蔽层。

按图 2-2-17 所示尺寸，保留外护套切口 90 mm 以内的铜屏蔽层，其余剥除。注意：切口应平齐，不得留有尖角。

④ 剥切外半导电层。

按图 2-2-17 所示尺寸，保留铜屏蔽切口 50 mm 以内的外半导电层，其余剥除。注意：切口应平齐，不留残迹（用清洗剂清洁绝缘层表面），切勿伤及主绝缘层。

⑤ 剥切主绝缘层。

按图 2-2-17 所示尺寸（1/2 接管长+5 mm），剥除主绝缘层。注意：不得伤及导电线芯。

⑥ 绕包半导电带。

按图 2-2-18（a）所示尺寸，半叠绕 Scotch13 半导电胶带 2 层（一个往返），从铜屏蔽带上 40 mm 处开始，绕至外半导电层 10 mm 处。注意：绕包端口应十分平整，绕包层表面应连续、光滑。

⑦ 清洁绝缘层表面。

用清洁剂清洗电缆绝缘层表面。如果主绝缘层表面有划伤、凹坑或残留半导体，可用#120以下不导电的氧化铝砂纸进行打磨处理。注意：切勿使清洁剂碰到外半导电层，打磨后的绝缘外径不得小于接头选用范围。

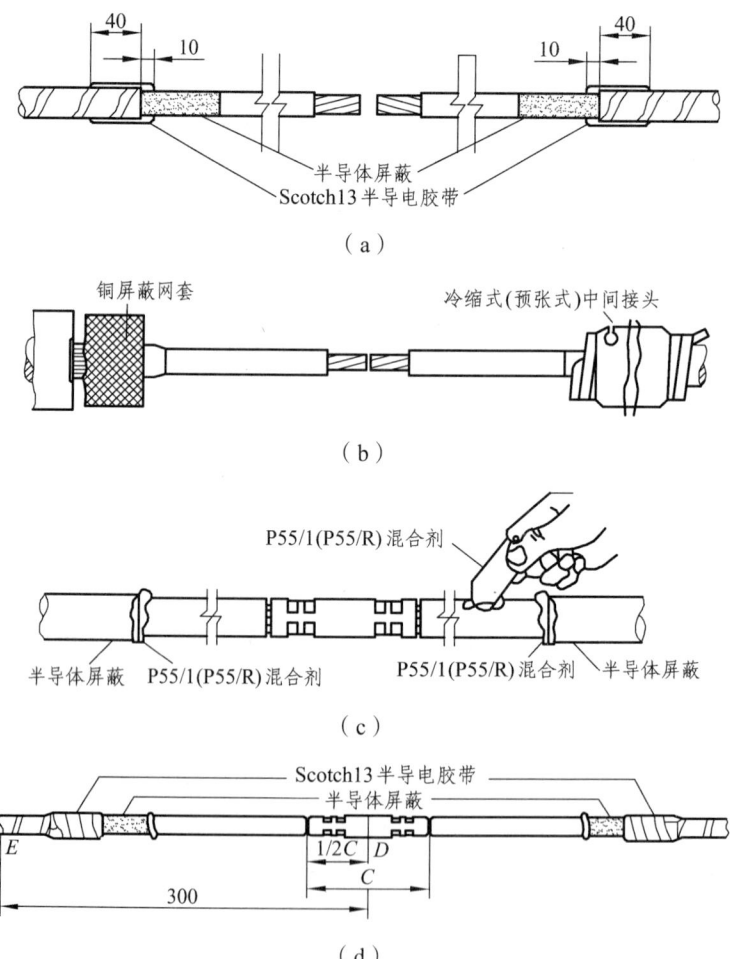

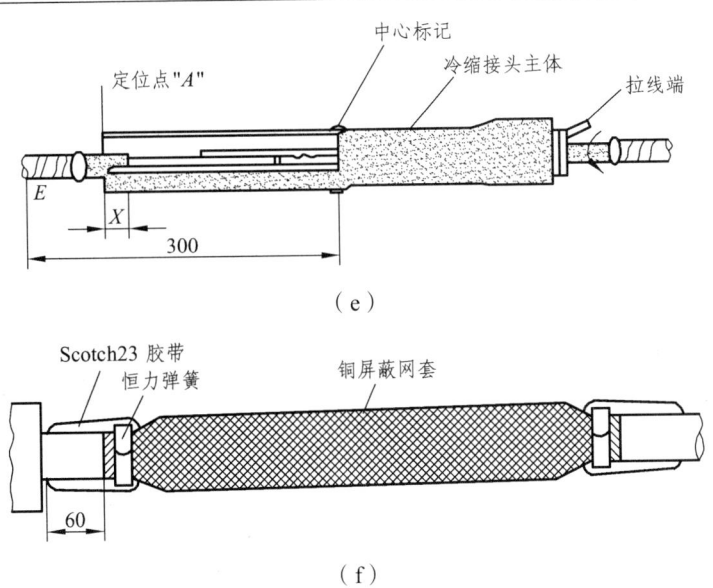

图 2-2-18 单芯电缆冷缩中间头

⑧ 套入管材。

如图 2-2-18（b）所示，待绝缘表面干燥后，分别套入冷缩式（预扩张式）中间头和铜屏蔽网套。注意：不得遗漏。

⑨ 压接连接管。

将电缆对正后压接连接管，两端各压 2 道。注意：压接后应去除尖角、毛刺，并且清洗干净。

⑩ 涂抹混合剂。

如图 2-2-18（c）所示尺寸，将 P55/R 混合剂涂抹在半导体层与主绝缘交界处，然后把其余涂料均匀涂抹在主绝缘表面上。注意：只能用 P55 混合剂，不能用硅脂。

⑪ 确定校验点。

如图 2-2-18（d）所示，测量绝缘端口之间尺寸 C，按尺寸 $1/2C$ 在接管上确定实际中心点 D，然后按量取 D 点到电缆一边铜屏蔽带 300 mm 确定一个校验点 E。

⑫ 确定定位点。

如图 2-2-18（e）所示，按表 2-1-8 所示尺寸，在半导电屏蔽层上距离屏蔽层端口 X 处用 PVC 胶带做一标记，此处为接头收缩定位点。

表 2-1-8　定位尺寸表

导体截面（mm²）	50	70	95	120	150	150	185	240	300	400
X（mm）	35	35	30	25	25	35	30	25	30	25

⑬ 安装冷缩管。

将冷缩（预扩张式）接头对准定位标记，逆时针抽掉芯绳，使接头收缩固定。在接头完全收缩后 5 min 内，校验冷缩接头主体上的中心标记到校验点 E 的距离是否确实是 300 mm，如有偏差，尽快左右抽动接头以进行调整。注意：由于冷缩接头为整体预制式结构，中心定位应做到准确无误。

⑭ 安装屏蔽铜网。

如图 2-2-18（f）所示，沿接头方向拉伸收紧铜网，使其紧贴在冷缩管上至电缆接头两端的铜屏蔽层上，中间用 PVC 胶带固定三处，然后再用恒力弹簧将屏蔽铜网固定在电缆接头两端的铜屏蔽层上，保留恒力弹簧外 10 mm 的屏蔽铜网，其余全部切除。注意：铜网两端应处理平整，不应留有尖角、毛刺。

⑮ 绕包填充胶带。

如图 2-2-18（f）所示，在恒力弹簧和电缆护套的端部绕包 2 层 Scotch23 胶带。注意：绕包层表面应连续、光滑。

⑯ 绕包防水带。

在整个接头处半叠绕 Scotch2228 防水带做防水保护，并与两端护套搭接 60 mm。注意：绕包层表面应连续、光滑。

⑰ 绕包装甲带。

在整个接头处半叠绕 Armorcast 装甲带做机械保护，并覆盖全部防水带。注意：绕包层表面应连续、光滑。

五、电缆核相

（一）核　相

核相是指在电力系统电气操作中用仪表或其他手段核对两电源或环路相位、相序是否相同。也就是在实际电力的运行中，对相位差的测量。新建、改建、扩建后的变电所和输电线路，以及在线路检修完毕、向用户送电前，都必须进行三相电路核相试验，以确保输电线路相序与用户三相负载所需求的相序一致。

核相方法：

对 0.4 kV 系统，一般用万用表进行核相；

对 3~35 kV 中性点非接地系统，一般用专用高压定相杆进行核相；

对 110 kV 及以上中性点直接接地系统，一般用 PT 进行核相。

（二）电缆线路的核相

为了防止由于相位彼此不一致，在并列时造成短路或出现巨大的环流而损坏设备，电缆线路在投入运行前或制作电缆头时，必须核对其两端对应的相位和两端准备要接设备的相位是否相同。核对相位的方法很多，下面介绍三种：

1. 用单相电压互感器核相

在有直接电联系的系统（如环接）中，可外接单相电压互感器，直接在高压侧测定相位。此时在电压互感器的低压侧接入 0.5 级的交流电压表，其接线如图 2-2-19 所示。在高压侧依次测量 Aa、Ab、Ac、Ba、Bb、Bc、Ca、Cb 和 Cc 间的电压，根据测量结果，电压接近或等于零者，为同相，约为线电压者为异相。

测量时，必须注意以下事项：

（1）用绝缘棒将电压互感器的高压端，引接至被测的高压线端头，此时应特别注意人身和设备的安全。

（2）所采用的电压互感器，事前应经与被测设备同等绝缘水平的耐压试验。

（3）电压互感器的外壳和二次侧的一端连接并接地。

（4）绝缘棒应符合安全工具的使用规定，引线间及对地间应具有足够的安全距离。

（5）操作和读表人员应站在绝缘垫上，所处的位置应具有足够的安全距离，并在负责人的指挥和监护下工作。

从上述可知，用单相电压互感器测定相位比较麻烦，同时也不够安全。

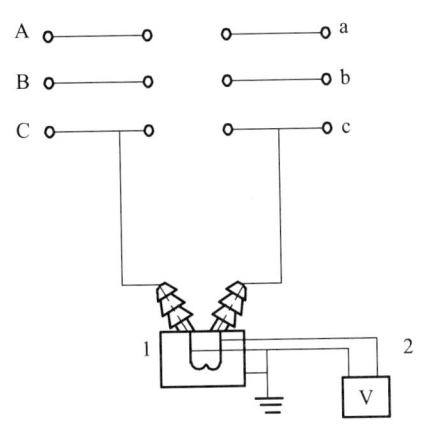

图 2-2-19　用单相电压互感器测定高压侧的相位

1—单相电压互感器；2—电压表

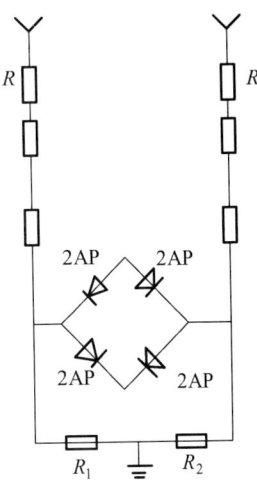

图 2-2-20　定相杆的原理接线

2. 用电阻定相杆测定相位

用电阻定相杆测定相位时，将定相杆分别接向两端，当电压表（V）的指示接近或为零时，则对应的两端属于同相；若电压表（V）的指示接近或大于线电压时，则对应的两侧属于异相。

定向杆的制作，在原理上和测量电位分析的电阻杆相同，其原理接线如图 2-2-20 所示。高电阻 R 约按每伏 10 kΩ 选用，每个电阻的容量的容量约为 1 W；分配的电压不应超过 3 kV；桥式整流元件可用锗二极管（2AP）；滤波电容 C 在 0.1～5 μF 范围内选用；平衡电阻 R_1 和 R_2 为 0.1～1 MΩ，二者的数值相等；电压表可选用 50～100 μA 量限的表头。

测量时，应按高压带电测量考虑有关的技术安全措施，如操作杆的绝缘、安全距离等，以保证人身和测量设备的安全。

用电阻定相杆测定相位，携带和测量都比较方便，同时也比较安全，因此得到了广泛的应用。

3. 用电池和指示灯法

电缆敷设后需要核对两端头是否同相，一般可用电池和指示灯（或欧姆表），按图 2-2-21 所示的接线，进行测定。此时，先将电池开关 S 在线路一端

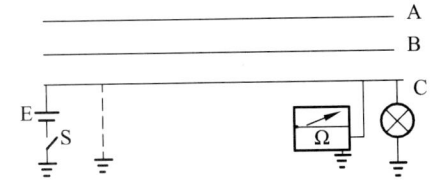

图 2-2-21　测定线路相别的接线

E—电池；H—指示灯；Ω—欧姆表；S—开关

一相（如C）接通（或接地），后指示灯（或欧姆表）在线路的另一端依次接通A、B和C三相，如指示灯H发亮（或欧姆表指零或接近零）时，则表明该相和接电池（或接地）的导线同相；反之，则为异相。依次轮换重复测量三次，便可确定出三相的相别（虚线表示用欧姆表测定相别时的接线）。

课题三 电力电缆运行维护和故障检测

一、电缆线路的运行和维护

为了保持电缆设备的良好状态和电缆线路的安全、可靠运行，首先应全面了解电缆的敷设方式、结构布置、走线方向及电缆中间接头的位置等。

（一）电缆维护

电缆线路的运行维护工作，主要包括线路的巡查守护、负荷电流及温度的监测以及绝缘预防性试验等内容。

对电缆线路，一般要求每季进行一次巡视检查。对户外终端头，应每月检查一次。如遇大雨、洪水等特殊情况及发生故障时，还需增加巡视次数。

1. 巡视检查

（1）直埋电缆。

巡视检查直埋电缆线路，应注意以下各项：

① 路径附近地面是否进行土建施工，是否挖掘取土。
② 线路标桩是否完整齐全。
③ 沿线路地面上是否堆贮矿渣、瓦砾和其他垃圾，是否堆放笨重物件、砖瓦、石灰和其他建筑材料。
④ 线路附近有无酸、碱等腐蚀性排泄物及堆放石灰等。
⑤ 露出地面的电缆保护钢管或支架，有无锈蚀、移位现象，其固定是否牢固可靠。
⑥ 引入室内的电缆穿管处是否封堵严实。

（2）沟道内的电缆线路。

沟道和隧道内的电缆线路的巡视检查，包括以下内容：

① 门锁是否完备，出入通道是否畅通，沟道的盖板是否完整齐全。
② 沟道和隧道内有无积水或杂物，墙壁有无裂缝和是否渗漏水，电缆沟进出房屋处有无渗漏水现象。
③ 电缆支架是否牢固，有无锈蚀现象；支架上有无割伤或蛇行擦伤。
④ 管口和挂钩处的电缆铅包是否损坏，铅衬是否失落。
⑤ 电缆铠装是否完整，涂料是否脱落，裸铅（铝）包是否龟裂、腐蚀。
⑥ 线路铭牌、相位颜色和标示牌是否脱落。
⑦ 全塑电缆有无被鼠咬伤痕迹。

⑧ 对充油电缆要取油样进行油压试验，并定期抄录油压值；对单芯电缆要测量护层的绝缘电阻。

⑨ 检查电缆终端头和中间接头：a）终端头的绝缘套管有无破损及放电现象，对填充有电缆胶（油）的终端头，还应检查有无漏油溢胶现象；b）引线与接线端子的接触是否良好，有无发热现象；c）接地线是否良好，有无松动、断股；d）电缆中间接头有无变形，温度是否正常。

⑩ 检查接地是否良好，接地线是否合乎标准，必要时要测量接地电阻。

⑪ 防火和通风设备是否完善、齐全，并记录温度。

⑫ 隧道内的照明设施是否完好。

（3）高速铁路电力电缆。

① 铁路线路槽内电缆线路电缆槽盖板是否完整。

② 电缆上下梁锯齿孔、梁桥接缝处电缆有无受力、磨损。

③ 中间盒是否完好，有无发热变色现象。

④ 电缆槽综合内接地端子是否牢固。

⑤ 用红外测温仪检查中间盒是否过热。

（4）其他。

其他检查应注意以下各项：

① 对明敷的电缆，应检查沿线挂钩或支架是否牢固；电缆外有无锈蚀、损伤；线路附近有没有堆放易燃易爆及强腐蚀性物体。

② 洪水期间或暴雨过后，应注意线路附近有无严重冲刷、塌陷现象；室外电缆沟道的池水是否畅通；室内电缆沟道是否进水等。

2. 电压、负荷及温度的监测

（1）为了防止电缆绝缘过早老化和确保电缆线路的安全运行，电缆线路的正常工作电压一般不得超过其额定电压的15%。电缆线路若升压运行，必须经过试验鉴定，并经上级技术主管部门批准。

（2）电缆线路必须按照规定的长期允许载流量运行。过负荷对电缆的安全运行有很大的危害性，所以应经常测量和监视电缆的负荷，以便当出现异常情况时紧急调荷、减荷，确保电缆按规定的载流量运行。

（3）在紧急事故时，电缆允许短时间过负荷，但应符合下列规定：3 kV 及以下电缆，只允许过负荷 10%，且不得超过 2 h；6~10 kV 电缆，只允许过负荷 15%，不得超过 2 h。

（4）运行部门除了经常测量负荷外，还必须检查电缆外皮的温度，以确定电缆有无过热现象。一般应选择在负荷最大时和散热条件最差的线段进行测量。测量仪器可使用热电偶或压力式温度计。

直埋电缆表面温度，一般不宜超过表 2.3.1 所列数值。

表 2.3.1　直埋电缆表面最高允许温度

电缆额定电压（kV）	3 及以下	6	10	35
电缆表面最高允许温度（℃）	60	50	45	34

（5）电缆导体最高允许温度，不宜超过表2-3-2所列数值。

表2.3.2 电缆导体最高允许温度

额定电压（kV）	3及以下		6		10		35
电缆种类	油纸绝缘	橡胶或聚氯乙烯绝缘	油纸或聚氯乙烯绝缘	交联聚氯乙烯绝缘	油纸绝缘	交联聚氯乙烯绝缘	油纸绝缘
线芯最高允许温度（°C）	80	65	65	90	60	90	50

（6）电缆周围的土壤温度，在任何时候不得高于本地段其他地方同样深度的温度10 °C以上。

（7）电缆终端头的引出线连接点，在长期负载下，接点的接触电阻会增大。由于接点的接触电阻增大而导致过热，最终会烧毁接点。特别是发生故障时，在接点处流过较大的故障电流，更会烧毁接点。因此，运行人员对接点的温度监测是很重要的。测量接点温度，是监视和检查接点质量的一个有效措施。一般可用红外线测温仪或测温笔进行测量。使用后者需带电测温，操作中应注意安全。

3. 电缆的绝缘检查

运行中的电缆应按规程要求进行绝缘电阻测试，周期为1～3年进行一次或需要时进行。测量时1 kV以下的电缆用1 000 V绝缘电阻表，1 000 V及以上的用2 500 V绝缘电阻表。测量步骤如下：

（1）首先将要进行测量的电缆退出运行，然后进行充分放电。拆除一切对外连线，用干净的布擦净电缆头。

（2）根据电缆的电压等级选择适当的绝缘电阻表，测量前将芯线充分分开，逐相进行测量。测量某一相时，将非被测相线芯与铅皮、钢带一同接地，并与绝缘电阻表的接地端E一同连接。连接方式如图2-3-1所示。

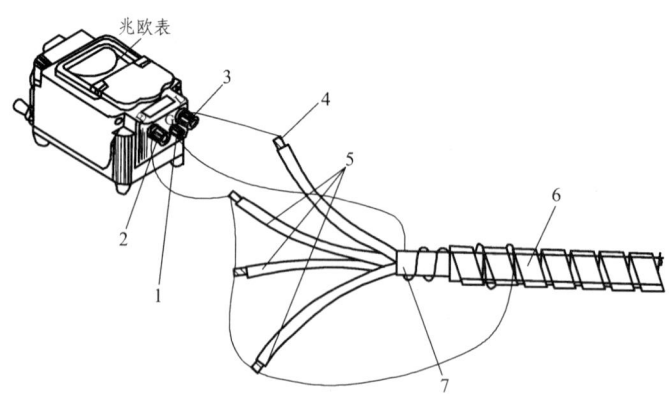

图2-3-1 电缆的绝缘检查连接方式

1—G端；2—E端；3—L端；4—被测芯线；5—非被测相；6—铠装钢带；7—内绝缘层

由于电缆线路电容量较大，摇动手柄时要速度均匀，一开始可能阻值较小，手感较重，这可能是由于电容充电的原因，电缆线路较长时尤为如此。应继续摇动手柄，当摇动速度达到120 r/min左右时持续1 min后读数。

测量完毕时应在继续摇动手柄的同时先断开 L 线后再停止摇动，以免电缆的电容对摇表反向放电。每次测量完毕后，应将电缆芯线充分放电，操作时使用绝缘工具以防被电击。

电缆的绝缘电阻正常都很大，一般 1 000 V 及以下的电缆不应小于 50 MΩ。

（二）电缆线路运行维护时注意的几个方面

（1）塑料电缆不允许进水。因为塑料电缆一旦被水侵入后，容易发生绝缘老化现象，特别是当导体温度较高时，导体内的水分引起的渗透老化更为严重。所以在塑料电缆的运输、储存、敷设和运行中都不允许进水。

（2）要经常测量电缆的负荷电流，防止电缆过负荷运行。电缆运行的安全性与其载流量有着密切关系，过负荷将会使电缆的事故率增加，同时还会缩短电缆的使用寿命。因为过负荷所造成的电缆损坏主要有以下几个方面：

① 造成导线接点的损坏；

② 加速电缆保护绝缘的老化；

③ 使电缆铅包膨胀，甚至出现龟裂现象；

④ 使电缆接头盒因受沥青绝缘胶膨胀而胀裂。

（3）防止受外力损坏。电缆本身的事故，有相当一部分是由于受外力机械损坏而引起的。所以在电缆运输、吊装、穿越建筑物敷设时，要特别注意防止外力的影响。在电缆线路附近施工时，要提示施工人员特别注意这一点，必要时，要采取保护措施。

（4）防止电缆终端头套管出现污闪。主要措施有：定期清扫套管，最好是在停电条件下进行彻底清扫。在污秽严重的地区，要对电缆端头涂上防污涂料，或者适当增加套管的绝缘等级。

（5）对室外型电缆头检查的内容主要有以下几个方面：

① 电缆终端头套管有无破裂，引出线的连接线卡子有无发热现象。

② 电缆终端头内的绝缘胶有无软化、溢出、缺少，表面有无水分。

③ 电缆终端头各密封部位是否漏油。

④ 接地线是否良好。

（6）电缆常见故障及原因：

① 机械损伤。主要是市政建设管理不严，施工不善等引起的，约占电缆事故的 50%。

② 铅包疲劳、龟裂、胀裂。是由于电缆安装条件不良、制造质量差的电缆长期过负荷等原因引起。

③ 户外终端头浸水爆炸。主要是由于因施工和维护不当，造成终端头凝结水结聚在电缆头内，最终导致绝缘受潮击穿，引起爆炸。

④ 电缆中间接头爆炸。大多是过负荷引起接头盒内绝缘胶膨胀而胀裂壳体，或是导体连接不良使接头过热而爆炸。

二、电缆线路事故的预防措施

（一）电缆故障原因

（1）电缆本体导体烧断或拉断。

① 直接受到外力损伤；

② 其他设备故障损伤，如其他电力设备引发极大的短路电流通过电缆本体，烧断电缆导体；

③ 自然现象造成损伤，如地基下沉、地震等引起过大拉力，拉断电缆。

（2）电缆本体绝缘被击穿。

① 绝缘质量不符合要求，如设计失误、制造不良、施工不良；

② 绝缘受潮，由腐蚀、外力、摩擦或制造不良引起的受潮。

（3）绝缘老化变质。

（4）电缆附件故障。

① 绝缘击穿，由于施工不良、绝缘材料不良、油绝缘电缆的绝缘剂流失、绝缘剂干枯、污闪等；

② 导体断裂。

（二）电缆故障预防措施

1. 防外力破坏事故

此类事故所占的比重最大，约为50%。为了防止电缆线路的外力损坏，必须十分重视电缆线路的巡查和守护。

（1）电缆线路的巡查应由专人负责，并根据具体情况制定设备巡查的周期和检查项目。对于穿越河道、铁路、公路的电缆线路以及装置在杆塔、支架上的电缆设备，应特别注意。

（2）电缆线路附近进行机械化挖掘土方工程，必须采取有效安全措施。或者先用人力将电缆挖出并加以保护后，再根据操作设备及人员的条件，在保证安全距离的情况下进行施工，并加强监护。施工时，专门守护人员不得离开现场。

（3）对于在施工中挖出的电缆和中间接头应加以保护，并在其附近设立警告标志，以提醒施工人员注意及防止外人误伤。

2. 防终端头污闪事故

通常，可采取以下措施来防止电缆终端头套管表面发生污闪事故。

（1）定期清扫套管。一般可在不停电情况下用绝缘棒刷子带电清扫，停电时则进行较彻底的清扫。带电清扫所使用的绝缘棒刷子，应完全符合绝缘要求，并且按规定的制度保管，不得任意使用不合格的刷子。

（2）用水冲洗套管。此项作业通常带电进行，分大水量冲洗和小水量冲洗两种。由于用水冲洗须具有水泵等设备，并对水质有严格要求（水的电阻率不得小于 $1\,500\,\Omega/cm$），所以只有具备这些条件的单位才可使用水冲洗套管。

（3）增涂防污涂料。在停电或带电条件下，在终端头套管表面增涂一层294、295有机硅树脂涂料，可以取得较好的防污效果，这种涂料的有效使用期可达一年左右。但是，由于有机硅树脂的价格较高，一般只在污秽严重的地区才使用。

（4）采用较高等级的套管。将绝缘等级较高的套管应用于较低电压系统，虽然在经济上不合算，但在污秽严重的地区具有良好防污效果。

3. 防电缆腐蚀事故

电缆腐蚀一般指的是电缆金属铅包皮或铝包皮的腐蚀。就其类型来分，大致分为化学腐蚀和电解腐蚀两类。

化学腐蚀主要是由于土壤中含有酸、碱溶液、氯化物、有机物腐蚀质以及炼铁炉灰渣等物质所致。电解腐蚀是因直流电车轨道或电气化铁道流入大地的杂散电流引起的。

（1）防化学腐蚀的措施。

① 对于敷设在含有酸碱等化学物质土壤附近的电缆，应增加外层保护，将电缆穿在耐腐蚀的管道中。

② 在已运行的电缆线路上，较难随时了解电缆的腐蚀程度。在已发现电缆有腐蚀的地区或在电缆线路上堆有化学物品并有渗漏现象时，应掘开泥土检查电缆，并对土壤作化学分析。

（2）防电解腐蚀的措施。

① 提高电车轨道与大地间的绝缘，以限制钢轨漏电。

② 减少流向电缆的杂散电流。在任何情况下装置电缆线路，电缆的金属外皮以及和巨大金属物件相接近的地方都必须有电气绝缘。电缆和电车轨道并行敷设时，两者距离不得小于 2 m。如不能保持这一距离时，电缆应穿在绝缘的管子里。

③ 在杂散电流密集的地方应安装排流设备，并使电缆铠装上任何部位的电位不超过周围土壤的电位 1 V 以上。

4. 防虫害事故

在某些地区昆虫也会损坏电缆。白蚁就是其中之一。我国南方地区处于亚热带，气候潮湿，白蚁较多。白蚁会破坏电缆铅皮，造成铅皮穿孔，绝缘浸潮击穿。

防蚁、灭蚁的化学药剂配方较多，一般在电缆线路上采用的有以下几种：

（1）轻柴油+狄氏剂，浓度为 0.5%～2%；

（2）轻柴油+氯丹原油，浓度为 2%～5%；

（3）轻柴油+林丹，浓度为 2%～5%。

将配制好的药物喷洒在电缆四周，使电缆四周 5 cm 土壤渗湿即可。

5. 防高位差垂直安装龟裂事故

为了防止高位差垂直安装的电缆发生铅包龟裂事故，除了要求电缆制造厂改进铅包成分以增大铅包的机械强度外，安装和运行维护部门可采取以下预防措施：

（1）将电缆终端头的焊封改为压装或卡装；

（2）在终端头以下的电缆铠装与终端头之间加装一个悬吊式固定夹子；

（3）适当增加固定电缆的支架夹子，使夹子之间的电缆受力均匀；

（4）施工和检修人员攀登杆塔时，不许强拉电缆，特别是截面较小的电缆。

电缆终端头下部铅包龟裂事故多发生在高位差垂直安装的电缆头下面。一旦发现，应先鉴定缺陷的严重程度，如果尚未全部裂开，也无渗漏现象，可采用以下两种办法处理：

① 用封铅法加厚一层；

② 用环氧树脂带包扎密封。

环氧树脂带是指制作环氧树脂终端头时所使用的无碱玻璃丝带上涂环氧树脂涂料（不使

用石英粉填充剂）的带子，操作简便，较为实用。通常，可在不停电情况下进行密封处理，操作人员只要保持带电设备的安全距离即可。

三、电力电缆故障的检测方法和步骤

（一）电缆故障类型

按照故障性质可划分为以下几种类型：

1. 接地故障

电缆一芯或者多芯接地而发生故障。电缆绝缘由于各种原因被击穿后，通常发生这类故障。其中又可分为低阻接地故障和高阻接地故障。一般电阻在 100 kΩ 以下为低阻接地故障，以上为高阻接地故障。实际应用中将能直接用低压电桥测量的故障称为低压故障；而要进行烧穿或者用高压电桥进行测量的故障称为高阻故障。

2. 短路故障

电缆两芯或者三芯短路而发生的故障。通常是由于电缆绝缘被击穿引起。其中也可分为高阻短路故障和低阻短路故障。划分原则与接地故障相同。

3. 断线故障

电缆线芯中一芯或者多芯断开。通常是由于电缆线芯被短路电流烧断或者在外力损伤时被拉断。按照其故障点对地电阻的大小，也可分为低阻和高阻故障。实际应用中，故障电缆的电容比较容易测量，用电容量的大小判断故障是低阻还是高阻比较方便。

4. 闪络性故障

这类故障多数发生在电缆线路运行前的电气试验中，并大都出现在电缆接头和终端内。

5. 混合故障

同时具有上述两种故障称为混合故障。

（二）故障检测方法

1. 电缆故障测距的方法

（1）电桥法。

主要包括传统的直流电桥法、压降比较法和直流电阻法等几种方法。它是通过测量故障电缆从测量端到故障点的线路电阻，然后依据电阻率计算出故障距离；或者是测量出电缆故障段与全长段的电压降的比值，再和全长相乘计算出故障距离的一种方法。一般用于测试故障点绝缘电阻在几百千欧以内的电缆故障的距离。

（2）低压脉冲法。

又称雷达法，是在电缆一端通过仪器向电缆中输入低压脉冲信号，当遇到波阻抗不匹配的故障点时，该脉冲信号就会产生反射，并返回到测量仪器。通过检测反射信号和发射信号的时间差，就可以测试出故障距离。该方法具有操作简单、测试精度高等优点，主要用于测量电缆的开路、短路和低阻故障的故障距离，同时还可用于测量电缆的长度、波速度和识别

定位电缆的中间头、T形接头与终端头等。但不能测试高电阻故障和闪络性故障,而高压电缆中高阻故障较多。

(3)脉冲电压法。

该方法是通过高压信号发生器向故障电缆中施加直流高压信号,使故障点击穿放电,故障点击穿放电后就会产生一个电压行波信号,该信号在测量端和故障点之间往返传播,在直流高压发生器的高压端,通过设备接收并测量出该电压行波信号往返一次的时间和脉冲信号的传播速度相乘而计算出故障距离的一种方法。此方法对高低阻故障均能进行检测,但用这种方法测试时,测距仪器与高压部分有直接的电气连接,可能会有安全隐患。

(4)脉冲电流法。

由于在实际电缆故障中,单纯的断线开路故障很少,绝大部分故障都是含有低阻的、高阻的或闪络性的单相接地、多相接地或相间故障,所以在实际测量中脉冲电流法是最常用的测距方法之一。这种方法和脉冲电压法一样,也是通过向故障电缆中施加直流高压信号,使故障点击穿放电,然后通过仪器接收并测量出故障点放电产生的脉冲电流行波信号在故障点和测量端往返一次的时间,来计算出故障距离的一种方法。不同的是,该方法是在直流高压发生器的接地线上套上一只电流耦合器,来采集线路中因故障点放电而产生的电流行波信号,这种信号更容易被理解和判读,同时电流耦合器与高压部分无直接的电气连接,因此安全性更高。

(5)二次脉冲法。

这是近几年来出现的比较先进的一种测试方法。是基于低压脉冲波形容易分析、测试精度高的情况下开发出的一种新的测距方法。主要用于测试高阻故障和闪络性故障。

其基本原理是:通过高压发生器给存在高阻或闪络性故障的电缆施加高压脉冲,使故障点出现弧光放电。由于弧光电阻很小,在燃弧期间原本高阻或闪络性的故障就变成了低阻短路故障。此时,通过耦合装置向故障电缆中注入一个低压脉冲信号,记录下此时的低压脉冲反射波形(称为带电弧波形),则可明显地观察到故障点的低阻反射脉冲;在故障电弧熄灭后,再向故障电缆中注入一个低压脉冲信号,记录下此时的低压脉冲反射波形(称为无电弧波形),此时因故障电阻恢复为高阻,低压脉冲信号在故障点没有反射或反射很小。把带电弧波形和无电弧波形进行比较,两个波形在相应的故障点位置上将明显不同,波形的明显分歧点离测试端的距离就是故障距离。

使用这种方法测试电缆故障距离需要满足如下条件:一是故障点处能在高电压的作用下发生弧光放电;二是测距仪器能在弧光放电的时间内发出并能接收到低压脉冲反射信号。在实际工作中,一般是通过在放电的瞬间投入一个低电压大电容量的电容器来延长故障点的弧光放电时间,或者精确检测到起弧时刻,再注入低压脉冲信号,来保证能得到故障点弧光放电时的低压脉冲反射波形。

这种方法主要用来测试高阻及闪络性故障的故障距离,这类故障一般能产生弧光放电,而低阻故障本身就可以用低压脉冲法测试,不需再考虑用二次脉冲法测试。

用这种方法测得的波形比脉冲电流或脉冲电压法得到的波形更容易分析和理解,能实现自动计算,且测试精度较高。

依据脉冲计数方法的不同,也可被称为三次脉冲法或多次脉冲法。

2. 故障定点方法

（1）声测法。

该方法是在对故障电缆施加高压脉冲使故障点放电时，通过听故障点放电的声音来找出故障点的方法。

该方法比较容易理解，但由于外界环境一般很嘈杂，干扰比较大，有时很难分辨出真正的故障点放电的声音。

（2）声磁同步法。

这种方法也需对故障电缆施加高压脉冲使故障点放电。当向故障电缆中施加高压脉冲信号时，在电缆的周围就会产生一个脉冲磁场信号，同时因故障点的放电又会产生一个放电的声音信号，由于脉冲磁场信号传播的速度比较快，声音信号传播的速度比较慢，它们传到地面时就会有一个时间差，用仪器的探头在地面上同时接收故障点放电产生的声音和磁场信号，测量出这个时间差，并通过在地面上移动探头的位置，找到这个时间差最小的地方，其探头所在位置的正下方就是故障点的位置。

用这种方法定点的最大优点是：在故障点放电时，仪器有一个明确直观的指示，从而易于排除环境干扰；同时这种方法定点的精度较高（<0.1 m），信号易于理解、辨别。

（3）音频信号法。

此方法主要是用来探测电缆的路径走向。在电缆两相间或者相和金属护层之间（在对端短路的情况下）加入一个音频电流信号，用音频信号接收器接收这个音频电流产生的音频磁场信号，就能找出电缆的敷设路径；在电缆中间有金属性短路故障时，对端就不需短路，在发生金属性短路的两者之间加入音频电流信号后，音频信号接收器在故障点正上方接收到的信号会突然增强，过了故障点后音频信号会明显减弱或者消失，用这种方法可以找到故障点。

这种方法主要用于查找金属性短路故障或距离比较近的开路故障的故障点（线路中的分布电容和故障点处电容的存在可以使这种较高频率的音频信号得到传输）。对于故障电阻大于几十欧姆以上的短路故障或距离比较远的开路故障，这种方法不再适用。

（4）跨步电压法。

通过向故障相和大地之间加入一个直流高压脉冲信号，在故障点附近用电压表检测放电时两点间跨步电压突变的大小和方向，来找到故障点的方法。

这种方法的优点是可以指示故障点的方向，对测试人员的指导性较强；但此方法只能查找直埋电缆外皮破损的开放性故障，不适用于查找封闭性的故障或非直埋电缆的故障；同时，对于直埋电缆的开放性故障，如果在非故障点的地方有金属护层外的绝缘护层被破坏，使金属护层对大地之间形成多点放电通道时，用跨步电压法可能会找到很多跨步电压突变的点，这种情况在 10 kV 及以下等级的电缆中比较常见。

（三）故障检测流程

电缆故障检测流程：

（1）停电、放电、断开电源和所连接设备。

（2）判断故障类型：用万用表来判断是否为断线故障，用摇表判断是否为绝缘（闪络）故障，再用万用表判断是高阻故障还是低阻故障。

（3）故障测距：用电缆故障测量仪测量故障点的距离，若为断线故障和低阻故障可采用低压脉冲法进行测距；若为高阻故障和闪络故障可采用脉冲电流法或二次脉冲法进行测距。

（4）故障定位：用电缆故障定位仪对故障点定位，若为断线故障和低阻故障可采用音频信号法进行定位；若为高阻故障或闪络故障可采用声磁同步法进行定位。

四、电力电缆故障探测仪器的使用

（一）DZY-3000 电缆故障测试仪

电缆故障测试仪工作原理是时域反射（TDR）原理，即对电缆发射一电脉冲，电脉冲将在电缆中匀速传输，当遇到电缆阻抗发生变化的地方（故障点），电脉冲将产生反射。将电脉冲的发射和反射的变化以时域形式通过液晶屏显示出来，通过屏幕可直接显示故障距离。

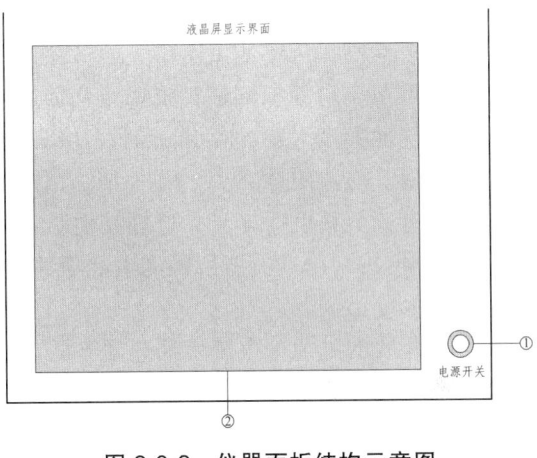

图 2-3-2　仪器面板结构示意图

1. 仪器面板结构说明

本仪器面板简单明了，只设有一个电源开关①，②是液晶屏显示界面，如图 2-3-2 所示。

2. 液晶屏幕功能键说明（见图 2-3-3）

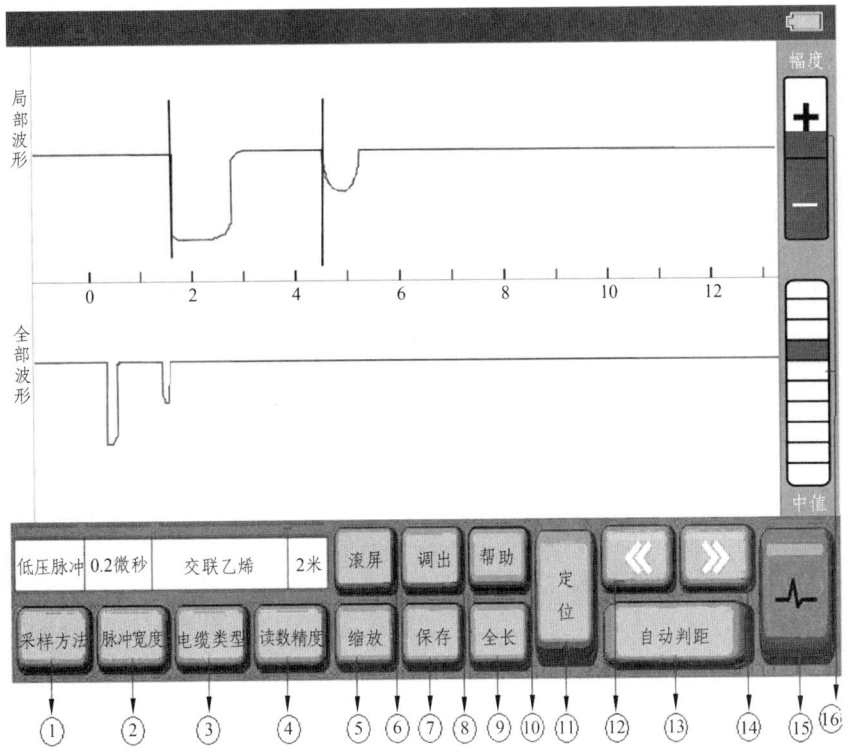

图 2-3-3　液晶屏菜单显示示意图

（1）采样方法①。

按"采样方法"键，弹出子菜单。子菜单中包括 3 个选项为低压脉冲/闪络方法/速度测量，仪器默认选中低压脉冲，根据测量需要，可选择相应的采样方法。再按"采样方法"键退出此项功能。

（2）脉冲宽度②。

此菜单在高压闪络测试法中无效。在低压脉冲模式下，按"脉冲宽度"键，弹出脉冲宽度选择子菜单。可根据测试距离选择合适的脉冲宽度按对应的子菜单键，可以对脉冲宽度进行选择。脉冲宽度大小为 0.05 微秒、0.1 微秒、0.2 微秒、0.5 微秒、1 微秒、2 微秒、8 微秒共 7 个挡位。当选中 0.05 微秒脉宽时，电脑自动锁定读数精度为 1 米；当选中 8 微秒时，电脑自动锁定读数精度为 8 米；选择其他脉宽时，可以按读数精度键任意调节，仪器初始值为 0.2 微秒。再按"脉冲宽度"键退出此项功能。

（3）电缆类型③。

不同介质的电缆中电波传播速度不同，因此在测试故障之前必须选定介质类型，以确定电波传播速度。按"电缆类型"键，屏幕出现电缆类型选择对话框，有交联乙烯、不滴油型、油浸纸型、聚氯乙烯和未知类型 5 个选项，仪器初始值为交联乙烯，可根据需要按对应的"电缆类型"键。若被测电缆不属于 4 种已知类型，则应按"未知类型键"，弹出对话框，调整波速数值，达到选定值后按"OK"键。再按"电缆类型"键退出此项功能。波形速度最大 300 m/μs。

（4）读数精度④。

根据测量需要选取合适的挡位。共分为 8 米/4 米/2 米/1 米的测量精度，仪器初始值为 2 米。再按"读数精度"退出此项功能。

（5）波形缩放⑤。

由于波形数据量很大，每次采样后屏幕上显示的是局部的波形。为了观察波形细节，必须将波形缩放。通过按"缩放"键可对波形进行 3 种比例的循环压缩。有 3 种压缩比例，分别为 1/1、1/2、1/3，通过屏幕右下角可以观察到压缩比例。

（6）滚屏显示⑥。

波形扩展后需要分成多段显示，仪器自动显示第一段。若需要观测后续各段波形，应执行"滚屏"功能。按"滚屏"键，可对波形进行整屏循环向右滚动。

（7）保存波形⑦。

将屏幕上的显示内容存储于仪器中，可以存储 20 幅波形。

（8）调出波形⑧。

在屏幕上重现存储的波形。

（9）电缆全长⑨。

在"采样方法"子菜单中若执行"速度测量"，则菜单中的电缆类型变为电缆全长。按"全长"键，屏幕上弹出"电缆长度"输入对话框，初始值为"0"米。输入电缆长度值后，按"OK"键。

（10）帮助⑩。

在主界面按下"帮助"键进入帮助菜单界面，对于操作方法进行简单的说明，及接线图示意，由左边页码标记显示当前页码（共 12 页），操作说明可循环显示，再次按下"帮助"键退出

（11）定位⑪。

用于确定测量的起点。执行"定位"键后，游标当前所处的位置即被确定为测试起点。通过左键"《"或右键"》"可对游标进行左右移动。

（12）左键/右键（加/减）⑫⑭。

移动游标定位用时，每按左键"《"或右键"》"一次，定位游标尺左/右移一个单位点（像素）。波形缩放、滚屏显示、波形移位进行选择时，按左键"《"或 右键 "》"（加/减）。

（13）自动判距⑬。

按"自动判距"键，游标进行自动定位，显示屏左上方自动显示故障距离。

（14）采样键⑮。

当仪器处于低压脉冲法测量时，按下采样键后，屏幕的波形显示区能马上显示出发射脉冲和回波脉冲。红色波形为局部波形，蓝色波形为全局波形。

当仪器处于高压闪络法测量时，按下采样键，当有外部触发时，屏幕将显示高压闪络波，红色波形为局部波形，蓝色波形为全局波形。

（15）幅度、中值调节⑯。

点击屏幕相应位置，可调节波形的幅度大小和中值高低。

3．仪器的操作使用

由于仪器主要在高压环境中工作，在现场使用仪器检测电缆故障前，应详细阅读有关仪器测试原理、接线方式和使用注意事项。以免发生人身事故或损坏仪器设备。

（1）用低压脉冲法测试电缆的低阻接地、短路、断路故障。

① 此时不用其他辅助设备。直接在电缆故障测试仪的输入输出接口接出一根夹子线。将夹子线的红夹子夹在故障电缆故障相芯线上，黑夹子夹在电缆的外皮地线上。如图 2-3-4 所示。

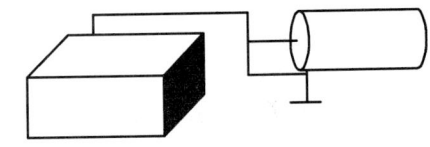

图 2-3-4　低压脉冲连线图

② 启动仪器电源开关，屏幕将出现屏保图片，按一下自动进入界面。此时仪器默认的状态是"低压脉冲法"。应根据现场被测电缆种类、长度和初步判断的故障性质（见图 2-3-5）选择使用方法。设置在"低压脉冲法"时，在此界面还可以进行波速测量和打开历史文件查阅以前的测试结果。

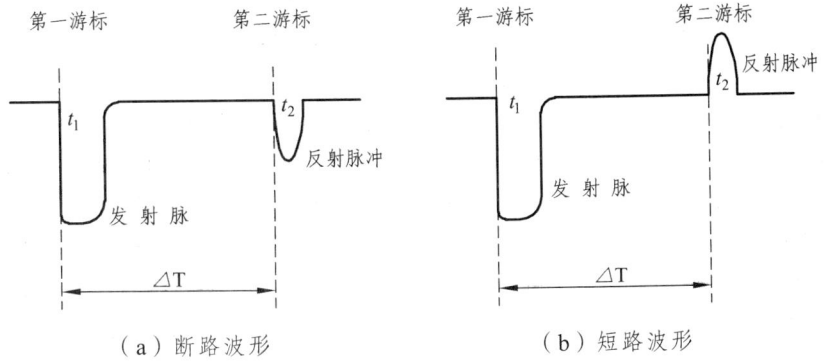

图 2-3-5　低压脉冲测试波形图

③ 完成设备参数设置后，点击"采样"键，仪器自动发出测试脉冲。此界面将显示电缆的（开路）全长波形（见图2-3-6）或低阻接地（短路）故障波形（见图2-3-7）。若波形不好操作者应调节"中值"和"幅度"，并观察采到的回波，直到操作者认为回波的幅度和位置适合分析定位为止。仪器的参数设置等基本信息也在屏幕下方显示。操作中应注意屏幕下方的操作状态。

④ 波形定位读距离。低压脉冲判距比较容易，只要将游标分别定位到发射波及反射波的起点即可。

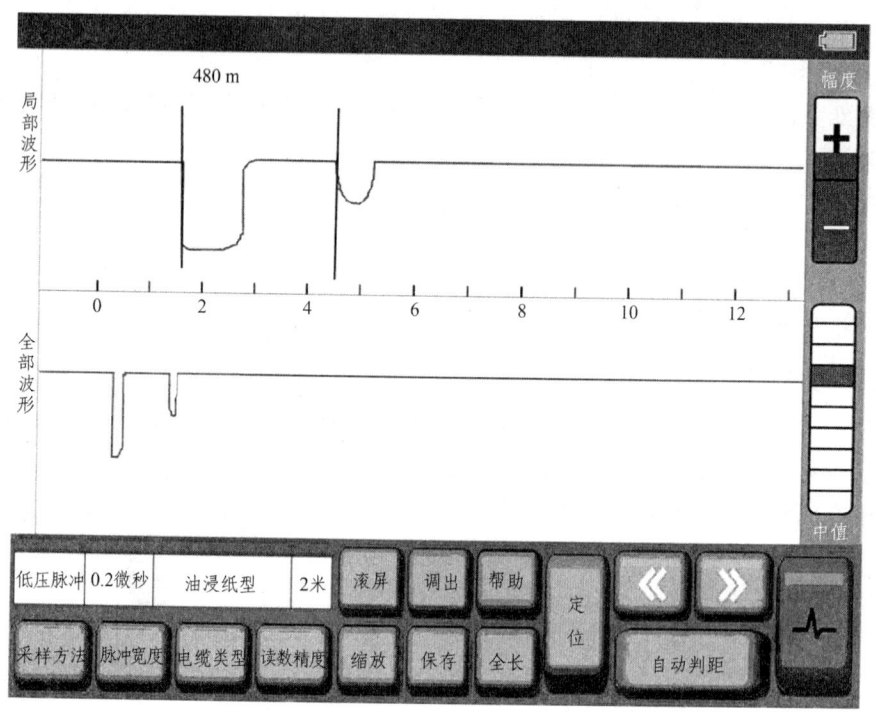

图2-3-6 低压脉冲法测试的开路全长波形界面

⑤ "保存"。

很多时候，需要将测试结果保留或留作对比用，就要利用仪器中的"保存"功能，将此次测得的波形保存在仪器的数据库中。

（2）用冲击高压闪络法测试电缆的高阻泄漏故障（包括高阻闪络性故障）。

冲击高压闪络法测试电缆的高阻泄漏故障，外接线路较为简单，将仪器附带的电流取样器用信号线与主机连接后放在电缆与高压设备间的接地线旁即可，如图2-3-8所示。只要冲击高压发生器输出的电压足够高，故障点在此冲击高压的冲击下被击穿，电缆中就会产生电波反射。电流取样器将地线上的电流信号通过磁耦合取得的感应反射电波传给DZY-3000电缆故障测试仪，经过A/D采样和数据处理，并将采得的波形显示在屏幕上进行故障距离分析。

电缆类型和采样频率确定以后就可以点击"采样"键，进行采样等待。一旦高压发生器进行冲击高压闪络，仪器就自动进行数据采集和波形显示。屏幕上方红色波形是经过局部放大后的波形，下方蓝色波形为测试波形全貌，如图2-3-9所示。当采集到较为理想的波形后，便可操作"波形缩放"和位移、移动游标来标定故障距离，操作方法与低压脉冲法一致。

项目二 电力电缆线路维护检修

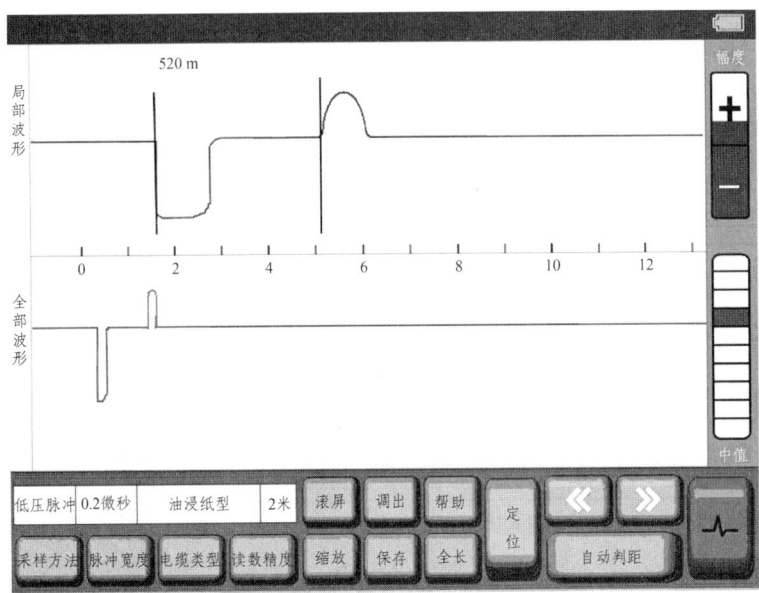

图 2-3-7 低压脉冲法测试的短路故障波形界面

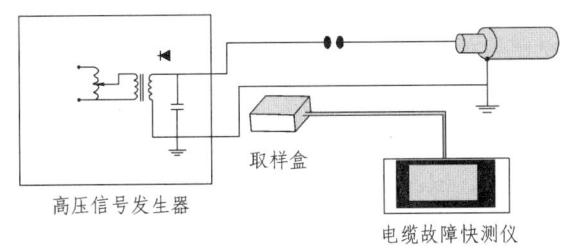

图 2-3-8 高压闪络测试法接线图

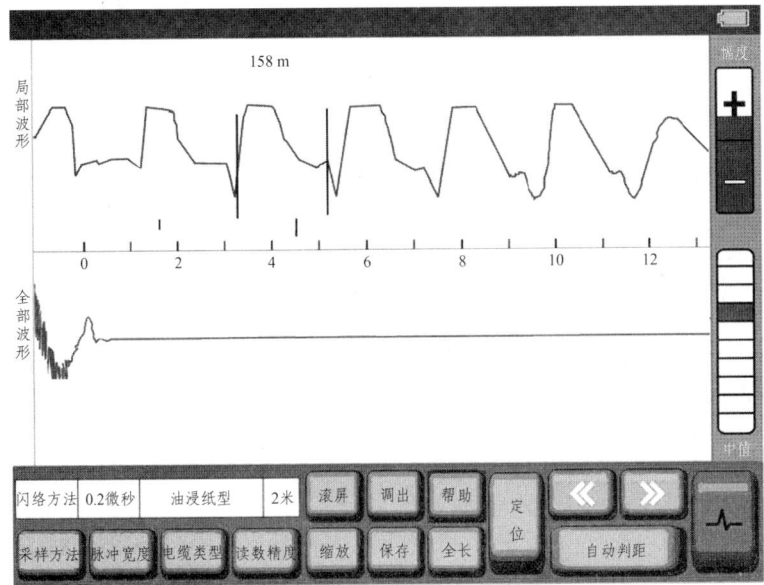

图 2-3-9 高压闪络法测试波形

（二）DZY-2000L 路径仪

DZY-2000L 路径仪是以电磁感应原理为基础、具有多种故障定点方法和多种路径探测方法的综合性仪表。

1. 仪器面板及功能（见图 2-3-10 和图 2-3-11）

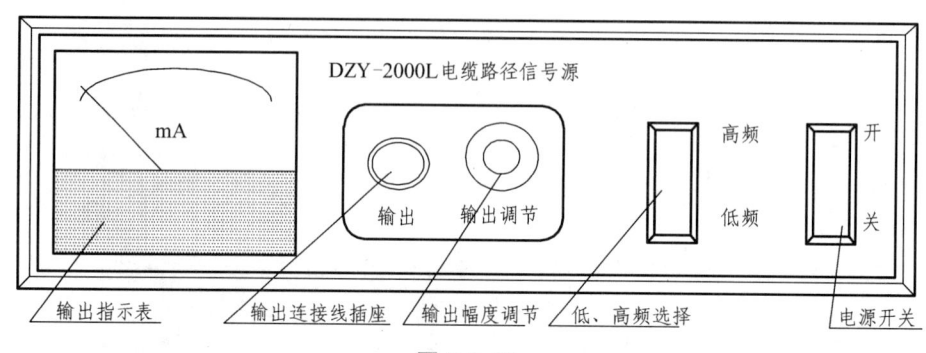

图 2-3-10

开关键：此开关为自锁开关。按下接通电源，发射机处于工作状态；弹起断开电源，发射机处于关机状态。

输出口：此接口为多芯专用插座，用于改变信号的输出模式。接入直连线为直连模式；接入耦合钳连线为耦合模式。

频率键：此键为点动开关，可改变输出信号的频率，由低频、高频组成。

调节键：此键为旋转开关，根据图标方向，调节输出功率。

输出指示表：显示信号源输出幅度。

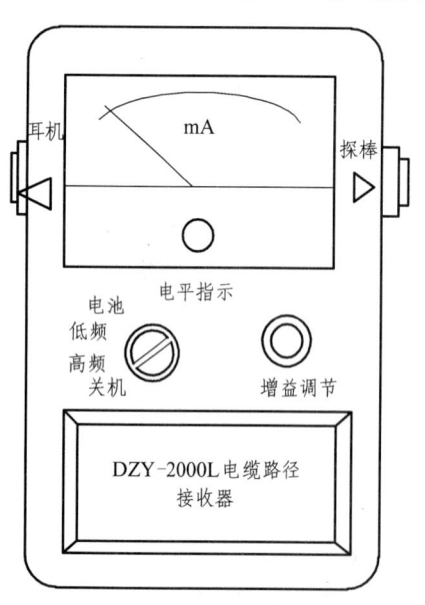

图 2-3-11 路径接收器面板图

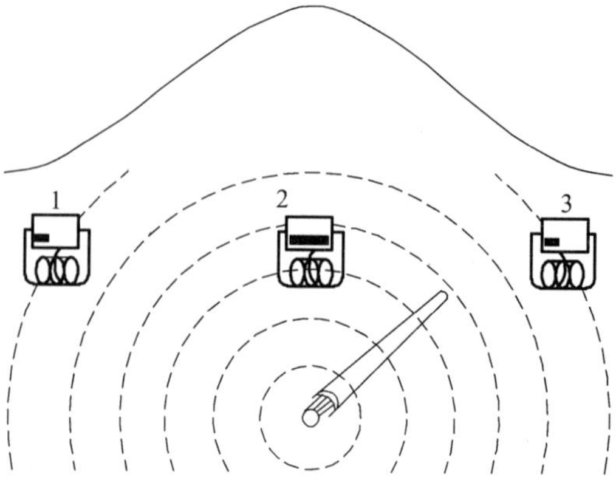

图 2-3-12

2. 仪器使用原理

路径仪由信号发生器、功率放大器、接收器等部分组成。当路径仪输出的正弦波信号加

项目二 电力电缆线路维护检修

到电缆上时,在电缆周围有电磁场存在,利用磁电传感器(感应线圈)将电磁波转换为电信号,通过放大器放大,再由蜂鸣器或耳机转换为声波信号,同时可以用表头反映出信号的变化。当线圈位于电缆正上方并平行于地面时,线圈的感应电动势最大;当线圈平行于地面并偏离电缆一定距离时,通过线圈的磁力线减少,线圈的感应电动势减小。利用这一原理即可对电缆的路径进行探测。如图 2-3-12 所示。

3. 仪器使用方法

(1)路径信号源。

① 将路径仪信号源的输出端连接线的红夹子接被测电缆的任一相(一般为好相),此相的另一端接地。黑夹子接大地(系统地)。

② 选择高频或低频,一般情况下选择低频。低频辐射小,不容易耦合到其他电缆上。高频辐射强,可测较长电缆。

③ 调节输出电位器使表头指示达到满刻度的 10%~70% 左右,能清楚辨析所接收的电磁波为好。

(2)路径接收器。

① 将探棒接信号接收器面板的输入插孔,耳机接输出插孔(当环境噪声较小时,可不接耳机),如图 2-3-13 所示。工作后应能听到连续或断续的"嘀嘀……"声。

② 将频率选择到与发射机输出频率相一致。

③ 当探棒与地面垂直并左右移动时,能听到信号强弱及连续不同的"嘀嘀……"声,接收表头也可反映接收信号的大小。当接收声音最大或连续,而两边声音小并断续时,探棒下面即是电缆的埋设位置。一边向前走,一边摆动探棒,耳机里听到的声音最大的各点连线即为电缆的埋设走向。

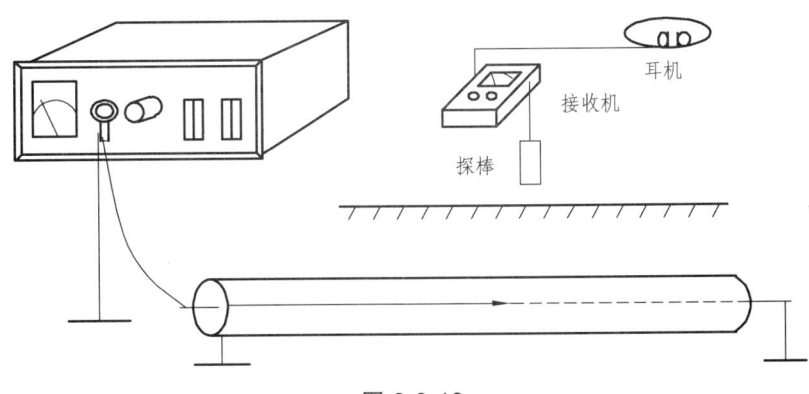

图 2-3-13

(三)DZY-2000D 电缆智能定位仪

电缆故障测试中粗测距离是很容易的,一般只要数分钟便可测出故障点至测试端的粗略距离,而且粗测误差一般不会超过 10 米。因此,精确定点的问题就成为快速寻测故障的主要任务,即具体定点则是电缆测试中的最为关键的一步。为了解决上述问题,采用 DZY-2000D 电缆智能定位仪,通过声学、电磁学、电子信号处理、电子对消理论等方法对电缆故障精确定点的仪器。应用冲击放电器在电缆故障处产生电弧,电弧的冲击波由地面的探头采集到,先采用声频和视频的方法放大,然后通过磁脉冲(MP)和声频脉冲(AP)之间的时间间隔,由 CPU 计算出距离。根据距离的变化就可以找到电缆上的故障。

1. 定位仪的工作原理

定位仪是由电磁波传感器、声波振动传感器、CPU 数据处理器、液晶显示器和音频放大器等五部分组成。如图 2-3-14 所示。

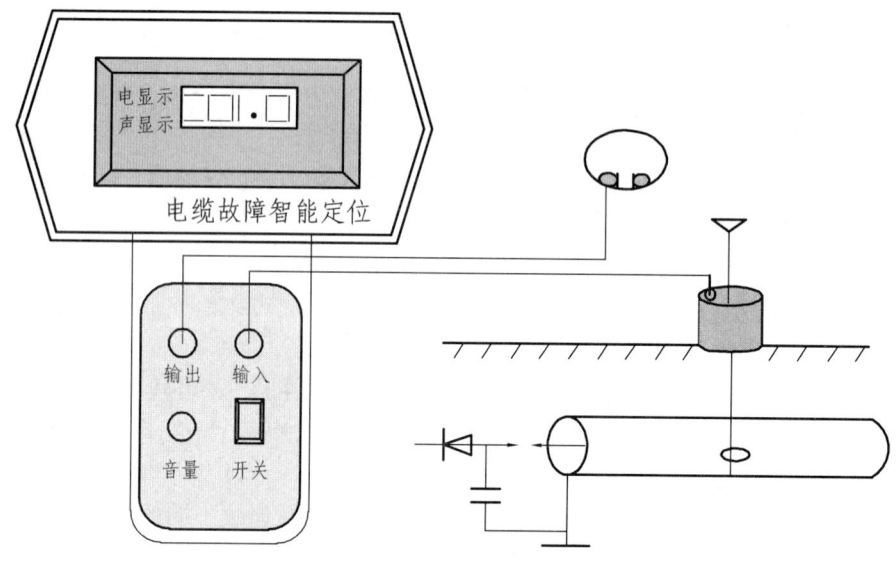

图 2-3-14

由于电磁波的传播速度比声波的传播速度快,当故障点打火放电时仪器首先收到电磁波然后才收到声波,我们可以这样理解:当故障点打火放电时,仪器几乎同时就收到了电磁波(电磁波传播速度相对声波为无穷大),然后声波才慢慢传到仪器上。因此我们可以将电磁波作为开门信号,以声波传播距离 S 为探头到故障点的距离。即当仪器收到电磁波后就开始以声波的速度记数,当收到声波后停止记数,此时的记数值就为探头到故障点的距离。

实际仪器接收的是电磁波与声波的时间差 t,声波的传播速度 V 是已知的,因此探头到故障点的距离就可以下列公式计算:

$$S = Vt$$

由图 2-3-14 可知,当进行冲击高压放电定点时,电磁波传感器接收到由电缆辐射出的电磁信号后,送至 CPU 数据处理,并启动计数器开始计数。当声波探头接收到振动波时,数据处理器产生中断信号,使计数器停止记数并显示故障点至探头的距离读数。当再次冲击放电时,重复上述过程,并刷新前一次的数据。声波信号经音频放大器放大后可由耳机监听,配合数显精确定点。

若探头距离故障点过远(大于 22.6 m)或由于声波信号太弱,则探头接收不到声波,形不成计数,计数中断,数显距离显示为 22.6 m 或 22.7 m。即到 22.6 m 时,还没有接收到声波就自动截止计数,并显示最大距离 22.6 m 或 22.7 m。

2. 仪器使用方法

（1）按定点方式连接高压设备冲击放电。此时放电球间隙不宜太大，原因是定点过程所需时间相对较长，若球隙较大，则冲击电压较高，长时间的冲击高压可能使故障点形成死短路而不能放电；

（2）用追踪仪粗测距离，沿路径走到故障点的大致位置；

（3）将探头放在电缆上方，调整音量，戴上耳机；

（4）当探头沿电缆移动时，数显距离最小，声音最响时，探头下方即为故障点。如图 2-3-15 所示。

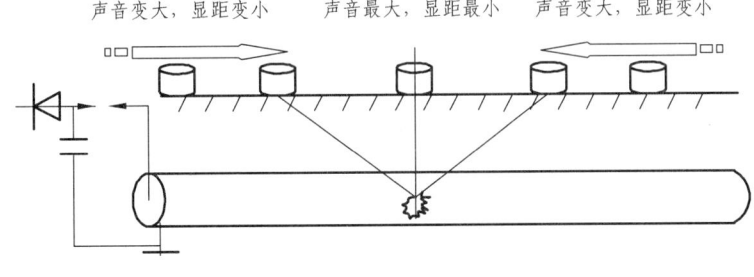

图 2-3-15

（四）HGD-32F 超轻型高频高压信号发生器

1. 仪器面板介绍（见图 2-3-16）

2. 仪器使用方法

（1）接线：

① 将高压电源的高压输出端与高压电容相连。

② 将高压电源的接地端与高压电容接地端直接相连，然后将电容的地与保护地相连。

③ 检查控制开关在停的位置，将电源线插入高压电源的电源插座，再接通空开，主控板开始正常工作，液晶屏显示当前工作状态及高压电容电压现状。

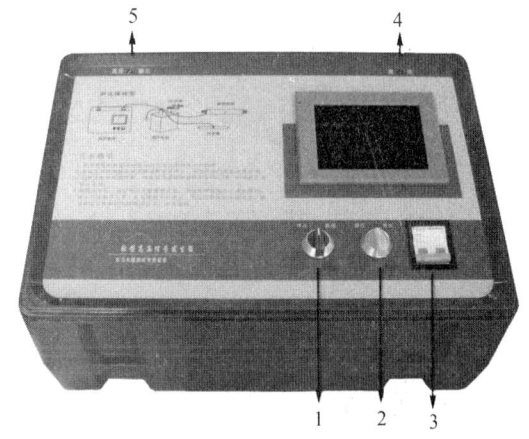

图 2-3-16

1—电源控制开关；2—升降压开关；3—电源空开；
4—电源插座及高压源接地端；5—高压输出接口

（2）启动：旋转启停控制钮至"启动"位，此时液晶屏工作状态栏中的电压预置值呈高亮色，电源进入预备工作状态。

（3）升压：旋转电压调节旋钮使其一直在升压位，电压预置栏中的值将逐渐增大。松开电压调节旋钮使其归位，电源进入升压工作状态，对外接电容充电并升压至预置值。

（4）降压：旋转电压调节旋钮使其一直在降压位，电压预置栏中的值将逐渐减小。松开电压调节旋钮使其归位，电源进入降压工作状态，如果外接电容电压比电压预设值高。使用放电棒对电容放电到电压预设值。

（5）停机：

① 旋转启停控制钮至"停止"位，此时液晶屏工作状态栏中的电压预置值呈灰色，电源不能进行升压或降压。液晶屏上的电压表仍能正常显示外接电容电压值。

② 用放电棒将受电设备或试品中的电量放掉，同时监视液晶屏上电压表，直到电压指示为零，再用地线直接触及受电设备或试品的高压极，挂上放电棒。

③ 断开高压电源的空开。

④ 拆除连线。

3．实际应用接线

（1）闪络法的连线，如图 2-3-17 所示。

① 将高压电源的高压输出端与高压脉冲电容的一个极相连，再从电容此极接至放电球间隙一端，球间隙另一端接至故障电缆的故障相，其他相和外铠一并接地。高压脉冲电容另一个极直接接入系统地。

② 高压电源的接地端与电容接地端直接相连。

③ 电流取样盒与采样主机相连后，放置到电容器地线旁边。

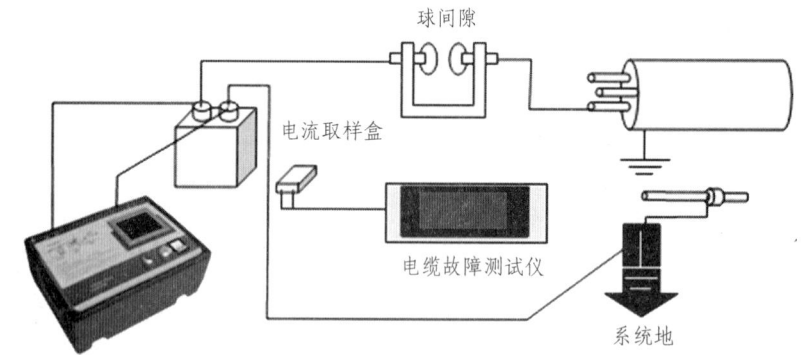

图 2-3-17

（2）三级多次脉冲测试法的连线，如图 2-3-18 所示。

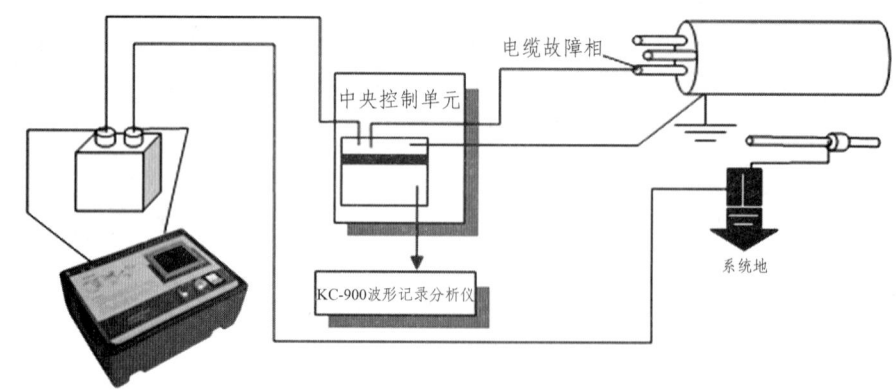

图 2-3-18

① 将高压电源的高压输出端与高压脉冲电容的一个极相连，再从电容此极接至中央控制单元的高压入口，中央控制单元的高压出口接至故障电缆的故障相，其他相和外铠以及中央

控制单元的地线一并接地。

② 高压电源的接地端与电容接地端直接相连。

③ 采样主机与中央控制单元的采样口相连。

（3）故障点定位的连线（如图 2-3-19 所示）与闪络法的连线相同，只是不用采样。

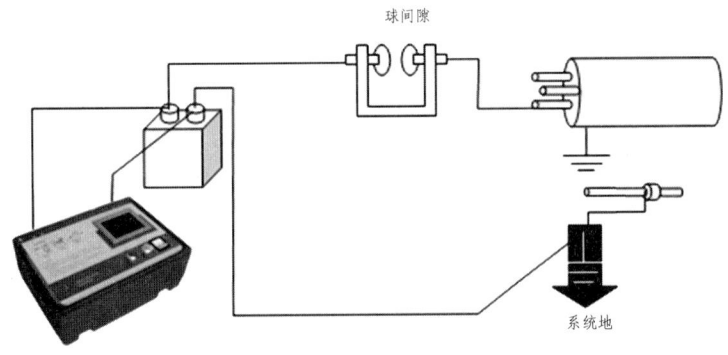

图 2-3-19

实训项目

实际工作任务 1　10 kV 电缆绝缘测试

一、材料工具

10 kV 电缆 1 根、兆欧表、仪表线、放电棒。

二、工作任务

测试 10 kV 电缆绝缘。具体要求如表 2-3-3 所示。

表 2.3.3　操作要领及评分

项目及分配		考评内容及评分	扣分因素	得分
操作技能	80 分	1. 兆欧表性能检查： 查看该表是否在检定周期内，然后试验（兆欧表两表笔悬空，摇动手柄，指针在∞处；短接 E、L 两表笔，轻摇手柄指针为 0）。缺、漏检一项扣 5 分。 2. 测试接线： 测量 U 相时，兆欧表 L 端接 U 相，E 端接地，其他两相短接后接地。错一处扣 5 分。 3. 测试前后按规定对被测端进行充分放电，漏做扣 10 分。 4. 测试： 测量时应先接 E 端，当兆欧表转速稳定在 120 r/min 时，将 L 端接入被测端，兆欧表转速稳定在 120 r/min 时，指针稳定后读取数据。 操作不当，每错一处扣 5 分。 读数错误扣 20 分。		
工具备品使用	10 分	1. 工具材料少 1 件扣 2 分。 2. 兆欧表损坏扣 10 分。		
安全	10 分	1. 未按规定着装扣 5 分。 2. 人身电击扣 5 分。		

实际工作任务 2　10 kV 户外热缩电缆终端头制作

一、材料工具

电力线路工个人工具 1 套、热缩电缆终端头及附件、接地线及扎线、填充胶、汽油、棉纱、砂纸、毛巾、钢锯、喷灯、电烙铁、兆欧表、硅脂。

二、工作任务

制作户外热缩电缆终端头 1 个。具体要求如表 2-3-4 所示。

表 2.3.4　操作要领及评分

项目及分配		考评内容及评分	扣分	得分
操作技能	80 分	1. 领取工具，材料检查材料状况： 根据电缆头材料装箱清单清点电缆头 1 套 9 件（包括附件）。规格型号与电缆是否配套。漏、错 1 处扣 1 分。 2. 用兆欧表进行电缆绝缘检查；漏检扣 5 分。 3. 制作户外电缆终端头： （1）剥外护层、锯钢铠装、撕内垫层、铜带屏蔽、半导体和线芯端绝缘：垂直固定电缆，户外端头在距末端 750 mm 处（户内端头量取 500 mm），在量取处刻一环形刀痕。顺线路方向破开塑料护层，然后向两侧分开剥除。由断口向上量取 50 mm 铠装后绑扎线作临时绑扎，并锯开钢带剥去上部铠装。用喷灯均匀烘烤后逐层撕去内垫层。 （2）焊接地线。将编织接地铜线一端拆开均分三份，将每一份重新编织后分别绕包在三相屏蔽层上并绑扎牢固，锡焊在各相铜带屏蔽上，对铠装电缆需用镀锡钢带线绑在钢铠上，并绑扎焊牢再行引下，对无铠装电缆可直接将接地线引下。在密封段内，用焊锡熔填 15～20 mm 长一段编织防潮段的缝隙，用作防潮段。 （3）安装分支手套。用自粘带式填充胶剂填充三芯分支处及铠装周围，使外形整齐呈苹果状，清洁密封段电缆外护套。在密封段下区作出标记，在编织接地线内层和外层各绕包热熔胶带 1～2 层，长度约为 60 mm，将接地线绕包在当中。套进三芯分支手套，尽量往下，手套下口到达标记处。用慢火先从手指根部向下缓慢环绕加热收缩，完全收缩后下口应有少量胶液挤出。再从手指根部向上缓慢环绕加热收缩手指部至完全收缩。从手套中部开始加热收缩有利于排除手套内的气体。 （4）剥切铜带屏蔽、半导体层、绕包自粘带。从分支手套手指端部向上量 40 mm 为铜带屏蔽切断处，先用铜线将铜带屏蔽绑扎，再进行切割，切口整齐。保留半导电层 20 mm，其余剥除，剥除要干净，不要损伤主绝缘。对残留在主绝缘外表的半导电层，可用细砂布打磨干净。用溶剂清洁主绝缘，用半导电带填充半导电层与主绝缘的间隙 20 mm。以半叠包方式绕包一层，与半导电层和主绝缘层各搭接 10 mm，形成平滑过渡。从半导电层中间开始向上以半叠包方式绕包自粘带 1～2 层，统包长度 110 mm。半导电带和自粘带统		

续表 2.3.4

项目及分配		考评内容及评分	扣分	得分
操作技能	80分	包时，都要先将其拉伸至其原来宽度的一半，再进行绕包。 （5）压接线鼻子。线芯末端绝缘剥切长度为接线鼻子孔深加5 mm，线端绝缘削成"铅笔头"形状，长应为30 mm。用压钳和模具进行接线鼻子压接。压后用锉刀修整棱角毛刺。清洁鼻子表面。用自粘带填充压坑及不平之处，并填充线芯绝缘末端与鼻子之间自粘带与主绝缘及接线鼻子各搭接5 mm，形成平滑过渡。 （6）安装应力管。清洁半导电层和铜带表面，清洁线芯绝缘表面，确保绝缘表面没有碳迹，套入应力控制管。应力控制管下端与分支手套手指上端相距20 mm，用微弱火焰自下而上环绕应力控制管加热促其收缩。在应力控制管上端包绕自粘带，使其平滑过渡。 （7）套热收缩管。清洁线芯绝缘表面，应力控制管及分支手套表面。在分支手套手指部和接线鼻子根部，包热熔胶带（有的配套供货的热收缩管内侧已涂胶，则不必再包热熔胶带）。套入热收缩管，热收缩管下部与分支手套手指部搭接20 mm。用弱火焰自下往上环绕加热收缩。完全收缩后管口应有少量胶液挤出。在热收缩管与接线鼻子搭接处及分支手套根部，用自粘带拉伸至原来宽度的一半，以半叠包方式绕包2~3层，包绕长度为30~40 mm，与热收缩管和接线鼻子分别搭接，确保密封。 （8）安装雨裙。户外终端头应安装雨裙。清洁热收缩管表面，入三孔雨裙，下落到分支手套手指根部自下而上加热收缩。再在每相上套入两个单孔雨裙，找正后自下而上加热收缩。 操作不当每处扣3分；各部尺寸错扣3分；收缩后管子有折皱每处扣3分；地线焊接不牢扣10分。 制作完成后再进行电缆绝缘检查。漏检扣5分。		
工具及安全	20分	1. 工具、兆欧表使用不当，每次扣2分、3分。 2. 工具、零件损坏，每件扣5分。 3. 有电击现象每次扣5分。 4. 受伤不能工作扣41分。		

实际工作任务 3　电力电缆故障测距

一、材料工具

电缆故障测试仪主机、输出端连接线、高低压电力电缆若干。

二、工作任务

电力电缆故障测距。具体要求如表 2-3-5 所示。

表 2.3.5　操作要领及评分

项目及分配		考评内容及评分	扣分	得分
操作技能	80 分	1. 领取工具，检查工具状况： 　根据电缆故障寻测所需设备清单清点电缆故障测试仪主机，检查主机电量。漏、错 1 处扣 1 分。 2. 低压脉冲法测试电缆的低阻接地、短路、断路故障及电缆长度： （1）直接在电缆故障测试仪的输入输出接口接出一根夹子线。将夹子线的红夹子夹在故障电缆故障相芯线上，黑夹子夹在电缆的外皮地线上。 （2）启动仪器电源开关，屏幕将出现屏保图片，按一下自动进入界面。此时仪器默认的状态是"低压脉冲法"。应根据现场被测电缆种类、长度和初步判断的故障性质选择使用方法。设置在"低压脉冲法"时，在此界面还可以进行波速测量和打开历史文件查阅以前的测试结果。 （3）完成设备参数设置后，点击"采样"键，仪器自动发出测试脉冲。此界面将显示电缆的（开路）全长波形或低阻接地（短路）故障波形。若波形不好操作者应调节"中值"和"幅度"，并观察采到的回波，直到操作者认为回波的幅度和位置适合分析定位为止。仪器的参数设置等基本信息也在屏幕下方显示。 （4）波形定位读距离。低压脉冲判距比较容易，只要将游标分别定位到发射波及反射波的起点即可。 （5）"保存"。很多时候，需要将测试结果保留或留作对比用，就要利用仪器中的"保存"功能，将此次测得的波形保存在仪器的数据库中。如果测试人员认为有必要保存此次测试结果，可点击"保存"键，根据子菜单提示操作即可。 　操作不当每处扣 5 分；接线错误每处扣 3 分；读数错误扣 10 分。		
工具及安全	20 分	1. 仪器损坏扣 50 分。 2. 故障测量仪、使用不当，每次扣 3、4 分。 3. 未按规定着装扣 5 分。		

实际工作任务 4 电力电缆路径探测

一、材料工具

路径信号发生器 1 台、路径信号接收器 1 台、输出连接电缆线 1 根、接收连接线 1 根、探棒 1 根、耳机 1 个、高低压电力电缆若干。

二、工作任务

电力电缆路径探测。具体要求如表 2-3-6 所示。

表 2-3-6 操作要领及评分

项目及分配		考评内容及评分	扣分	得分
操作技能	80 分	1. 领取工具，检查工具状况： 根据电缆故障寻测所需设备清单清点路径仪配套设备，检查路径接收器电量。漏、错 1 处扣 1 分。 2. 电缆路径探测： （1）使用路径信号源：将路径仪信号源的输出端连接线的红夹子接被测电缆的任一相（一般为好相），此相的另一端接地。黑夹子接大地（系统地），选择高频或低频，一般情况下选择低频。低频辐射小，不容易耦合到其他电缆上。高频辐射强，可测较长电缆。调节输出电位器使表头指示达到满刻度的 10%~70% 左右，能清楚辨析所接收的电磁波为好。 （2）使用路径接收器：将探棒接信号接收器面板的输入插孔，耳机接输出插孔（当环境噪声较小时，可不接耳机），工作后应能听到连续或断续的"嘀嘀……"声；将频率选择到与发射机输出频率相一致；当探棒与地面垂直并左右移动时，能听到信号强弱及连续不同的"嘀嘀……"声，接收表头也可反映接收信号的大小。当接收声音最小或断续，而两边声音大并连续时，探棒下面即是电缆的埋设位置。一边向前走，一边摆动探棒，耳机里听到的声音最小的各点连线即为电缆的埋设走向。 操作不当每处扣 5 分；接线错误每处扣 3 分；探棒使用错误扣 5 分；路径定点错误扣 10 分。		
工具及安全	20 分	1. 仪器损坏扣 50 分。 2. 路径仪使用不当，每次扣 3、4 分。 3. 未按规定着装扣 5 分。		

习 题

一、填空

1. 电缆线路由_____、_____、_____组成；电缆附件是指_____、_____。
2. 电缆直埋敷设电缆沟一般深为_____田野处深为_____沟底敷设_____电缆上应敷设_____软土细沙后再加装_____。
3. 穿越道路电缆保护管埋深_____，应宽出道路两侧_____管径为_____。
4. 电缆的基本结构分为_____、_____、_____。
5. 人孔井设置距离为_____、高度为_____、直径为_____。
6. 牵引电缆做法是先沿沟底放好_____，将_____放在滚轮上，使电缆牵引时不至于与地面_____。
7. 电缆故障寻测方法有_____、_____、_____、_____、_____、_____。

二、简答

1. 电缆故障类型及原因有哪些？
2. 简述直埋电缆敷设方法。
3. 简述电缆沟内敷设工艺。
4. 简述电缆排管敷设的施工工艺。
5. 简述电缆终端头制作步骤。
6. 如何用音频法测量电缆故障地点？
7. 电缆沟内敷设要求有哪些？
8. 写出电缆故障检测流程。
9. 画出直埋电缆断面图。
10. 电缆冷缩中间头制作流程有哪些？
11. 电缆故障测距设备主要有哪些？如何使用？
12. 电缆故障类型有哪些？试述其故障产生的原因。
13. 高速铁路电力电缆敷设工艺有哪些？

下篇

电力内线

项目三　动力照明线路安装维护

课题一　低压配电系统

一、低压配电系统的配电方式

1. 电　压

室内配电用的电压有下列几种：

（1）照明用 110 V 和 220 V 的直流电压。

（2）直流电动机用 110 V、220 V 和 440 V 的直流电压。

（3）380/220 V 三相四线制交流电压，380V 用于动力设备（如电动机等），220 V 用于照明或电气设备等。

（4）36 V、24 V 交流电压用于移动式局部照明，12 V 用于危险场所的手提灯。

（5）大容量的高压电动机采用 3 kV 或 6 kV 交流电压。

（6）室内高压变电所的电压为 6 kV 或 10 kV，室内变电站最高到 35 kV。

在铁路内电力供应，室内配电用的电压，高压 6～10 kV，低压一律采用 380/220 V，对旧有营业线（指铁路）技术改造时应尽量将 110 V 电压等级改为 380/220 V。

按照中华人民共和国行业标准 DL 408—1991《电业安全工作规程》第 1.4 条的规定，电气设备分为高压和低压两种：电气设备的对地电压在 250 V 以上者为高压（根据国家电网公司 2005 年 3 月 1 日试行的《电力安全工作规程》变电所和发电厂电气部分的规定，对地电压在 1 kV 及以上者为高压电气设备），250 V 及以下者为低压，因此三相四线制中，中性线不接地的为高压，中性线接地的为低压。

2. 配电方式

（1）220 V 单相制。

一般小容量的住宅用电可用 220 V 的单相交流制，如图 3-1-1 所示，这是由外线路上一根相线和一根中性线组成，也是由单相 220 V 的降压变压器供给的，不过发展的趋势是不再制造小容量的单相变压器。

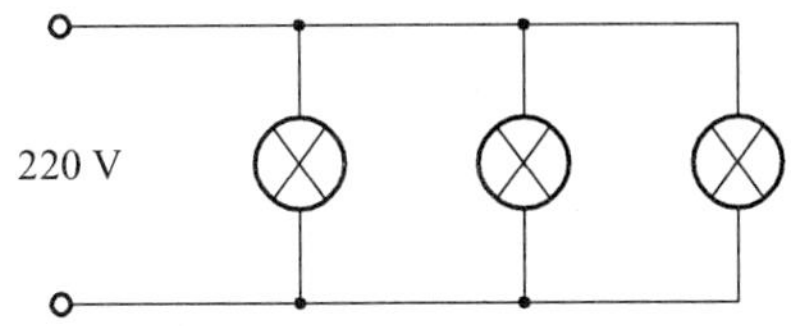

图 3-1-1　220 V 单相制

（2）380/220 V 三相四线制。

大容量的电灯用电如机关办公室、学校、宿舍等可采用 380/220 V 三相四线制，将各组电灯平均地分别接在每一根相线和中性线之间，如图 3-1-2 所示。当三相负载平衡时，中性线中没有电流，所以应该在尽可能的范围内，使得各相负载平衡。

（3）三相五线制。

在三相四线制供电系统中,把零线的两个作用分开,即一根线做工作零线(N),另一根线专做保护零线(PE),这样的供电接线方式称为三相五线制供电方式。三相五线制包括三根相线,一根工作零线,一根保护零线。三相五线制接线方式如图3-1-3所示。

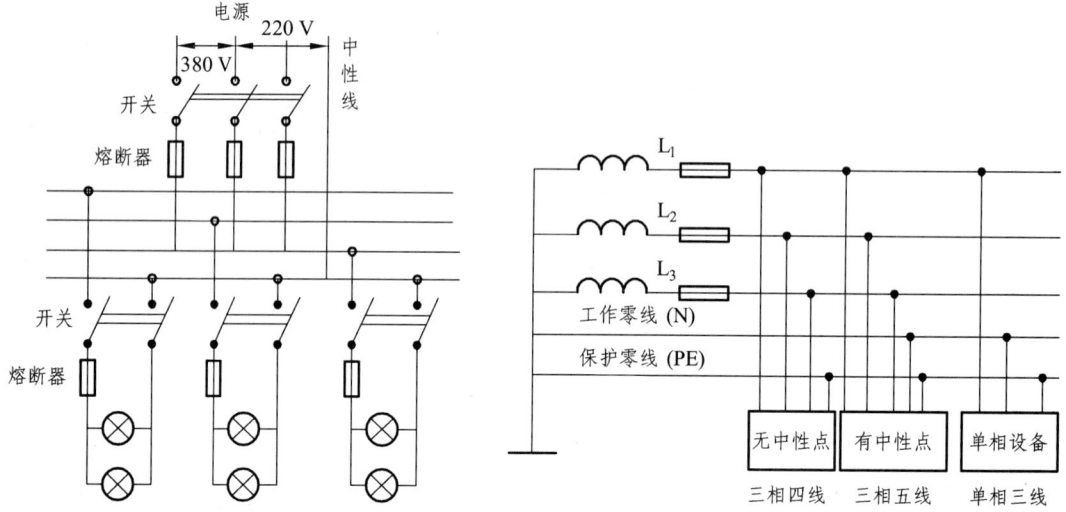

图3-1-2 380/220 V 三相四线制接　　　图3-1-3 三相五线制接线

① 三相五线制接线的特点。

工作零线N与保护零线PE除在变压器中性点共同接地外,两线不再有任何的电气连接。由于该种接线能用于单相负载、没有中性点引出的三相负载和有中性点引出的三相负载,因而得到广泛的应用。在三相负载不完全平衡地运行的情况下,工作零线N是有电流通过且是带电的,而保护零线 PE 不带电,因而该供电方式的接地系统完全具备安全和可靠的基准电位。

② 三相五线制供电的工作原理。

在三相四线制供电中当三相负载不平衡时和低压电网的零线过长且阻抗过大时,零线将有零序电流通过,过长的低压电网,由于环境恶化、导线老化、受潮等因素,导线的漏电电流通过零线形成闭合回路,致使零线也带一定的电位,这对安全运行十分不利。在零线断线的特殊情况下,断线以后的单向设备和所有保护接零的设备产生危险的电压,这是不允许的。如采用三相五线制供电方式,用电设备上所连接的工作零线N和保护零线PE是分别敷设的,工作零线上的电位不能传递到用电设备外壳上,这样就能有效隔离三相四线制供电方式所造成的危险电压,使用电设备外壳上电位始终处在"地"电位,从而消除了设备产生危险电压的隐患。

③ 三相五线制在民用建筑电气中的应用。

三相五线制供电的应用范围:凡是采用保护接零的低压供电系统,均是三相五线制供电的供电应用范围。国家有关部门规定:凡是新建、扩建、企事业、商业、居民住宅、智能建筑、基建施工现场及临时线路,一律实行三相五线制供电方式,做到保护零线和工作零线单独敷设,现有企业应逐步将三相四线制改为三相五线制供电,具体办法应按三相五线制敷设要求的规定实施。

建筑电气设计中采用"单相三线制"和"三相五线制"配电，就是在过去"单相二线制"和"三相四线制"配电基础上，另增加一根专用保护线直接与接地网连接，如图 3-1-3 所示。

"单相三线制"是"三相五线制"的一部分，在配电中出现了 N 线和 PN 线：一个是工作接地 N 线，这时构成电气回路的需要，其中有工作电流流过，在单相二线制中，工作接地 N 严禁装设保险等可断开点，但单相三线制中则应同相线一样装设保护元器件；另一个是保护接地 PE 线，要求直接与接地网相连接。保护线 PE 与中性线 N 从某点分开后，就不得再有任何联系，目的有两个：其一是为了使漏电电流动作保护能准确动作；其二是为了使保护线上没有电流流过，以利安全。

每个建筑物的进户线处应将零线重复接地，接地电阻≤10 Ω。

从引入处开始，接至建筑物内各个插座，中性线 N 和保护线 PE 完全分开（严禁零地混接）。至于保护线 PE 的导线应采用与工作回路相同等级的绝缘线，且与中性线 N 截面相同，敷设方式和路径也同工作回路。为了便于识别，最好依据规范按颜色区分，JGJ16-2008《民用建筑电气设计规范》规定"住宅建筑每户的进线开关或插座专用回路宜设漏电流动作保护，动作电流为 30 mA"。

插座的接线应遵循左零 N 右相 W 上接地。

3. 低压配电网络的基本要求

（1）满足用电设备对供电可靠性的要求和对电能数量和电能质量的要求。
（2）接线方式应力求简单可靠、操作安全、运行灵活和检修方便。
（3）线路装置要安装牢固、整齐美观、维修方便。
（4）严禁利用大地作中性线，即严禁采用三线一地、二线一地或一线一地制。
（5）动力负荷的电价有两种，即非工业电力电价及照明电价。为了正确计算电费，不同电价的照明、动力线路应分开装置，明显地加以标注，并有供电部门分别安装计费电度表。同一电价的照明、电热、空调等设备可装置在共同的线路中，但应考虑检修和事故时的照明问题。
（6）有可能适应今后的发展。

二、配电系统的电压选择及接线方式

（一）配电系统的电压选择

配电系统由 6~10 kV 配电线路和配电变电所组成，供电距离短，其功能是向用户分配电能。

1. 额定电压标准

为了使电力工业和电力制造业的生产标准化、系列化和统一化，世界各国和有关国际组织都制定额定电压标准。我国也有相应的额定电压标准，配电系统电压标准见表 3-1-1。

变压器一次侧接电源，相当于用电设备，二次侧向负荷供电，又相当于发电机。因此变压器一次侧额定电压应等于用电设备额定电压（直接和发电机相连的变压器一次侧额定电压应等于发电机额定电压），二次侧额定电压应较线路额定电压高 5%。但因变压器二次侧额定电压规定为空载时的电压，而额定负载下变压器内部的电压损耗约为 5%，为使正常运行时变压器二次侧电压较线路额定电压高 5%，变压器二次侧额定电压应较线路额定电压高 10%。只有漏抗较小的变压器，或二次侧直接与用电设备相连的变压器，其二次侧额定电压才较线路额定电压高 5%。

表 3-1-1　配电系统额定电压等级　　　　　　　　　　单位：kV

用电设备额定电压	变压器线电压	
	一次绕组	二次绕组
0.38		0.4
3	3 及 3.5	3.15 及 3.3
6	6 及 6.3	6.3 及 6.6
10	10 及 10.5	10.5 及 11.0

2. 电压等级及各级电压的供电范围

输配电网络额定电压的选择在规划设计时又称为电压等级的选择，它关系到建设费用的高低、运行是否方便、设备制造是否经济合理等多方面因素。

在输送距离和输送功率一定的条件下，电力网所用的额定电压越高，则电流越小，在线路和变压器上产生的功率损耗、电能损耗和电压损耗就越小，并且可以采用较小截面的导线，以节约有色金属。但是，电压等级越高，线路的绝缘强度要求就越高，杆塔的几何尺寸也要随线间距离和导线对地距离的增大而增大，从而加大线路投资。同时，线路两端的升、降压变电所的变压器、开关电器等电气设备投资也要增加。因此，电力网的额定电压等级应根据输电距离和输送功率经过全面技术经济比较来选定。

配电线路各级电压的线路其输送能力见表 3-1-2。

表 3-1-2　配电线路各级电压合理输送容量及输送距离

额定电压（kV）	输送容量（MW）	输送距离（km）
0.38	0.1 以下	0.6 以下
3	0.1～1.0	1～3
6	0.1～1.2	4～1
10	0.2～2.0	6～20
35	2.0～10	20～50

（二）接线方式

1. 供电系统的确定

供电系统主要依据用电负荷的重要程度来决定。通常有以下几种供电接线方式：

（1）一个电源一台变压器的接线适用于对二级以下负荷供电，如图 3-1-4（a）所示。

（2）一个电源一台变压器外加一外接电源的接线，如图 3-1-4（b）所示。

（3）两台变压器及低压母线分段接线，如图 3-1-4（c）所示。

（4）两个电源两台变压器及低压母线分三段接线，如图 3-1-4（d）所示。

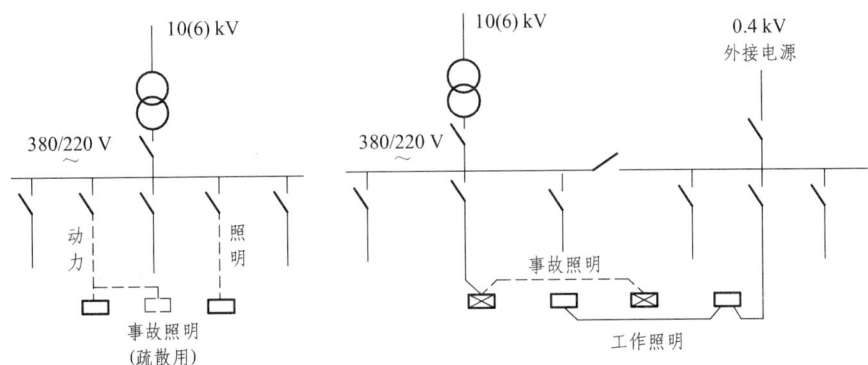

(a) 一个电源一台变压器的接线　　(b) 一个电源一台变压器有一外接低压电源的接线

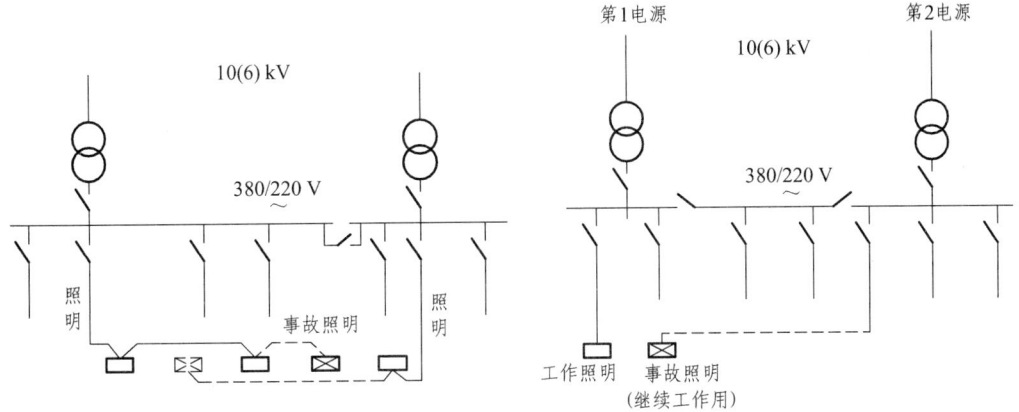

(c) 两台变压器低压母线分两段的接线　　(d) 两个电源两台变压器低压母线分三段的接线

图 3-1-4　常用变电所低压侧接线

2. 低压配电网络的供电方式

低压配电网络的供电方式有放射式、树干式和环形等几种接线。

（1）放射式接线。

图 3-1-5 所示为低压放射式接线，它的特点是发生故障时互不影响，供电可靠性高。但一般情况下，其有色金属消耗量较多，且系统的灵活较差。这种接线多用于供电可靠性要求较高的车间，特别适用于对大型设备供电。

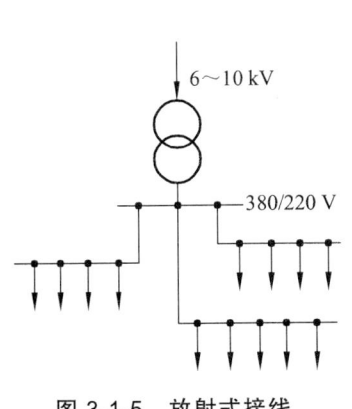

图 3-1-5　放射式接线

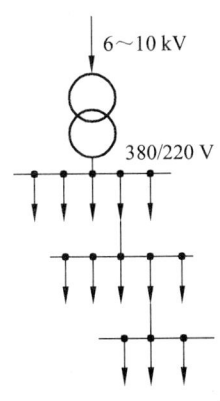

图 3-1-6　干线式接线

（2）树干式供电。

图 3-1-6 所示为树干式接线。树干式接线的特点正好与放射式接线相反，其系统灵活性好，采用的开关设备少，一般情况下有色金属的消耗量少，但干线发生故障时，影响范围大，所以供电可靠性低。树干式接线在机械加工车间和机修车间中应用相当普遍，因为它比较适合于供电容量较小，而分布均匀的设备组，如机床、小型加热炉。

图 3-1-7 所示树干式是"变压器干线式"接线，省去了整套低压配电装置使结构大为简化。

图 3-1-8 所示也是树干式派生出来的一种接线方式，叫作"链式"接线。优点也和树干式一样。缺点是仅适用于设备少、容量小的负荷，连接设备不宜超过 5 台，总容量不宜超过 10 kW，而且这些设备的生产性质应该相同。

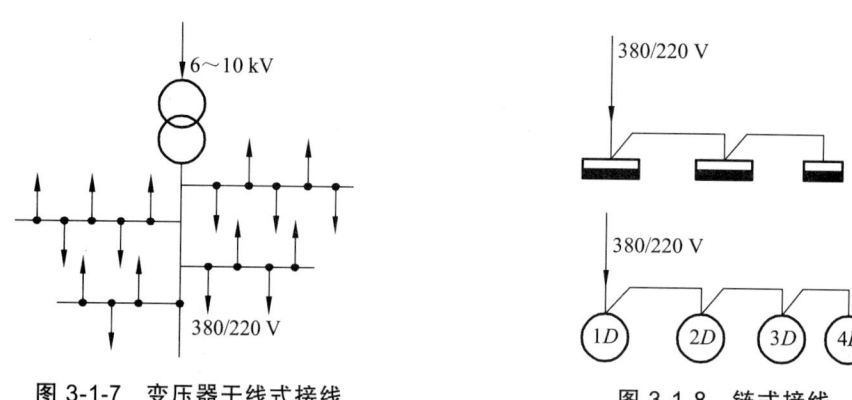

图 3-1-7　变压器干线式接线　　　　　图 3-1-8　链式接线

（3）环形接线。

图 3-1-9 所示为环形接线。一个工厂内所有车间变电所的低压侧，也可通过低压联络线互相接成环形。环形供电的可靠性高，任一线路发生故障或检修时，都不至造成供电中断，或者只是暂时供电中断，只要完成切换电源的操作就能恢复供电。环形接线也可使电能损耗或电压损失减小，既能节约电能又容易保证供电质量。但它的保护装置及整定配合相当复杂，如配合不当，容易发生误动作，而扩大故障停电范围。实际上，低压环形接线大多采用"开口"方式运行，即环形路线有一处的开关是断开的。

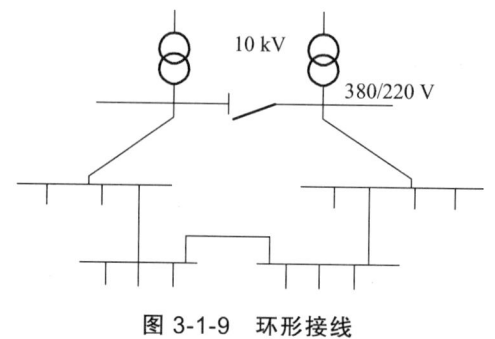

图 3-1-9　环形接线

3. 照明供电系统

照明供电线路可以根据照明负荷的重要程度选择不同的接线方式。

一般场所的照明负荷接线方式有图 3-1-10 所示的 4 种。

较重要场所照明负荷接线方式有图 3-1-11 所示的 4 种。

重要场所的照明负荷供电接线方式如图 3-1-12 所示。

特殊重要场所照明负荷供电的接线方式如图 3-1-13 所示。从图中可见，照明负荷除有两个相互独立的电源、变压器经电源自动投入装置（BZT）联络外，还增加了第三独立电源作为备用电源，以保证可靠供电。

以上各种接线方式均应视不同情况、重要程度来综合考虑。

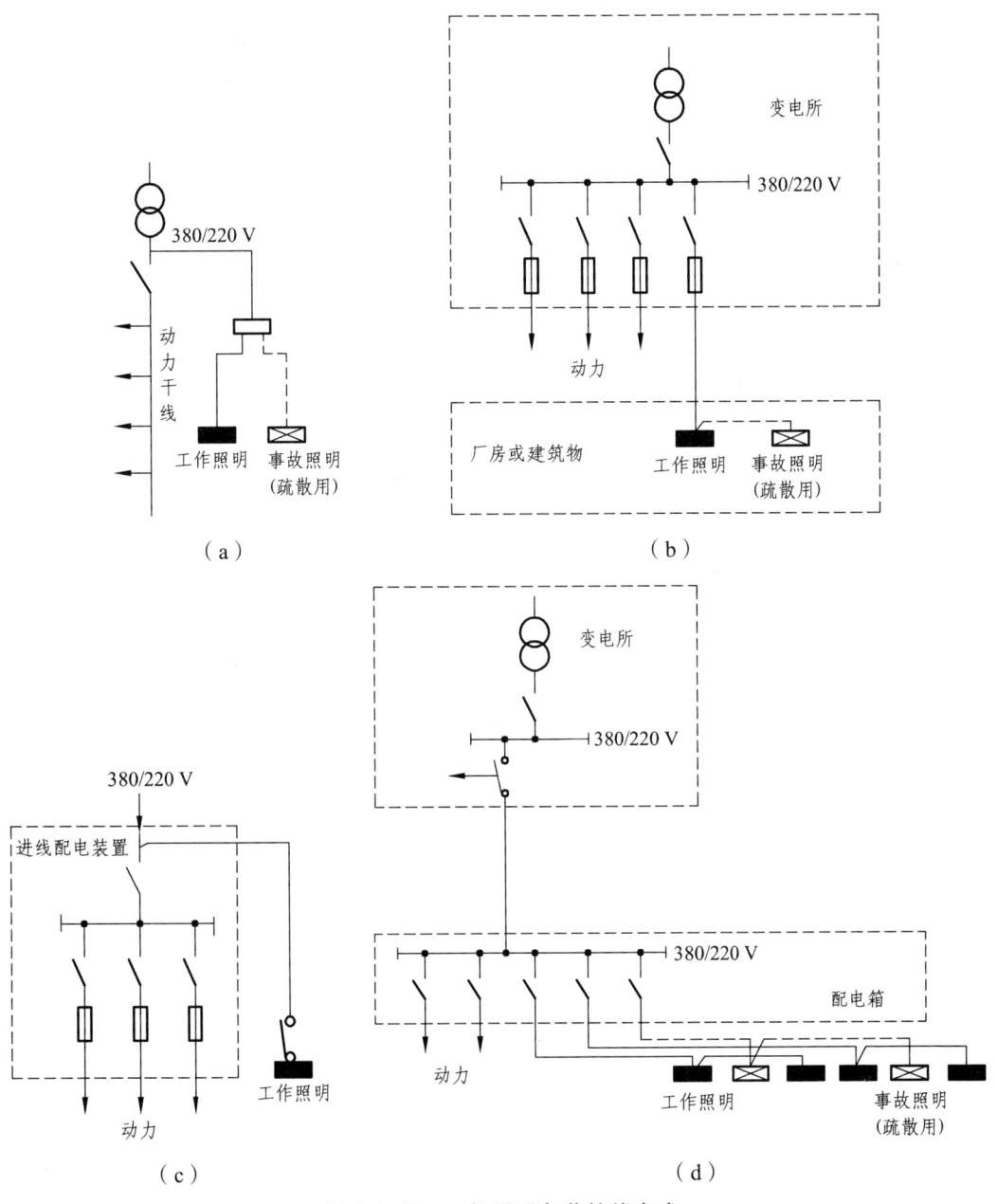

图 3-1-10　一般照明负荷接线方式

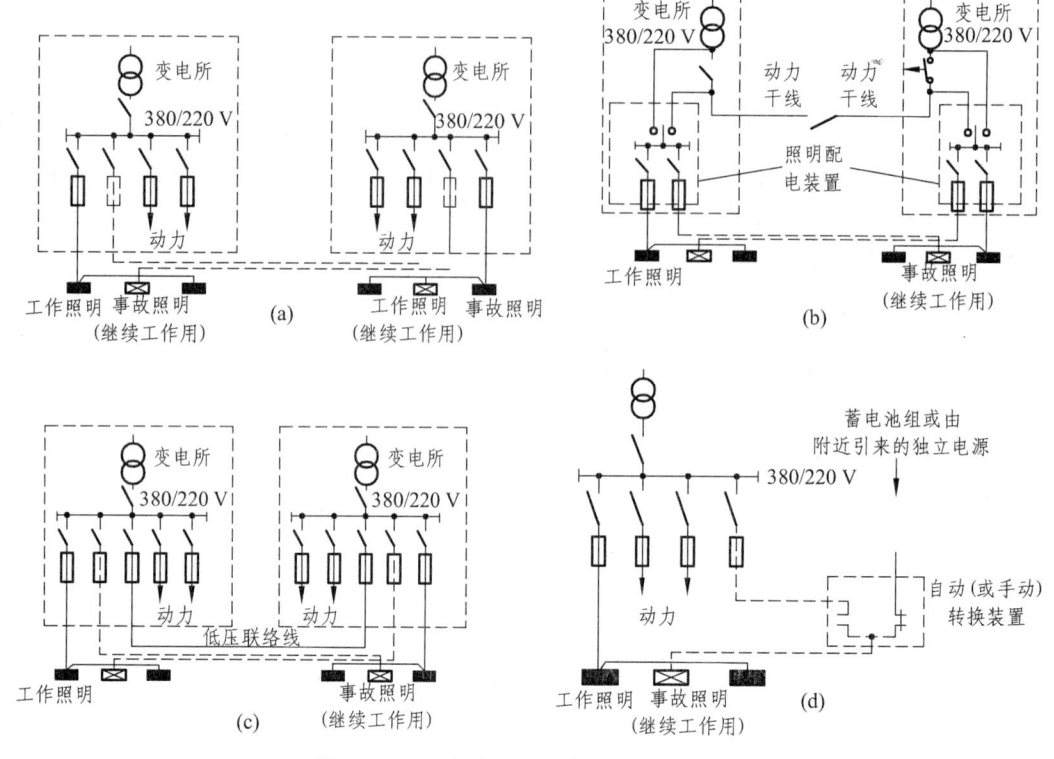

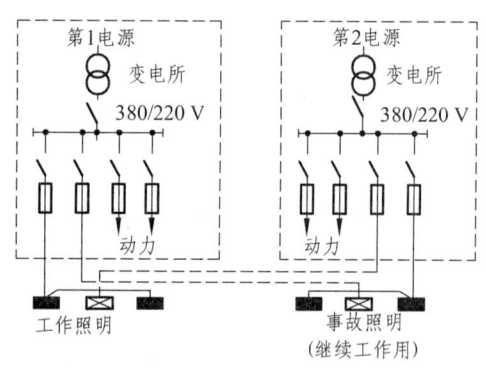

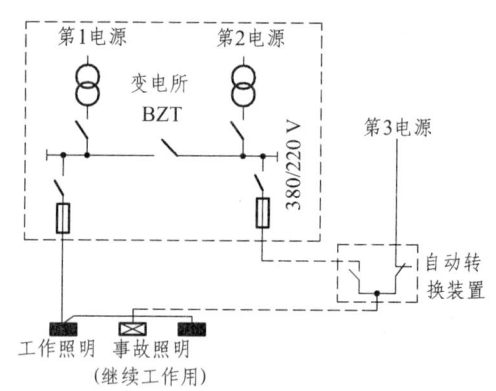

图 3-1-11 较重要照明负荷接线方式图

图 3-1-12 重要照明负荷接线方式图

图 3-1-13 特殊照明负荷接线方式图

三、低压配电系统导线截面选择

（一）导线的分类

由于导线品种多，用途广，分类比较复杂，按所用的金属材料，可分为铜线、铝线、钢芯铝线、镀锌铁线等；按构造，可分为裸线、绝缘导线、电磁线、电缆等。裸线和绝缘导线又可分成单线和绞线两种；按金属性质，可分为硬线和软线两种。硬线是未经退火处理的，抗拉强度大，软线是经过退火处理的，抗拉强度较差。

室内传输线路必须采用绝缘导线。绝缘导线是由易导电的芯线和不易导电的绝缘层组成，芯线一般由导电性能良好的铜或铝制作，绝缘层通常用聚氯乙烯或人工合成的橡胶制作，有的传输线在绝缘层外面还有一层绝缘材料构成的保护层。

导线的型号，按国家标准规定，一般采用三部分表示。第一部分是表示导线材料；第二部分表示结构特征；第三部分表示导线截面大小。常用符号意义为：

T——铜线；L——铝线；G——钢线；J——绞线；J——加强型；Q——轻型；R——柔软型；F——防腐；Y——硬型。

绝缘电线的型号见表3-1-3。

表 3-1-3 绝缘电线的型号及用途

名　称	型号	用　途
聚氯乙烯绝缘铜芯线 聚氯乙烯绝缘聚氯乙烯护套铜芯线 聚氯乙烯绝缘铝芯线 聚氯乙烯绝缘铝芯软线 聚氯乙烯绝缘氯乙烯护套铝芯线	BV BVR BVV BLV BLVR BLVV	用于交流 500 V 及以下的电气设备和照明装置的连接，其中 BVR 型软线适用于要求电线比较软弱的场合
橡皮绝缘铜芯线 橡皮绝缘铝芯线 橡皮绝缘铝芯线	BXR BLX BLX	用于交流 500 V 及以下，直流 1 000 V 及以下的户内外架空、明敷、穿管固定敷设的照明及电气设备电路
皮绝缘铜芯软线	BXR	用于交流 500 及以下，直流 1 000 V 及以下电气设备及照明装置，要求电线比较柔软的室内安装
聚氯乙烯绝缘平型铜芯软线 聚氯乙烯绝缘绞型铜芯软线	RVB RVS	用于交流 250 V 及以下的移动式日用电器的连接
聚氯乙烯绝缘聚氯乙烯护套铜芯软线	RVZ	用于交流 500 V 及以下的移动式日用电器的连接
复合物绝缘平型铜芯软线 复合物绝缘绞型铜芯软线	RFB RFS	用于交流 250 V 或直流 500 V 及以下的各种日用电路、照明灯座等设备的连接

（二）常用的几种导线

1. 皮　线

皮线是铜芯皮线和铝芯皮线的统称，是一种硬线。其外层是浸过沥青并涂上蜡的棉纱或玻璃纤维织物保护层，里面有橡胶绝缘层。皮线中的芯线是单根的铜或铝线。皮线主要用于室内配线。

2. 独股塑料硬线

它的外层是一层塑料绝缘层。芯线是单根的铜或铝线。其用途和皮线基本相同。

3. 花　线

它是一种软线，外层有棉纱织物保护层。一般的花线从外观看，其中的一根棉纱织物上有白点，以示区别。棉纱织物内有橡胶绝缘层。芯线由多根细铜丝组成，用棉纱将它们裹在一起。其用途是可作为白炽灯的挂线和移动电热器具的电源引线，现较少使用。

4. 塑料多芯软线

它的外层是塑料绝缘层，芯线由多根细铜丝组成。通常是两根塑料软线绞合在一起，叫绞型塑料软线。也有两根并列粘在一起的叫平型软线。它们的主要用途是：作为连接可移动电器的电源线，多联插座的电源引线，或拉设临时线路用。此线不能作电热器具的电源引线。

5. 护套线

这种线有双芯的三芯的两种。最外面的保护层有用橡胶的，也有用塑料的，还有铅做的。所以它们分别称为橡胶护套线、塑料护套线和铅包线。芯线有的是用铜制作的，也有的是铝制成的。铜制芯线有单股和多股之分。芯线间用橡胶或塑料作绝缘层。护套线防潮、防腐蚀性能好，可用于室内外配线。其中多股铜芯护套线还广泛用于家用电器，如电视机、电冰箱、洗衣机、电风扇等的电源引线。

（三）导线的标准与选型

导线型式的选择主要考虑环境条件、运用电压、敷设方法和经济、可靠性方面的要求。经济因素除考虑价格外，还应注意节约较短缺的材料，例如节约用铜，尽量采用塑料绝缘电线，以节省橡胶。通常对传输线型式和敷设方式的选择是一起考虑的。通常，传输线的选型是指传输线敷设方式的选择，主要考虑安全、经济和适当的美观，并取决于环境条件。当敷设方式确定以后，导线型式选择就显得尤为重要，并且选型也较为繁杂。

1. 导线种类的选择

主要根据使用环境和使用条件来选择：

（1）镀锌、酸洗等有腐蚀性气体的厂房内和水泵房等潮湿的室内，均应采用塑料绝缘导线，以便提高绝缘水平和抗腐蚀能力。

（2）教室、办公室的比较干燥的屋内，可以采用橡皮绝缘导线。但对于温差变化不大的室内，在日光不直接照射的地方，也可采用塑料绝缘导线。

（3）电动机的屋内配线，一般采用橡皮导线。但在地下敷设时，应采用地埋塑料电力导线。

（4）经常移动的导线，如移动电器的引线、吊灯线等，应采用多股软线。

2. 动力与照明线路的导线截面选择

导线截面选择要满足4个方面的要求：

（1）发热条件：导线在通过最大负荷电流时产生的发热温度，不应超过其正常运行时的最高允许温度。

（2）电压损失：导线在通过最大负荷电流时产生的电压损失，不应超过其正常运行时的最大电压损失。

（3）机械强度：导线截面不应小于机械强度要求的最小允许截面。

（4）经济合理：导线截面不应过大，以免浪费有色金属。但也不应太小，以免造成过多的电能损耗。

导线截面选择时刻按不同情况，先以其中一个方面考虑选择，然后按其他方面的条件验算。例如对距离较小（≤200 m），低压动力线负荷电流较大，可以先按发热条件选择截面，然后验算其电压损失和机械强度;而对距离较大(>200 m)且对于电压质量要求较高的照明线路则可按电压损失条件选择,然后验算其发热条件和机械强度。

(四)按发热条件选择导线截面

当负荷电流通过导线时,因导线电阻发热而产生高热。绝缘导线温升过高将导线绝缘损坏,甚至引起火灾;裸导线温升过高会导致接头处氧化加剧,甚至发展到断线。因此,导线的发热温度不能超过允许值。

按发热条件选择导线截面时,因满足下列条件:

$$I_C \leqslant I$$

式中 I_C——导线计算电流,A;
I——导线允许载流量,A。

导线因敷设方式不同和地点不同,其散热方式不同,允许载流量也不一样,导线载流量计算如下:

1. 负荷 $\cos\varphi = 1$

$$\text{单相:} \quad I_C = \frac{K\sum P}{U_{N\cdot\varphi}} \tag{3-1}$$

$$\text{三相:} \quad I_C = \frac{K\sum P}{\sqrt{3}U_{N\cdot l}} \tag{3-2}$$

式中 K——需要系数;
$U_{N\cdot\varphi}$——额定相电压;
$U_{N\cdot l}$——额定线电压。

2. 负荷 $\cos\varphi \neq 1$

动力负荷:

$$\text{单相:} \quad I_C = \frac{K\sum P}{U_{N\cdot\varphi}\cos\varphi} \tag{3-3}$$

$$\text{三相:} \quad I_C = \frac{K\sum P}{\sqrt{3}U_{N\cdot l}\cos\varphi} \tag{3-4}$$

照明负荷:

$$\text{单相:} \quad I_C = \frac{K\sum P(P+Pa)}{U_{N\cdot\varphi}\cos\varphi} \tag{3-5}$$

$$\text{三相:} \quad I_C = \frac{K\sum P(P+Pa)}{\sqrt{3}U_{N\cdot l}\cos\varphi} \tag{3-6}$$

式中 P——灯光功率;
P_a——镇流器功率。

3. 混合线路

$$I_C = \sqrt{(I_1 + I_2 \cos\varphi)^2 + (I_2 \sin\varphi)^2}$$

导体允许载流量可以从有关的表格 3.1.5～3.1.8 中查到。常用气体放电灯镇流器的功率因数及功率损耗简化计算值见表 3-1-4 所示。

表 3-1-4　常用气体放电灯镇流器的功率因数及功率损耗简化计算

光源类型	额定功率 P_N（W）	功率因数	镇流器功率损耗（W）	总计算功率（W）
荧光灯	30	0.4	10	40
	40	0.5	10	50
	85	0.5	15	100
	125	0.5	25	150
高压汞灯	125	0.5	15	140
	250	0.5	30	280
	400	0.6	40	440
高压钠灯	100	0.4	20	120
	250	0.4	30	280
	400	0.5	40	440
金属卤化物灯	250	0.6	30	280
	400	0.6	50	450
	1 000	0.6	100	1100

表 3-1-5　聚氯乙烯绝缘电线穿钢管敷设的载流量（$\theta_e = 65\ ℃$）

	截面（mm²）	2 根单芯				管径（mm）		3 根单芯				管径（mm）		4 根单芯				管径（mm）	
		25℃	30℃	35℃	40℃	G	DG	25℃	30℃	35℃	40℃	G	DG	25℃	30℃	35℃	40℃	G	DG
BLV 铝芯	2.5	20	18	17	15	15	15	18	16	15	14	15	15	15	14	12	11	15	15
	4	27	25	23	21	15	15	24	22	20	18	15	15	22	20	19	17	15	20
	6	35	32	30	27	15	20	32	29	27	25	15	20	28	26	24	22	20	25
	10	49	45	42	38	20	25	44	41	38	34	20	25	38	35	32	30	25	25
	16	63	58	54	49	25	25	56	52	48	44	25	32	50	46	43	39	25	32
	25	80	74	69	63	25	32	70	65	60	55	32	32	65	60	50	51	32	40
	35	100	93	86	79	32	40	90	84	77	71	32	40	80	74	69	63	32	50
	50	125	116	108	98	32	50	110	102	95	87	40	50	100	93	86	79	50	50
BV 铜芯	1.0	14	13	12	11	15	15	13	12	11	10	15	15	11	10	9	8	15	15
	1.5	19	17	16	15	15	15	17	15	14	13	15	15	16	14	13	12	15	15
	2.5	26	24	22	20	15	15	24	22	20	18	15	15	22	20	17	15	15	15
	4	35	32	30	27	15	20	31	28	26	24	15	20	28	26	24	22	20	20
	6	47	43	40	37	15	20	41	38	35	32	15	20	37	34	32	29	20	25
	10	65	60	56	51	20	25	57	53	49	45	20	25	50	46	43	39	25	25
	16	82	76	70	64	25	25	73	68	63	57	25	32	65	60	56	51	25	32
	25	107	100	92	84	25	32	95	88	82	75	25	32	85	79	73	67	32	40
	35	133	124	115	105	32	40	115	107	99	90	32	40	105	98	90	83	32	50
	50	165	154	142	130	32	50	146	136	126	115	40	50	130	121	112	102	50	50

表 3-1-6 橡皮绝缘电线明敷的载流量（A）($\theta_e = 65\ °C$）

截面 (mm²)	BLX、BLXF 铝芯				BX、BXF 铜芯			
	25 °C	30 °C	35 °C	40 °C	25 °C	30 °C	35 °C	40 °C
1					21	19	18	16
1.5					27	25	3	21
2.5	27	25	23	21	35	32	30	27
4	35	32	30	27	45	42	38	35
6	45	42	38	35	28	54	50	45
10	65	60	56	51	85	79	73	67
16	85	79	73	67	110	102	95	87
25	110	102	95	87	145	135	125	114
35	138	129	119	109	180	168	155	142
50	175	163	151	138	230	215	198	181

表 3-1-7 聚氯乙烯绝缘电线穿硬塑料管敷设的载流量（A）($\theta_e = 65\ °C$）

截面 (mm²)		2 根单芯				管径 (mm)	3 根单芯				管径 (mm)	4 根单芯				管径 (mm)
		25°C	30°C	35°C	40°C		25°C	30°C	35°C	40°C		25°C	30°C	35°C	40°C	
BLV 铝芯	2.5	18	16	15	14	15	16	14	13	12	15	14	13	12	11	20
	4	24	22	20	18	20	22	20	19	17	20	19	17	16	15	20
	6	31	28	26	24	20	27	25	23	21	20	25	23	21	19	25
	10	42	39	36	33	25	38	35	32	30	25	33	30	28	26	32
	16	56	51	47	43	32	49	45	42	38	32	44	41	38	34	32
	25	73	68	63	57	32	65	60	56	51	40	57	53	49	45	40
	35	90	84	77	71	40	80	74	69	63	40	70	65	60	55	50
	50	114	106	98	90	50	102	95	88	80	50	90	84	77	71	63
BV 铜芯	1.0	12	11	10	9	15	11	10	9	8	15	10	9	8	7	15
	1.5	16	14	13	12	15	15	14	12	11	15	13	12	11	10	15
	2.5	24	22	20	18	15	21	19	18	16	15	20	17	16	15	20
	4	31	28	26	24	20	23	23	24	22	20	25	23	21	18	20
	6	41	38	35	32	20	36	33	31	28	20	32	29	27	25	25
	10	56	52	48	44	25	49	45	42	38	25	44	41	38	34	32
	16	72	67	62	56	32	65	60	56	51	32	57	53	49	45	32
	25	95	88	82	75	32	105	79	73	67	40	75	70	64	59	40
	35	120	112	103	94	40	132	98	90	83	40	93	86	80	73	50
	50	150	140	129	113	50	167	123	114	104	50	117	109	101	92	63

表 3-1-8 聚氯乙烯绝缘电线明敷的载流量（A）($\theta_e = 65\ °C$）

截面 (mm²)	BLG 铝芯				BV、BVR 铜芯			
	25 °C	30 °C	35 °C	40 °C	25 °C	30 °C	35 °C	40 °C
1.0				14	19	17	16	15
1.5	18	16	15	19	24	22	20	18
2.5	25	23	21	25	32	29	27	25
4	32	29	27	33	42	39	36	33
6	42	39	36	46	55	51	47	43
10	59	55	51	63	75	70	64	59
16	80	74	69	83	105	98	90	83
25	105	98	90	102	138	129	119	109
35	130	121	112	130	170	158	147	134
50	165	154	142	162	215	201	185	170

例 3.1.1 有 382/220 V 三相四线制线路,环境温度 25 ℃,线路上所接负荷列表如表 3-1-9 所示,现 $k=1$,4 根单芯线穿塑料管,采用 BLV 线,求导线截面。

表 3-1-9 线路上所接负荷

	高压汞灯（W）	白炽灯（W）
U	4×250	4×500
V	8×250	2×500
W	2×250	6×500

解:查表得:250 W 高压汞灯镇流器的功率损耗为 30 W,$\cos\varphi = 0.5$。计算结果列表 3-1-10 所列:

表 3-1-10

		U	V	W
白炽灯	$I=$	9.1	4.5	13.6
高压汞灯	$I=$	10.2	20.4	5.1
	$I=$	16.7	23	19.2

可见 V 相电流最大,据此查表:4 根单芯线穿塑料管,按 23 A;查表 1-3-7 选择 4 根 BLV-6,$I = 25$ A。

（五）按允许电压损失选择导线截面

由于导线有阻抗,当负荷电流通过导线时将产生电压损失。如果电源端输出电压为 U_1,而负载端得到的电压为 U_2,那么线路上电压损失的绝对值为:

$$\Delta U = U_1 - U_2$$

由于用电设备的端电压偏移有一定的允许范围,所以线路的电压损失也有一定的允许值。如果线路上的电压损失超过了允许值,就将影响用电设备的正常运行。为了保证电压损失在允许值范围内,就必须保证导线有足够的截面。

对不同等级的电压,电压损失的绝对值 ΔU 并不能确切地表达电压损失的程度,所以工程上常用 ΔU 与额定电压 U_N 的百分比来表示相对电压损失,即:

$$\Delta U\% = \frac{U_1 - U_2}{U_N} \times 100\% \tag{3-8}$$

按供电规则规定:对 35 kV 及以上供电的电压质量有特殊要求的用户,电压变动幅度不应超过额定电压的 ±5%;10 kV 及以下高压供电和低压电力用户,电压变动幅度不应超过额定电压的 ±7%;对低压照明用户,电压变动幅度不应超过额定电压的 ±5% ~ 10%。

线路电压损失的大小是与导线材料、截面的大小、线路的长短和电流的大小密切相关的,线路越长、负荷越大,线路电压损失也将越大。工程计算中,可采用相对电压损失的一种简化公式:

$$\Delta U\% = \frac{Pl}{C \cdot S}\% \tag{3-9}$$

由此可推出计算各种线路导线截面的简化式为:

$$S = \frac{Pl}{C \cdot \Delta U\%} \tag{3-10}$$

当线路上接有几个负荷时,公式为:

$$S = \frac{\sum Pl}{C \cdot \Delta U\%} \tag{3-11}$$

式中 Pl ——为负荷矩,kW·m;

P ——线路输送的电功率,kW;

l ——线路长度(指单程距离),m;

$\Delta U\%$ ——线路允许电压损失;

S ——导线截面,mm^2;

C ——电压损失计算常数,见表 3-1-11。

表 3-1-11 计算系数 C 值

线路额定电压（V）	线路类别	C 值计算公式	导线 C 值		母线 C 值	
			铝	铜	铝	铜
500	三相	$10rU_e^2$	77	124.7	73	118.3
380//220	三相四线制	$10rU_e^2$	44.5	72	42.2	68.4
380/220	两相及零线	$\dfrac{10rU_e^2}{2.25}$	19.8	32	18.8	30.4
220	单相或直流	$5rU_{ep}^2$	7.45	12.1	7.07	11.5
110			1.86	3.02	1.77	2.86
36			0.2	0.323	0.189	0.307
24			0.089	0.144	0.084	0.136
12			0.022	0.036	0.021	0.034
6			0.006	0.009	0.005	0.009

例 3-1-2 某户外三相四线制动力线路采用绝缘导线架设在绝缘支持件上,其支持点间距离为 2 m 以下。允许电压损失为 3%,试求导线截面。其供电线路如图 3-1-14 所示。

解: 由于负荷集中在末端且均匀分布,可以确定负荷中心并简化供电线路如图 3-1-15 所示,即简化为单一负荷线路。

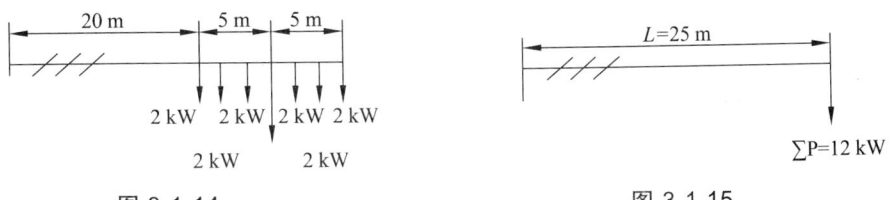

图 3-1-14　　　　　　　　　　　　图 3-1-15

由公式 3-10 可得：

$$S = \frac{\sum M}{C \cdot \Delta U\%}$$

式中的 C 可查表 3-1-11 得：

  铝线 C = 45.5；
  铜线 C = 72。

因此可求得：

$$S_{铝} = \frac{\sum PL}{C \cdot \Delta U\%} = \frac{12 \times 25}{44.5 \times 3} = 2.25 \text{（mm}^2\text{）}$$

$$S_{铜} = \frac{\sum PL}{C \cdot \Delta U\%} = \frac{12 \times 25}{72 \times 3} = 1.37 \text{（mm}^2\text{）}$$

而按机械强度要求查表 3-1-12 可得铝线最小截面为 2.5 mm^2，铜线最小截面为 1.5 mm^2。所以选用铝线应取 2.5 mm^2。若要选用铜导线应取 1.5 mm^2。

（六）按机械强度选择导线截面

导线除承受负荷电流外，还要承受一定的机械强度，因此必须具有足够的机械强度。按机械强度要求允许的最小导线截面见表 3-1-12。

表 3-1-12　按机械强度要求允许的最小导线截面

用　途	线芯最小截面（mm^2）			用　途	线芯最小截面（mm^2）		
	铜芯软线	铜线	铝线		铜芯软线	铜线	铝线
一、照明用灯头引下线 1.民用建筑，室内 2.工业建筑，室内 3.室外	0.4 0.5 1.0	0.5 0.8 1.0	1.5 2.5 2.5	12 m 及以下		2.5	6.0
				12 m 以上		4.0	10
				四、穿管敷设的绝缘导线	1.0	1.0	2.5
二、移动式用电设备 1.生活用 2.生产用	0.2 1.0	- 		五、塑料护套线沿墙明敷设		1.0	2.5
				六、板孔穿线敷设的绝缘导线		1.5	2.5
三、架设在绝缘支持件上的绝缘导线，其支持点间距离为： 1 m 以下，室内 　　　　室外 2 米及以下，室内 　　　　　室外 6 m 以下		1.0 1.5 1.0 1.5 2.5	1.5 2.5 2.5 2.5 4.0	七、槽板内敷设的绝缘导线		1.0	1.5
				八、接户线			
				自电杆上引下，挡距 10 m 以下		2.5	4.0
				挡距 15～20 m		4.0	6.0
				沿墙敷设，挡距 6 m 及以下		2.5	4.0

（七）零线（中性线）截面的选择

（1）中性点直接接地的系统中，零线的截面应不小于相线截面的 1/2。

（2）单相线路、负荷对称的两相线路、逐相断开的负荷对称三相线路及气体放电灯三相四线制线路中，零线截面应与相线截面相等。

（3）相间负荷不均衡的两相和三相线路，以及共用零线的几条线路中，零线截面应由计算确定。如果计算结果零线截面比相线截面大时，允许利用电缆的零线芯作为相线。

【例 3-1-3】 某建筑工地在距离配电变电变压器 500 m 处有一台混凝土搅拌机，采用 380/220 V 的三相四线制供电，电动机的功率 P_N = 10 kW，效率 η = 0.81，功率因数为 $cos\varphi$ = 0.83，允许电压损失 5%，需要系数 K = 1。如果采用 BLX 型铝芯橡皮绝缘导线供电，导线截面应选多大？

解：由于线路较长，且允许电压缺失较小，因此：

（1）先按允许电压损失来选择导线截面。

电动机取自电源的功率为：$P = \dfrac{P_N}{\eta} = \dfrac{10}{0.81} = 12.3 \text{ kW}$

由表 3-1-11 可得，当采用 380/220 V 三相四线制时，铝线的 C 值为 44.5，因此导线的截面为：

$$S = \dfrac{Pl}{C\Delta U\%}\% = \dfrac{12.3 \times 500}{44.5 \times 5\%}\% = 27.6 \text{ （mm}^2\text{）}$$

查表 3-1-6，选用 35 mm² 的铝芯橡皮线。

（2）按发热条件选择导线截面。

$$I = \dfrac{K\sum P}{\sqrt{3}U_N\eta COS\varphi} = 1 \times \dfrac{10 \times 10^3}{\sqrt{3} \times 380 \times 0.81 \times 0.83} = 22.8 \text{ （A）}$$

由于 35 mm² 的 V 铝芯橡皮线长期允许载流量为 138 A，因此采用该导线能满足导线发热要求。

（3）按机械强度条件校验。

根据表 3-1-12 可知，绝缘导线在户外架空敷设时铝线的最小截面是 10 mm²，因此选用 35 mm² 的铝芯橡皮线完全满足要求。

四、低压配电设备的选择

低压配电设备主要有刀开关、熔断器、电度表、漏电保护器、低压断路器等。

（一）闸刀开关

1. 刀开关的结构作用

刀开关是一种简单的手动操作电器，用于非频繁接通和切断容量不大的低压供电线路，并兼作电源隔离开关。常用的有胶盖闸刀开关，价格便宜、使用方便，在工民建筑中广泛使用。胶盖闸刀开关适用于电流 10～50 A，极数有 2 极、3 极。主要用于小电流控制。

在家用配电板上，闸刀开关主要用于控制用户电路的通断。通常用 10 A 或 30 A 的二极胶盖闸刀，如图 3-1-16 所示。它采用瓷质材料做底板，中间装闸刀、熔丝和接线桩，上面用胶盖保护。闸刀开关底座上端有一对接线桩与静触头相连，规定接电源进线，底座下端也有一对接线桩,通过熔丝与动触头(刀片)相连,规定接电源出线。这样,当闸刀拉下时,刀片和熔丝均不带电,装换熔丝比较安全。安装闸刀时,手柄要朝上,不能倒装,也不能平装,以避免刀片及手柄因自重下落,引起误合闸,造成事故。

2. 刀开关的选择

安装刀开关的线路,其额定电压不应大于500 V,为保证刀开关在正常负荷时安全可靠运行,通过刀开关的计算电流应小于或等于刀开关的额定电流。对普通负荷来说,可根据负荷的额定电流来选择刀开关。当刀开关控制电机时由于电机的启动电流大,选择刀开关的额定电流要比电动机的额定电流大些,一般是电动机额定电流的2倍左右。

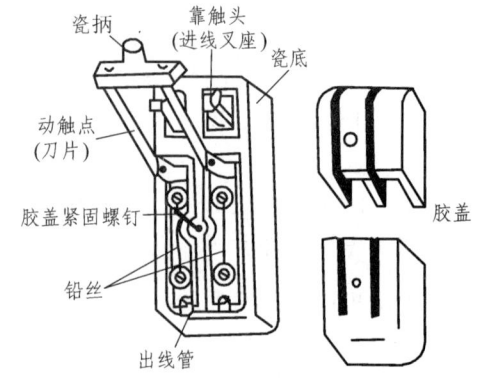

图 3-1-16　胶盖瓷底闸刀

(二)熔断器

熔断器的功能是在电路短路和过载时起保护作用。当电路上出现过大的电流或短路故障时,则熔丝熔断,切断电路,避免事故的发生。

1. 熔断器的分类

常用的熔断器有瓷插式、螺旋式、有填料密封管式、无填料管式等,如图 3-1-17 所示。

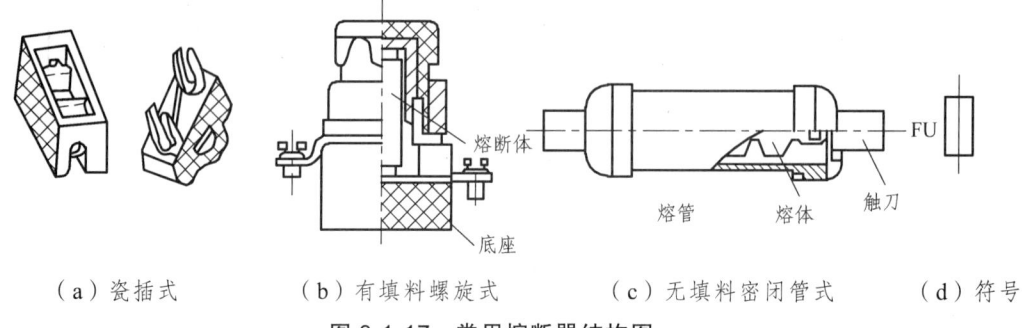

(a)瓷插式　　　(b)有填料螺旋式　　　(c)无填料密闭管式　　　(d)符号

图 3-1-17　常用熔断器结构图

2. 熔断器的结构和工作原理

熔断器由熔体和熔座两部分组成,在正常情况下,熔体中通过额定电流时熔体不应该熔断,当电流增大至某值时,熔体经过一段时间后熔断并熄弧,这段时间称为熔断时间。通过熔断器熔体的电流与熔断时间如表 3-1-13 所示。

表 3-1-13　通过熔断器熔体的电流与熔断时间

通过额定电流倍数	1.25	1.6	2	2.5	3	4
熔断时间	∞	60 min	40 s	8 s	4.5 s	2.5 s

3. 熔断器的选择及性能指标

(1)熔断器的技术参数。

熔断器的选择有三个技术参数:

① 额定电压；
② 额定电流；
③ 极限分断能力。
（2）熔断器的选择。

熔丝的选择应视熔丝后面用电器电流总量的大小而定。电流越大，所用熔丝规格越大。常用铅锡合金熔丝规格见表 3-1-14 所列。

熔断器额定电流的选择与所保护对象有关。

照明和非电感设备：熔体额定电流大于电路工作电流。

单台电动机：1.5～2.5 倍电动机额定电流，轻载取小值，重载取大值。

多台电动机：最大一台电动机额定电流的 1.5～2.5 倍加上其余电动机额定电流之和。

配电变压器的低压侧：输出额定电流的 1～1.2 倍。

表 3-1-14 常用铅锡合金熔丝的规格

直径（mm）	额定电流（A）	熔断电流（A）	直径（mm）	额定电流（A）	熔断电流（A）
0.28	1.00	2.00	0.81	3.75	7.50
0.32	1.10	2.20	0.98	5.00	10.00
0.35	1.25	2.50	1.02	6.00	12.00
0.36	1.35	2.70	1.25	7.50	15.00
0.40	1.50	3.00	1.51	10.00	20.00
0.46	1.85	3.70	1.67	11.00	22.00
0.52	2.00	4.00	1.75	12.50	25.00
0.54	2.25	4.50	1.98	15.00	30.00
0.60	2.50	5.00	2.40	20.00	40.00
0.71	3.00	6.00	2.78	25.00	50.00

（三）电度表

电度表是用来测定某一段时间内电源提供电能或负载消耗电能的仪表。

电度表有单相电度表和三相电度表两种。三相电度表又有三相三线制和三相四线制电度表两种，按接线方式不同，又各分为直接式和间接式两种，直接式三相电度表常用的规格有 10 A、20 A、30 A、50 A、75 A 和 100 A 等多种，一般用于电流较小的电路上，间接式三相电度表常用的规格是 5A 的，与电流互感器连接后，用于电流较大的电路上。

1. 电度表的接线方法

（1）单相交流电度表的接线方法。

交流电能的测量大多采用感应系电度表，其结构如图 3-1-18 所示。单相电度表有专门的接线盒。接线盒内设有 4 个端钮，如图 3-1-19 所示。电压和电流线圈在电表出厂时已在接线盒中连好。单相电度表共有 4 个接线桩，从左至右按 1、2、3、4 编号，配线时，只需按 1、3 端接电源，2、4 端接负载即可（少数也有 1、2 端接电源，3、4 端接负载的，接线时要参看电表的接线图）。

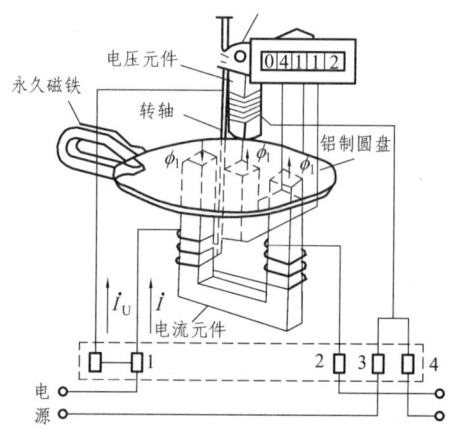

图 3-1-18　感应系电度表的结构示意图

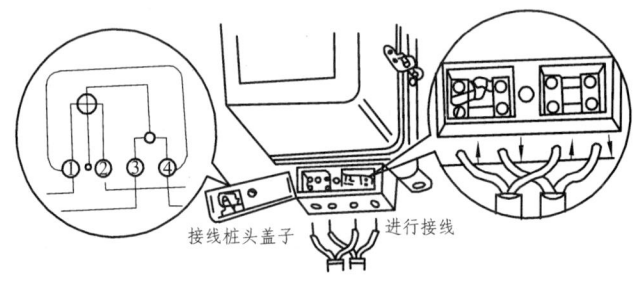

图 3-1-19　单相电度表的接线方法

（2）三相电度表的接线。

① 直接式三相四线制电度表的接线。

这种电度表共有 11 个接线桩头，从左至右按 1~11 编号，其中，1、4、7 是电源相线的进线桩头，用来连接从总熔丝盒下桩头引出来的三根相线；3、6、9 是相线的出线桩头，分别去接总开关的三个进线桩头；10、11 是电源中性线的进线桩头和出线桩头，2、5、8 三个接线桩头可空着，如图 3-1-20 所示。

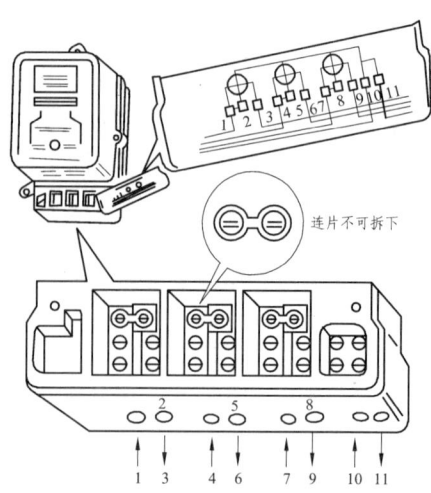

图 3-1-20　直接式三相四线电度表的接线

② 直接式三相三线制电度表的接线。

这种电度表共有八个接线桩头，其中 1、4、6 是电源相线进线桩头，3、5、8 是相线出线桩头；2、7 两个接线桩可空着，如图 3-1-21 所示。

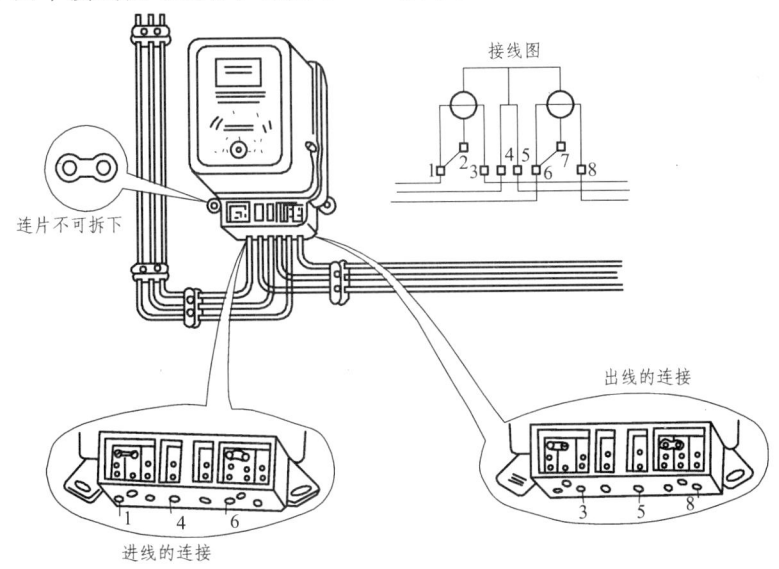

图 3-1-21　直接式三相三线制电度表的接线

③ 间接式三相四线制电度表的接线。

这种三相电度表需配用三只同规格的电流互感器，接线时把从总熔丝盒下接线桩头引来的三个相线，分别与三只电流互感器出线的"+"接线桩头连接，同时用三根绝缘导线从这三个"+"接线桩引出，穿过钢管后分别与电度表 2、5、8 三个接线桩连接，接着用三根绝缘导线，从三只电流互感器次级的"+"接线桩头引出。穿过另一根钢管与电度表 1、4、7 三个进线桩头连接，然后用一根绝缘导线穿过后一根保护钢管，一端连接三只电流互感器次级的"-"接线桩头，另一端连接电度表的 3、6、9 三个出线桩头，并把这根导线接地，最后用三根绝缘导线，把三只电流互感器初级的"-"接线桩头分别于总开关三个进线桩头连接起来，并把电源中性线穿过前一根钢管与电度表 10 进线桩连接，接线桩 Ⅱ 是用来连接中性线的出线，如图 3-1-22 所示。接线时应先将电度表接线盒内的三块连片都拆下。

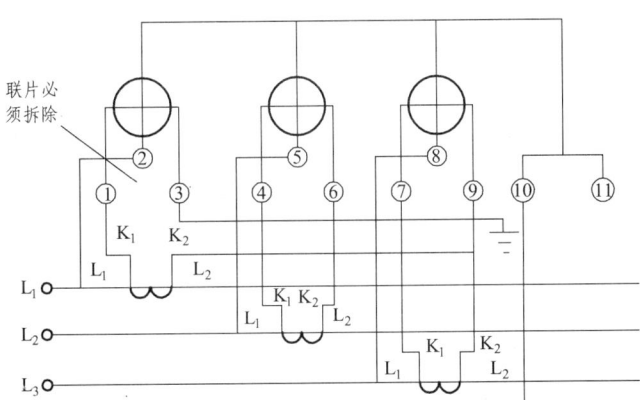

图 3-1-22　间接式三相四线制电度表的接线

2. 电度表选择方法

电度表的选用应根据负荷相数、电压、电流确定。额定电压应等于负荷电压，电度表的最大电流应等于或大于负荷电流。电度表的最大电流是用括号标在标定电流的后面，如 5（10）A，即标定电流为 5 A，最大电流为 10 A。当直接接入的单相和三相电度表，其铭牌只写标定电流时，则最大电流一般等于标定电流的 1.5 倍。

因为电度表在低于 10% 的标定电流和高于标定电流时，其误差较大，所以根据负荷选择电度表时，可以参照以下几点：

（1）负荷电流应不大于电度表最大电流；

（2）动力用的负荷电流一般应不低于电度表标定电流的 70%；

（3）照明用的负荷电流一般应不低于电度表标定电流的 50%；

（4）经互感器接入电路的电度表，用电负荷电流一般应不大于电流互感器铭牌一次电流的 120%，也不小于电流互感器铭牌一次电流的 30%。

（四）漏电保护器

低压配电系统中，无论是保护接地还是保护接零，只要相线与电气设备金属外壳接触，就会形成故障回路并产生故障电流，在外壳与大地之间产生危险的电位差，使触及带电外壳的人有生命危险。若线路的绝缘遭到破坏则会导致漏电，漏电电流的热效应又会加剧线路绝缘的进一步老化，如此恶性循环的必然后果是酿成电气火灾。因此，为保护人类生命财产的安全，必须推广运用比保护接地、保护接零更加完善的附加性安全措施，即装设漏电保护器。

漏电保护器是一种在规定条件下，当漏电电流达到或超过给定值时，便能自动断开电路的一种机械式开关电器或组合电器。其全称为漏电电流动作保护器，简称漏电保护器，俗称漏电保安器或保安器。漏电保护器的主要作用是防止人身触电，以及防止因电器设备或线路漏电而引起的火灾事故。

1. 漏电保护器的组成、分类及参数

（1）漏电保护器的组成。

漏电保护器主要由检测电路、判断或放大电路和执行电路三部分组成。各部分的主要作用如下：

① 检测电路。

由漏电电流互感器（零序电流互感器）将电网或电气设备的漏电电流转变为二次信号。

② 判断或放大电路。

根据检测电路送来的信号进行处理或放大，并决定是否送到执行电路。

③ 执行电路。

根据判断或放大电路送来的信号作出切断电源或接通电源的决定。

（2）漏电保护器的分类。

按反映信号的种类分，漏电保护器主要有电压型和电流型两大类，目前世界各国广泛采用电流型漏电保护器；按有无中间机构分为直接传动型和间接传动型；按执行结构可分为机械脱扣和电磁脱扣两种；按极数和线数可分为单极二线、二极、二极三线、三极、三极四线、四极等保护器。根据 GB6829-86，还可以按其他方式分类。

(3) 主要技术参数。

① 脱扣器额定电流 I_n。

在规定条件下,漏电保护器正常工作所允许长期通过的最大电流值。

② 额定漏电动作电流 $I_{\Delta n}$。

制造厂规定的漏电保护器必须动作的漏电动作电流值。

③ 额定漏电不动作电流 $I_{\Delta n 0}$。

制造厂规定的漏电保护器必须不动作的漏电不动作电流值。

④ 分断时间 $t_{\Delta n}$。

指保护器检测元件从施加漏电动作电流起,到被保护电路切断为止的时间。

⑤ 短路通断能力 I_m。

在规定条件下,漏电保护器所能接通和分断的预期短路电流值。

⑥ 额定漏电通断能力 $I_{\Delta m}$。

在规定条件下,漏电保护器所能接通和分断的预期接地短路电流值。

2. 漏电保护器的工作原理

设备漏电时,出现两种异常现象:一是三相电流的平衡状态遭到破坏,出现零序电流;二是设备正常运行时,不应带电的金属部分出现对地电压。漏电保护器就是通过检测机构取得这两种异常信号,经过中间机构的转换和传递,使执行机构动作,并通过开关装置断开电源。有时,异常信号很微弱,中间还需要增设放大环节。

(1) 电压型漏电保护器的工作原理。

电压型漏电保护器以设备外壳对地电压作为信号,其接线如图 3-1-23 所示。作为检测机构的继电器线圈 KA 一端接地,另一端在工作时直接与设备的外壳相连接。当发生漏电,设备对地电压达到动作数值时,继电器迅速动作,切断作为执行机构的接触器 KM 线圈的电路,KM 主触头断开,从而断开设备的电源。

电压型漏电保护器结构简单、价格低廉、适用于设备的漏电保护。但由于电压型漏电保护器不能防止直接接触带电体的触电事故,其继电器的接地端必须与设备重复接地或保护接地线和接地体分开,才能实现漏电保护等原因,使电压型漏电保护器的使用受到限制。在低压电网中广泛采用的是电流型漏电保护器。

(2) 电流型漏电保护器的工作原理。

纯电磁式漏电保护器是一种无中间机构的直接动作式保护器。直接动作式电流型漏电保护器由零序电流互感器和极化脱扣器组成,如图 3-1-24 所示。正常运行时,零序电流互感器的初级绕组(三相电源线)内无零序电流,次级绕组 AT_2 产生感应电动势,极化脱扣器中的衔铁在永久磁铁的吸引下克服弹簧的拉力与铁芯闭合,脱扣器在静止状态。当有人触电或设备(线路)漏电时,零序电流互感器初级绕组中有了零序电流,次级绕组 AT_2 产生感应电动势,与次级绕组相接的反磁线圈 AT_2' 中便有电流通过。该电流在 AT_2' 中产生的磁通与永久磁铁的磁通叠加,起去磁作用,于是衔铁失去磁场的吸引力,在弹簧的作用下释放,同时带动开关跳闸,切断电源,从而达到保护的目的。

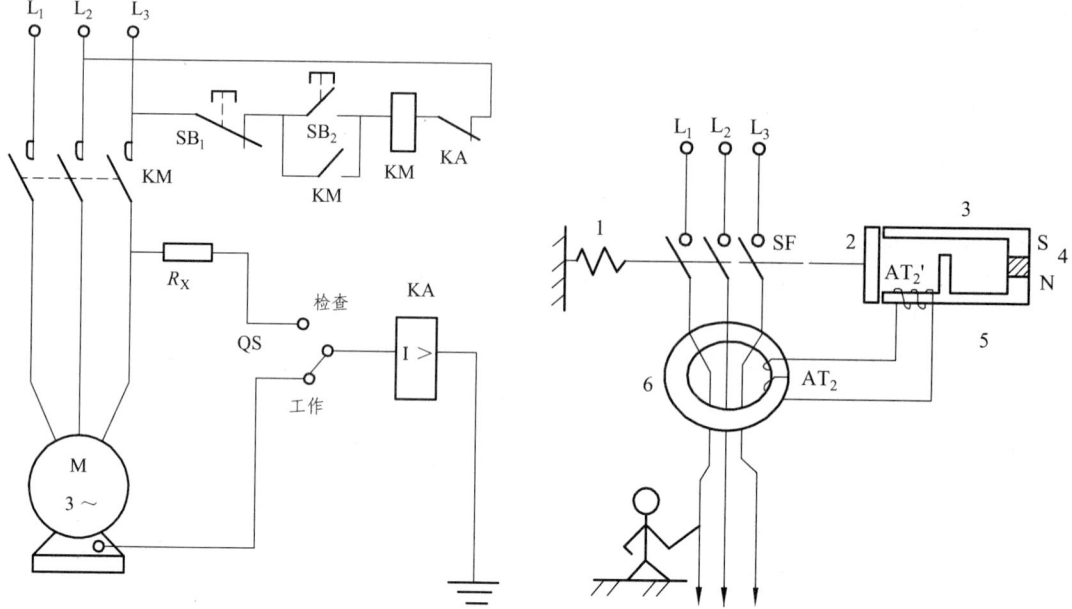

图 3-1-23 电压型漏电保护器原理图　　图 3-1-24 直接动作式电流型漏电保护器原理图

3. 装用漏电保护器的主要规定

必须安装漏电保护器的设备与场所主要有：

（1）移动式电气设备及手持式电动工具（Ⅲ类除外）。
（2）安装在潮湿、强腐蚀性等环境恶劣场所的电气设备。
（3）建筑施工工地的电气施工机械设备。
（4）暂作临时用电的电气设备。
（5）宾馆、饭店及招待所客房内的插座回路。
（6）机关、学校、企业、住宅等建筑物内的插座回路。
（7）游泳池、喷水池、浴池的水中照明设备。
（8）安装在水中的供电线路和设备。
（9）医院中直接接触人体的医用设备（据 GB9706.1 指 H 类设备）。

4. 漏电保护器的选择

漏电保护器的选用原则

（1）原则上选用电流型漏电保护器，其中 $I_{\Delta n} \leqslant 30\ \text{mA}$ 的漏电保护器，可作为直接接触的补充保护，但不能作为唯一的保护。

（2）在有爆炸危险的场所，应选用防爆型漏电保护器；在潮湿、水汽较大的场所，应选用防水型漏电保护器；在粉尘浓度较高的场所，应选用防尘型或密闭型漏电保护器。

（3）选用漏电保护器时，安装地点的电源额定电压和频率，应与漏电保护器的铭牌标示相符；漏电保护器的额定电流和额定短路通断能力应分别满足线路工作电流和短路分断能力的要求。

（4）保护单相线路和设备时，宜选用单级二线或二极式漏电保护器；保护三相线路和设备时，宜选用三级式漏电保护器；保护既有三相又有单相的线路和设备时，应选用四级式漏电保护器。

（5）但采用分段保护时，应满足上下级动作的选择性。即当某处发生接地故障时，只应由本级的漏电保护器动作，以切断故障点的电源，而上一级漏电保护器不应同时动作或提前动作切断电源。为此，在选择漏电保护器时应遵循以下规则：

① 上级漏电保护器的额定漏电动作电流 $\times \dfrac{1}{2}$ > 下一级漏电保护器的额定漏电动作电流之和；

② 上一级漏电保护器的可返回时间 > 下一级漏电保护器的最长断开时间。

（6）漏电开关的额定漏电动作电流的选择从安全保护的角度考虑，选的越小越好；但从供电的可靠性考虑，却又不能过小，而应受到线路和设备的正常泄漏电流的制约。所以，$I_{\Delta n}$ 应大于线路和设备的正常泄漏电流，可用下列经验公式进行估算。

① 对于照明线路和居民用单相电路：

$$I_{\Delta n} \geqslant \dfrac{I_n}{2\ 000}$$

式中　$I_{\Delta n}$——漏电保护器的动作电流，A；

　　　I_n——电路的实际最大额定负荷电流，A。

② 对于三相三线的动力线路或三相四线的动力照明混合线路：

$$I_{\Delta n} \geqslant \dfrac{I_n}{1\ 000}$$

（7）漏电保护器的动作时间选择主要根据使用目的来选择。主要用于触电保护时，应选择动作时间小于 0.2 s 的快速型漏电保护器；主要用于防火保护或漏电报警时，应选择动作时间为 0.2 ~ 2 s 的延时型漏电保护器。

（五）低压断路器

低压断路器又称自动空气断路器，简称为自动空气开关或自动开关，它相当于把手动开关、热继电器、电流继电器、电压继电器等组合在一起构成的一种电气元件。主要用于供电控制、电机的不频繁启、停控制和保护，它是在低压电路中应用非常广泛的一种保护电器。常用低压断路器的实物如图 3-1-25 所示。

1. 低压断路器的结构、种类

低压断路器主要由触点系统、操作机构和各种保护元件三大部分组成。它的触点系统与接触器的触点系统相似，主触头由耐弧合金（如银钨合金）制成，较大容量的还采用灭弧栅片灭弧，具有直接断开负荷主回路的能力。各种保护元件实质就是各种脱扣器，不仅具有作为短路保护的过电流脱扣器，还具有作为长期过载保护的热脱扣器，还有失压保护脱扣器。故在自动化程度和工作特性要求高的系统中，它是一种很好的保护电器。

图 3-1-25　低压断路器

低压断路器的种类很多，按用途分有保护配电线路用、保护电动机用、保护照明线路用及漏电保护用；按结构型式分有框架式（又称万能式）和装置式（又称塑壳式）自动空气开关；按极数分有单极、双极、三极、四极自动空气开关；按限流性能分有不限流和快速限流自动空气开关；按操作方式分有直接手柄操作式、杠杆操作式、电磁铁操作式、电动机操作式自动空气开关。常用型号有 DZ5、DZ20、DZ47、C45、3VE 等系列。

2. 低压断路器的工作原理

低压断路器的工作原理如图 3-1-26 所示。其文字符号用 QF 表示。

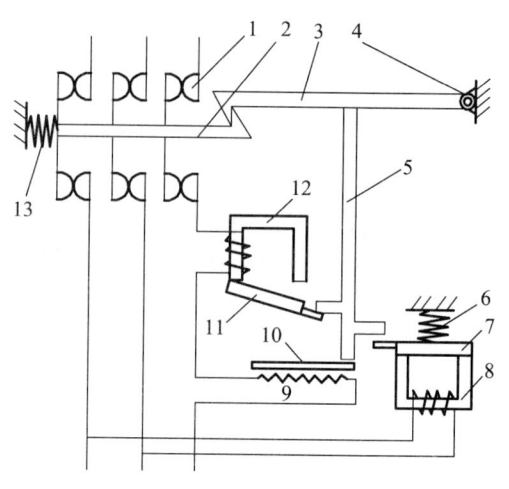

图 3-1-26 低压断路器结构原理图

低压断路器的工作原理如下：主触点 1 串联在被控制的电路中。将操作手柄扳到合闸位置时，搭扣 3 勾住锁键 2，主触头 1 闭合，电路接通。由于触头的连杆被锁钩 3 锁住，使触头保持闭合状态，同时分断弹簧被拉长，为分断作准备。瞬时过电流脱扣器（磁脱扣）12 的线圈串联于主电路，当电流为正常值时，衔铁吸力不够，处于打开位置。当电路电流超过规定值时，电磁吸力增加，衔铁 11 吸合，通过杠杆 5 使搭扣 3 脱开，主触点在弹簧 13 作用下切断电路，这就是瞬时过电流或短路保护作用。当电路失压或电压过低时，欠压脱扣器 8 的衔铁 7 释放，同样由杠杆 5 使搭扣 3 脱开，起到欠压和失压保护作用。当电源恢复正常时，必须重新合闸后才能工作。长时间过载使得过流脱扣器的双金属片式（热脱扣）10 弯曲，同样由杠杆 5 使搭扣 3 脱开，起到过载（过流）保护作用。

3. 低压断路器的参数

低压断路器的主要参数有额定电压、额定电流、通断能力和分断时间。额定电压是指断路器在长期工作时的允许电压，在实际使用中它应大于电路的额定电压；额定电流是指断路器在长期工作时的允许通过电流，在实际使用中它应大于电路的额定电流，并考虑安装环境和负载性质的影响；通断能力是指断路器在规定的电压、频率以及规定的电路参数（交流电路为功率因数，直流电路为时间常数）下，所能接通和分断的短路电流值；分断时间是指断路器切断故障电流所需的时间。

4. 低压断路器的选用

自动空气开关的一般选用原则：
① 自动空气开关的额定工作电压≥线路额定电压。
② 自动空气开关的额定电流≥线路负载电流。
③ 热脱扣器的整定电流 = 所控制负载的额定电流。
④ 电磁脱扣器的瞬时脱扣整定电流>负载电路正常工作时的峰值电流。

对单台电动机来说，瞬时脱扣整定电流 I_z 亦可按下式计算：

$$I_z \geq K \cdot I_{st}$$

式中　K——安全系数，可取 1.5～1.7；

I_{st} ——电动机的启动电流。

对多台电动机来说，可按下式计算：

$$I \geqslant K(I_{st\,max} + \sum I_n)$$

式中　K ——取 1.5~1.7；

I_{stmax} ——其中最大容量的一台电动机的启动电流；

$\sum I_n$ ——其余电动机额定电流的总和。

⑤ 自动空气开关欠电压脱扣器的额定电压=线路额定电压。

（六）低压配电箱

配电箱是按照供电线路负荷的要求将各种低压电器设备构成一个整体装置，并且有一定功能的小型成套电气设备。配电箱主要用来接收电能和分配电能，以及用它来对建筑物内的负荷进行直接控制。合理的配置配电箱，可以提高用电的灵活性。

1. 常用配电箱及其分类

配电箱的种类很多，可按不同的方法归类如下：

按其功能分为：电力配电箱、照明配电箱、计量箱和控制箱。

按其结构可分为：板式、箱式和落地式。

按使用场所分为：户外式和户内式两种，而户内式又分明装在墙上和暗装嵌入墙内的不同形式。

（1）照明配电箱。

标准照明配电箱是按国家标准统一设计的全国通用的定型产品。照明配电箱内主要装有控制各支路的刀闸开关或空气开关、熔断器，还装有电度表、漏电保护开关等。由于建筑物的配套需要以及小型和微型自动开关、断路器的出现，促使了低压成套电气设备的不断改进，新产品陆续问世。但老产品 XM.4 和 XM（R）等仍是常用的照明配电箱。

① XM.4 系列配电箱。

XM.4 型照明配电箱具有过载和短路保护功能，适用于交流 380 V 及以下的三相四线制系统，用作非频繁操作的照明配电。

② XM.7 系列配电箱。

XM.7 型系列照明配电箱适用于一般工厂、机关、学校和医院，用来对 380/220 V 及以下电压等级且具有接地中线的交流照明回路进行控制。XM.7 型为挂墙式安装，XM（R）.7 型为嵌入式安装。

③ $X_R^X M_{23}$ 系列配电箱。

$X_R^X M_{23}$ 系列配电箱分为明挂式和嵌入式两种，箱内主要有自动空气开关、交流接触器、瓷插式熔断器、母线、接线端子等，因此具有短路和过载保护的功能。该配电箱适用于大厦、公寓、广场、车站等现代化建筑物，可对 380/220 V、50 Hz 电压等级的照明及小型电力电路进行控制和保护。

（2）电力配电箱。

标准电力配电箱是按实际使用需要，根据国家有关标准和规范，进行统一设计的全国通用的定型产品。普遍采用的电力配电箱主要有 XL（F）.14、XL（F）.15、XL（R）.20、XL.21 等型号。XL（F）.14、XL（F）.15 型电力配电箱内部主要有刀开关（为箱外操作）、熔断器等。刀开关额定电流一般为 400 A，适用于交流 500 V 以下的三相系统电力配电。XL（R）.20、XL.21 型是新产品，采用了 ZD10 型自动空气开关等新型元件。XL（R）.20 型采用挂墙式安装，XL.21 型除装有自动开关外，不装有接触器、磁力启动器、热继电器等，箱门上还可安装操作按钮和指示灯，其一次线路方案灵活多样，采用落地式靠墙式安装，适合于各种类型的低压用电设备的配电。

2. 配电箱的布置与选择

（1）布置原则。

配电箱位置选择十分重要，若选择不当，对于设备费用、电能损耗、供电质量以及使用、维修等方面，都会造成不良的后果。在电气照明设计过程中，选择配电箱位置时，应考虑以下原则：

① 尽可能靠近负荷中心，电器多用电量大的地方。

② 高层建筑中，各层配电箱应尽量在同一地方、同一部位上，以便施工安装与维修管理。

③ 配电箱应设在方便操作、便于检修的地方，一般多设在门厅、楼梯间或走廊的墙壁内，最好设在专用的房间里。

④ 配电箱应设在干燥、通风、采光良好，且不妨碍建筑物美观的地方。

⑤ 配电箱应设在进出线方便的地方。

（2）配电箱的选择。

选择配电箱应从以下几个方面考虑：

① 根据负荷性质和用途，确定配电箱种类。

② 根据控制对象的负荷电流的大小、电压等级以及保护要求，确定配电箱内主回路和各支路的开关电器、保护电器的容量和电压等级。

③ 应从使用环境和场合的要求，选择配电箱的结构形式。如明装式不是暗装式，以及外观颜色、防潮、防火等要求。

在选择各种配电箱时，一般应尽量选用通用的标准配电箱，以利于设计和施工。若因建筑设计的需要，也可根据设计要求向生产厂家订货加工所要求的配电箱。

（3）在配电板上元器件的安装工艺和线路敷设工艺。

① 元器件安装工艺要求。

a. 在配电板上要按预先的设计进行安装，元器件安装位置必须正确，倾斜度不超过 1.5～5 mm，同类元器件安装方向必须保持一致。

b. 垂直装设的刀开关、熔断器等设备，上端接电源，下端接负荷。横装者左侧接电源，右侧接负荷。

c. 元器件安装牢固，稍加用力摇晃无松动感。

d. 文明安装、小心谨慎，不得损伤、损坏器材。

② 线路敷设工艺要求。

a. 照图施工，配线完整，正确，不多配、少配或错配。

b. 在有主电路又有辅助电路的配电板上敷线，两种电路必须选用不同色的线以示区别。

c. 配线长短适度，线头在接线桩上压接不得压住绝缘层，压接后裸线部分不得大于 1 mm。

d. 凡与有垫圈的接线桩连接，线头必须做成"羊眼圈"，且"羊眼圈"略小于垫圈。

e. 线头压接牢固，稍用力拉扯不应有松动感。

f. 走线横平竖直，分布均匀。转角圆成 90°，弯曲部分自然圆滑，弧度全电路保持一致；转角控制在 90°±2°以内。

g. 长线沉底，走线成束。同一平面内不允许有交叉线。必须交叉时应在交叉点架空跨越，两线间距不小于 2 mm。

h. 对螺旋式熔断器接线时，中心接片接电源，螺口接片接负载。

i. 上墙。配电板应安装在不易受震动的建筑物上，板的下缘离地面 1.5 – 1.7 m。

安装时除注意预埋紧固件外，还应保持电度表与地面垂直，否则将影响电度表计数的准确性。

五、电气施工读识图

（一）电气施工图的基本知识

1. 图　幅

图纸的幅面尺寸有六种规格，即 0 号，1 号，2 号，3 号，4 号，5 号。

2. 图　标

图标亦称标题栏，是用来标注图纸名称、图号、比例、张次、设计单位、设计人员以及设计日期等内容的栏目。

3. 比　例

电气设计图纸的图形比例均应遵守国家制图标准绘制。一般不可能画得跟实物一样大小，而必须按一定比例进行放大或缩小。一般情况下，照明平面布置图以 1∶100 的比例绘制为宜；电力平面布置图以 1∶100 的比例绘制，也有以 1∶50 或 1∶200 的比例绘制。

4. 详　图

在按比例绘制图样时，常常会遇到因某一部分的尺寸太小而使该部分模糊不清的情况。为了详细表明这些地方的结构、做法及安装工艺要求，可采用放大比例的办法，将这部分细节单独画出，这种图称为详图。

5. 图　线

图线中的各种线条均应符合制图标准中的有关要求。电气工程图中，常用的线型有：粗实线、虚线、波浪线、点画线、双点画线、细实线。

（1）粗实线：表示主回路。

（2）虚线：长虚线表示事故照明线路，短虚线表示钢索或屏蔽。

（3）波浪线：表示移动式用电设备的软电缆或软电线。

（4）点画线：表示控制和信号线路。

（5）双点划线：表示 36 V 以下的线路。

（6）细实线：表示控制回路或一般回路。

6. 字　体

图纸中的汉字采用直体长仿宋体，各种数字字母采用斜体。

7. 标　高

在照明电气图中，为了将电气设备和线路安装或敷设在预想的高度，必须采取一定的规则标出电气设备安装高度。这种在图纸上确定的电气设备的安装高度或线路的敷设高度，称为标高。通常以建筑物室内的地面作为标高的零点。高于零点的标高，以标高数前面加"+"表示；低于零点的标高以标高数字前面加"-"号表示。

（二）电气施工图的读图

要看懂电气施工图，必须掌握电气施工图的表示方法。下面结合实例来分析读图的一般方法。

1. 读图步骤和方法

（1）先看图上的文字说明：主要包括图纸目录、器件明细表、施工说明等。

（2）读图顺序：读图时，按照从系统图到施工平面图，从电源进户线到总配电箱，再从配电箱沿着各条干线到分配电箱，再从各分配电箱沿各条支线分别读到各负载的顺序。同时读图时要注意把握好以下几点：

① 搞清楚该工程的供电方式和电压。

② 电源进户线的方式：常用的进户方式有电缆进户，户外电杆引线入户和沿墙预埋支架敷设导线入户。

③ 干线及支线情况：主要是干线在各层或配电箱之间的连接情况，各条干线或支线接入三相电路的相别，干线和支线的敷设方式和部位。

④ 配线方式：照明配线方式常用的有明敷设和暗敷设。

⑤ 电气设备的平面布置，安装方式和安装高度等。

⑥ 施工中应注意的问题。

（3）读图方式：将与该工程有关的图纸资料结合起来认真、仔细对照阅读，通过细读可以使我们进一步了解设计意图，增强对图纸的总体认识，并熟悉设计说明书中的内容，以便正确指导施工。

（4）其他：除上述要点，想读懂电气图还要必须懂得土建图中常用的标注方法；及必须懂得一些有关用电、配电设备的标注方法和照明灯具的标注方法。

2. 读图举例

（1）现以一栋3层综合楼为例。

从图 3-1-27 上可知，进户线为三相四线，电压为 380/220 V。

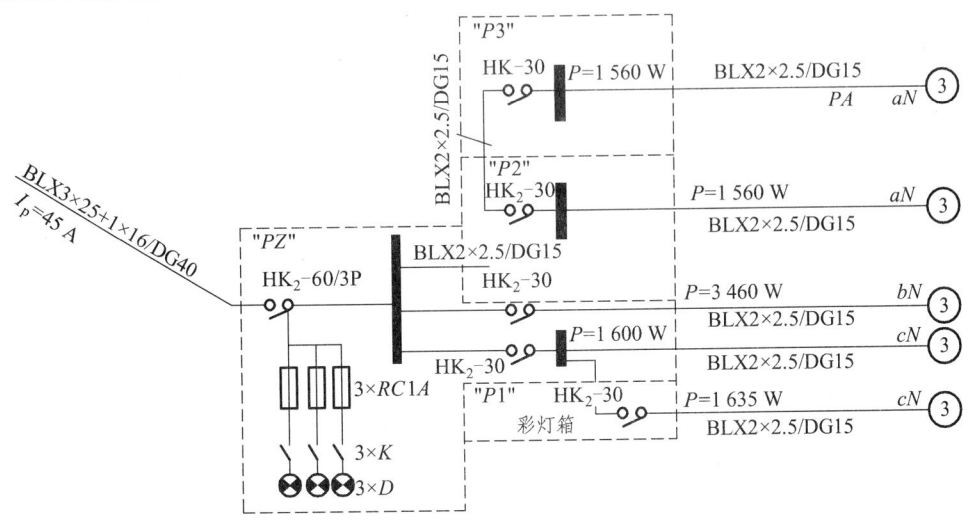

图 3-1-27　电气系统图

通过全楼的总电闸 HK2-60/3p，进入 3 个熔断器 RC1A；由 3 个平列开关分别控制 3 个 15 W 的红色指示灯。干线在箱内分为 3 个支路，一路向上为二、三层供电。另外两路为首层花吊灯、日光灯管供电（因首层供电量大）。每一路、每一层相线和零线又分别通过每层配电箱的分闸 HK2-30，二、三层各有一个配电箱"P2"、"P3"，一层配电箱与总箱"PZ"共用同一个箱。彩灯单独用一个 HK2-30 刀开关控制，为合用方便。

彩灯单独有一个配电箱供电，因为二、三层用电量小，只以 U 相供电。

一层用电量大，以 V、W 两个单相供电。U 相支路为 3 号线，V 相支路为 1 号线，W 相支路为 2 号线。

具体的线路走向，室内灯具的布置均通过电气施工平面图为说明。

（2）车间动力照明电气平面布置图。

车间动力电气平面布置图是表示配电系统对车间动力配电的电气平面布置图（见图 3-1-28）。

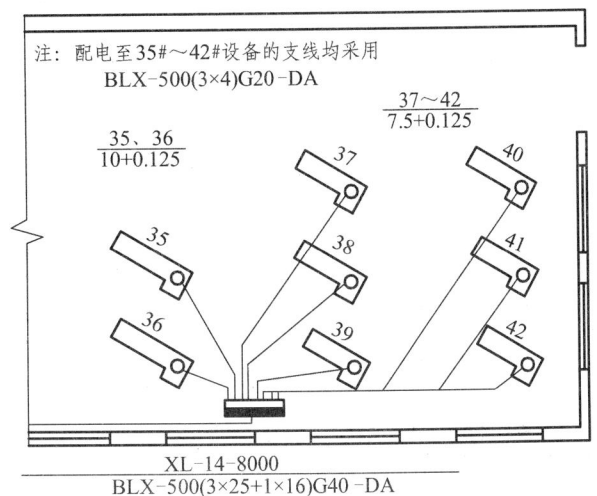

图 3-1-28　机械加工车间（一角）的动力电气平面布置图

图 3-1-28 所示是一个机械加工车间的动力电气平面布置图示例（只绘出车间一角）。由图中可以看出，平面布置图上须表示所有用电设备的位置，依次进行编号，并注明设备的容量。用电设备标注格式为：

$$\frac{a}{b} \text{ 或 } \frac{a/c}{b/d}$$

式中　a——设备编号；

　　　b——额定功率，kW；

　　　c——线路首端熔断片或自动开关脱扣器的电流，A；

　　　d——标高，m。

在平面布置图上，还须表示出所有用电设备的位置，同样依次编号，并标注其型号规格。配电设备一般标注的格式为：

$$a\frac{b}{c} \text{ 或 } a\text{-}b\text{-}c$$

当需要标注引入线的规格时，标注的格式为：

$$a\frac{b-c}{d(e\times f)-g}$$

式中　a——设备编号；

　　　b——设备型号；

　　　c——额定电流，A；

　　　d——导线型号；

　　　e——导线根数；

　　　f——导线截面，mm²；

　　　g——导线敷设方式及部位。

这里采用后一种格式。动力配电箱规格 XL-14-8000。引入线的型号规格和敷设方式为 BBLX-500（3×25 + 1×16）G40-DA，它表示采用 3 根 25 mm²（作相线）、一根 16 mm²（做中性线）的铝芯橡皮线穿内径为 40 mm 的焊接钢管地板暗敷。

关于线路敷设方式和敷设部位的文字代号如表 3-1-15 和表 3-1-16 列。

表 3-1-15　线路敷设方式的文字代号

序号	名称	旧代号	新代号	序号	名称	旧代号	新代号
1	导线或电缆穿焊接管敷设	G	SC	7	用钢线槽敷设	CC	SR
2	穿电线管敷设	DG	TC	8	用电缆桥架敷设		CT
3	穿硬聚氯乙烯管敷设	VG	PC	9	用瓷夹板敷设	CJ	PL
4	穿阻燃半硬聚乙烯管敷设	ZVG	FPC	10	用塑料夹敷设	VJ	PCL
5	用绝缘子敷设	CP	K	11	穿蛇皮管敷设	SPG	CD
6	用塑料线槽敷设	XC	PR	12	穿阻燃塑料管敷设		PVC

表 3-1-16　线路敷设部位的文字代号

序号	名称	旧代号	新代号	序号	名称	旧代号	新代号
1	沿钢索敷设	S	SR	7	暗敷设在梁内	LA	BC
2	沿屋架或跨屋架敷设	LM	BE	8	暗敷设在柱内	ZA	CLC
3	沿柱或跨柱敷设	ZM	CLE	9	暗敷设在墙内	QA	WC
4	沿墙面敷设	QM	WE	10	暗敷设在地面或地板内	DA	FC
5	沿天棚或顶板敷设	PM	CE	11	暗敷设在屋面或顶板内	PA	CC
6	在能进入的吊顶内敷设	PNM	ACE	12	暗敷设在不能进入的吊顶内	PNA	ACC

在平面布置图上，对配电干线和支线上的开关和熔断器要分别标注。开关及熔断器的一般标注为：

$$a\frac{b}{c/i} \quad 或 \quad a-b-c/i$$

当需要引入线的规格时为：

$$a\frac{b-c/i}{d(e\times f)-g}$$

式中　a——设备编号；
　　　b——设备型号；
　　　c——额定电流，A；
　　　i——整定电流，A；
　　　d——导线型号；
　　　f——导线截面，mm²；
　　　g——导线敷设方式及部位。

（3）电气照明的平面布置图。

图 3-1-29 所示是机械加工车间一般照明的电气平面布置图（只绘出车间的一角）。

由图 3-1-29 可以看出，在平面布置图上，必须表示出所有灯的位置、灯数、灯具型号、灯泡容量及安装高度、安装方式等。

照明灯具一般标注方法为：

$$a-b\frac{c\times d\times L}{e}f$$

灯具吸顶安装的标注为：

$$a-b\frac{c\times d\times L}{---}$$

式中　a——灯数；
　　　b——型号和编号；
　　　c——每盏照明灯具的灯泡数；
　　　d——灯泡容量，W；
　　　e——灯泡安装高度，m；

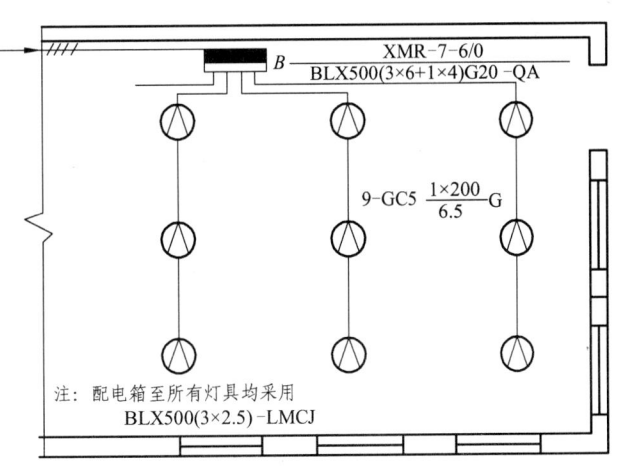

图 3-1-29　机械加工车间（一角）一般照明的电气平面布置图

f——安装方式;

L——光源种类。

9盏灯,每盏灯容量为200 W,安装高度为6.5 m,安装方式为管吊式。

表 3-1-17　灯具安装方式

序号	名称	旧代号	新代号	序号	名称	旧代号	新代号
1	线吊式	X	CP	9	吸顶式或直附式	D	S
2	自在器线吊式	X	CP	10	嵌入式(不可进入的棚顶)	R	R
3	固定线吊式	X1	CP1	11	顶棚内安装(可进入的棚顶)	DR	CR
4	防水线吊式	X2	CP2	12	墙壁内安装	BR	WR
5	吊线器式安装	X3	CP3	13	台上安装	T	T
6	链吊式安装	L	CH	14	支架上安装	J	SP
7	管吊式安装	G	P	15	柱上安装	Z	CL
8	壁装式	B	W	16	座装	ZH	HM

表 3-1-18　光源种类

序号	光源种类	符号	序号	光源种类	符号
1	工厂灯	GC	5	柱灯	Z
2	荧光灯	Y	6	吸顶	D
3	防尘防水	F	7	投光	T
4	普通吊灯	P	8	壁灯	B

(4)电力电缆工程图。

电力电缆工程图是描述电缆敷设、安装、连接的具体布置及工艺要求的简图,一般用平面布置图表示,其图纸有电缆敷设平面图、电缆排列剖面图、电缆施工工艺图。

如图 3-1-30 所示为 10 kV 电缆直埋地敷设平面图,它比较概略地标出了电缆线路的走向、敷设方法、长度及工艺要求等。由图可以看出:电缆从路北侧 10 kV 架空线路电杆引下(图示右上方),穿过道路沿路南侧敷设,到大街转向南沿街东侧敷设,穿过大街后进入终点造纸厂(按规范要求电缆在穿过道路的位置应加混凝土管保护)。电缆全长(包括在电缆两端和电缆中间接头处必须预留的松弛长度)136.9 m。此电缆共有两个终端头和一个中间接头,电缆在两个终端头处和中间接头两侧分别设置了松弛区,松弛长度分别为 2、0.5 m 和 1 m。电缆沿街道一侧敷设时距路边 0.6 m,有 3 个较大的转弯,两次穿越街道。电缆穿越街道时采用 120 mm 的混凝土管保护,保护管外充填满砂土,其余地段直埋地下,在电缆上方加盖砖铺设的盖板(尺寸大时用混凝土盖板,如图右下角电缆敷设方法的断面图 A-A、图 B-B 所示)。

项目三 动力照明线路安装维护

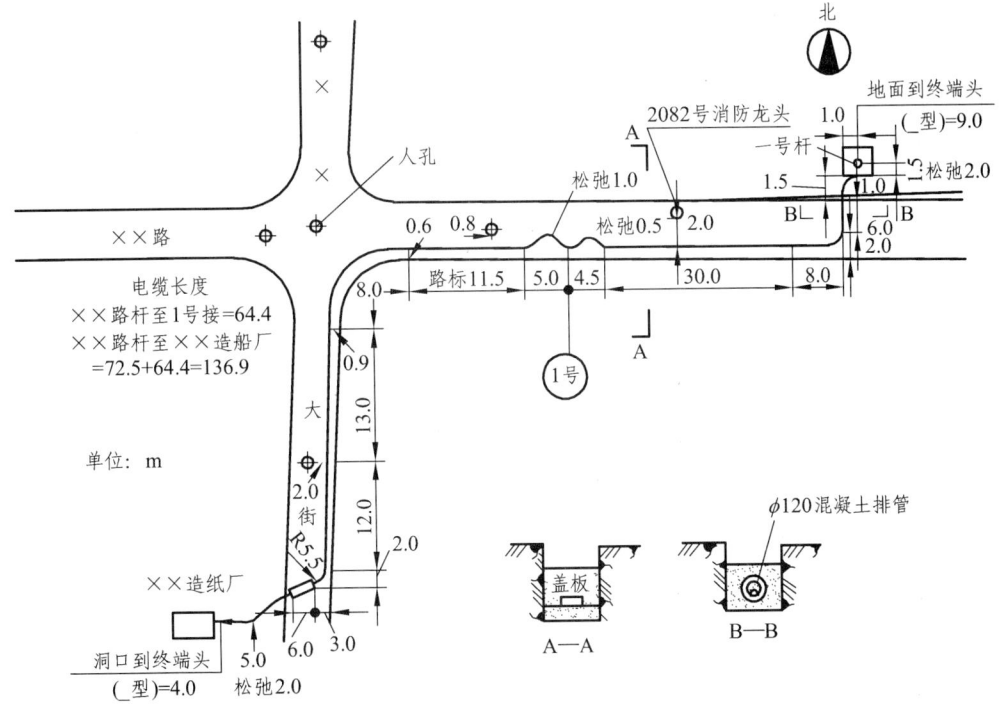

图 3-1-30 10 kV 电缆直埋地敷设平面图

（5）综合照明平面图读图练习：图 3-1-31 为一车间动力照明图，请自行分析。

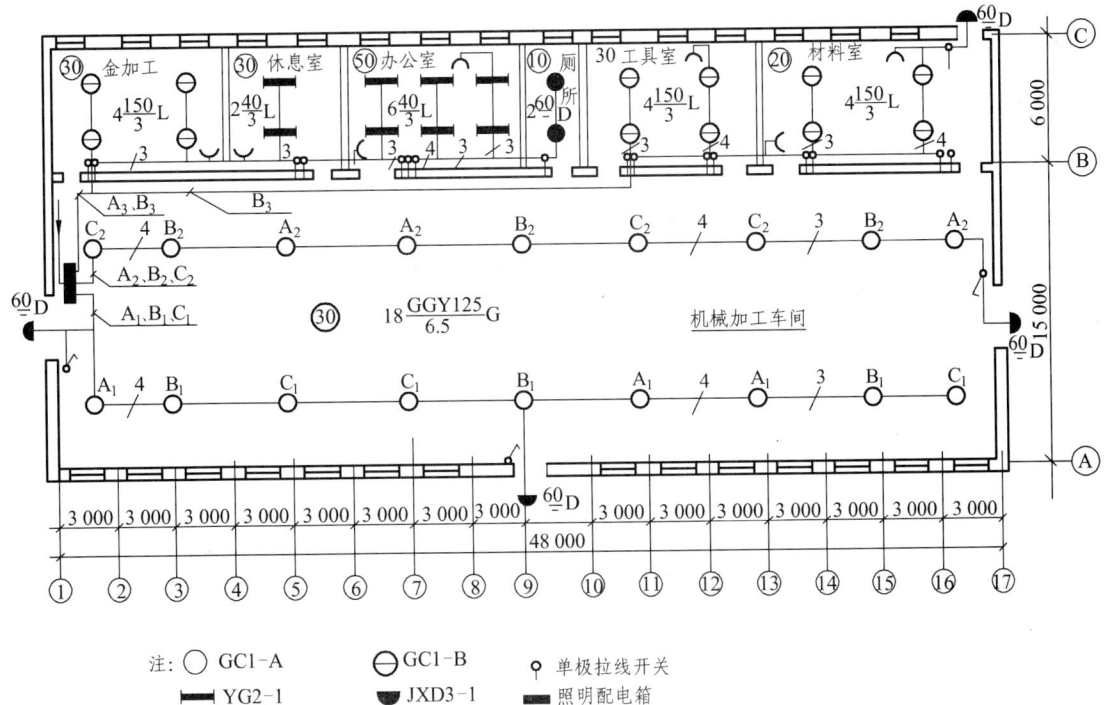

图 3-1-31 动力与照明电气平面布置图

实训项目

实际工作任务：配电盘的安装

一、材料工具

配电盘一个，低压断路器一个，单相刀开关一个，漏电保护器一个、单相电度表一个；三相刀开关一个，瓷插式熔断器一组，螺丝刀两把、导线若干。

二、工作任务

单相配电盘的安装，三相配电盘的安装。

三、工作步骤

（一）单相配电盘的安装

将电度表，漏电保护器，刀开关依次按位置摆放好，并按顺序安装固定。

要求：电器应按其规定位置紧固在电器安装板上，不得歪斜和松动。

（二）三相配电盘的安装

将漏电保护器，刀开关，熔断器依次按位置摆放好，并按顺序安装固定。导线绝缘的颜色标志应规范要求配置并排列整齐；导线分支接头不得采用螺栓压接，应采用焊接并作绝缘包扎，不得有外露带电部分。

四、评分标准

1. 没有按照操作步骤进行，每步扣 5 分。
2. 出现损坏元器件，每次扣 5 分。
3. 人体受到伤害，轻伤每次扣 5 分，重伤不能工作扣 41 分。

习 题

一、填空

1. 照明平面图中有 $12\dfrac{2\times40}{2.8}$CH 其中 12 表示_____；2×40 表示_____；2.8 表示_____；CH 表示_____。

2. 建筑电气设计中采用"_____制"和"_____制"配电。

3. 配电箱按其功能分为：_____、_____、_____。

二、简答

1. 低压配电网络的基本要求有哪些？
2. 动力与照明供电系统有哪些形式？低压配电网的供电方式有哪几种？
3. 我们可以按哪些方法选择导线截面？
4. 电度表的作用是什么？画出单相电度表的接线图。
5. 动力照明配电箱有何作用？
6. 什么是漏电保护器，漏电保护器有什么作用？
7. 如何选择漏电保护器？
8. 自动空气开关的作用有哪些？
9. 某户外 500 V 动力线路如图 3-1-32 所示，其允许电压损失为 4%，，试用电压损失法求导线截面。
10. 在配电箱引出的长 100 m 的干线上，树干式分布着 15 kW 的电动机 10 台，采用铝芯塑料线明敷。设备台电动机的需要系数 K_d = 0.6，电动机的平均效率 η = 0.8，平均功率因数 $\cos\varphi$ = 0.7，试选择干线的截面。
11. 自行分析图 3-1-31。

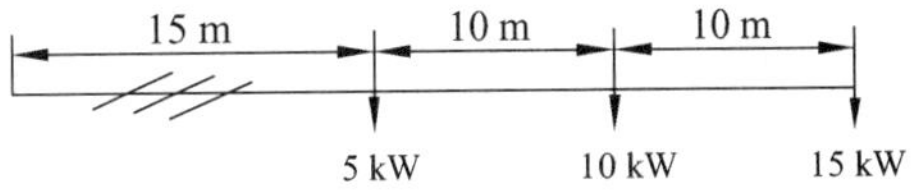

图 3-1-32

课题二　室内配线施工

室内配线是指室内接到用电器具的供电和控制线路，分明配线和暗配线两种。导线沿墙壁、天花板以及柱子等明敷设的配线，称为明配线；导线穿入管中并埋设在墙壁内、地坪内或装设在顶棚里的配线，称为暗配线。按配线的敷设方式可分为瓷夹（或塑料夹）板配线、瓷瓶配线、PVC 槽板配线、钢管（或塑料管）配线、铝片卡配线以及钢索配线等。

一、室内配线

（一）室内配线的一般要求

为了达到安全可靠、整齐美观、布置合理、安装牢固等基本要求，对室内配线的一般技术要求有以下几点：

(1)室内配线应采用橡胶或塑料绝缘导线或电缆,其绝缘层的耐压水平,应使其额定电压大于或等于线路的工作电压。

(2)导线的截面应按导线的机械强度和允许载流量来选择。根据建设部批准的《施工现场临时用电安全技术规范》行业标准(编号为 JGJ 46—2005),为使导线具有足够的机械强度,其最小截面为:铜线截面不应小于 1.5 mm^2,铝线截面不应小于 2.5 mm^2。

(3)室内配线装置和方式应根据使用环境来选用。在干燥的场所,宜采用瓷夹或瓷柱配线,在易触及的地方宜采用槽板配线;在潮湿的场所,为提高其绝缘水平,宜采用瓷瓶配线,在易触及的地方,为加强导线的防护,宜采用明管配线;在有腐蚀、易燃、易爆和特别潮湿的场所,宜采用暗管配线。

(4)配线时,应尽量避免导线接头,因为导线接头不良常常造成事故。若必须接头时,应采用压线或焊接。但必须注意,穿入配线管内的导线,在任何情况下都不能有接头。必要时可把接头放在接线盒或灯头盒内。

(5)明配线路在建筑物内应水平敷设或垂直敷设。水平敷设的导线,对地面不应小于 2.5 m;垂直敷设的导线,对地面距离一般不小于 2 m,当垂直敷设引到开关或插座上时,对地面距离可不小于 1.3 m,但是 2 m 以下部分的导线,应装在槽板或钢管(或塑料管)内加以保护,以防机械损伤或漏电伤人。

(6)导线穿过墙壁时,要用瓷管或硬质塑料管予以保护,管内两端出线口伸出墙面的距离应不小于 10 mm。这样可以防止导线与墙壁接触,因绝缘磨损而漏电等。

(7)为了确保安全用电,室内线路与各种管道之间的最小距离不得小于表 3-2-1 要求的数值。室内外绝缘导线间最小允许距离见表 3-2-2。

表 3-2-1 配线与管道间最小距离   单位:mm

管道名称	配线方式	穿管配线	绝缘导线明配线	裸导线配线
蒸汽管	平行	1 000(1 500)	1 000(1 500)	1 500
	交叉	300	300	1 500
暖、热水管	平行	300(200)	300(200)	1 500
	交叉	100	100	1 500
通风、上与水、压缩空气管	平行	100	200	1 500
	交叉	50	100	1 500

注:① 表内有括号的数值为线路在管道下边的数据。
② 在达不到表中距离时,应采取下列措施:
蒸汽管——在管外包隔热层后,上下平行净距可减至 200 mm。交叉距离考虑便于维修,但管线周围温度应经常在 35 ℃以下;暖热水管——包隔热层;裸导线——在裸导线处加装护网。
③ 裸导线应敷设在管道上方。

表 3-2-2 室内外绝缘导线间最小距离 单位:mm

固定点间距(m)	导线最小间距	
	室内配线	室外配线
1.5 以下	35	100
1.5~3	50	100
3~6	70	100
6 以上	100	150

表 3-2-3 明配线路的中心允许偏差值 单位:mm

配线方式	允许偏差	
	水平线路	垂直线路
瓷夹板配线	5	5
瓷柱或瓷瓶配线	10	5
塑料护套线配线	5	5
槽板配线	5	5

（8）线路安装时要特别注意美观，在采用明配线的场所，要求配线"横平竖直"、排列整齐、支持物挡距均匀、位置适宜，并应尽可能沿建筑物平顶线脚、横梁、墙角等隐蔽处敷设。表 3-2-3 规定了各种明配线路安装时允许的偏差值，施工时要时刻注意。

（9）室内配线必须有短路保护和过载保护，短路保护和过载保护电器与绝缘导线、电缆的选配应符合下列要求：

① 采用熔断器作短路保护时，其熔体额定电流应不大于明敷设绝缘导线长期连续负荷允许载流量的 1.5 倍。

② 采用断路器作短路保护时，其瞬动过流脱扣器脱扣电流整定值应不小于线路末端单相短路电流。

③ 采用熔断器或断路器作过载保护时，绝缘导线长期连续负荷允许载流量应不小于熔断器熔体额定电流或断路器长延时过流脱扣器脱扣电流整定值的 1.25 倍。

④ 对穿管敷设的绝缘导线线路，其短路保护熔断器的熔体额定电流不应大于穿管绝缘导线长期连续负荷允许载流量的 2.5 倍。

（二）配线工序

室内配线主要有以下几道工序：

（1）按设计图纸确定照明灯、插座、开关、配电盘（箱）以及启动设备等的位置。

（2）根据建筑物的结构确定导线敷设的路径以及穿过墙壁或楼板的位置。

（3）在土建未抹灰前，将配线所有的固定点打好眼，预埋好木砖、木模或螺栓。

（4）装设绝缘支持物、线夹或管子。

（5）敷设导线。

（6）将导线连接、分支和封端，并将导线出现端子与设备连接。

（7）检验工程是否符合设计和安装工艺要求。

（三）室内导线的选用

在内线安装中，由于环境条件和敷设方式的不同，使用导线的型号、横截面积也不一样。表 3-2-4 列出了内线安装常用导线的型号、名称及用途，供设计安装备料时参考。

表 3-2-4 常用导线的型号、名称及用途

型号	名称	用途
BV BLV BX BLX BLXF	聚氯乙烯绝缘铜芯线 聚氯乙烯绝缘铝芯线 铜芯橡皮线 铝芯橡皮线 铝芯氯丁橡皮线	交、直流 500 V 及以下的室内照明和动力线路的敷设，室外架空线路
LJ LGJ	裸铝绞线 钢芯铝绞线	用于室内高大厂房绝缘子配线和室外架空线
BVR	聚氯乙烯绝缘铜芯软线	活动不频繁场所的电源连接线

续表 3-2-4

型号	名称	用途
BVS 或 （RTS）	聚氯乙烯绝缘双根铜芯绞合软线 （丁腈聚氯乙烯复合绝缘）	交、直流额定电压为 250 V 及以下的移动电具、吊灯电源连接线
RVB 或 （RFS）	聚氯乙烯绝缘双根平行铜芯软线 （丁腈聚氯乙烯复合绝缘）	
BXS	棉纱编织橡皮绝缘双根铜芯绞合软线 （花线）	交、直流额定电压为 250 V 及以下的吊灯电源连接线
BVV BLVV	聚氯乙烯绝缘和护套铜芯线（双根或三根） 聚氯乙烯绝缘和护套铝芯线（双根或三根）	交、直流额定电压为 500 V 及以下的室内外照明和小容量动力线路的敷设
RHF	氯丁橡套铜芯软线	250 V 室内、外小型电气工具的电源连接
RVZ	聚氯乙烯绝缘和护套连接铜芯软线	交流额定电压 500 V 以下移动式用电器的连接

另外，线路的载流量（负载电流）、机械强度、允许电压损失是决定导线横截面大小的主要因素。现将室内配线所允许的最小横截面列于表 3-2-5 中。

表 3-2-5　室内配备线线芯最小允许横截面

敷设方式及用途	芯线最小允许横截面（mm²）		
	铜芯软线	铜线	铝线
1. 敷设在室内绝缘支持件上的裸导线	—	2.5	4.0
2. 敷设在绝缘支持件上的绝缘导线其支持点间距为：			
（1）1 m 及以下　　室内	—	1.0	1.5
室外		1.5	2.5
（2）2 m 及以下　　室内	—	1.0	2.5
室外		1.5	2.5
（3）6 m 及以下		2.5	4.0
（4）12 m 及以下		2.5	6.0
3. 穿管敷设的绝缘导线	1.0	1.0	2.5
4. 槽板内敷设的绝缘导线	—	1.0	1.5
5. 塑料护套线敷设		1.0	1.5

二、室内配线方式的应用

（一）配线方式的选择原则

（1）在干燥无尘场所，可采用槽板、塑料护套线、瓷夹板、瓷瓶沿建筑物表面明敷设，也可采用钢管、塑料管明、暗敷设。

（2）潮湿多尘场所，宜采用瓷瓶、塑料护套线沿建筑物表面明敷设或用钢管、塑料管明、暗敷设。

（3）有腐蚀性气体的场所，应采用瓷瓶、塑料护套线明敷或用塑料管明、暗敷设。

（4）在易燃、易爆场所，要采用钢管明、暗敷设，且连接处硬密封。

（二）室内配线方式的应用

供给室内电灯和插销用电时，负荷全是与回路并列联结，负荷较小时，用一个回路就可以，负荷如果要增加时，保安设备也要随之增加，所以必须要作出许多分支回路，并必须在分支点装设分支开关和熔断器。经过分支开关后的回路，就叫作分支回路。从电源（引入口）到分支开关的配线，就叫作干线。根据各种负荷的不同，可以得到各种干线和分支回路的样式，如图 3-2-1 和图 3-2-2 所示。

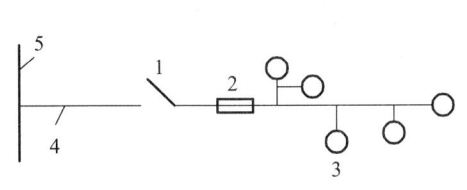

图 3-2-1　负荷较小的配线方式

1—引入开关；2—熔断器；3—电灯；
W4—引入线；5—屋外低压配电线

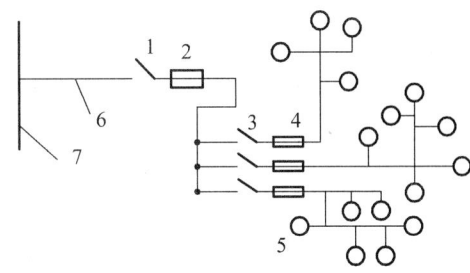

图 3-2-2　负荷较大的配线方式

1—总开关；2—总熔断器；3—分开关；4—分支熔断器；
5—电灯；6—引入线；7—屋外低压配电线

1. 较小负荷照明的配线方式

比较小的工作部门、办公室，用很小的负荷时，可以直接从低压电源配线上分支，作低压引入，在经过配电板的开关、熔断器、配出回路，引到电灯和插销上，顺次再分支展开。因为在电灯和插销的分支点口，没有设开关和熔断器的必要，所以不能分出干线和分支回路的区别，参照图 3-2-1，如有必要时可以装设操作开关。

2. 较大照明负荷的配线方式

电灯和插座等总数超过 20 个时，用一个回路来供电是不允许的，所以在屋内需设配电板或配电箱。引入线先进入配电板（箱）的总开关，再由总开关分出几个分支回路，每个分支回路，需根据容量单设分支开关和分支熔断器，参照图 3-2-2。

（三）照明干线的配线方式

在高大的建筑物内，采用总配电盘和分支配到各层的分电盘，然后再由分电盘，向各消耗电的处所分支。但是决定干线和分支线的时候，必须考虑到电压的损失和节约配线的经费。如决定采用配电盘时，必须考虑到耐火性和防湿性，装设的位置，也必须要研究操作的方便。关于大建筑物的干线和配电盘的关系，可以参考课题二。如果建筑物特别高大的时候，只是用低压配电，电线太粗，所以不但要在地下室设置变压器，就是建筑物中也要设变压器。

（四）车间动力及其他回路的配线方式

在低压配电系统中，选择配电方式是一个重要的问题。配电方式的选择，应根据以下各项进行考虑：

（1）用电设备的重要性，以及对供电可靠性的要求；

（2）要适应周围环境的特点；

(3)结构要求简单可靠;
(4)要便于进行维护;
(5)要考虑节约有色金属;
(6)降低造价,经济指标合理。

(五)一般动力及其他回路的配线方式

该配线方式有以下几种:

1. 放射式配线

这种配线方式适合于配电盘在各个大容量的负荷中心地方,这样既保障了用电的可靠性,也节约了有色金属,如图 3-2-3 所示。

2. 由分电盘分支配线

这种配线方式适合于负荷集中的时候,在负荷附近,设分电盘(箱),由这个分电盘(箱),再往各负荷去配线,如图 3-2-4 所示。

3. 干线式配线

这种配线方式,适合于负荷集中,并且每个负荷点都在配电盘的同一侧,负荷点相互间的距离很小,同时负荷点的负荷值不适于采用放射式配线时。另外一种情况是,负荷比较均匀分散时,对于比较大容量的机床又分散布置,可由干线直接分出支线供电,如图 3-2-5 所示。这种配线方式的优点是:节省配电设备及线路长度;有条件采用大容量结构简单的的线路;灵活性大,便于采用装配结构,安装迅速。

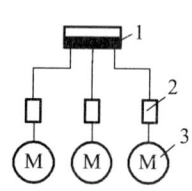
图 3-2-3 放射式配电
1—配电盘;2—操作开关;
3—电动机

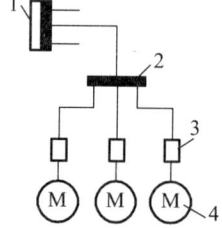
图 3-2-4 分电盘分支配线
1—配电盘;2—分电盘;3—分支操作开关;4—电动机

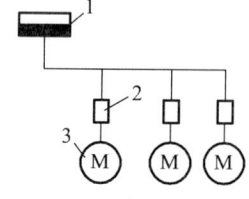
图 3-2-5 干线式分支配线
1—配电盘;2—分支操作开关;3—电动机

4. 链式配线

当很小容量的设备彼此距离很近,但距离配电箱很远,这时可采用链式配线,即一条配线去连接一个设备,再由这个设备配出电源到相邻设备供电,这样可节省分支导线。但连接的设备不要太多,一般有两三个设备就行了。这种方式,由一个设备去连接另一个设备时,最好在设备旁设一空气开关(链式联络开关),以便检修某个设备时切断电源,既保证安全,又不影响前面设备继续运行。链式配线一般不推广采用,只有符合上述条件时才考虑采用。如图 3-2-6 所示为不加链式联络开关的情况,图 3-2-7 为加链式联络开关的情况。

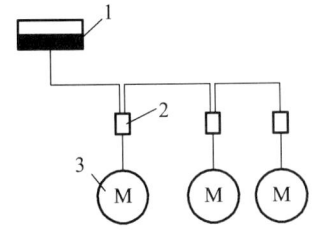

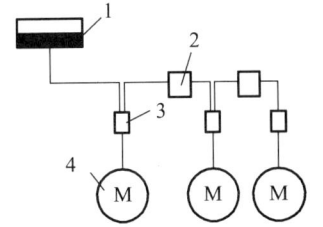

图 3-2-6 链式配线（不带联络开关）　　　　图 3-2-7 链式配线（带联络开关）

1—配电盘；2—设备操作开关；3—电动机　　1—配电盘；2—联络开关；3—设备操作开关；4—电动机

5. 插接式母线配线方式

对于机床很多的车间，设备又均匀地沿线路分布时，采用这种配线方式比用配电箱供电合理。插接式母线由厂家成套生产，可向厂家订货购买。这种配线方式在新建大型车间较普遍采用。安装插接母线时，要注意下列事项：

（1）插接母线应敷设在最低的高度，但距地面不得低于 2.2 m。

（2）插接母线结构，应允许引出稠密的支线去接到用电设备，并且不能接触载流部分。

（3）在布置插接母线时，应该尽可能靠近机床，如果有可能，把插接母线布置在两列机床之间，这样就能发挥更大的效果。

（4）在长度上应该最大限度地加以利用，因此应该考虑到母线在通道处可中断而且在机床少的地方也可中断。利用插接式母线的特点为：能最大限度地减少配电支线的长度，节省有色金属；对于在工艺设备经常移动的机械车间，更适宜采用插接母线。

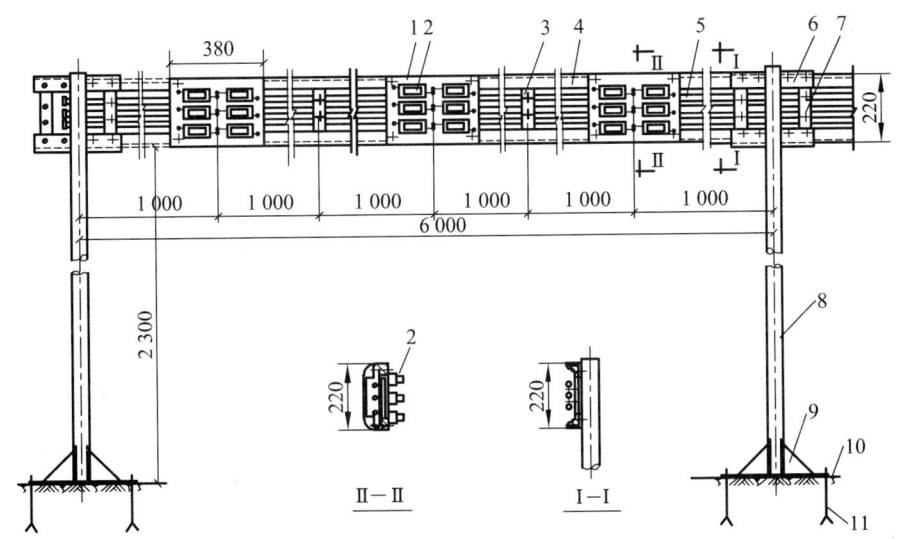

图 3-2-8 架空塑料管配电干线结构图

1—配电板；2—瓷插熔断器；3—扁钢；4—角钢；5—塑料管；6—横担；7—扁钢；
8—立柱；9—肋板；10—底盘；11—地角螺栓

（5）车间架空塑料管配电干线。对于机械加工的厂房内，成排布置的中小型机床当然也适合于采用插接母线配电，但是插接母线造价是高的，而且订货困难，一般不能满足建设进度要求，因此近年来出现了架空塑料管配电干线，这种干线的加工制造方便简单，造价经济，运行安全，维护方便。这种干线结构如图 3-2-8 所示。图中用 $30 \times 30 \times 4$ 的角钢作主要构架、直径 70 mm 的钢管作立柱。配电干线采用三根完整的铝芯绝缘线，分别套在三根硬塑料管内作保护。干线截面为 50 mm² 及以下时，采用直径为 20 mm 的塑料管，干线截面为 70~95 mm² 时，套直径为 25 mm 的塑料管。在结构上做成分段装配式，每段的长度为 4 m 或 6 m。分支线的保护采用 30 A 及 60 A 的 RC1A 型瓷插熔断器。每段长度为 6 m 的干线，装有 6 组熔断器。

三、室内配线施工注意事项

1. 与主体工程和其他工程的配合

在铁路建设中，主体工程指工厂、机务段、车辆段等的厂房、发电所、变配电所的土建工程以及办公楼、车站站房、住宿楼等土建工程。电路工程的施工与主体建筑工程必然要发生很多联系，如明管、暗管工程，导线敷设、安装开关电器及配电箱（盘）等都要在土建职工过程中密切配合。这样不但提高了施工进度，而且提高了施工质量，保证了施工安全和建筑整齐美观。

对于钢筋混凝土建筑物的暗管工程，应当在浇灌混凝土前（预制板可在铺设后）将一切管路、接线盒和电机电器、配电箱（盘）的基础安装部分等全部配好。其他工程可以等混凝土干燥后再施工。明设工程，若厂房横担支架沿墙敷设时，也应配合土建筑施工时安装好，避免以后过多破坏建筑物。其他明设室内工程，可在抹完的细灰干燥后未刷浆前施工。

电力工程与其他工程也必然发生联系。在厂房车间或其他建筑内的电力设备必然常与热力管道、给排水管道、风管道以及通信线路的布线等工程发生关系，在施工中也必须与这些工程配合好，不要发生位置的冲突，要满足距离要求，否则要采取其他隔离安全措施。

2. 一般注意事项

在建筑物内电力工程施工时，应注意以下各项事项：

（1）在工程现场内，应留意不要丢失工具，所有的工具必须装在工具箱内，严格保管。当使用工具时，应将工具全部装在工具袋内，然后再向施工现场携带。

（2）使用的材料，如果搬运到施工现场时，应将其装在材料箱内和库内，以防损坏和丢失等。

（3）当施工时，应当知道敷设的电线上有无电压，必须预备检电器或试电笔。

（4）在建筑工程未完成前，电力工程施工时应留意，不要妨碍其他工作和损坏其他设备。

（5）施工中所有的灯和火，使用后应当特别留意是否确实熄火和有无异状。

（6）在施工中要特别留意，不要损坏天然气管和自来水管及其他电气配线等。假设要发生危险时，可迅速与有关各处所紧急联系，以免发生火灾和水害。如果已经发生时，要尽快正确处理。

（7）连接电线时，要按正确方法使其切实接好，一般还应进行焊接，如果发现电线有断开和绝缘损伤时，可将其切断另行连接。

（8）在天棚内施工时应留意，不要直接踏在天棚板上，要踏在棚架上，或蹬在放在棚架上的木板上。

（9）使用的工具要按工具使用法正确规范地使用，不允许违规使用。如用活螺丝扳手当铁锤打东西，这样容易损坏工具。也不允许用钳子当扳手紧螺帽，这样容易夹伤螺帽。更不能用口径不一致的剥线钳剥电线，以免夹坏线芯。

（10）在电气检查口和天棚出入口出入时，留意不要弄脏和损坏该处的美观。

（11）地中引入线，要避免设在厕所和容易腐蚀的地方。

（12）工程完了以后，要仔细在工程现场施行清扫整理，尤其对于残材的整理及工具的清扫，要特别注意。

四、导线的连接方法与接头处理

电气装修工程中，导线的连接是电工基本工艺之一。导线连接的质量关系着线路和设备运行的可靠性和安全程度。对导线连接的基本要求是：导线各种接头都要接触可靠、稳定，与同长度、同截面导线的电阻比应不大于 1；接头应牢固，其机械强度不小于同截面导线的 80%；接头应耐腐蚀，要防止铝线熔焊接头处焊粉和熔渣的化学腐蚀和铜铝接头的电化腐蚀；接头处包扎后的绝缘强度应不低于导线的绝缘强度。

（一）线头绝缘层的剖削

1. 塑料硬线绝缘层的剖削

有条件时，去除塑料硬线的绝缘层用剥线钳甚为方便，这里要求能用钢丝钳和电工刀剖削。

线芯截面在 2.5 mm² 及以下的塑料硬线，可用钢丝钳剖削：先在线头所需长度交界处，用钢丝钳口轻轻切破绝缘层表皮，然后左手拉紧导线，右手适当用力捏住钢丝钳头部，向外用力勒去绝缘层。如图 3-2-9 所示。在勒去绝缘层时，不可在钳口处加剪切力，这样会伤及线芯，甚至将导线剪断。

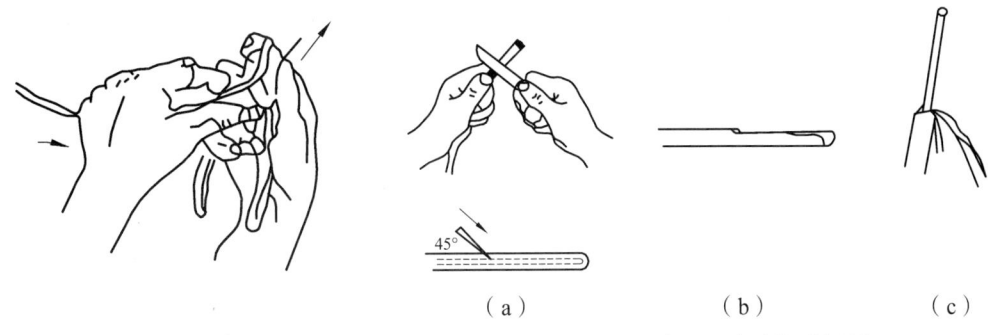

图 3-2-9　用钢丝钳勒去导线绝缘层　　图 3-2-10　用电工刀剖削塑料硬线

对于规格大于 4 mm² 的塑料硬线的绝缘层，直接用钢丝钳剖削较为困难，可用电工刀剖削。先根据线头所需长度，用电工刀刀口对导线成 45°切入塑料绝缘层，注意掌握刀口刚好削透绝缘层而不伤及线芯，如图 3-2-10（a）所示。然后调整刀口与导线间的角度以 15°向前推进，将绝缘层削出一个缺口，如图 3-2-10（b）所示，接着将未削去的绝缘层向后扳翻，再用电工刀切齐,如图 3-2-10(c)所示。

2. 塑料软线绝缘层的剖削

塑料软线绝缘层的剖削除用剥线钳外,仍可用钢丝钳按直接剖剥 2.5 mm² 及以下的塑料硬线的方法进行,但不能用电工刀剖剥。因塑料线太软,线芯又由多股钢丝组成,用电工刀很容易伤及线芯。

3. 塑料护套线绝缘层的剖削

塑料护套线绝缘层分为外层的公共护套层和内部每根芯线的绝缘层。公共护套层一般用电工刀剖削,先按线头所需长度,将刀尖对准两股芯线的中缝划开护套层,并将护套层向后扳翻,然后用电工刀齐根切去,如图 3-2-11 所示。

(a)划开护套层　　　　　　　　　　(b)切去护套层

图 3-2-11　塑料护套线的剖削

切去护套后,露出的每根芯线绝缘层可用钢丝钳或电工刀按照剖削塑料硬线绝缘层的方法分别除去。钢丝钳或电工刀在切时切口应离护套层 5~10 mm。

4. 橡皮线绝缘层的剖削

橡皮线绝缘层外面有一层柔韧的纤维编织保护层,先用剖削护套线护套层的办法,用电工刀尖划开纤维编织层,并将其扳翻后齐根切去,再用剖削塑料硬线绝缘层的方法,除去橡皮绝缘层。如橡皮绝缘层内的芯线上包缠着棉纱,可将该棉纱层松开,齐根切去。

5. 花线绝缘层的剖削

花线绝缘层分外层和内层,外层是一层柔韧的棉纱编织层。剖削时选用电工刀在线头所需长度处切割一圈拉去,然后在距离棉纱编织层 10 mm 左右处用钢丝钳按照剖削塑料软线的方法将内层的橡皮绝缘层勒去。有的花线在紧贴线芯处还包缠有棉纱层,在勒去橡皮绝缘层后,再将棉纱层松开扳翻,齐根切去,如图 3-2-12 所示。

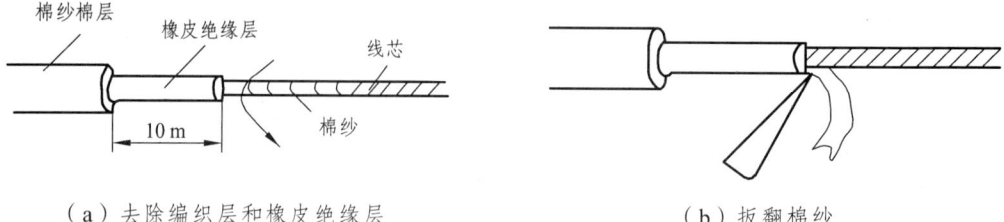

(a)去除编织层和橡皮绝缘层　　　　　　　(b)扳翻棉纱

图 3-2-12　花线绝缘层的剖削

6. 橡套软线（橡套电缆）绝缘层的剖削

橡套软线外包护套层，内部每根线芯上又有各自的橡皮绝缘层。外护套层较厚，按切除塑料护套层的方法切除，露出的多股芯线绝缘层，可用钢丝钳勒去。

7. 铅包线护套层和绝缘层的剖削

铅包线绝缘层分为外部铅包层和内部芯线绝缘层，剖削时选用电工刀在铅包层切下一个刀痕，然后上下左右扳动折弯这个刀痕，使铅包层从切口处折断，并将它从线头上拉掉。内部芯线绝缘层的剖除方法与塑料硬线绝缘层的剖削方法相同。剖削铅包层的损伤过程如图3-2-13所示。

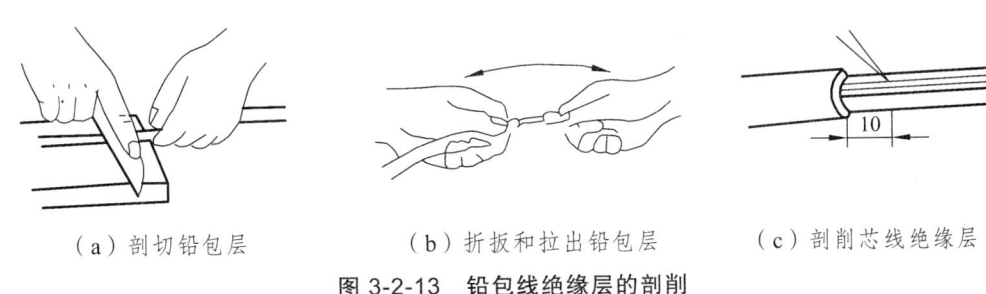

（a）剖切铅包层　　　（b）折扳和拉出铅包层　　　（c）剖削芯线绝缘层

图 3-2-13　铅包线绝缘层的剖削

8. 漆包线绝缘层的去除

漆包线绝缘层是喷涂在芯线上的绝缘漆层。由于线径的不同，去除绝缘层的方法也不一样。直径在 1 mm 以上的，可用细砂纸或细纱布擦去；直径在 0.6 mm 以上的，可用薄刀片刮去；直径在 0.1 mm 及以下的也可用细砂纸或细纱布擦除，但易于折断，需要小心操作。有时为了保留漆包线的芯线直径准确以便于测量，也可用微火烤焦其线头绝缘层，再轻轻刮去。

（二）导线线头的连接

常用的导线按芯线股数不同，有单股、7 股和 19 股等多种规格，其连接方法也不相同。

1. 铜芯导线的连接

（1）单股芯线有绞接和缠绕两种方法。

绞接法用于截面较小的导线，缠绕法用于截面较大的导线。

绞接法是先将已剖除绝缘层并去掉氧化层的两根线头呈"×"形相交，如图 3-2-14（a）所示，互相绞合 2~3 圈[见图 3-2-14（b）]，接着扳直两个线头的自由端，将每根线自由端在对边的线芯上紧密缠绕到线芯直径的 6~8 倍长[见图 3-2-14（c）]，将多余的线头剪去，修理好切口毛刺即可[见图 3-2-14（d）]。

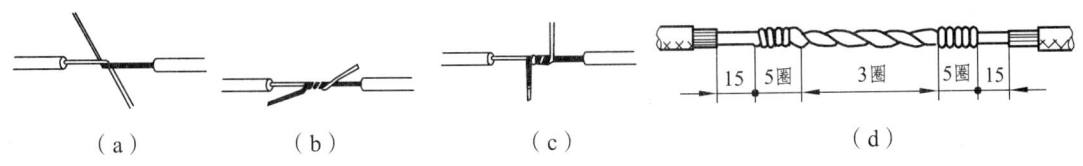

（a）　　　（b）　　　（c）　　　（d）

图 3-2-14　单股芯线直线连接（绞接）

缠绕法是将已去除绝缘层和氧化层的线头相对交叠，再用直径为 1.6 mm 的裸铜线做缠绕线在其上进行缠绕，如图 3-2-15 所示，其中线头直径在 5 mm 及以下的缠绕长度为 60 mm，直径大于 5 mm 的，缠绕长度为 90 mm。

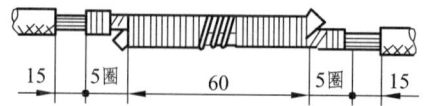

图 3-2-15　用缠绕法直线连接单股芯线

（2）单股铜芯线的 T 形连接。

单股芯线 T 形连接时可用绞接法和缠绕法。绞接法是先将除去绝缘层和氧化层的线头与干线剖削处的芯线十字相交，注意在支路芯线根部留出 3~5 mm 裸线，接着顺时针方向将支路芯线在干中芯线上紧密缠绕 6~8 圈（见图 3-2-16）。剪去多余线头，修整好毛刺。为保证接头部位有良好的电接触和足够的机械强度，应保证缠绕为芯线直径的 8~10 倍。

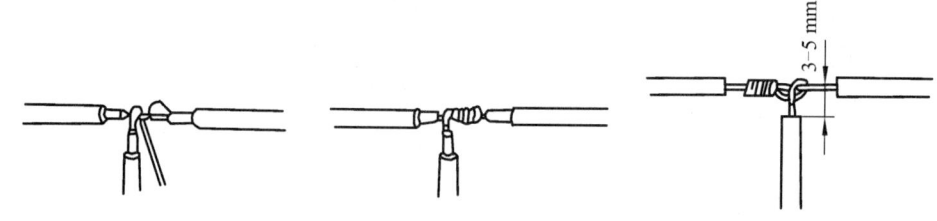

图 3-2-16　单股芯线 T 形连接

对用绞接法连接较的截面较大的导线，可用缠绕法（见图 3-2-17）。其具体方法与单股芯线直连的缠绕法相同。

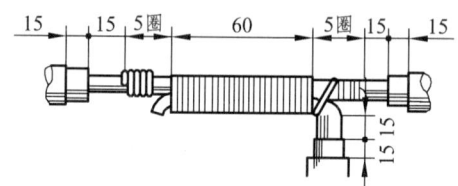

图 3-2-17　用缠绕法完成单股芯线 T 形连接

（3）7 股铜芯线的直接连接。

把除去绝缘层和氧化层的芯线线头分成单股散开并拉直，在线头总长（离根部距离的）1/3 处顺着原来的扭转方向将其绞紧，余下的 2/3 长度的线头分散成伞形，如图 3-2-18（a）所示。将两股伞形线头相对，隔股交叉直至伞形根部相接，然后捏平两边散开的线头，如图 3-2-18（b）所示。接着 7 股铜芯线按根数分成三组，先将第一组的两根线芯扳到垂直于线头的方向，如图 3-2-18（c）所示，按顺时针方向缠绕两圈，再弯下扳成直角使其紧贴芯线，如图 3-2-18（d）所示。第二组、第三组线头仍按第一组的缠绕办法紧密缠绕在芯线上，如图 3-2-18（e）所示。为保证电接触良好，如果铜线较粗较硬，可用钢丝钳将其绕紧。缠绕时注意使后一组线头压在前一组线头已折成直角的根部。最后一组线头应在芯线上缠绕三圈，在缠到第三圈时，把前两组多余的线端剪除，使该两组线头断面能被最后一组第三圈缠绕完的线匝遮住，最后一组线头绕到两圈半时，就剪去多余部分，使其刚好能缠满三圈，如图 3-2-18（f）所示，最后用钢丝钳钳平线头，修理好毛刺，如图 3-2-18（g）所示。到此完成了该连接的一半任务。后一半的缠绕方法与前一半完全相同。

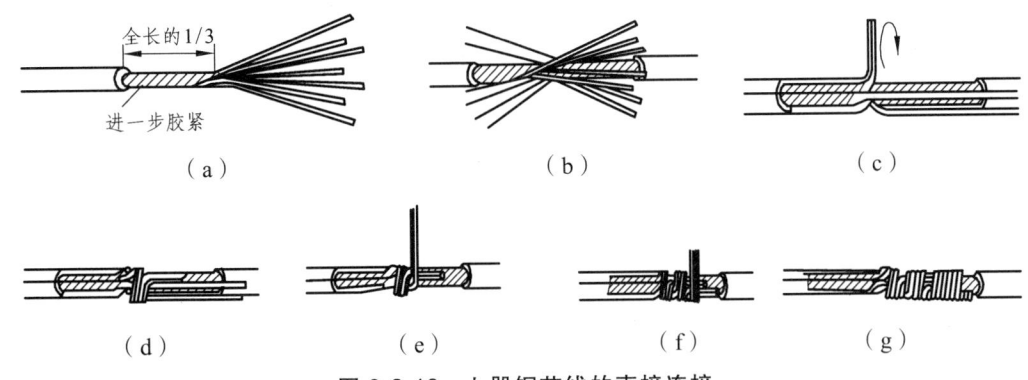

图 3-2-18 七股铜芯线的直接连接

（4）7 股铜芯线的 T 形连接。

把除去绝缘层和氧化层的支路线端分散拉直，在距根部 1/8 处将其进一步绞紧，将支路线头按 3 和 4 的根数分成两组并整齐排列。接用用一字形螺丝刀把干线也分成尽可能对等的两组，并在分出的中缝处撬开一定距离，将支路芯线的一组穿过干线的中缝，另一组排于干路芯线的前面，如图 3-2-19（a）所示。先将前面一组在干线上按顺时针方向缠绕 3~4 圈，剪除多余线头，修整好毛刺，如图 3-2-19（b）所示。接着将支路芯线穿越干线的一组在干线上按反时针方向缠绕 3~4 圈，剪去多余线头，钳平毛刺即可，如图 3-2-19（c）所示。

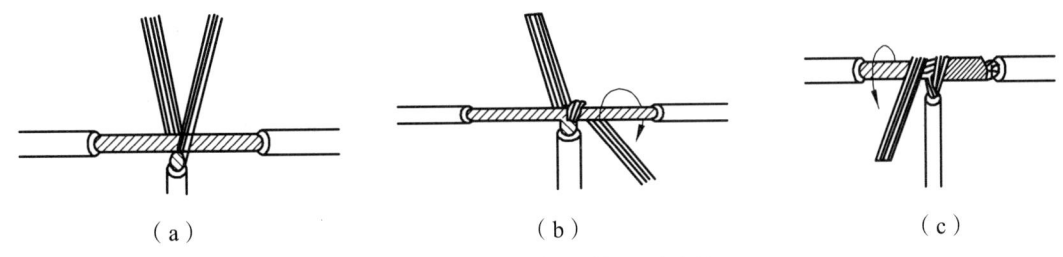

图 3-2-19 七股铜芯线 T 形连接

（5）单股铜芯线与多股铜芯线的分支连接。

单股导线与多股导线如图 3-2-20 所示。用一字形螺丝刀把干线也分成尽可能对等的两组，并在分出的中缝处撬开一定距离，将支路单股芯线穿过干线的中缝，再把单股线缠绕在多股线上，缠绕方向与多股导线绞向一致。

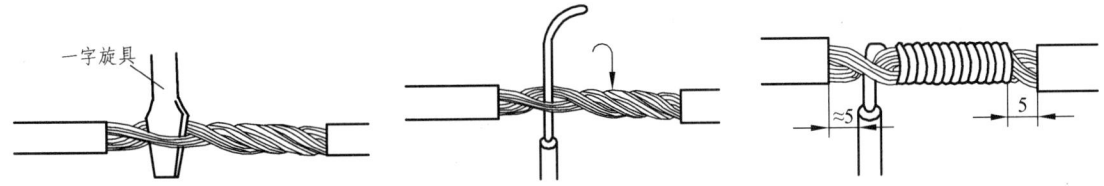

图 3-2-20 单股铜芯线与多股铜芯线的分支连接

2. 电磁线头的连接

电机和变压器绕组用电磁线绕制，无论是重绕或维修，都要进行导线的连接，这种连接可能在线圈内部进行，也可能在线圈外部进行。

（1）线圈内部的连接。

对直径在 2 mm 以下的圆铜线，通常是先绞接后钎焊。绞接时要均匀，两根线头互绕不少于 10 圈，两端要封口，不能留下毛刺，截面较小的漆包线的绞接如图 3-2-21（a）所示，截面较大的漆包线的绞接如图 3-2-21（b）所示。直径大于 2 mm 的漆包圆铜线的连接多使用套管套接后再钎锡的方法。套管用镀锡的薄铜片卷成，在接缝处留有缝隙，选用时注意套管内径与线头大小的配合，其长度为导线直径的 8 倍左右，如图 3-2-21（c）所示。连接时，将两根去除了绝缘层的线端相对插入套管，使两线头端部对接在套管中间位置，再进行钎焊，使焊锡液从套管侧缝充分浸入内部，注满各处缝隙，将线头和导管铸成整体。

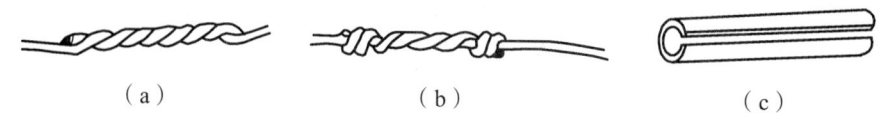

图 3-2-21 线圈内部端头连接方法

对截面积不超过 25 mm² 的矩形电磁线，亦用套管连接，工艺同上。

套管铜皮的厚度应选 0.6~0.8 mm 为宜；套管的横截面，以电磁线横截面的 1.2~1.5 倍为宜。

（2）线圈外部的连接。

这类连接有两种情况。一种是线圈间的串、并联，Y、△连接等。对小截面导线，这类线头的连接仍采用先绞接后钎焊的办法；对截面较大的导线，可用乙炔气焊。另一种是制作线圈引出端头：用如图 3-2-22（a）、（b）、（c）所示的接线端子（接线耳）与线头之间用压接钳压接，如图 3-2-22（d）所示。若不用压接方法，也可直接钎焊。

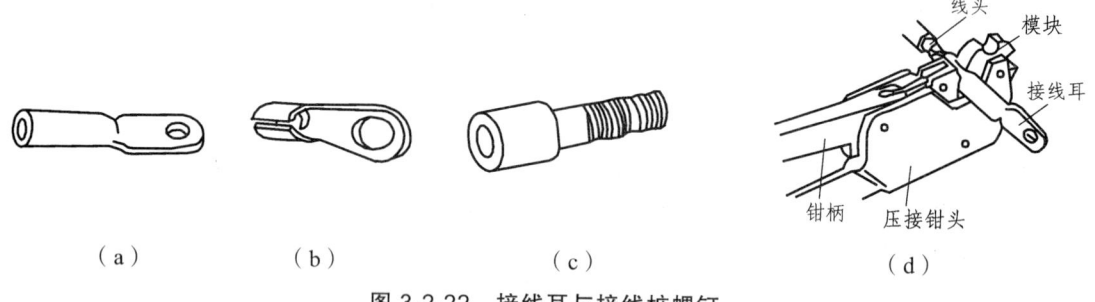

图 3-2-22 接线耳与接线桩螺钉

3. 铝导线线头的连接

铝的表面极易氧化，而且这类氧化铝膜电阻率又高，除小截面铝芯线外，其余铝导线的都不采用铜芯线的连接方法。在电气线路施工中，铝线线头的连接常用螺钉压接法、压接管压接法和沟线夹螺钉压接法三种。

（1）螺钉压接法。

将剖除绝缘层的铝芯线头用钢丝刷或电工刀去除氧化层，涂上中性凡士林后，将线头伸入接头的线孔内，再旋转压线螺钉压接。线路上导线与开关、灯头、熔断器、仪表、瓷接头和端子板的连接，多用螺钉压接，如图 3-2-23 所示。单股小截面铜导线在电器和端子板上的连接亦可采用此法。

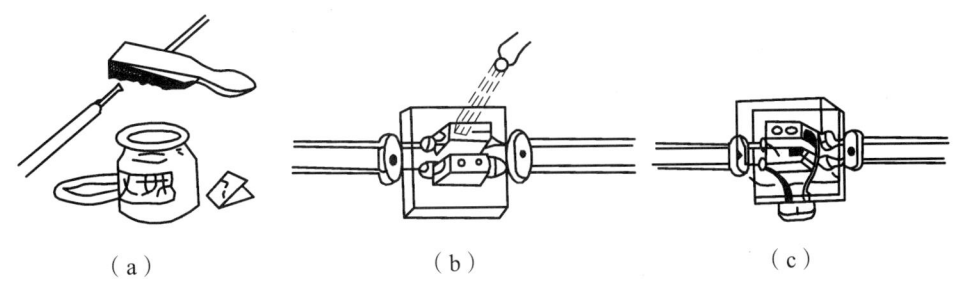

图 3-2-23　单股铝芯导线的螺钉压接法连接

如果有两个（或两个以上）线头要接在一个接线板上时，应事先将这几根线头扭作一股，再进行压接，如果直接扭绞的强度不够，还可在扭绞的线头处用小股导线缠绕后再插入接线孔压接。

（2）压接管压接法。

此方法又叫套管压接法，它适用于室内，外负荷较大的铝芯线头的连接。接线前，先选好合适的压接管[见图 3-2-24（b）]，清除线头表面和压接管内壁上的氧化层及污物，再将两根线头相对插入并穿出压接管，使两线端各自伸出压接管 25～30 mm[见图 3-2-24（c）]，然后用压接钳进行压接[见图 3-2-24（d）]，压接完工的铝线接头[见图 3-2-24（e）]，如果压接的是钢芯铝绞线，应在两根芯线之间垫上一层铝质垫片。压接钳在压接管上的压坑数目要视不同情况而定，室内线头通常为 4 个；对于室外铝绞线，截面为 16～35 mm^2 的压坑数目为 6 个，50～70 mm^2 的为 10 个；对于钢芯铝绞线，16 mm^2 的为 12 个，25～35 mm^2 的为 14 个，50～70 mm^2 的为 16 个，95 mm^2 的为 20 个，125～150 mm^2 的为 24 个。

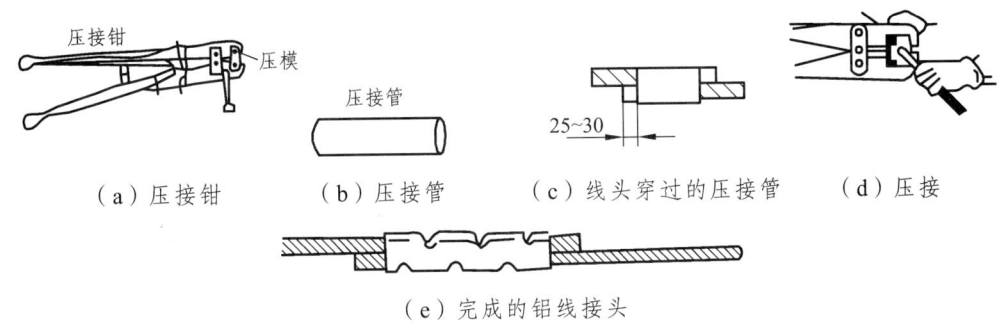

图 3-2-24　压接管压接法

（3）并沟线夹螺钉压接法。

此法适用于室内、外截面较大的架空线路的直线和分支连接。连接前先用钢丝刷除去导线线头和沟线夹线槽内壁上的氧化层及污物，并涂上中性凡士林，然后将导线卡入线槽，旋紧螺钉，使沟线夹紧线头而完成连接，如图 3-2-25 所示。为预防螺钉松动，压接螺钉上必须套以弹簧垫圈。

并沟线夹的规格和使用数量与导线截面有关。通常，导线截面有 70 mm^2 以下的用一副小型沟线夹；截面在 70 mm^2 以上的，用两副较大的沟线夹，两副沟线夹之间相距 300～400 mm。

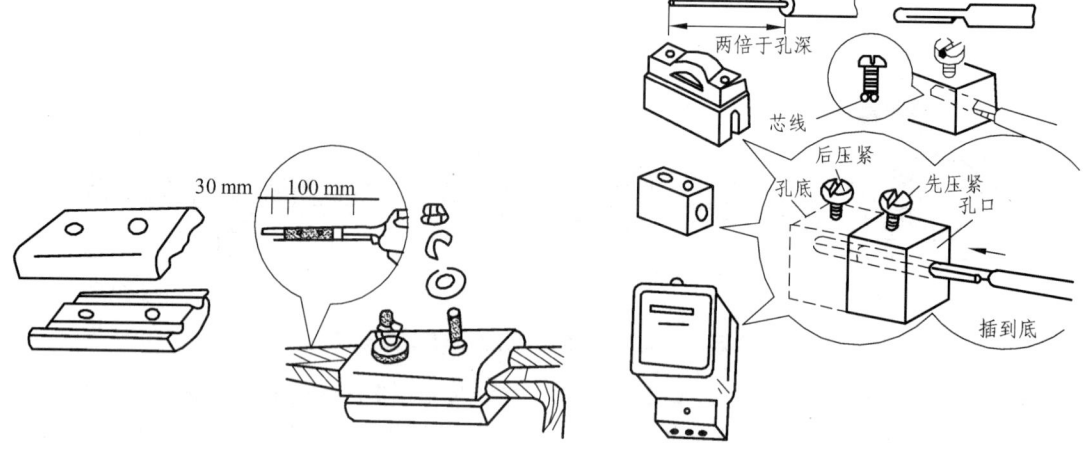

图 3-2-25 沟线夹螺钉压接法　　　　图 3-2-26 单股芯线与针孔接线压接法

4. 线头与接线桩的连接

（1）线头与针孔接线桩的连接。

端子板、某些熔断器、电工仪表等的接线部位多是利用针孔附有压接螺钉压住线头完成连接的。线路容量小，可用一只螺钉压接；若线路容量较大，或接头要求较高时，应用两只螺钉压接。

单股芯线与接线桩连接时，最好按要求的长度将线头折成双股并排插入针孔，使压接螺钉顶紧双股芯线的中间。如果线头较粗，双股插不进针孔，也可直接用单股，但芯线在插入针孔前，应稍微朝着针孔上方弯曲，以防压紧螺钉稍松时线头脱出，如图 3-2-26 所示。

在针孔接线桩上连接多股芯线时，先用钢丝钳将多股芯线进一步绞紧，以保证压接螺钉顶压时不致松散。注意针孔和线头的大小应尽可能配合。如图 3-2-27（a）所示。如果针孔过大可选一根直径大小相宜的铝导线作绑扎线，在已绞紧的线头上紧密缠绕一层，使线头大小与针孔合适后再进行压接，如图 3-2-27（b）所示。如线头过大，插不进针孔时，可将线头散开，适量减去中间几股，通常 7 股可剪去 1~2 股，19 股可剪去 1~7 股，然后将线头绞紧，进行压接。如图 3-2-27（c）所示。

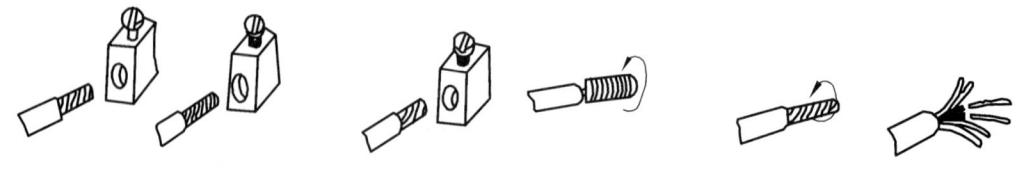

（a）针孔合适的连接　　（b）针孔过大时线头的处理　　（c）针孔过小时线头的处理

图 3-2-27 多股芯线与针孔接线桩连接

无论是单股或多股芯线的线头，在插入针孔时，一是注意插到底，二是不得使绝缘层进入针孔，针孔外的裸线头的长度不得超过 3 mm。

（2）线头与平压式接线桩的连接。

平压式接线桩是利用半圆头、圆柱头或六角头螺钉加垫圈将线头压紧，完成电连接。对载流量小的单股芯线，先将线头弯成接线圈，如图 3-2-28 所示，再用螺钉压接。对于横截面不超过 10 mm^2、股数为 7 股及以下的多股芯线,应按图 3-2-29 所示的步骤制作压接圈。对于载流量较大,横截面积超过 10 mm^2、股数多于 7 股的导线端头,应安装接线耳。

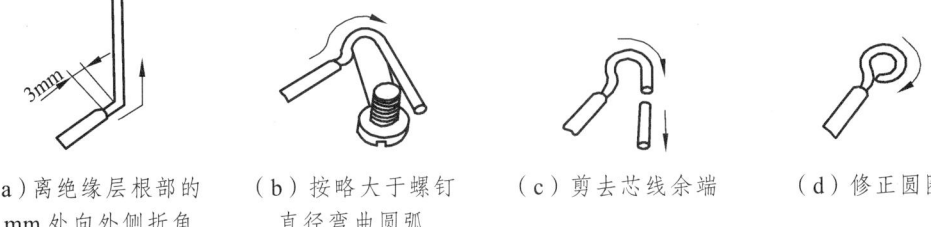

（a）离绝缘层根部的 3 mm 处向外侧折角　（b）按略大于螺钉直径弯曲圆弧　（c）剪去芯线余端　（d）修正圆圈

图 3-2-28　单股芯线压接圈的弯法

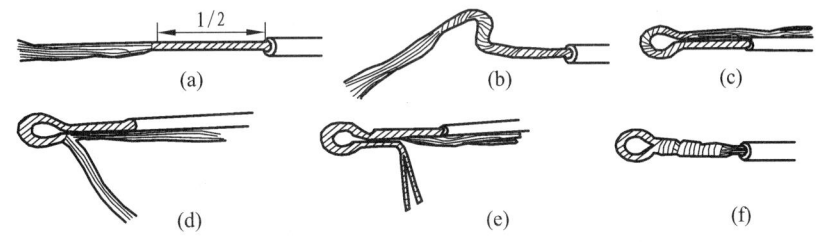

图 3-2-29　7 股导线压接圈弯法

连接这类线头的工艺要求是：压接圈和接线耳的弯曲方向应与螺钉拧紧方向一致,连接前应清除压接圈、接线耳和垫圈上的氧化层及污物,再将压接圈或接线耳在垫圈下面,用适当的力矩将螺钉拧紧,以保证良好的电接触。压接时注意不得将导线绝缘层压入垫圈内。

软线线头的连接也可用平压式接线桩。导线线头与压接螺钉之间的绕结方法如图 3-2-30 所示,其要求与上述多芯线的压接相同。

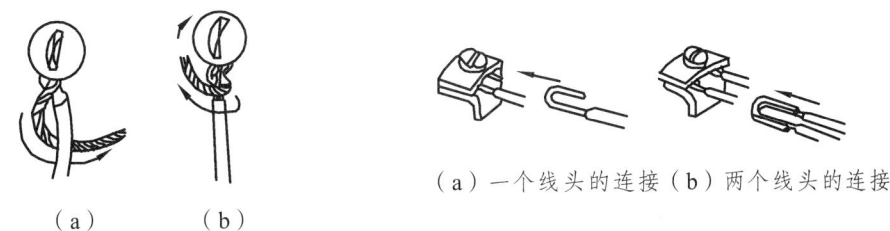

图 3-2-30　软导线线头连接　　　图 3-2-31　单股芯线与瓦形接线桩的连接

（3）线头与瓦形接线桩的连接。

瓦形接线桩的垫圈为瓦形。压接时为了不致使线头从瓦形接线桩内滑出,压接前应先将去除氧化层和污物的线头弯曲成 U 形,如图 3-2-31（a）所示,再卡入瓦形接线桩压接。如果在接线桩上有两个线头连接,应将弯成 U 形的两个线头相重合,再卡入接线桩瓦形垫圈下方压紧。如图 3-2-31（b）所示。

5. 导线的封端

为保证导线线头与电气设备的电接触和其机械性能,除 10 mm^2 以下的单股铜芯线、2.5 mm^2 及以下的多股铜芯线和单股铝芯线能直接与电气设备连接外,大于上述规格的多股或单股芯,通常都应在线头上焊接或压接接线端子,这种工艺过程叫作导线的封端。但在工艺上,铜导线和铝导线的封端是不完全相同的。

(1)铜导线的封端。

铜导线封端方法常用锡焊法或压接法。

① 锡焊法。

先除去线头表面和接线端子孔内表面的氧化层和污物,分别在焊接面上涂上无酸焊锡膏,线头上先搪一层锡,并将适量焊锡放入接线端子的线孔内,用喷灯对接线端子加热,待焊锡熔化时,趁热将搪锡线头插入端子孔内,继续加热,直到焊锡完成渗透到芯线缝中并灌满线头与接线端子孔内壁之间的间隙,方可停止加热。

② 压接法。

把表面清洁且已加工好的线头直接插入内表面已清洁的接线端子线孔,然后按本节前面所介绍的压接管压接法的工艺要求,用压接钳对线头和接线端子进行压接。

(2)铝导线的封端。

由于铝导线表面极易氧化,用锡焊法比较困难,通常都用压接法封端。压接前除了清除线头表面及接线端子线孔内表面的氧化层及污物外,还应分别在两者接触面涂以中性凡士林,再将线头插入线孔,用压接钳产压接,已压接完工的铝导线端子如图3-3-32所示。

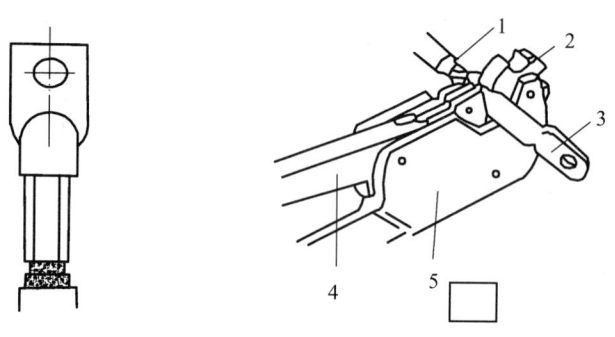

图3-2-32 铝线线头封端

6. 线头绝缘层的恢复

在线头连接完工后,导线连接前所破坏的绝缘层必须恢复,且恢复后的绝缘强度一般不应低于剖削前的绝缘强度,方能保证用电安全。电力线上恢复线头绝缘层常用黄蜡带、涤纶薄膜带和黑胶带(黑胶布)三种材料。绝缘带宽度选20 mm比较适宜。包缠时,先将黄蜡带从线头的一边在完整绝缘层上离切口40 mm处开始包缠,使黄蜡带与导线保持55°的倾斜角,后一圈压叠在前一圈1/2的宽度上,常称为半迭包,如图3-2-33(a)、(b)所示。黄蜡带包缠完以后将黑胶带接在黄蜡带尾端,朝相反方向斜叠包缠,仍倾斜55°,后一圈仍压叠前一圈1/2,如图3-2-33(c)、(d)所示。

在380 V的线路上恢复绝缘层时,先包缠1~2层黄蜡带,再包缠一层黑胶带。在220 V线路上恢复绝缘层,可先包一层黄蜡带,再包一层黑胶带。或不包黄蜡带,只包两层黑胶带。

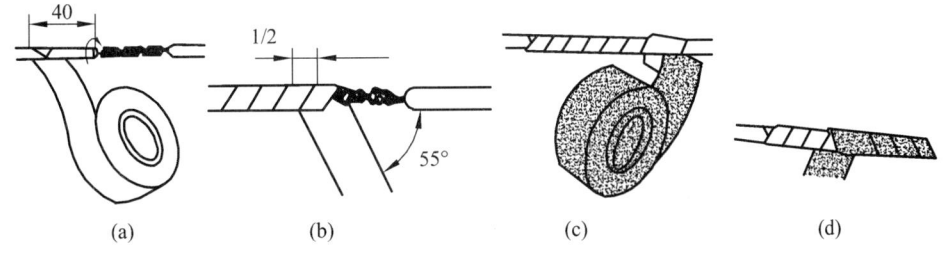

图 3-2-33　绝缘带的包缠

五、内线安装的基本知识

内线指室内将电能输送到用电器的线路。内线装修的质量不仅取决于电工本身的技术水平，还取决于是否按照正确的施工要求，运用正确的施工工艺。

（一）室内配线的一般工序

（1）定位：

按施工要求，在建筑物上确定出照明灯具、插座、配电装置、启动、控制设备等的实际位置，并注上记号。

（2）划线：

在导线沿建筑物敷设的路径上，划出线路走向色线，并确定绝缘支持件固定点、穿墙孔、穿楼板孔的位置，并注明记号。

（3）凿孔与预埋：

按上述标注位置，凿孔并预埋紧固件。

（4）安装绝缘支持件、线夹或线管。

（5）敷设导线。

（6）完成导线间连接、分支和封端，处理线头绝缘。

（7）检查线路安装质量：

检查线路外观质量、直流电阻和绝缘电阻是否符合要求，有无断路、短路。

（8）完成线端与设备的连接。

（9）通电试验，全面验收。

（二）室内配线的方式

室内配线的方式基本分为四种：线槽配线、绝缘子或瓷夹配线（很少使用）、管道配线及塑料护套线配线。其中绝缘子或瓷夹配线主要用于户外或简易工棚、房屋及工厂车间内配线。槽板配线、管道配线及塑料护套线配线主要用于室内配线。下面分别介绍四种配线的方式和方法。

1. 线槽配线

线槽配线一般适用于导线根数较多或导线截面较大且在正常环境的室内场所敷设，线槽按材质分：有金属线槽和塑料线槽之分，按敷设方法分：有明敷和暗敷之分，按槽数分，有单槽和双槽之分。

塑料线槽：由槽底、槽盖及附件组成，它是由难燃型硬聚氯乙烯工程塑料挤压成型，严禁使用非难燃型材料加工。选用塑料线槽时，应根据设计要求选择型号、规格相应的定型产品。其敷设场所的环境温度不得低于 – 15 ℃，其氧指数不应低于27%。以上线槽内外应光滑无棱刺，不应有扭曲、翘边等变形现象。并有产品合格证。

操作工艺流程：

弹线定位→线槽固定→线槽连接→槽内放线→导线连接→线路检查。

（1）弹线定位。

弹线定位应符合以下规定：

① 线槽配线在穿过楼板或墙壁时，应用保护管，而且穿楼板处必须用钢管保护，其保护高度距地面不应低于1.8 m。装设开关的地方可引至开关的位置。

② 过变形缝时应做补偿处理。

（2）弹线定位方法。

按设计图确定进户线、盒、箱等电气器具固定点的位置，从始端至终端（先干线后支线）找好水平或垂直线，用粉线袋在线路中心弹线，分均挡，用笔画出加挡位置后，再细查木砖是否齐全，位置是否正确，否则应及时补齐。然后在固定点位置进行钻孔，埋入塑料胀管或伞形螺栓。弹线时不应弄脏建筑物表面。

（3）线槽固定。

① 木砖固定线槽。

配合土建结构施工时预埋木砖；加气砖墙或砖墙剔洞后再埋木砖，梯形木砖较大的一面应朝洞里，外表面与建筑物的表面平齐，然后用水泥砂浆抹平，待凝固后，再把线槽底板用木螺丝固定在木砖上，如图3-2-34所示。

② 塑料胀管固定线槽。

混凝土墙、砖墙可采用塑料胀管固定塑料线槽。根据胀管直径和长度选择钻头，在标出的固定点位置上钻孔，不应歪斜、豁口，应垂直钻好孔后，将孔内残存的杂物清净，用木锤把塑料胀管垂直敲入孔中，并与建筑物表面平齐为准，再用石膏将缝隙填实抹平。用半圆头木螺丝加垫圈将线槽底板固定在塑料胀管上，紧贴建筑物表面。应先固定两端，再固定中间，同时找正线槽底板，要横平竖直，并沿建筑物形状表面进行敷设。木螺丝规格尺寸见表3-2-6，线槽安装用塑料胀管固定如图3-2-35所示。

表3-2-6 木螺丝规格尺寸 单位：mm

标号	公称直径 d	螺杆直径 d	螺杆长度 l
7	4	3.81	12~70
8	4	4.7	12~70
9	4.5	4.52	16~85
10	5	4.88	18~100
12	5	5.59	18~100
14	6	6.30	250~100
16	6	7.01	25~100
18	8	7.72	40~100
20	8	8.43	40~100
24	10	9.86	70~120

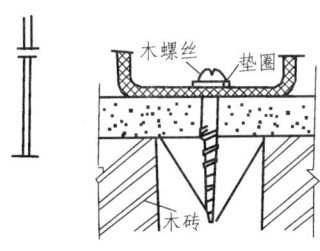

图 3-2-34 用木砖安装

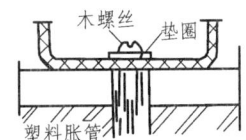

图 3-2-35 线槽安装用塑料胀管固定

③ 伞形螺栓固定线槽。

在石膏板墙或其他护板墙上，可用伞形螺栓固定塑料线槽，根据弹线定位的标记，找出固定点位置，把线槽的底板横平竖直地紧贴建筑物的表面，钻好孔后将伞形螺栓的两伞叶掐紧合拢插入孔中，待合拢伞叶自行张开后，再用螺母紧固即可，露出线槽内的部分应加套塑料管。固定线槽时，应先固定两端再固定中间。伞形螺栓安装做法如图 3-2-36 所示，伞形螺栓构造如图 3-2-37 所示。

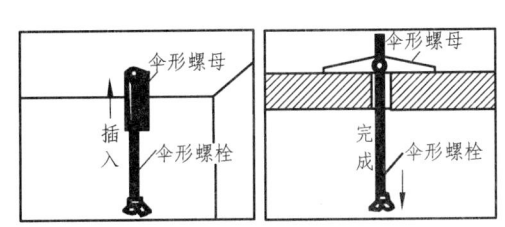

图 3-2-36 伞形螺栓安装做法

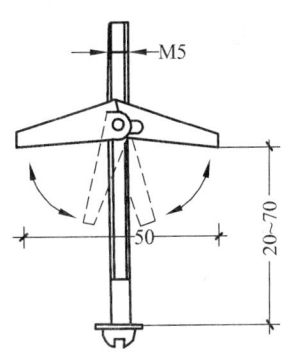

图 3-2-37 伞形螺栓构造

（4）线槽连接。

① 线槽及附件连接处应严密平整，无孔无缝隙，紧贴建筑物固定点最大间距见表 3-2-7。

表 3-2-7 槽体固定点最大间距尺寸

固定点型式	槽板宽度（mm）		
	20~40	60	80~120
	固定点最大间距（mm）		
中心单列	80	—	—
双列	—	1 000	—
双列	—	—	800

② 线槽分支接头，线槽附件如直通、三通转角、接头、插口、盒、箱应采用相同材质的定型产品。槽底、槽盖与各种附件相对接时，接缝处应严实平整，固定牢固如图 3-2-38 所示。

③ 线槽各种附件安装要求：

a. 盒子均应两点固定，各种附件角、转角，三通等固定点不应少于两点（卡装式除外）。

b. 接线盒、灯头盒应采用相应插口连接。

c. 线槽的终端应采用终端头封堵。

d. 在线路分支接头处应采用相应接线箱。

e. 安装铝合金装饰板时,应牢固平整严实。

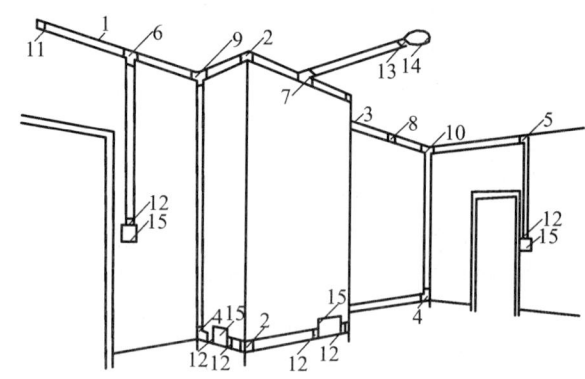

图 3-2-38 塑料线槽安装示意图

1—塑料线槽;2—阳角;3—阴角;4—直转角;5—平转角;6—平三通;7—顶三通;8—连接头;9—右三通;10—左三通;11—终端头;12—接线盒插口;13—灯头盒插口;14—灯头盒;15—接线盒

(5)槽内放线。

① 清扫线槽。放线时,先用布清除槽内的污物,使线槽内外清洁。

② 放线。先将导线放开抻直,捋顺后盘成大圈,置于放线架上,从始端到终端(先干线后支线)边放边整理,导线应顺直,不得有挤压、背扣、扭线和受损等现象。绑扎导线时应采用尼龙绑扎带,不允许采用金属丝进行绑扎。在接线盒处的导线预留长度不应超过 150 mm。线槽内不允许出现接头,导线接头应放在接线盒内。从室外引进室内的导线在进行入墙内一段用橡胶绝缘导线。同时穿墙保护管的外侧应有防水措施。

③ 盖板。盒盖、槽盖应全部盖严实平整,不允许有导线外露现象。

(6)导线连接。

导线连接应使连接处的接触电阻值最小,机械强度不降低,并恢复其原有的绝缘强度。连接时,应正确区分相线、中性线、保护地线。可采用绝缘导线的颜色区分,或使用仪表测试对号,检查正确方可连接。

(7)线路检查绝缘摇测。

按相关标准进行。

注意:安装塑料线槽配线时,应注意保持墙面整洁。

2. 金属线槽的敷设

(1)暗配金属线槽。

地面内暗装金属线槽,将其暗敷于现浇混凝土地面、楼板或楼板垫层内,在施工中应根据不同的结构形式和建筑布局,合理确定线槽走向。图 3-2-39 所示是地面内暗装金属线槽组装示意图。

① 当暗装线槽敷设在现浇混凝土楼板内,楼板厚度不应小于 200 mm;当敷设在楼板垫层内时,垫层的厚度不应小于 70 mm,并避免与其他管路相互交叉。

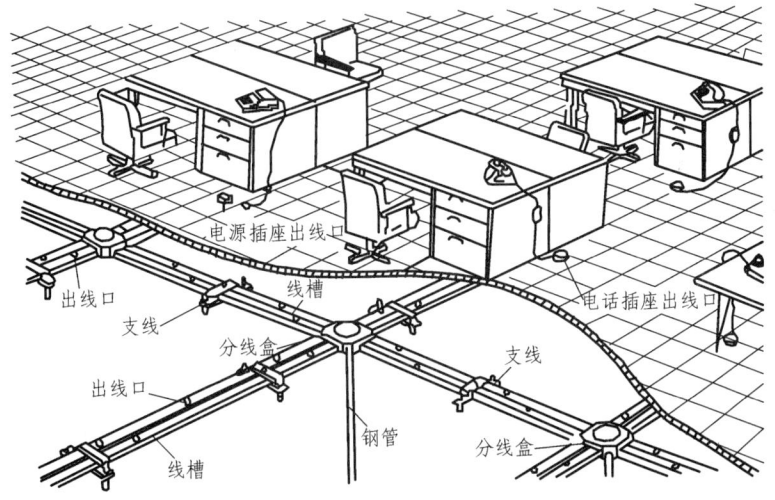

图 3-2-39 地面内暗装金属线槽组装示意

② 地面内暗配金属线槽，应根据单线槽或双线槽结构形式不同，选择单压板或双压板与线槽组装并配装卧脚螺栓，如图 3-2-40（a）~（c）所示。地面内线槽的支架安装距离，一般情况下应设置于直线段不大于 3 m 或在线槽接头处、线槽进入分线盒 200 mm 处。线槽出线口和分线盒不得突出地面，且应做好防水密封处理。

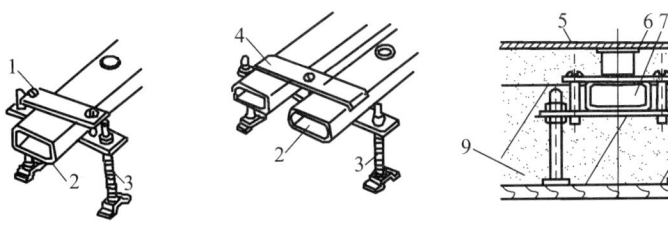

（a）单线槽　　　　（b）双线槽　（c）单线槽地面混凝土内安装剖面

图 3-2-40　地面内线槽支架安装示意图

1—单压板；2、7—线槽；3—卧脚螺栓；4—双压板；5—地面；6—出线口；8—模板；9—钢筋混凝土

③ 地面内线槽端部与配管连接时，应使用管过渡接头，如图 2-2-41（a）所示；线槽间连接时，应采用线槽连接头进行连接，如图 3-2-41（b）所示，线槽的对口处应在线槽连接头中间位置上；当金属线槽的末端无连接时，就用封端堵头堵严，如图 3-2-41（c）所示。

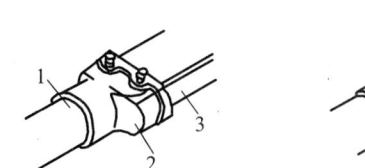 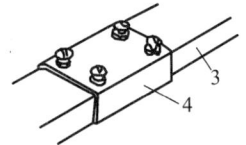 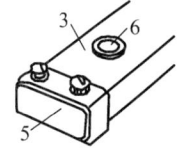

（a）线槽与管过渡接头安装　　（b）线槽连接头安装　　（c）封端堵头安装

图 3-2-41　线槽连接安装示意图

1—钢管；2—管过渡接头；3—线槽；4—连接头；5—封端堵头；6—出线孔

④ 分线盒与线槽、管连接。

a. 地面内暗装金属线槽不能进行弯曲加工，当遇有线路交叉、分支或弯曲转向时，应安装分线盒，图 3-2-42 所示为分线盒与单线槽连接。当线槽的直线长度超过 6 m 时，为方便施工穿线与维护，也宜加装分线盒。双线槽分线盒安装时，应在盒内安装便于分开的交叉隔板。

b. 由配电箱、电话分线箱及接线端子箱等设备引至线槽的线路，宜采用金属管暗敷设方式引入分线管，图 3-2-42 中钢管从分线盒的窄面引出，或以终端连接器直接引入线槽。

⑤ 暗装金属线槽应作可靠的保护接地或保护接零措施。

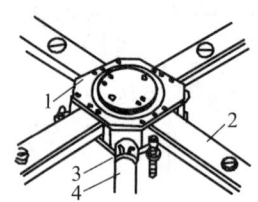

图 3-2-42 分线盒与线槽、管连接示意图
1—分线盒；2—线槽；3—引出管接头；4—钢管

3. 绝缘子配线

在室内布线中，如果线路载流量大，对于机械强度要求较高、环境又比较潮湿的场合，可用绝缘子或瓷夹配线。这种配线方式不仅适合于室内，也适用于室外。

（1）绝缘子的配线。

操作工艺：

绝缘子配线方法的基本步骤与槽板配线相同，但另需说明如下：

常用绝缘子有鼓形绝缘子、蝶形绝缘子、针式绝缘子、悬式绝缘子等，如图 3-2-43 所示。

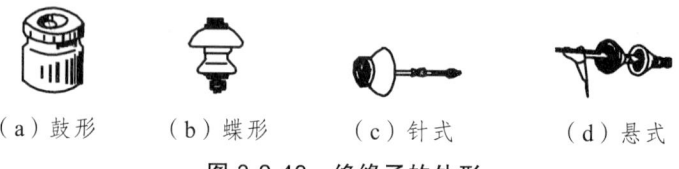

（a）鼓形　　（b）蝶形　　（c）针式　　（d）悬式

图 3-2-43 绝缘子的外形

利用木结构、预埋木榫或尼龙塞、预埋支架、膨胀螺栓等固定鼓形绝缘子，如图 3-2-44 所示。

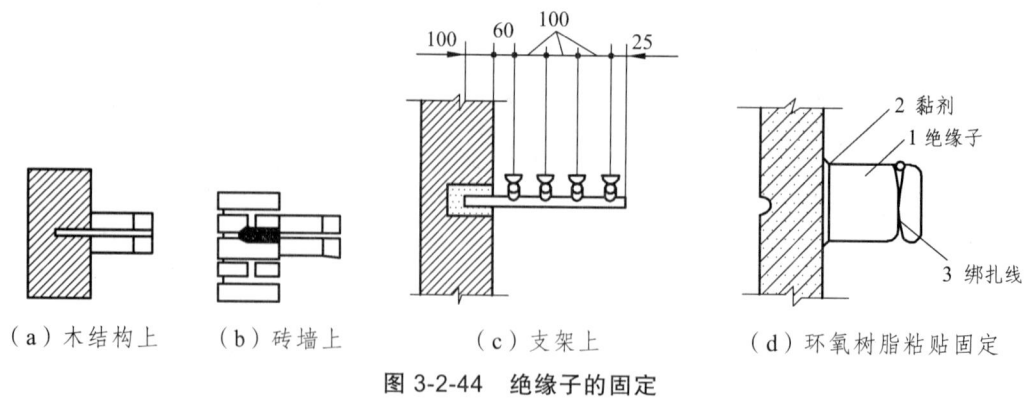

（a）木结构上　（b）砖墙上　（c）支架上　（d）环氧树脂粘贴固定

图 3-2-44 绝缘子的固定

（2）敷设导线及导线的绑扎。

在绝缘子上敷设导线，也应从一端开始，先将一端的导线绑扎在绝缘子的颈部，如果导线弯曲，应事先校直，然后将导线的另一端收紧绑扎固定，最后把中间导线也绑扎固定。导线在绝缘子上绑扎固定的方法如下：

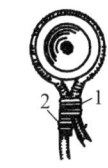

图 3-2-45　终端导线的绑扎

1—公匝数；2—单匝数图

① 终端导线的绑扎。导线的终端可用回头线绑扎，如图 3-2-45 所示。绑扎线宜用绝缘线，绑扎线的线径和绑扎匝数如表 3-2-8 所示。

表 3-2-8　绑扎线的线径和绑扎匝数

导线截面 (mm²)	绑线直径			绑线匝数	
	纱包铁芯线	铜芯线	铝芯线	公匝数	单匝数
1.5～10	0.8	1.0	2.0	10	5
10～35	0.89	1.4	2.0	12	5
50～70	1.2	2.0	2.6	16	5
95～120	1.24	2.6	3.0	20	5

② 直线段导线的绑扎。鼓形和蝶形绝缘子直线段导线的一般采用单绑法或双绑法两种，截面在 6 mm² 及以下的导线可采用单绑法，步骤如图 3-2-46（a）所示。截面为 10 mm² 及以上的导线可采用双绑法，步骤如图 3-2-46（b）所示。

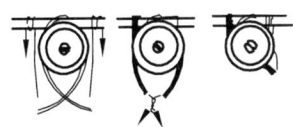　　

（a）单绑法　　　　　　　　（b）双绑法

图 3-2-46　直线段导线的绑扎

（3）绝缘子配线的注意事项：

① 在建筑物的侧面或斜面配线时，必须将导线绑扎在绝缘子的上方，如图 3-2-47 所示。

② 导线在同一平面内，如有曲折时，绝缘子必须装设在导线角的内侧，如图 3-2-48 所示。

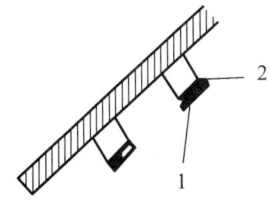　　　　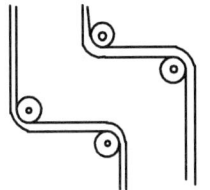

图 3-2-47　绝缘子在侧面或斜面导线绑扎　　图 3-2-48　绝缘子在同一平面的转弯做法

③ 导线在不同的平面上曲折时，在凸角的两面上应装设两个绝缘子，如图 3-2-49 所示。

④ 导线分支时，必须在分支点处设置绝缘子，用以支持导线，导线互相交叉时，应在距建筑物近的导线上套瓷管保护，如图 3-2-50 所示。

⑤ 平行的两根导线，应在两绝缘子的同一侧，如图 3-2-51 所示。

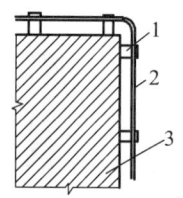 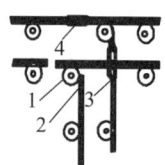 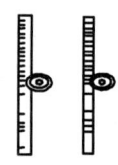

图 3-2-49　绝缘子在平面的转弯做法　　图 3-2-50　绝缘子的分支做法　　图 3-2-51　平行导线

1—绝缘子；2—导线；3—建筑物　　1—绝缘子；2—导线；3—瓷管；4—接头包胶布

⑥ 绝缘子沿墙壁垂直排列敷设时，导线弛度不得大于 5 mm；沿屋架或水平支架敷设时，导线弛度不得大于 10 mm。

4. 塑料护套线配线

（1）操作工艺。

护套线配线方法的基本步骤也类似槽板配线，但另需说明如下：

① 木结构上直接用铁钉固定铝片线卡，在抹灰墙上，每隔 4~5 个钢筋扎头固定处或进入木台和转角处用小铁钉将铝片线卡固定在木榫上，余处可将线卡直接钉在灰墙上。

② 铝片的夹持。护套线置于铝片的钉孔处，如图 3-2-52 所示顺序扎紧。

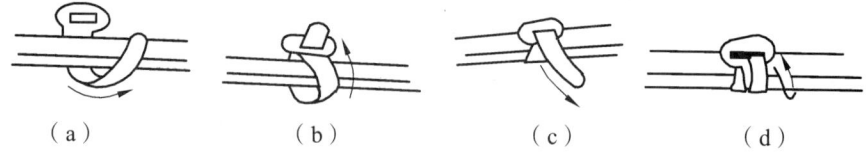

图 3-2-52　铝片卡线夹住护套线操作

（2）塑料护套线配线时的注意事项：

① 室内使用塑料护套配线时，其截面规定铜芯不得小于 0.5 mm^2，铝芯不得小于 1.5 mm^2；室外使用塑料护套配线时，其截面规定铜芯不得小于 1.0 mm^2，铝芯不得小于 2.5 mm^2。

② 护套线不可在线路上直接连接，可通过瓷接头、接线盒或借用其他电器的接线柱来连接线头。

③ 护套线转弯时，转弯弧度要大，以免损伤导线，转弯前后应各用一个铝片线卡夹住，如图 3-2-53（a）所示。

④ 护套线进入木台前应安装一个铝片线卡，如图 3-2-53（b）所示。

⑤ 两根护套线相互交叉时，交叉处要用 4 个铝片线卡夹住，护套线应尽量避免交叉，如图 3-2-53（c）所示。

⑥ 护套线路的离地最小距离不得小于 0.15 m，在穿越楼板及离地低于 0.15 m 的一段护套线，应加电线管保护。

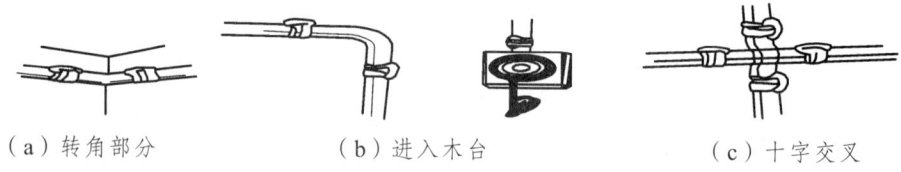

图 3-2-53　铝片线卡的安装

5. 线管配线

（1）工具器材。

线管、管箍、钢锯、弯管器、管子套丝绞板、接线盒、导线、钢丝；钢丝钳、手锤、螺丝刀等。

（2）操作工艺。

① 线管选择。

a. 在潮湿或有腐蚀气体场所明敷时，应采用管壁较厚的白铁管。

b. 干燥场所采用管壁较薄的电线管。

c. 腐蚀严重场所，采用硬塑料管。

一般按穿管导线含绝缘层总截面不超过线管内截面 40%，选取适当直径线管。

② 落料。

线管应无裂缝、瘪陷等缺陷，下料长度以尽可能减少线管连接接口为原则，用钢锯锯割适当长度，挫去毛刺和锋口。硬质塑料管的切断多用钢锯条，硬质 PVC 塑料管也可以使用厂家配套供应的专用截管器截剪管子。应边转动管子边进行裁剪，使刀口易于切入管壁，刀口切入管壁后，应停止转动 PVC 管（以保证切口平整），继续裁剪，直至管子切断为止，如图 3-2-54 所示。

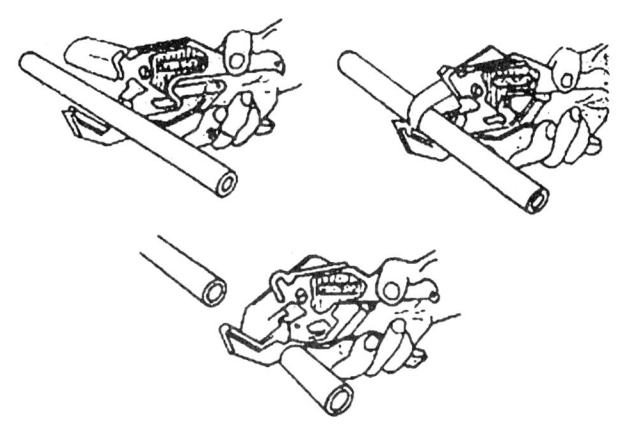

图 3-2-54　PVC 管切割

③ 弯管。

为了线管穿线方便，弯管弯曲角度不应小于 90°，明管敷设管子弯曲曲率半径尺≥4d，暗管敷设，弯管曲率半径 $R \geqslant 6d$，其中 d 为管径。

a. 弯管器弯管，如图 3-2-55 所示，适用于直径 50 mm 以下线管。

b. 木架弯管器弯管，如图 3-2-56 所示。

c. 滑轮弯管器弯管，如图 3-2-57 所示，适用于直径 50～100 mm 线管。

d. 弯曲硬塑料管，先将塑料管加热，然后放在木坯具上弯曲成型，如图 3-2-58 所示。

e. 冷煨法只适用于硬质 PVC 塑料管。弯管时，将相应的弯管弹簧插入管内需要弯曲处，两手握住管弯处弹簧的部位，用手逐渐弯出所需要的弯曲半径来，如图 3-2-59 所示。

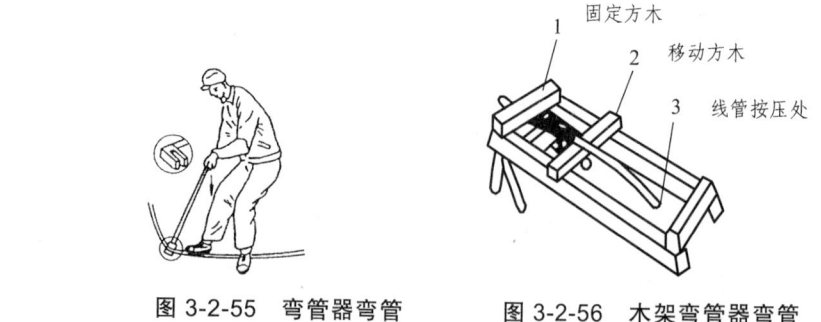

图 3-2-55　弯管器弯管　　　　图 3-2-56　木架弯管器弯管

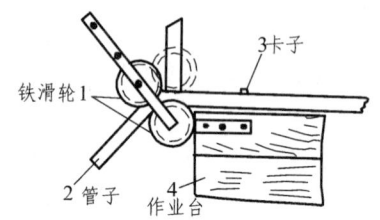  

图 3-2-57　滑轮弯管器弯管　　图 3-2-58　硬塑料管弯曲　　图 3-2-59　PVC 管冷弯曲

④ 套丝。

管子套丝绞板的套丝方法如图 3-2-60 所示，套丝时，将线管固定于台虎钳上，当套丝将要到预定长度（管箍长度的一半）时应稍松开板牙，且边绞边松，直至形成锥形丝扣，最后应试验管箍能旋上线管。

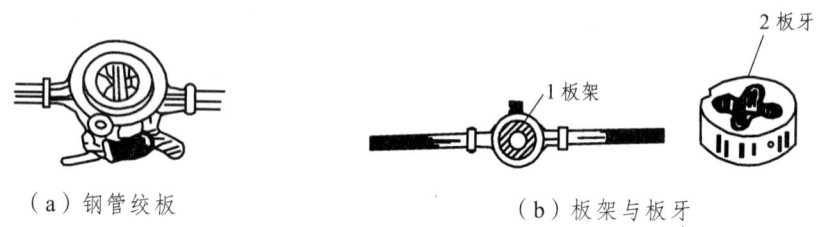

（a）钢管绞板　　　　　　　　（b）板架与板牙

图 3-2-60　管子套丝绞板

⑤ 线管连接。

a. 钢管相接。采用管箍连接，为保证接口严密，在管子丝扣上顺螺纹缠上麻丝，并且在丝上涂一层白漆，再用管子钳拧紧，使两管端口吻合，如图 3-2-61 所示。

b. 钢管与接线盒连接。如图 3-2-62 所示，在接线盒内外各用一个薄形锁紧螺母紧固，如需密封，两螺母间可各垫入封口垫圈。

c. 硬塑料管连接。将两根管子的管口，一根内倒角，一根外倒角，加分内倒角塑料管至 145°左右，将外倒角管涂一层胶合剂，迅速插入内倒角管，并立即用湿布冷却使管子恢复硬度，如图 3-2-63 所示。

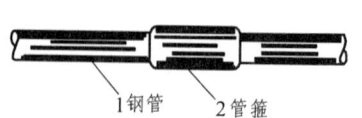 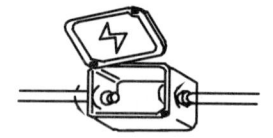

图 3-2-61　管箍连接钢管　　　　图 3-2-62　管线与接线盒的连接

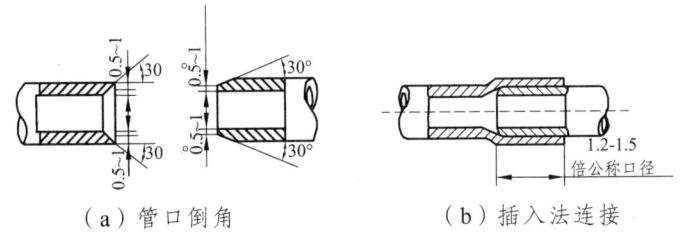

(a) 管口倒角　　　(b) 插入法连接

图 3-2-63　硬塑料管的插入法连接

⑥ 线管接地。

钢线管必须可靠接地，在钢管与钢管，钢管与配电箱及接线盒等连接处，用 $\Phi 6\sim 10$ mm 圆钢制成的跨接线连接，如图 3-2-64 所示。在线管始末端分别与接地体可靠连接。

⑦ 线管的固定。

a. 线管明线敷设。如图 3-2-65 所示，当线管进入接线盒、开关、灯头、插座和线管拐角处，两边需要用管卡固定。

b. 线管在混凝土内暗敷设。预先将管绑扎在钢筋上，也可固定在浇灌模板上，且应将管子用垫块垫离混凝土表面 15 mm 以上，如图 3-2-66 所示。

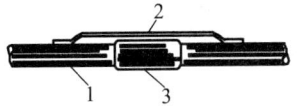

图 3-2-64　线管连接处的跨接线

1—钢管；2—跨接线；3—管箍

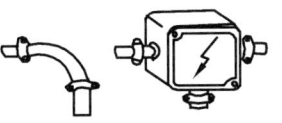

图 3-2-65　两种管卡固定方式

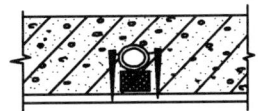

图 3-2-66　线管在混凝土模板上的固定

当线管配在砖墙内时一般是随同土建砌砖时预埋；否则，应先在砖墙上留槽或剔槽。线管在砖墙内的固定方法，可先在砖缝里打入木楔，再在木楔上钉钉子，用铁线将管子绑扎在钉子上，使管子充分嵌入槽内。应保证管子离墙表面净距不小于 15 mm。在地坪内配管，必须在土建浇制混凝土前埋设，固定方法可用木桩或圆钢等打入地中，再用铁丝将管子绑牢。为使管子全部埋设在地坪混凝土层内，应将管子垫高，离土层 15~20 mm，这样，可减少保护管保护。当有许多管子并排敷设在一起时，必须使其相互离开一定距离，以保证其间也灌上混凝土。为避免管口堵塞影响穿线，管子配好后要将管口用木塞或塑料塞堵好。管子连接处以及钢管及接线盒连接处，要按规定做好接地处理。

当电线管路遇到建筑物伸缩缝、沉降缝时，必须相应作伸缩、沉降处理。一般是装设补偿盒。在补偿盒的侧面开一个长孔，将管端穿入长孔中，无须固定，而另一端则要用六角螺母与接线盒拧紧固定。如图 3-2-67 所示。

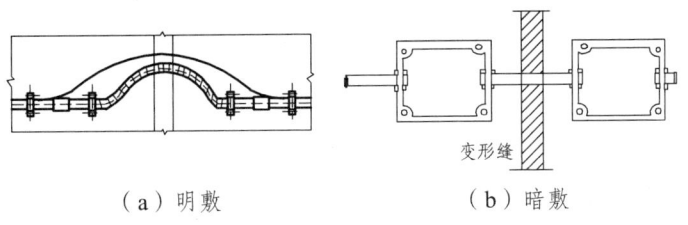

(a) 明敷　　　(b) 暗敷

图 3-2-67　钢管经过伸缩缝补偿装置

⑧ 扫管穿线。

一般在建筑物土建地坪和粉刷结束后进行穿线工作。

a. 首先用压缩空气或绑结抹布的钢丝穿线管，以清除管内杂物和水分。

b. 用 $\Phi 1.2$ mm 的钢丝做引线，如图 3-2-68 所示绑缠，在弯头少的地方，钢丝可直接穿出线套管出口端。

弯头多地方，可两边同时穿钢丝，在钢丝端弯曲挂钩，如图 3-2-69 所示，试探着将挂钩互相勾住，引出牵引钢丝绳。

c. 导线穿入线管前，应在管口套护圈，防止割伤导线绝缘。线管入口和出口各有一人，相互配合拉出导线，如图 3-2-70 所示。

图 3-2-68 导线与引线的缠绕　　图 3-2-69 管两端穿入钢丝引线　　图 3-2-70 导线穿管内的方法

（3）线管配线的注意事项：

① 截面较大而管壁薄的钢管的弯曲，为避免弯瘪、弯裂线管，可在管内灌沙，甚至加热后再弯管。

② 线管内导线的绝缘强度不低于 500 V；铜芯导线截面不小于 1 mm^2，铝芯导线截面不小于 2.5 mm^2。

③ 管内不准有接头，也不准有绝缘破损后经包缠恢复绝缘的导线。

④ 不同电压和不同电能表的导线不得穿在同一根管内。

⑤ 为便于穿线，线管应尽可能减少转角或弯曲，且规定线管长度超过一定值，必须加装接线盒时，要求：直线段不超过 30 m；一个弯头不超过 30 m；两个弯头不超过 20 m，三个弯头不超过 12 m。

⑥ 在混凝土内暗敷线管时，必须使用厚度为 3 mm 的电线管；当线管外径超过混凝土厚度 1/3 时，不准采用暗敷线管方式，以免影响混凝土强度。

暗管配线使墙壁表面光洁好看，但不利于线路维修，提倡采用半明半暗方式，线路的高端横向采用槽板配线，低端竖向（连接开关、插座等处）采用管线暗敷配线，即横明竖暗方式，使室内配线美观而又便于维修。

6. 普利卡金属套管

普利卡金属套管是电线电缆保护套管的更新换代产品，是新兴的电工器材，属于可挠性金属套管，它具有耐热、耐酸、耐腐蚀和抗压、抗晒、抗拉的特点，搬运方便、施工容易。在建筑电气工程中的使用日趋广泛。

按结构类型分：LZ-3 型为单层可挠性电线保护管，套管外层为镀锌钢带（FeZn），里层为电工纸（P）；LZ-4 型为双层金属可挠性保护套管，属于基本型。套管外层为镀锌钢带（FeZn），中间层为冷轧钢带（Fe），里层为电工纸（P）；LV-5 普利卡金属套管构造是用特殊方法在 LZ-4 套管表面被覆一层具有良好耐韧性软质聚氯乙烯（PVC）。此管除具有 LZ-4 型套管的特点外，具有优异的耐水性、耐腐蚀性、耐化学稳定性。此外还有 LE-6 型、LVH-7 型、LAL-8 型、LS-9 型和 LH-10 型，它们各具有不同的特点，适用于不同场所使用。在寒冷地区以及冷冻机等低温场所的配管工程，可选用 LE-6 耐寒型普利卡金属套管；在高温场所配管，应选用 LVH-7 耐热型普利卡金属套管；在食品加工及机械加工厂明配管的场所，应选用 LAL-8 型普利卡金属套管；使用在酸性、碱性气体等场所的电线、电缆保护管，可选用 LS-9 型普利卡金属套管；高温场所（250 ℃ 及以下）的配管，可选用 LH-10 耐热型普利卡金属套管；在室内潮湿及有水蒸气或有腐蚀性及化学性的场所使用，应选用 LV-5 型普利卡金属套管（即聚氯乙烯覆层套管）。

（三）车间配电线路

1. 车间配电线路的一般要求

（1）要求线路布局合理，整齐美观，安装牢固，操作、维修方便，最重要的是能够安全可靠地输送电能。

（2）配线方式的选择。车间配电线路的敷设方式有明配线和暗配线两种，所使用的导线大多为绝缘线和电缆，也可用母排或裸导线。敷设方式和应用的导线种类要根据生产车间的周围环境和经济技术的合理性来选择，并考虑到安装及维修条件以及安全要求。

（3）车间照明线路，每一单相回路的电流不应超过 15 A。除花灯和壁灯等线路外，一个回路灯头和插座总数不超过 25 个。当照明灯具的负载超过 30 A 时，应用 380/220 V 三相四线制供电。

（4）无论采用哪种配线方式都要尽量避免导线接头，必须出现时，要尽可能将接头放在接线盒和灯头盒内。

（5）为了确保安全用电，车间内部的电气管线和配电装置与其他设备间的最小距离应符合要求。不能满足要求时，则应采取必要的措施。

（6）采用塑料管和钢管配线时，必须注意管孔的直径和弯曲半径，以及中间接线盒、分支接线盒、拉线盒的布置，均应保证能顺利地向管内拉线和换线，而不会损伤导线绝缘。

（7）对于工作照明回路，在一般环境的厂房内，管配线时，一根管内导线的总根数不得超过 6 根，而有爆炸、火灾危险的厂房内部的超过 4 根。

2. 车间照明配线的敷设工序

（1）根据设计图样的要求确定照明灯头、控制开关、插座、照明配电箱的位置。

（2）根据设计图样，结合建筑物的结构特点，以及各电气设备的相对位置，确定线路走向和穿过楼板或梁、墙的位置。

（3）根据建筑物结构特点及敷设方式，在土建施工中，预埋木砖、木条、螺栓或在粉刷前，将配线的所有固定点打好洞眼，埋设膨胀螺栓、木砖等。

（4）装设配线支持物（如瓷瓶、瓷夹）和管卡、线夹。

（5）敷设导线。

（6）完成导线的连接、分支和封端。

3. 动力线路的敷设方式与安装技术

车间动力设备的配线结构，是根据设计所确定的配线系统、配线方式和在平面图上的设计进行施工。配电干线可以是明敷设（如电缆槽配线）和暗敷设（管配线）等。电动机的配线多采用穿管暗配线。

管配线已经介绍过,这里不再赘述,现介绍裸母线、插接式母线、电缆桥架配线方式敷设与安装技术。

(1)裸母线供电干线。

金属加工车间、机械装配车间按照环境特性分类,属一般性房屋,没有着火及爆炸危险,灰尘较少,没有侵蚀性蒸气或气体,不是炽热的房屋。因此这类车间的低压配电干线可以采用裸母线明配方式。

裸母线一般是采用硬铝母线安装。母线的敷设可以跨工字形屋面梁,如图 3-2-71 所示,或通过屋面梁洞,如图 3-2-72 所示,或跨钢屋架、跨桁架等,根据房屋结构决定。

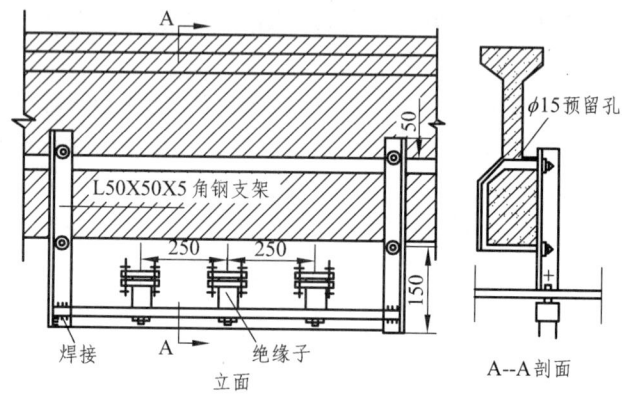

图 3-2-71 跨工字梁中间固定支架做法

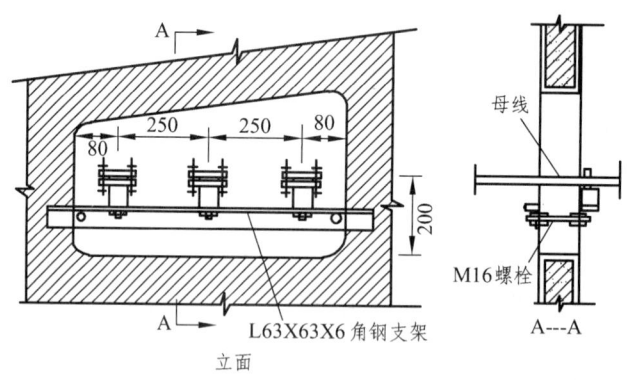

图 3-2-72 通过屋面梁洞中间固定支架法

明设母线的安装工作,是利用水平仪及铅锤安好构架,将瓷瓶紧固在构架上;然后将校直好的母线紧固在瓷瓶上,用焊接或用螺栓将它的接头连接起来,并刷上相色漆。

安装母线的所有金属部件均应镀锌,夹板与母线接触处应除掉母线表面氧化层,并涂上工业凡士林油膏。

母线沿墙敷设安装时,支架间距应不大于 3 m,垂直安装,要求每隔 2 m 做一个固定支架,绝缘子采用 XW-01 型电车绝缘子。屋面梁的间距较大时,母线应做中间拉紧装置,如图 3-2-73 所示,到端头应做母线终端拉紧装置。拉紧装置的连接板宽度为母线宽加 55 mm,母线规格由工程设计决定。

项目三 动力照明线路安装维护

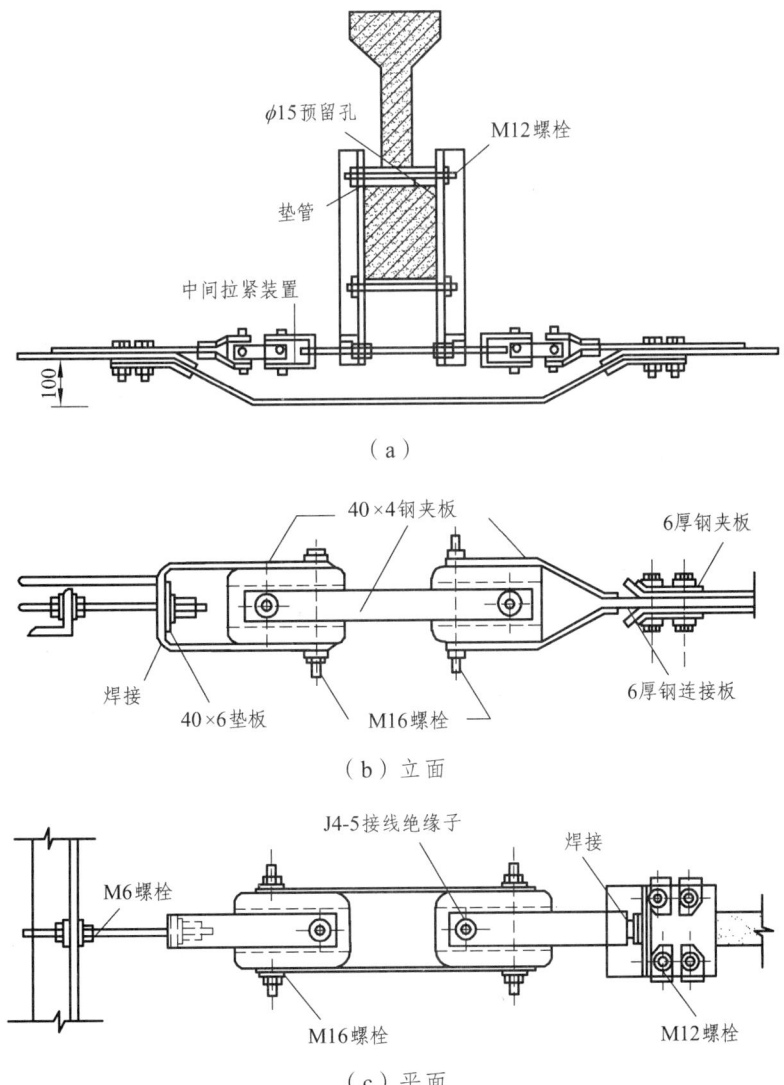

图 3-2-73 端拉紧装置

（2）插接式母线配电方式。

以树干式结构为主的变压器——干线式，即将变电所变压器二次侧裸母线直接引入车间，虽然经济效果较高，但只能应用于一般环境厂房。如车间机床很多，又是均匀地沿线路分布时，支干线采用插接式母线配电方式比用配电箱供电经济合理。插接式母线如图 3-2-74 所示，输电能力可达 250～600 A，插接式母线上装设带有熔断器的分线盒，当分线盒合上时，支线接至母线，打开时，支线与电源脱离，因而接入或切除某一用电设备时，并不影响其他设备工作。插接式母线沿柱或墙吊挂，或利用支架敷设，高度为 2.5～

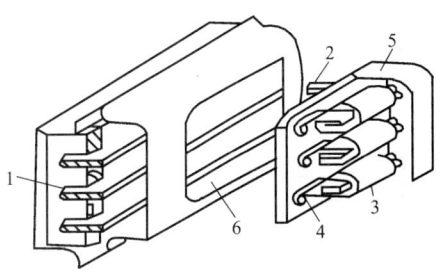

图 3-2-74 插接式母线

1—母线；2—插接线；3—熔断器；4—支持用电端子；5—装插接线与熔断器的箱子；
6—插接母线上用的小孔

3.5 m，以不影响车间内运输为原则。

（3）电缆桥架敷设。

随着工业的发展，各个工矿企业中用电设备的增多，用电量的增大，电缆用量既多又集中。电缆桥架，即空中走线的方式，由原来的焊接工艺发展到现场组装方式，走向灵活，施工简单，整齐美观。

① 电缆桥架。电缆桥架是架设电缆、管缆的一种装置。通过电缆桥架把电缆、管缆从配电室（或控制室）送到用电设备，特别适合于全塑电缆的敷设。电缆桥架一般由立柱、托臂和梯架（或托盘。电缆槽）组成，如图 3-2-75 所示。立柱间距一般为 2 m，桥架荷载为 125 kg/m。

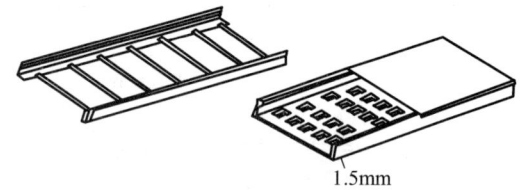

图 3-2-75 电缆桥架和托盘

② 电缆桥架的使用范围。电缆桥架适用于化工、炼油、冶金、军工、机械、轻工、纺织等各个工业企业的厂区及车间敷设电缆。特别是对于像石油化工、钢铁等大型联合企业更显优越。电缆桥架不仅可以用于敷设动力电缆和控制电缆，同时也可以用于敷设自动控制系统的控制电缆。电缆桥架不仅适用于室内，而且适用于室外。电缆桥架的各个零部件是镀锌的，可以用于轻腐蚀的环境中，在防爆环境中也可以应用。

③ 电缆桥架的形式。电缆桥架的形式是多种多样的：有梯架、托盘、组合式托盘、电缆槽等。现在电缆桥架的所有零部件都做成标准定型件，由专业化厂生产。这些标准定型件运到现场即可组合安装。

④ 电缆桥架的敷设。托盘平面布置如图 3-2-76 所示。电缆在托盘上敷设是单层布置，用塑料卡带将电缆固定在托盘上。大型电缆可用铁皮卡子固定，如图 3-2-77 所示。桥架的立面图如图 3-2-78 所示。电缆桥架固定常用膨胀螺栓，这种方法施工简单、方便、省工、准确，省去了在土建施工中预埋件的工作。用膨胀螺栓可以把电缆桥架的立柱、底座、引出管的底座及托臂等部件固定在混凝土构件上或砖墙上。电缆桥架敷设时所需机具有：滑轮、滚柱及牵引头等，应予备齐。

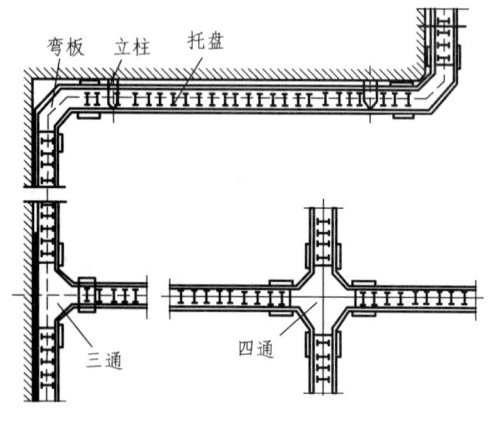

图 3-2-76 托盘平面布置图

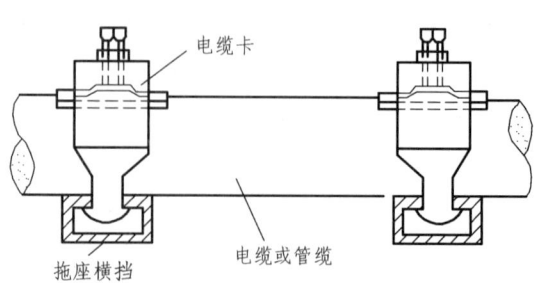

图 3-2-77 铁皮卡子固定电缆图

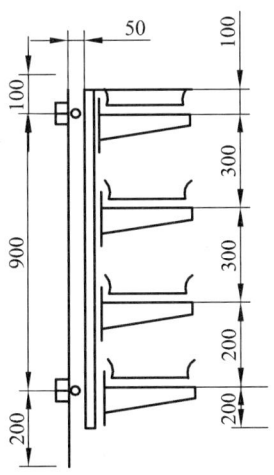

图 3-2-78 桥架的立面图

4. 配线及检验

配线工程结束后,在试送电前必须进行检验,以确定全部配线和线路施工是否正确,确保安全送电。

检验方法为:首先对整个工程外部进行检查。外部检查主要是靠经验,用目力来判断配线质量和缺陷。检查人员必须是配线工程的直接参加者,或是有一定经验的技术人员与老工人。其次是用仪器进行检验。一般用 500 V 的摇表来测量导线之间的绝缘电阻,以及导线与大地间的绝缘电阻,同时用摇表也可以测定导线是否断线。测导线的绝缘电阻时,必须将跨接在线路上的电动机、电器和仪表等切除。绝缘电阻不得低于 0.5 MΩ。

实训项目

实际工作任务 1　导线的连接

一、材料工具

钢丝钳，电工刀，绝缘胶带，导线若干。

二、工作任务

做导线连接，包括直导线连接，T 形导线连接。

三、工作步骤

1. 直导线连接

先在线头所需长度交界处，用钢丝钳口轻轻切破绝缘层表皮，然后左手拉紧导线，右手适当用力捏住钢丝钳头部，向外用力勒去绝缘层。如图 3-2-79 所示。在勒去绝缘层时，不可在钳口处加剪切力，这样会伤及线芯，甚至将导线剪断。

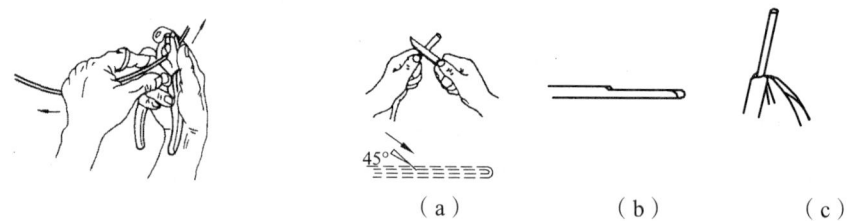

图 3-2-79　用钢丝钳勒去导线绝缘层　　　图 3-2-80　用电工刀剖削塑料硬线

对于规格大于 4 mm² 的塑料硬线的绝缘层，直接用钢丝钳剖削较为困难，可用电工刀剖削。先根据线头所需长度，用电工刀刀口对导线成 45°切入塑料绝缘层，注意掌握刀口刚好削透绝缘层而不伤及线芯，如图 3-2-80（a）所示。然后调整刀口与导线间的角度以 15°向前推进，将绝缘层削出一个缺口，如图 3-2-80（b）所示，接着将未削去的绝缘层向后扳翻，再用电工刀切齐，如图 3-2-80（c）所示。

绞接法是先将已剖除绝缘层并去掉氧化层的两根线头呈"×"形相交，如图 3-2-81（a）（所示），互相绞合 2~3 圈[如图 3-2-81（b）所示]，接着扳直两个线头的自由端，将每根线自由端在对边的线芯上紧密缠绕到线芯直径的 6~8 倍长[如图 3-2-81（c）所示]，将多余的线头剪去，修理好切口毛刺即可[如图 3-2-81（d）所示]。

缠绕法是将已去除绝缘层和氧化层的线头相对交叠，再用直径为 1.6 mm 的裸铜线做缠绕线在其上进行缠绕，如图 3-2-15 所示，其中线头直径在 5 mm 及以下的缠绕长度为 60 mm，直径大于 5 mm 的，缠绕长度为 90 mm。

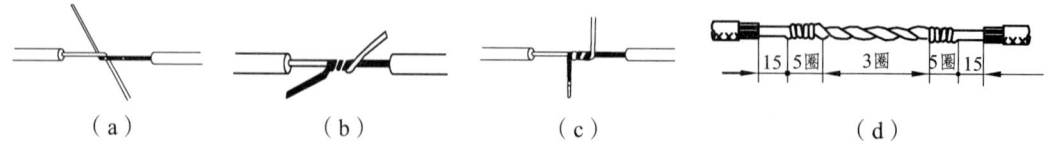

图 3-2-81　单股芯线直线连接（绞接）

2. T形导线连接

绞接法是先将除去绝缘层和氧化层的线头与干线剖削处的芯线十字相交,注意在支路芯线根部留出 3~5 mm 裸线,接着顺时针方向将支路芯线在干中芯线上紧密缠绕 6~8 圈(见图 3-2-82)。剪去多余线头,修整好毛刺。为保证接头部位有良好的电接触和足够的机械强度,应保证缠绕为芯线直径的 8~10 倍。

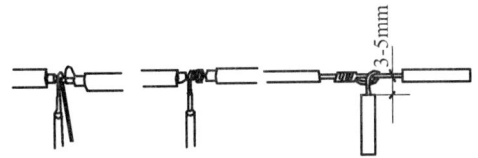

图 3-2-82 单股芯线 T 形连接

四、评分标准

1. 没有按照操作步骤进行,每步扣 5 分。
2. 出现元器件损坏,每次扣 5 分。
3. 人体受到伤害,轻伤每次扣 5 分,重伤不能工作扣 41 分。

实际工作任务 2　塑料线槽配线

一、材料工具

塑料线槽、绝缘导线、螺旋接线钮、接线端子（接线鼻子）、木砖、塑料胀管、螺丝、螺栓、螺母、垫圈、弹簧垫圈、绝缘胶带、铅笔、卷尺、线坠、粉线袋、电工常用工具、活扳子、手锤、錾子、钢锯、万用表、兆欧表、工具袋、工具箱、登高梯等。

二、工作任务

利用塑料线槽配线实现导线暗敷方式。

三、工作步骤

1. 弹线定位：确定塑料线槽位置，要求：弹线时不应弄脏建筑物表面。
2. 线槽固定：把线槽底板用木螺丝固定在木砖上
3. 线槽连接：要求：线槽及附件连接处应严密平整，无缝隙，紧贴建筑物。
4. 槽内放线：（1）清扫线槽。（2）放线。
5. 导线连接。
6. 线路检查绝缘摇测。

四、评分标准

1. 质量问题：

线槽内有灰尘和杂物，配线前应先将线槽内的灰尘和杂物清净。（3分）

线槽底板松动和有翘边观象，胀管或木砖固定不牢、螺丝未拧紧；槽板本身的质量有问题。固定底板时，应先将木砖或胀管固定牢，再将固定螺丝拧紧。（每项3分）

线槽盖板接口不严，缝隙过大并有错台。（每项3分）

线槽内的导线放置杂乱，配线时，应将导线理顺，绑扎成束。（每项3分）

不同电压等级的电路放置在同一线槽内。操作时应按照图纸及规范要求将不同电压等级的线路分开敷设。（每项3分）

导线间和导线对地间的绝缘电阻值必须大于 0.5 MΩ。（5分）

线槽应紧贴建筑物的表面，布置合理，固定可靠，横平竖直。直线的盖板接口与底板接口应错开，其间距不小于 100 mm。盖板无扭曲和翘角变形现象，接口严密整齐，线槽表面色泽均匀无污染。（每项5分）

线路与电气器具、塑料圆台连接平密，导线无裸露现象，固定牢固。（10分）

导线的连接应符合以下规定：连接牢固，包扎严密，绝缘良好，不伤线芯，槽板内无接头，接头放在器具或接线盒内。（每项5分）

2. 安全问题：

未按操作步骤进行操作。（每次10分）

违反安全用电规则。（每次20分）

习 题

1. 怎样剖削塑料硬线、塑料软线、塑料护套线、橡皮线、花线、橡套软线、铅包线的绝缘层？
2. 试绘草图说明：单股铜芯线、七股铜芯线进行直线连接和T形连接的工艺过程。
3. 铝芯线头的压接有哪些方法？怎样压接？
4. 导线线头与接线桩的连接有哪几种方法？各应怎样操作？
5. 铜导线和铝导线各应怎样封端？
6. 在380 V和220 V的线路上，要恢复线头的绝缘层各有哪些要求？
7. 室内配线一般要求是什么？
8. 室内配线的主要工序是什么？
9. 室内配线方式的选择原则是什么？
10. 怎样确定室内配线方式？
11. 多股铜线怎样进行接头连接？
12. 塑料槽板配件及安装要求有哪些？
13. 怎样敷设导线？
14. 护套线配线的操作工艺及注意事项是什么？
15. 线管配线的注意事项是什么？
16. 线管配线怎样选择线管？
17. 车间配电线路的一般要求是什么？
18. 车间照明配线的敷设工序是什么？
19. 车间动力线路的配电方式是什么？
20. 车间动力线路的敷设方式是什么？
21. 为了穿、拉线方便，当电线保护管遇哪些情况时，中间应增设接线盒或拉线盒？

课题三 电气照明线路安装维护

一、电气照明概述

电气照明是一门综合性的技术，它不仅应用光学和电学方面的技术，也涉及建筑学、生理学等方面。电气照明在国民经济中占有相当重要的地位。人们的生产和生活各方面活动都需要应用电气照明技术，铁路企业也不例外，如铁路车站、货场、工厂、办公室等对电气照明都有一定要求。

电气照明的重要组成部分是光源和照明配件。照明技术的发展趋向：在光源方面，要求提高光效、延长寿命、改善光色、增加品种和减少附件；在照明配件方面，要求提高光效、配光合理，并满足不同环境和各种光源的配套需要，同时采用新材料、新工艺，逐步实现灯具系列化、组装化、轻型化和标准化。总之，要求高质量、低费用。

目前国内外对电气照明技术的研究都十分重视。已经制造和正在试制造的各种电光源种类繁多，大体上可分为两大类：

第一类：热辐射光源，它是当物体通过电流，使之加热而发光的辐射光源，其特点是能发出波长连续的光，给人以色调调和的良好感觉。如白炽灯、卤钨灯。

第二类：气体放电光源，它是通电使原子受到激发而发光的放电光源，通过选用适当的发光物质，使发出的光几乎全部在人眼的灵敏度范围内，并且效率也较高。不过由于它的光波长不连续，因而使人有不自然的感觉。气体放电光源又可分为：一般气体放电灯（如荧光灯、高压汞灯、氙灯）与高强度气体放电灯（简记为 HID，金属卤化物灯）两类。

（一）光照学的基本概念

为了学习电气照明技术，首先了解常用基本术语。

1. 光

光是指能引起视觉的辐射能，它是一种电磁波，又称可见光。不同波长的光给人的颜色感觉也不同。

2. 光通量

光源在单位时间内，向周围空间辐射并引起视觉的能量，称为光通量，以 ϕ 表示，单位为 lm（流明）。

在实际照明工程中，光通量是说明光源发光能力的一个基本量，是光源的一个基本参数。

例：一个 100 W 的白炽灯，在 220 V 额定电压下发出的光通量为 1 250 lm；一个 40 W 的荧光灯，在 220 V 的额定电压下发出的光为 2 400 lm。

3. 发光效率（光效）

一个光源所发出的光通量与该光源所消耗的电功率之比，称为发光效率，以 η 表示，单位为 lm/W（流明/瓦）。发光效率是电光源的重要技术指标。例如：100 W 的白炽灯的光效为 12.5 lm/W；40 W 的荧光灯光效为 60 lm/W。

4. 发光强度（光强）

发光强度是光通量的空间密度。光源在某一特定方向上单位立体角内（每球面度）辐射的光通量，称为光源在该方向上的发光强度，以 I 表示，单位为 CD（坎德拉）。

点光源在立体角 ω 内发出的光通量为 ϕ，则 ϕ 与 ω 之比称为发光强度，即

$$I = \frac{\phi}{\omega}$$

式中，ω 是以光源为球心，以任意 r 为半径的球面上切出的球面积 S 对此半径平方的比值，单位为球面度。

$$\omega = \frac{S}{r^2}$$

5. 照 度

照度是用来说明被照面（工作面）上被照射的程度，通常用被照面单位面积上接收的光

通量来表示，其符号为 E，单位为 lx（勒克斯）。被光均匀照射的平面上的照度为

$$E = \frac{\phi}{A}$$

式中　A——被照面积，m^2。

即均匀分布 1 lm 光通量在 1 m^2 的面积上所产生的照度为 1 lx。在 1 lx 的照度下，我们仅可以看到四周的情况。工作场所的照度所需为 20～100 lx。满月在地上产生的照度仅为 0.21 lx。正午露天地面的照度达 100 000 lx。

被照面和光源之间的关系，可用照度和发光强度的关系来表示。如图 3-3-1 所示，图中点光源 S 到被照面的距离为 r，被照面的面积 A 上接受的光通量为 ϕ，面积 A 所形成的立体角 ω：

$$\omega = \frac{A'}{r^2} = \frac{A\cos\alpha}{r^2}$$

光源 α 角方向上的发光强度为：

$$I_a = \frac{\phi}{\omega}$$

所以

$$\phi = I_a \cdot \omega = \frac{I_a \cdot A\cos\alpha}{r^2}$$

所以被照面的照度为：

$$E = \frac{\phi}{A} = \frac{I_a \cos\alpha}{r^2}$$

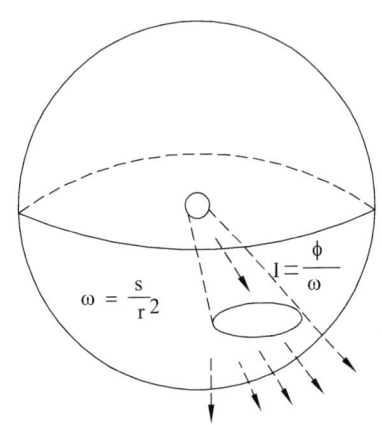

图 3-3-1　立体角 ω 的示意图

上式表明：当采用某方向光强度为 I_a 的点光源照明时，受照面上某点的水平照度与它至光源的距离（r）平方成反比，和入射角的余弦成反比，称为平方反比定律。实际上，所谓点光源是相对于光源至受照面的距离而言，当光源尺寸小于它到受照面的距离 1/10 时即可视为点光源。

上式说明，被照面离灯越近，它的照度越高，而且是按平方增长。正因如此，我们在日常生活中，为了增加工作面的照度，常采用将灯放低些，并且尽可能将它放在工作面上方。

在照明设计中，照度是一个很重要的物理量。国家规定了各种工作条件下的照度标准。

6. 亮　度

亮度是一单元表面在某一方向上的光强密度，它等于该方向上的发光强度和此表面在该方向的投影面积之比。其符号为 L，单位为 nt（尼特），1 nt = 1 cd/m^2；较大的亮度单位是 sd（熙提），1 sd = 10^4 nt。

亮度也是照明装置的一个重要物理量，是决定物体明亮程度的直接指标。当发光表面的亮度相当高时，对视觉会引起不愉快及有害作用，这种情况称为耀光，它是发光表面的特性。由于耀光作用所产生的视觉状态称为眩光，应限制直射或反射耀光，可采用保护角较大的灯具或采用带乳白色玻璃散光罩的灯具，也可以通过提高灯具的悬挂高度来实现。

7. 色表与显色性

作为照明光源，除要求它发光效率高和成本低以外，还要求它发出的光具有良好的颜色，所谓光源的颜色有两个方面的含义，一是人眼直接观察光源时所看到的颜色，称为光源的色表，以色温表示。另一方面是光源的光照射到物体上所产生的客观效果，称为光的显色性。如果各色物体受照效果和标准光源照射时一样，则认为该光源的显色性好；反之，如果物体在受照射后颜色失真，则该光源显色性差。

（二）常用电光源介绍

1. 热辐射光源

（1）白炽灯。

白炽灯是最早出现的电光源，即所谓第一代电光源。白炽灯是靠电能将灯丝加热至白炽而发光，它由灯丝、支架、引线、玻璃壳和灯头几部分组成，如图 3-3-2 所示。白炽灯的灯丝通常由钨丝制成，这是由于钨丝熔点高，蒸发率小的缘故。熔点高而蒸发率小的材料可以工作于较高的温度。灯丝的工作温度越高，其辐射的可见光在辐射总能量中所占比例越高，从而提高了发光效率。

根据泡壳内充气与否可分为真空泡和充气泡（40 W 以上）两种。真空泡灯丝温度不超过 2 400 K，因为真空泡的灯丝温度不是很高，所以发光效率仅为 7～9 lm/W。而充气泡是在灯泡中充入氩、氮等气体，这时气体增加了灯丝周围的压力，从而

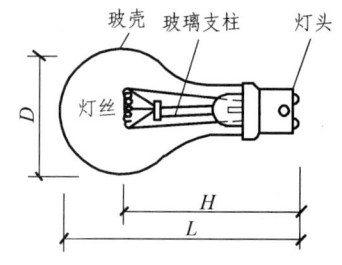

图 3-3-2　白炽灯的构造

有效地抑制钨的蒸发。灯丝温度可提高到 2 700～3 000 K，在不降低寿命的前提下，其发光效率可提高到 10～18 lm/W，白炽灯的色温约为 2 100～2 900 K。

白炽灯的参数：额定电压、额定功率、额定光通量、发光效率、使用寿命和色温。

（2）卤钨灯。

构成：卤钨灯是由钨丝、充入卤素的玻璃泡和灯头等组成，如图 3-3-3 所示。卤钨灯有双端、单端和双泡壳之分。

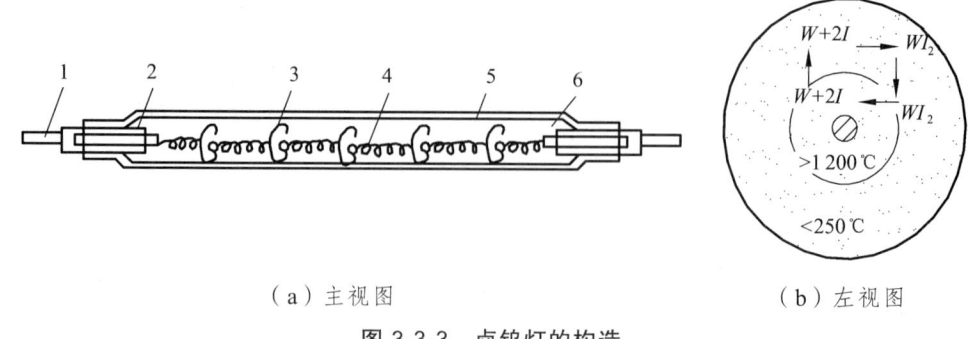

（a）主视图　　　　　　　　　　（b）左视图

图 3-3-3　卤钨灯的构造

工作原理：卤钨灯是一种充入卤素族元的白炽灯，它利用卤钨的再生循环作用抑制钨丝的蒸发，这种灯在点燃过程中，从灯丝蒸发出来的钨在泡壁区域内与卤素化合成卤化钨，这是一种挥发性卤钨化合物，它一旦扩散到热灯丝附近又分解为卤素和钨，释放出来的钨沉积

到灯丝上，卤素则重新扩散到泡壁附近再与钨化合，这一过程称为钨的再生循环。

应用：卤钨灯与白炽灯相比，具有光效高、体积小、便于控制、寿命长、输出功率大等优点应用广泛，特别是被广泛地应用在大面积照明与定向投影照明场所，如建筑工地、展厅、广场、舞台和商店橱窗照明及较大区域的泛光照明等。

存在问题：卤钨灯不适应低温场合；附近不宜放易燃物质，不宜作为移动照明灯具。

2. 气体放电光源

（1）荧光灯。

荧光灯是所谓的第二代光源。它是一种管壁涂有荧光物质的预热式热阴极低气压水银放电灯，按其色温不同可分为：

日光灯、白色、暖白色。

结构：荧光灯主要由灯管和电极组成，如图 3-3-4（a）所示。灯管内壁涂有荧光粉，将灯管内抽真空后并注入一定量的汞、氩、氖、氪等气体。常见的灯管直管状，根据需要，灯管也可以做成环形和其他形状。

灯管两端有电极，它是气体放电的关键部件，并引出管外，也是决定灯的寿命的主要因素。荧光灯的电极通常由钨丝绕成双螺旋或三螺旋形状，灯丝上涂有发射材料。荧光灯的电极主要是用来产生热电子发射，维持灯管放电。

荧光灯附件有启辉器和镇流器，如图 3-3-4（b）、（c）所示。启辉器（跳泡）的主要元件是一个由两种膨胀系数不同的金属材料压制而成的双金属片（冷态触头常开）和一个固定触头。启辉器的作用是在灯管刚接通电路时，启辉器双金属片闭合，有电流通过灯丝，对灯丝预热；双金属片断开瞬间，镇流器产生高压脉冲，两电极之间气体被击穿，产生气体放电。镇流器是一个有铁芯的线圈，其主要作用是启动时在启辉器的作用下产生高压脉冲，在工作时用于平衡灯管电压。

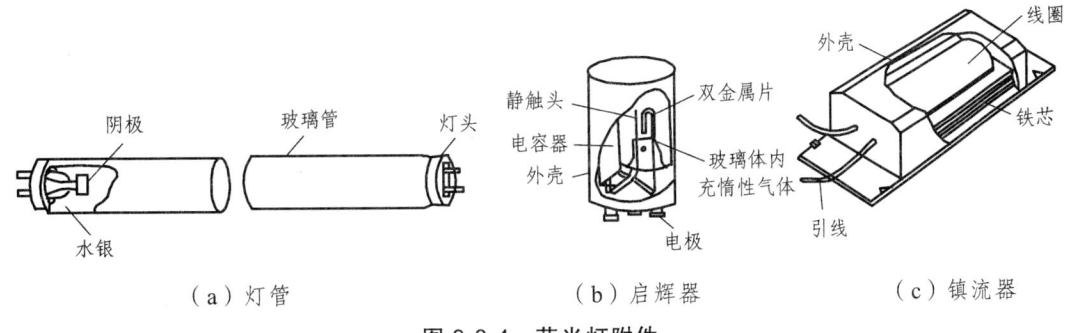

(a) 灯管　　　　　　(b) 启辉器　　　　　　(c) 镇流器

图 3-3-4　荧光灯附件

荧光灯的接线如图 3-3-5 所示。工作原理是：当荧光灯接通电源时，启辉器内的双金属片产生辉光放电，玻璃泡内的温度骤然升高，同时双金属片因放电被加热膨胀而发生变形，当双金属片与固定触点接触时，电路被接通。在镇流器、灯丝、启辉器触点组成的电路中有电流通过，灯管两端的钨丝电极因通过电流而被加热，温度约达到 800～1 000 ℃ 时，在灯丝上释放出大量的电子。由于辉光放电停止，

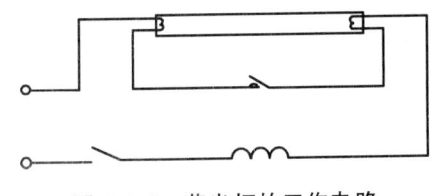

图 3-3-5　荧光灯的工作电路

所以启辉器双金属片的温度很快下降，双金属片与固定触点断开，断开电路的瞬间，在镇流器线圈中瞬间产生很高的自感电动势加在灯管上，使灯管两个电极之间产生弧光放电，灯管点燃。汞蒸气辐射出紫外线，在紫外线的照射下，灯管内壁的荧光粉被激发而发出可见光。同时，管内汞蒸气流离并辐射紫外线照射到灯管内壁荧光粉而发射荧光。

镇流器的另一个作用是镇流，因为荧光灯管是一个非线性元件，如不串联镇流器，在灯管电流增加时，灯管电阻反而减小，这样可能导致灯管烧毁。

荧光灯启动分类：预热式、快速启动和瞬时启动。

快速启动式是在管的内壁涂敷透明的导电薄膜，提高极间电场。在镇流器内附加灯丝预热回路，且镇流器的工作电压设计得比启动电压高，所以在电源电压施加后的 1 s 就可以启动。瞬时启动荧光灯这种荧光灯不需要预热，可以采用漏磁变压器产生的高压瞬时启动灯管。随着新技术的发展，各种新型荧光灯及新装置不断出现，如电子镇流器和节能荧光灯等。

荧光灯的发光是闪烁的，若电流频率为 50 Hz，则荧光灯的发光明暗每分钟要改变 100 次，这种由电源频率变化所造成荧光灯的这种周期性的闪烁现象称为频闪效应。由于电流变化较快，加之荧光粉的余辉作用，人们感觉不甚明显，只有在灯管老化时才能较明显地感觉出来。由于频闪效应的客观存在，因此对照明要求较高的场所应采取必要的补偿措施，如在大面积照明场所以及在双管、三管灯具中采用分相供电，即可明显消除频闪效应。

应用：荧光灯具有良好的显色性和发光效率，因此被广泛用于图书馆、教室、办公室、商店的照明。

（2）高压汞灯。

高压汞灯是一种高压气体放电灯，这里所谓"高压"是反映灯管内工作状态下的气体压力（2~6 个大气压），高压汞灯可分为外镇流和自镇高压汞灯两种。

外镇流高压汞灯结构：螺丝灯头、泡壳、石英放电管、放电管两端各有一个主电极，其中一端还有一个引燃极，在管内抽去空气后充以适量的水银和少量氩气。在泡壳与放电管之间抽真空或充氮气作为保护气体，以隔离外界的空气温度对放电管内水银蒸汽的影响如图 3-3-6 所示。

自镇流高压汞灯比外镇流高压汞灯少一个镇流器，代之以自镇流灯丝。灯丝发热不仅帮助点燃，还起降压、限流作用。

（3）高压钠灯。

高压钠灯也是一种强弧光放电灯。它采用半透明多晶氧化铝陶瓷材料制成放电管，它有优良的抗钠侵蚀性，管内充入钠和汞，产生很高的钠蒸气压力，同时充入惰性气体氙和氩，以辅助启动。

结构：主要由灯丝、双金属片、热继电器、放电管、玻璃外壳等组成。如图 3-3-7 所示。

工作原理：当灯接入电源后，电流镇流器、热电阻、双金属片常闭触点形成通路，此时

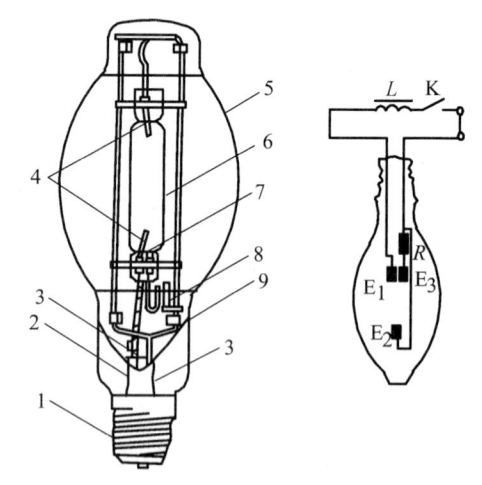

（a）结构图　　（b）电路原理图

图 3-3-6　高压汞灯

1—灯头；2—连接；3—管脚；4—电极；5—外壳；
6—放电管；7—引燃极；8—电阻；9—充汞

放电管内无电流,过一会,热电阻发热,使双金属片继电器断开,在断开这一瞬间镇流器线包产生很高的自感电动势,它和电源电压全加在放电管两端,首先使管内氙气电离放电,继而温度升高,使汞变为蒸气而放电,使管内温度进一步升高,最后使钠变为蒸气状态,也开始放电而放射出可见光。

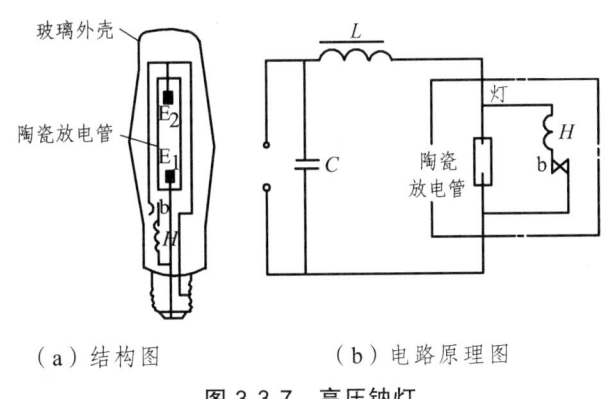

图 3-3-7　高压钠灯

（4）低压钠灯。

结构：由抽真空的玻璃管、放电管、电极和灯头构成。

工作原理：低压钠灯是在低气压钠蒸气放电中钠原子被激发而产生放电发光,放电时大部分辐射能集中在共振线上,钠的共振波长为 589 nm。低压钠灯启动电压高,目前大多数钠灯利用开路电压较高的漏磁式变压器直接启动,触发电压在 400 V 以上。

（5）金属卤化物灯。

金属卤化物灯是一种新型气体放电灯（三代光源），它是在高压汞灯的基础上,在放电管中加入各种金属卤化物,它依靠这些金属原子的辐射,提高灯管内金属蒸气压力,有利于发光效率的提高,从而获得了比汞灯更高的光效和显色性。

结构：由电弧管（石英玻璃管或陶瓷管）、玻璃外壳、电极和灯头构成,如图 3-3-8 所示。

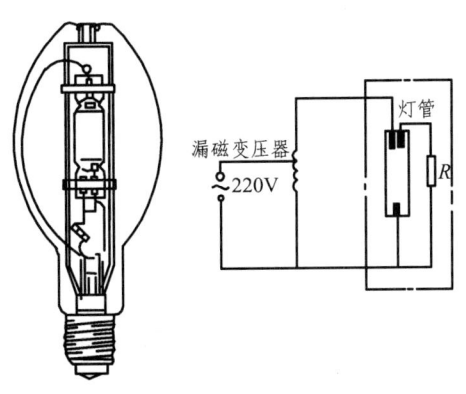

图 3-3-8　金属卤化物灯

工作原理：与高压汞灯相似。点燃时,放电首先在主电极和辅助电极之间的惰性气体中形成,随后发展到两个主极之间。卤化物在灯的高温区域扩散,并按其组成分解为卤素和金属。在分解过程中,金属原子辐射出它的原子光谱线,在低温区,卤素和金属又反方向扩散,重新化合成原来的卤化物。

分类：金属卤化物灯按其渗入的金属原子种类分为碘化钠—碘化铊—碘化铟灯（简称钠铊铟灯）、镝灯、卤化锡灯与碘化铝灯等。

应用：金属卤化物灯具有发光体积小、亮度高、重量轻、光色接近太阳、发光效率高等优点，所以该光源具有很好的发展前途。这类光源常作为室外广场照明。

（6）氙灯。

氙灯是一种内充高纯度气体的弧光放电灯。它具有光色好、体积小、亮度高、启动方便等优点。由于所发的光接近日光固有小太阳之称。

（7）其他新光源。

无电极光源是一种极具前途的新光源。无电极气体放电光源具有可瞬间启动和热再启动，允许实现全范围调光、制造简便以及光效高、寿命长等优点。20世纪80年代末研制出的无极荧光灯和微波硫灯在逐渐推广使用。

（三）电光源的选择

电光源的性能指标主要有3个，即光效、寿命和光色（显色性）。寿命是光源的光通量自额定值衰减到一定程度为止的燃点小时数。其他次要指标如受电压波动而引起的光特性变化程度，工作的可靠性和稳定性、抗振性、附件多少、功率因数的高低、投资费用大小等。

在照明设计中，常对光源的综合技术经济指标进行比较，以决定其好坏。

根据上述各种光源的发光原理和结构特点，在照明设计中一般按下述原则选用：

1. 按照明设施的目的和用途选用电光源

（1）在灯具的悬挂高度较低（4m及以下）又需要较好的视看条件的屋内场所，宜采用荧光灯。为防止眩光和照度分布均匀，不宜采用大功率光源。

（2）在灯具的悬挂高度较高（8~10m及以上），又需较好的视看条件的屋内或屋外场所，宜采用高压水银荧光灯或碘钨灯等大功率的光源。在采用高压水银荧光灯作为均匀照射时，建议与白炽灯混合选用。

（3）在灯具高挂又需较好的大面积视看条件的露天场所，宜采用金属卤化灯或管形氙灯。

（4）在照明开闭频繁、需要调光的场所，宜采用白炽灯，因为白炽灯的开关次数对其寿命没有什么影响。

2. 按环境要求选择电光源

低温场所不宜用电感镇流器的荧光灯和卤钨灯，以免启动困难。在有爆炸危险的场所，应根据爆炸危险介质的类别和组别选择相应的防爆灯；在多灰场所应选用防尘灯具；在有压力的水冲洗灯具的场所，必须采用防溅型灯具；在有腐蚀性气体的场所，宜采用耐腐蚀性材料制成的封闭灯具。

3. 按投资与年运行费用选择电光源

在满足使用功能和照明质量的要求下，应重点考虑灯具的效率和经济性，并进行初始投资费、年运行费和维修费的综合计算。初始投资费包括电光源的购置费、配套设备和材料费、安装费等；年运行费包括每年的电费和管理费；维修费包括电光源检修和更换费用。

各种光源优缺点及适应场所见表3.3.1。

表 3.3.1　各类光源的特点和适用场所

类型	名称	优点	缺点	适用场所
热辐射光源	白炽灯	结构简单，体积小、价廉，使用和维修方便，显色性好，启动快，便于调光，不产生电磁干扰频闪不明显，功率因数为1	光效低，寿命短，电能消耗大，维修费用高，表面亮度大，电压波动对光通影响大	要求照度不高的场所（如仓库、走廊、楼梯间、旅馆、住宅、小道），需要调光的场所（如剧院、影院、舞场），显色性要求高的场所（如绘画、诊断室、餐厅、印刷），需要避免频闪及电磁干扰的场所，开关频繁的地方，事故照明，局部照明
热辐射光源	卤钨灯	效率较高，寿命较长，体积小，光色好，发光量稳定，便于调光，不产生电磁干扰，频闪不明显，功率因数为1，启动快	表面亮度大，温度高，耐震性差，电压波动对光通量影响大，灯管水平安装倾斜度不得超过4	照度要求较高、显色性要好，无振动且高大的场所（如高大车间、礼堂、影院、宴会厅、体育馆、厂前区、室外配电装置），需要调光的场所，需要避免频闪效应及电磁干扰的场所
气体放电光源	荧光灯	光色好，光效高，寿命长，表面亮度小，耐电压波动	需配镇流器和启动器，功率因数低，受环境温度影响放大，不宜频繁开关	照度要求较高或进行长时间紧张视觉动作的场所（如设计室、阅览室、办公室、教室、主控制室、医院、商店、试验室），需要正确识别色彩的场所（化验室、实验室、餐厅）为了节能的一般场所（住宅、仓库、矮小厂房、旅馆、体育馆）
气体放电光源	荧光高压汞灯	光效高，寿命长，耐雨雪、耐振动、耐热、耐电压波动	启动时间长，再启动时间也长，光色偏青蓝	照度要求高，但对光色无特殊要求的场所（站台、广场、道路、运动场堆场、室外配电装置），混光照度（高大厂房、体育馆）
气体放电光源	高压钠灯	光效最高，寿命长，透雾性强，耐振性较好	光色偏黄，启动时间长，再启动时间也长，功率因数低，对电压波动最敏感	照度要求高，但对光色无要求的场所（如道路、大桥、隧道、车站、广场、室内外体育场，高大厂房），多尘多雾场所（如铸工车间、浴室）
气体放电光源	金属卤化物灯	光色高，显色性好，耐振动，耐电压波动	启动时间长，再启动时间也长，寿命较短，表面亮度大	照度要求较高，光色要求较好的场所（道路、广场、室内外运动场、车站、剧院、高大厂房）

二、照明质量

照明质量就是要在量的方面，要在工作面上创造合适的照度（或亮度）；而在质的方面，要解决眩光、光的颜色、阴影等问题。

为了获得良好的照明质量，必须考虑以下几个方面：

（一）合理的照度

照度是决定物体亮度的间接指标，在一定范围内，照度增加就使视觉能力提高。合适的照度将有利于保护工作人员的视力，有利于提高产品质量，提高劳动生产率。增加照度和节约用电是相互矛盾的，但是，如果增加照度对提高产品质量、提高劳动生产率、改善工人视力所得的效益与增加照度的费用相比是合理的，那么，提高照度水平也是值得的。

（二）照明的均匀度

在工作环境中如果有彼此亮度不相同的表面，当视觉从一个面转到另一个面时，眼睛被迫经过一个适应过程。当适应过程经常反复时，就会导致视觉疲劳，为此，在工作环境中的亮度分布应该均匀。在工作面上最低照度与平均照度之比为照度均匀度：

$$U_n = \frac{E_{\min}}{E_{av}}$$

式中　U_n——照度均匀度；

　　　$E_{\min}$——最低照度；

　　　E_{av}——平均照度；

室内照明工作区的照度均匀度不宜低于 0.7，非工作区的照度不宜低于工作区照度的 1/5。在工作区未能事先确定的情况下宜采用均匀布置灯的一般照明。

在实际布灯过程中，只要灯具的距高比（灯间距离与灯具距工作面的高度之比）不大于所选灯具的最大允许距高比，就能满足照度均匀度的要求。

（三）限制眩光

眩光是指由于亮度分布不适当，或亮度的变化幅度太大，或由于在时间上相继出现的亮度相差过大，所造成的观看物体时感觉不舒适或视力减低的视觉条件。眩光按其引起的原因分直射眩光和反射眩光两种。一般来说，被视物与背景的亮度超过 1∶100 时，就容易引起眩光。

为限制眩光可以采用以下几种办法：

（1）限制光源亮度、降低灯具的表面亮度。

（2）局部照明的照明器应采用不透光的反射罩，且照明器的保护角应不小于 30°；若照明器安装高度低于工作者的水平视线时，照明器的保护角应为 10°~30°。

（3）正确地选用照明器的型式，合理布置照明器位置，并选好照明器的悬挂高度是消除或减弱眩光的有效措施。照明器悬挂高度增加，眩光作用就减少。没有保护角的照明器，应该具有较低的亮度。为了限制直射眩光，室内一般照明用的照明器对地面的悬挂高度应不低于规定值。这种最低高度主要决定于照明器型式和灯泡容量。

（四）阴　影

阴影的功能有两种，一种对视觉有害，另一种对视觉有利。

1. 有害阴影

由于方向性照明及障碍造成的阴影会使被照对象的亮度对比下降，对视觉工作是不利的。为克服不利的阴影需注意合理地布置灯具，应避免在离开较远的地方分散装置，否则会使阴影扩大。另外，还需注意提高照明的扩散度。

2. 有利阴影

适度的阴影能够表现出物体的立体感、实体感和材质感。物体上最亮的部分与最暗的部分的亮度比称为亮暗比。亮暗比小于 1∶2 时有平板感，大于 10∶1 时又过分强烈，而在 3∶1 时最理想。在观察浮雕、复杂工件、卡尺、玻璃器皿上的刻度以及凹凸不平的表面等情况下适度阴影是必要的。

（五）光源的显色性和色温

（1）光源的显色性对视觉能力有很大影响。在需要正确辨别色彩的场所，为避免失真，应合理选择光源的显色性。

（2）光源的色温会影响人们的感觉。同一色温下的光源，其照度不同时，人的感觉也不相同。一般色温低的照度下感到愉快，而在高照度下则感到过于刺激。高色温的光源在低照度下感到阴沉昏暗，而在高照度下则觉得愉快。

（3）改善光色的方法可以采用显色指数高的光源，如白炽灯、日光色荧光灯。另外，也可采用混光照明。即在同一场所内采用两种以上的光源照明。

（六）照度的稳定性

照度的不稳定不但会分散工作人员的注意力，对安全生产不利，而且将导致视觉疲劳。引起照度不稳定的原因是电源电压的波动。如线路负荷的变动、电动机的启动等都会引起电压波动。另外，由于光源的老化，灯具污垢增加均会降低照度。此外灯具摆动也会引起照度不稳定。

（七）频闪效应

随着电压、电流的周期性交变，气体放电灯的光通量也会发出周期性的变化，这使人眼产生明显的闪烁感觉。当被照物体处于转动状态时，就会使人眼对转动状态的识别产生错觉，特别是当被照物体的转动频率是灯泡闪烁频率的整数倍时，转动的物体看上去像不转动一样，这种现象称为频闪效应。这容易使人产生错觉而出事故。因此应采取措施降低频闪效应。通常把气体放电灯采用分相接入电源的方法，如 3 根荧光灯管分别接入三相电源。采用双管荧光灯。

三、照明器的选用与布置

照明器是光源和灯具的总称。其中光源在前文中已作了介绍，而灯具的作用是把光源发出的光线按需要重新分配，提高电光源的利用率，并使被照射面获得良好均匀的照度。此外，灯具还能起到固定和保护光源，以及限制眩光等作用。

（一）照明器的任务及分类

1. 照明器的任务

（1）合理配光，把光通量分配到需要的地方；

（2）保护眼睛，减少眩光；

（3）防止光源受机械损伤及污损；

（4）保证照明安全；

（5）装饰环境。

2. 照明器的分类

灯具一般按配光、结构、在建筑物上的安装方法及使用环境分类。

（1）按光通量在空间分布分类。

照明器按灯具的配光不同可分为直接型、半直接型、均匀漫射型、半间接型和间接型 5 类。

① 直射型灯具：光源的 99%以上直接投射到被照物体上。特点是亮度大，光线集中，方向性强，给人以明亮紧凑感。直射型灯具效率高，但容易产生强烈的眩光与阴影。这类灯具由反光性能良好的不透明材料制成，如搪瓷、铝和镀银镜面等。这类灯具又可按配光曲线的形状分为：窄配光、余弦配光、宽配光 3 种，具体有广照型、均匀配光型、配照型、深照型和特深照型等。

② 半直射型灯具：光源的 60%～90%直接投射到被照物体上，而有 10%～40%经过反射后再投射到被照物体上。它能将较多的光线照投射到工作面上，又使空间环境得到适当的亮度，改善了房间内的亮度。

③ 漫射型灯具：典型的如乳白玻璃球灯。

④ 半间接型灯具：这类灯具上半部用透明材料，下半部用漫射透光材料制成。

⑤ 间接型灯具：光源的 90%以上的光先照到墙上或顶棚上，再反射到被照物体上。具有光线柔和，无眩光和阴影，使室内具有安详平和的气氛。

（2）按安装方式分类。

按安装方式可分为：顶棚嵌入式、顶棚吸顶式、悬挂式、壁灯、发光顶棚、高杆灯、落地式、台灯、庭院灯、建筑临时照明等。

（3）按灯具用途分类。

① 实用照明灯具：符合高效率和低眩光的要求，并以照明功能为主的灯具。大多数灯具为实用照明灯具，如荧光灯、路灯、室外投光灯和陈列室用的聚光灯等，主要以实用照明为主。

② 应急、障碍照明灯具。

应急灯是指在公共场所设置专用火灾、应急和诱导照明灯具。

障碍照明灯具是指为保证飞机在空中飞行的安全或船只在水运航道中航行的安全，在高大建筑物的顶端或在水运航道的两边设置障碍照明灯。这类灯具常用红色或频闪照明方式，提醒注意安全。

③ 装饰照明灯具：灯具以装饰照明为主，一般由装饰性零部件围绕光源组合而成，如豪华的大型吊灯、草坪灯等。

（4）按灯具外壳结构分类。

① 开启式灯具：灯具是敞口的或无罩的，光源与外界环境直接相通。

② 闭合型灯具：具有闭合的透光罩，但内外仍能自由通气，尘埃易进入透光罩内。

③ 密闭型灯具：透光罩在密闭处加以密封，将灯具内的光源与外隔绝，内外空气不能流

通。可作为防潮、防尘、防水场所的照明灯具。

④ 防爆安全型灯具：透光罩将灯具内外隔绝，在任何条件下，不会因灯具而引起爆炸的危险。

⑤ 隔爆型灯具：隔爆型灯具结构特别坚实，并有一定的隔爆间隙，即使发生爆炸也不易破裂。

⑥ 防腐型灯具：灯具的外壳用防腐材料制成，且密封性好，腐蚀性气体不能进入外壳内部。

（5）按防触电保护分类。

为保证电气安全，灯具所有带电部分必须采用绝缘材料加以隔离。目的是防触电，根据防触电保护方式，灯具可分为 0、Ⅰ、Ⅱ、Ⅲ 四类。

（二）照明器的选用

照明器的选用应考虑适用、经济和美观，既要注意节约，又要保证工作环境的照度、均匀的亮度、避免眩光以及与建筑物协调。选择的基本原则如下：

（1）合适的配光特性，如光强分布、表面亮度、保护角等。

（2）符合使用场所的环境条件。

（3）符合防触电保护要求。

（4）经济性好，光输出比、电气安装容量、初投资及维护费用。

（5）外形与建筑风格协调。

（三）照明器的布置

1. 照明器的布置要求

（1）保证规定的照度，并使工作面上的照度尽量均匀；

（2）光线的射向适当且无眩光、阴影等现象；

（3）安装容量减至最小；

（4）检修维护工作安全方便；

（5）布置上整齐、大方，并与建筑物协调；

（6）为避免光源摆动影响视觉和光源寿命，照明器不宜设置在有工业气流或自然气流经常冲击的场所。

一般室内照明工作区的照度均匀度不宜低于 0.7，而在非工作区照度不宜低于工作区照度的 1/5。

2. 布置方式

（1）灯具布置要求。

灯具的布置对照明质量有重要影响，光投方向、工作面上的照度及照度均匀性、眩光、阴影等，都直接与照明器布置有关。灯具布置是否合理还影响光效及照明装置的维修和安全。因此在布置灯具时，主要考虑以下几方面的要求：

① 满足有关规定及技术要求，如照度值、照度均匀性等。

② 满足工艺对照明方式的要求。

③ 眩光和阴影在控制范围内。
④ 维修维护方便、安全。
⑤ 节能、高效。
⑥ 美观大方，与建筑空间或装饰风格协调。

（2）灯具的平面布置和悬挂高度。

① 灯具的平面布置。

灯具的平面布置有均匀布置和选择布置两种。

均匀布置：均匀布置方式灯具位于有规律的结构的行列上，灯具间的距离及行与行间的距离相等。灯具均匀布置时整个被照面上具有均匀的照度。通常将同类型灯具按等分面积的形式布置成单一的几何图形，单行排列和多行排列，如直线形、矩形、菱形、角形、满天星形等，如图 3-3-9 所示。

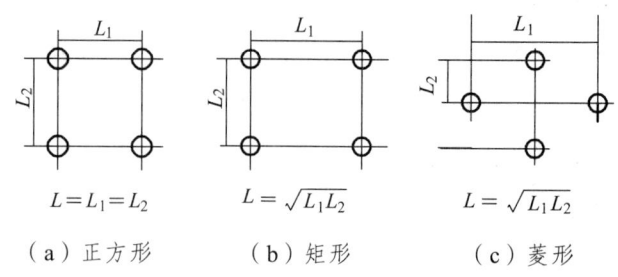

(a) 正方形　　(b) 矩形　　(c) 菱形

图 3-3-9　均匀布置的几种形式

选择布置：根据工作场所对灯光的不同要求，选择布灯方式和位置，这种布置能够选择最有利的光照方向和最大限度地避免工作面上的阴影。采用选择性布置，除保证局部必要照度外，还可以减少灯具数量、节省投资和电能消耗。

② 灯具的悬挂高度。

灯具的悬挂高度主要是考虑防止眩光，且注意防止碰撞和触电危险。

③ 灯具布置的合理性。

为了使照明均匀，灯具之间的距离不能过大，离墙也不能太远。一般采用"距高比"来控制灯间距离。距高比是灯间距离与灯具距工作面（一般假定工作面距地面 0.8 m）的高度比。距高比 L/h 小，照明的均匀度好，但经济性差。若距高比 L/h 过大，则不能保证规定的均匀度。各种灯具的距高比取决于灯具的配光曲线。

为了使整个房间有较好的亮度分布，灯具的布置除选择合理的距高比外，还应注意灯具与天棚的距离，当采用漫射配光灯具时，灯具与天棚的距离和工作面与天棚的距离之比宜在 0.2~0.5 范围内。

为保证室内边缘照度不致太低，对最靠墙的一行灯具与墙的距离 D 可作如下规定：当墙边无工作台时，$D \leq L/2$；当墙边有工作台时，$D \leq L/3$。

四、照度标准及计算

（一）照度标准

为了创造良好的工作条件，提高劳动生产率，保护职工健康，工作场所及其他活动环境的照明必须有足够的照度。根据影响视觉的 3 个主要因素——被视物的形状大小、其表面亮度、与背景的亮度对比，由国家制订出各种工作场所的最低照度值或平均照度值，称为该工作场所的照度标准。

采用最低照度标准为照度标准，是指工作面上照度最低一点的照度，即工作面上视觉工作比较起来最差的位置。这样的规定有利于劳动生产和视力保护。在进行照明设计时，应保证工作面上的照度不低于最低照度，但一般不高于规定的最低照度值的 20%。在布局合理，保证照度均匀的情况下，也可采用工作面上的平均照度值作为照度标准。

1992 年建设部批准颁发了《工业企业照明设计标准》GB 50034—92；1991 年建设部批准并颁发了《民用建筑照明设计标准》GB/J 133—90。部分照明设计标准见表 3-3-7 所示。

（二）照度计算

照度计算的目的是按照规定的照度及其他已知条件，例如灯具的形式及布置，光源的种类，房间的大小及其各方面的反射系数和清洁程度来决定灯泡的容量和数量，或在灯具形式、布置及光源容量等都已确定的情况下，计算其某点的照度值。

不论水平面、垂直面或倾斜面上某点的照度，都是由直射光和反射光两部分组成的。

照度计算的基本方法有利用系数法、单位容量法、逐点计算法。本课题只介绍利用系数法和单位容量法。

1. 利用系数法

利用系数法也称光通法，适用于灯具作均匀布置时的一般照明及利用周围墙壁和顶棚作为反射面的场所，当采用反射式灯具时，也可采用此法计算。

（1）计算公式。

考虑到整个房间的所有发出的光通量不可能全部投射到工作面，总有一部分被灯具、顶棚、墙壁及地面所吸收，因此在计算过程中，将上列因素归纳以利用系数 μ 来表示：

$$\mu = \frac{\phi}{n\phi_d}$$

式中 Φ——投射到被照工作面上的总光通量，包括灯具直射在工作面上的光通量和从墙壁、顶棚等处反射到表面上的光通量，lm；

n——灯具数量；

Φ_d——每盏灯泡发出的光通量，lm。

被照工作面上的平均照度 E_{av} 应为：

$$E_{av} = \frac{\phi}{A} = \frac{n\phi_d \mu}{A}$$

式中 A——被照工作面的面积，m^2。

实际上，灯泡和灯具在使用过程中，由于灰尘和灯泡本身发光效率的降低，照度将减小，因此须计入维护系数 K（见表 3.3.8），这样平均照度公式可写成：

$$E_{av} = \frac{n\phi_d \mu K}{A}$$

若已知工作场所的平均照度 E_{av}，灯数 n 及房间面积 A，可求每盏灯的光通量 Φ_d，以便确定单灯功率：

$$\phi_d = \frac{E_{av} \cdot A}{n \cdot \mu \cdot K}$$

若事先已确定了每盏灯的光通量 Φ_d 则可求灯数：

$$n = \frac{E_{av} \cdot A}{\phi_d \cdot \mu \cdot K}$$

通常照度标准给出的是各种条件下的最低照度 E_{min}，而 $E_{min} = \dfrac{E_{av}}{Z}$，$Z$ 为最小照度系数，于是：

$$\phi_d = \frac{E_{min} \cdot Z \cdot A}{n \cdot \mu \cdot K}$$

$$n = \frac{E_{min} \cdot Z \cdot A}{\phi_d \cdot \mu \cdot K}$$

为简化计算，最小照度系数 Z 常取 1.2。

（2）利用系数的确定。

利用系数的确定与下列因素有关：

① 灯具形式。

不同的灯具，其效率与配光特性不同，因而利用系数也不同，显然，效率愈高，光线愈集中，利用系数愈高。

② 室空间比。

房间大小、灯具计算高度和工作面的高低均影响室内光通量的反射和分布，故应求出室空间比再查利用系数表，室空间比的计算公式为：

$$RCR = \frac{5h_R(L+B)}{L \cdot B}$$

式中　RCR——室空间比；

　　　h_R——室空间高度，即灯具平面至工作面之间的净空距离，m。

$$h_R = h - h_c - h_F$$

式中　h——房间的净空高度，m；

　　　h_c——灯具平面至顶棚之间的距离，即灯具悬挂长度，m；

　　　h_F——工作面高度，指工作面到地面之间的距离，m；

　　　L——房间长度，m；

　　　B——房间宽度，m。

③ 房间内表面的顶棚反射系数和墙壁反射系数。

室内光通量的相互反射与表面所用的装饰材料和颜色有关。为简化利用系数的计算，通常按顶棚反射系数 $\rho_c = 70\%$、50%、30%、10% 和墙壁反射系数 $\rho_w = 70\%$、50%、30%、10% 以及 $\rho_c = 0$ 和 $\rho_w = 0$ 来确定利用系数。

顶棚和墙壁的反射系数可查表 3-3-9 获得。

只要选定了合适的灯具，同时确定了被照房间的室空比及顶棚和墙壁的反射系数即可从表中查出利用系数。

在实际计算中，对于墙壁的反射系数，还应考虑到建筑物开窗或其他障碍物所占面积过大的影响到反射系数的降低。如工业厂房车间的窗户面积占墙壁面积一半以上，而玻璃的反射系数是很低的（9%），为不使查找利用系数误差过大，应对反射系数进行修正，求出平均反射系数后再查找利用系数。

$$\rho_{\mathrm{w}} = \frac{\rho_{\mathrm{w1}} \cdot S_{\mathrm{w1}} + \rho_{\mathrm{w2}} \cdot S_{\mathrm{w2}}}{S_{\mathrm{w1}} + S_{\mathrm{w2}}} = \frac{\sum_{i=1}^{n} \rho_{\mathrm{w}i} \cdot S_{\mathrm{w}i}}{\sum_{i=1}^{n} S_{\mathrm{w}i}}$$

式中　ρ_{w}——内墙面平均反射率；

ρ_{w1}——内墙面反射率；

ρ_{w2}——玻璃窗反射率；

S_{w1}——内墙有效面积，m^2；

S_{w2}——玻璃窗面积，m^2。

（3）利用系数法计算步骤：

① 根据要求确定工作面照度并选定灯具；

② 求出房间墙的平均反射系数和顶棚反射系数；

③ 求出室空间比 RCR；

④ 查出利用系数；

⑤ 确定维护系数 K；

⑥ 代入公式计算所需灯数；

⑦ 按实际位置布置灯位；

⑧ 检查照度均匀性，所布置灯具是否满足距高比要求。

例 3-3-1　已知装配车间，车间跨度 15 m，屋架下弦高 8.5 m，柱距 6 m，车间全长 36 m，屋顶为大型屋面板，地为素混凝土，墙面白灰粉刷，车间纵向两侧开有采光窗户，面积占墙面的 50%，端墙不开窗户，试确定照明方案并求出灯具数目。

解：（1）确定照度选择灯具。

车间照度拟定为 75 lx，选用配照型工厂灯，光源用 400 W 荧光高压汞灯，为适当改善光色并兼作事故照明，选用同样的 500 W 白炽灯灯具。

混光比例：荧光高压汞灯的光通与白炽灯的光通之比为 2∶1。为简便计算，可按荧光高压汞灯提供工作面照度 50 lx，白炽灯提供 25 lx 考虑。

（2）求墙面的平均反射率和顶棚的有效反射率。

墙面为白灰粉刷，取 $\rho_{\mathrm{w1}} = 50\%$；玻璃窗 $\rho_{\mathrm{w2}} = 9\%$，故墙面平均反射率：

$\rho_{\mathrm{w}} = [2 \times 36 \times 8.5(0.5 \times 0.5 + 0.5 \times 0.09) + 2 \times 15 \times 8.5 \times 0.5]/[2 \times 8.5 \times (36+15)] = 35.5\%$

可近似取 $\rho_{\mathrm{w}} = 30\%$。

顶棚为大型屋面板,近似取顶棚实际反射率为 $\rho_c = 10\%$。

(3) 求室空间比。

因车间内有吊灯,灯具安装与屋架下弦平齐,即灯具悬挂高度 $h_c = 0$,工作面高度 h_F 确定为 0.8 m,则:

$$h_R = 8.5 - 0 - 0.8 = 7.7 \text{ (m)}$$

故

$$RCR = 5 \times 7.7 \times (36+15)/(36 \times 15) = 3.64$$

(4) 查利用系数表 3-3-5。

白炽灯:

$RCR = 3$,$\mu = 0.56$;$RCR = 4$,$\mu = 0.49$。

当 $RCR = 3.64$ 时,用插入法求得:

$$\mu = 0.56 - (0.56 - 0.49) \times (3.64 - 3)/(4 - 3) = 0.515$$

再查表 3-3-6 中的荧光高压汞灯,当 $RCR = 3.64$ 时:

$$\mu = 0.51 - (0.51 - 0.45) \times (3.64 - 3)/(4 - 3) = 0.472$$

(5) 确定减光系数 K:因车间很少有尘埃,减光系数取 0.75。

(6) 求出灯具数目。

白炽灯:$n = 25 \times 15 \times 36 \times 1.2/(8\,300 \times 0.515 \times 0.75) = 5.1$ 个(取 5 个)

荧光高压汞灯:$n = 50 \times 15 \times 36 \times 1.2/(21\,000 \times 0.472 \times 0.75) = 4.4$ 个(取 5 个)

(7) 灯具布置并检查照度的均匀性。

为配合建筑结构,选用白炽灯和荧光高压汞灯各 5 盏,交叉布置如图 3-3-10 所示。

白炽灯光效为 16.6 lm/W,光通量为 8 300 lm,高压汞灯光通量为 2 100 lm,查表 3-3-8,维护系数 K 取 0.75。实际平均最小照度为:

$E_{min} = E_{av}/Z = (5 \times 8\,300 \times 0.515 \times 0.75 + 5 \times 21\,000 \times 0.472 \times 0.75)/(15 \times 36 \times 1.2) = 82.1$(lx)

实际照度比最小照度标准大,满足要求。

等效灯距为:

$$L = \sqrt{L_a \times L_b} = \sqrt{6 \times 8} = 6.9 \text{ (m)}$$

实际布灯的距高比:$L/h = 6.9/8 = 0.86$

小于灯具的最大允许距离比,故照度是均匀的。

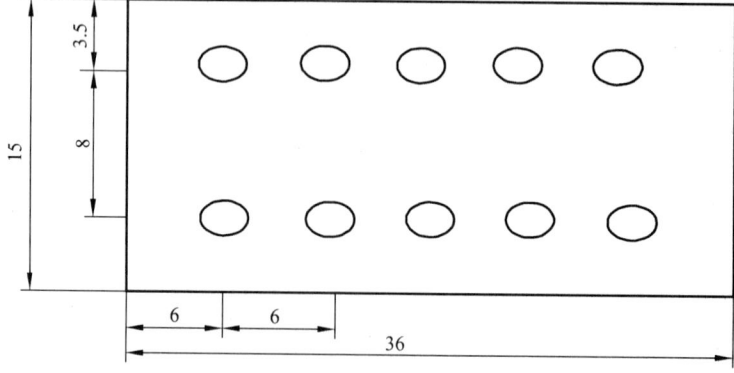

图 3-3-10 灯具布置图

例 3-3-2 某办公室长 10.6 m、宽 5.8 m、高 3 m，顶棚为白色钙塑板，墙面贴蓝白色壁纸，地面显水泥抹面压光，采用简式单管荧光灯一般照明，试确定灯位及功率。

解：首先查得办公室的平均照度要求为 50~150 lx，我们取 100 lx 计算灯数。房间不高，采用吸顶安装。

房间的室空间比为：

$$RCR = 5h_R(L+B)/(L \times B) = 5 \times 2.2 \times (10.6+5.8)/(10.6 \times 5.8) = 2.93$$

根据已知条件房间的反射系数：顶棚取 0.7、墙壁取 0.5。拟采用 40 W 荧光灯，查表 3-3-4 并利用插入法可得利用系数为 0.71，于是灯数为：

$$n = E_{av} \times L \times B/(\phi_d \times \mu \times K) = 100 \times 10.6 \times 5.8/(2\,200 \times 0.71 \times 0.75) = 5.25$$

其次按距高比布置灯位。允许距高比为 1.0。因而灯间距离为：

$$l = \lambda \times h = 1.3 \times 2.2 = 2.86 \text{（m）}$$

按此条件布置 6 盏 40 W 荧光灯，如图 3-3-11 所示。

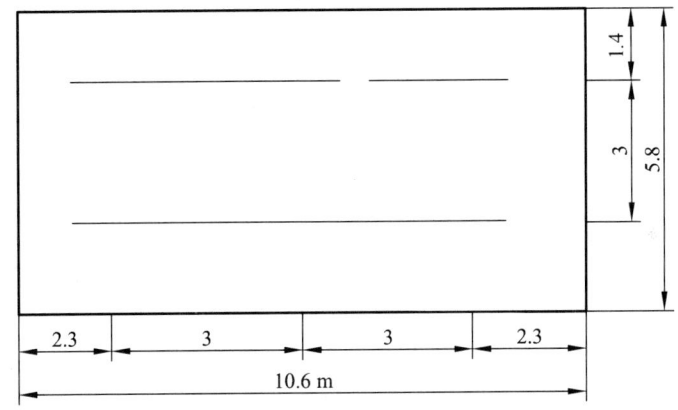

图 3-3-11 灯具布置图

2．单位容量法

单位容量法即单位面积所需安装容量来计算或选择的方法，因其简单方便而被广泛采用。此法适用于均匀布置的一般照明计算。即：

$$P = W \times S$$

式中　P——全部灯泡的总安装功率，W；
　　　W——单位面积安装功率，W/m^2；
　　　S——被照面积，m^2。

根据已知的面积及所选的灯具型式，最小照度，计算高度，从单位面积安装功率表 3-3-11 中查出相应单位面积安装功率，计算出灯泡的总安装功率，然后除以较佳照明器方法所得的照明器数量，即单个灯泡的功率。

例 3-3-3 某机械加工车间一般面积 $S = 36 \times 18$ m^2，柱距 6 m，梁的高度为 7 m，试用单位容量法估算灯泡功率。

解：机械加工车间一般照明的最低照度值为 30 lx，车间面积为 648 m²，选用配照型工厂灯，查附表 3-3-11 得单位面积的安装功率为 5.5 W/m²，则总安装容量为

$$P = W \times S = 5.5 \times 648 = 3\ 564 \quad (W)$$

车间横向由 3 个跨距组成，每个跨距宽度为 6 m，这样每一个跨距内隔一个柱子安一个灯，总共安装 9 个灯。

每个灯泡功率：

$$W = P/n = 3\ 564/9 = 396 \quad (W)$$

选用 500 W 的白炽灯泡。

五、室外照明

（一）室外照明灯具的选择和布置

1. 道路照明

（1）灯具的安装高度：是指灯具对车道路面的高度，它是控制眩光的主要条件之一。

（2）灯具的外伸部分：是指灯具伸入车道部分的长度。外伸过大，则车道部分亮度高，而人行道部分亮度低；外伸过小，则车道部分亮度低，而人行道部分亮度高。外伸部分必须适当，一般外伸部分的长度按发光部分的长度来确定。

（3）倾斜角度：是指灯具轴线与水平线之间的夹角。倾斜角过大会增加眩光，也使人行道的亮度降低，一般倾斜角在 5°以下。

（4）配置方式：对于不同宽度的道路，灯具可采用不同的排列方式，同时还可以采用不同排列方式的任意组合，从而形成多种配置方式。

（5）照度标准：为了达到路面亮度分布均匀，对不同类型配光的灯具按照不同的配置方式，将其安装高度、灯具安装距离、道路宽度的比率限制在一定范围内，即可满足要求。

（6）道路弯曲部分灯具的配置：在道路弯曲部分，为了准确辨别道路弯曲的形状，最好将灯具设置在曲线的外侧。

（7）道路交叉部分的灯具配置：在丁字路口和十字路口，为了看清叉路，应在车辆前进方向的右侧，距离路口 0.3~0.4 s（s 为灯距）处设置灯具一盏，以提高路口的亮度，同时也具有诱导性。

2. 广场照明

（1）广场照明的灯具布置。

① 足够的明亮。

② 整个广场的明亮程度应均匀一致。

③ 眩光要少。

④ 结合环境，造型美观。

⑤ 设计灯杆要考虑周围的情况，不要影响广场周围使用功能。

（2）高杆照明。

高杆照明，一般为在高度大于 20 m（含 20 m）的灯杆上，安装一组灯具进行大面积照明。

（3）选择高杆照明时应注意的问题。

① 灯架和灯杆结构型式的选择。

杆塔顶部灯架有固定式和升降式两种。固定式有利于调整灯具的瞄准角度，但检修人员上下不方便；升降式维修比较方便，但不便于调整灯具的瞄准点。灯杆有柱式和塔式两种。升降式灯架一般配柱式灯杆；而固定式灯架，既可配柱式又可配塔式灯杆。

② 灯具布置方式选择。

平面对称式：主要适用于宽阔道路的照明。

径向对称式：主要适用于大面积广场、转盘和道路布置的比较紧凑的简单立交照明。

非对称式：主要适用于大型、多层的复杂立交或道路分布很广、很分散的立交照明。

③ 灯杆的选型。

首先考虑的是功能，在满足功能要求的前提下尽量做到美观。其次在不同的照明场所对美观的要求应有所不同。

④ 杆位的选择。

既要使灯具发出的光线照射到所需要的被照面上，符合布光的要求，又要使灯具有效地处于汽车驾驶员的视线以外，以避免和减少眩光，提高驾驶员的视觉功能。

⑤ 灯具和光源的选择。

除满足一般灯具的要求以外，还应考虑以下条件：

具有合理的配光；灯体和灯座机械强度高，零部件连接可靠；维修方便；灯具重量轻。

⑥ 灯具的投射角和杆距的合理确定。

采用泛光灯时，灯具的最大光强方向与垂线的夹角不宜大于65°。

高杆灯的灯位确定：常规灯具，按平面对称式布置，杆距与高度比为3∶1为宜，不应大于4∶1；泛光灯具，按径向对称式布置，杆距与高度比为4∶1为宜，不应大于5∶1；采用非对称布置，杆距与高度比可适当放大。

3. 编组场照明

（1）照明的布置要求。

① 应有足够的照度，以满足作业人员对照明的要求。

② 照明设备的布置，不应影响调车人员的作业以及司机对信号的瞭望，同时应不妨碍站场的近期发展。

③ 应尽量减少阴影和眩光。

④ 照明控制设备应装设在便于控制的场所。

（2）照明方式。

一般采用投光灯照明，但对于8股道及以上的编组场，建议采用灯桥照明，以消除阴影。对于出发场、到达场、牵出线可采用投光灯或柱上弯灯照明。

（3）投光灯照明设计。

① 投光灯的基本参数。

光束角：又称光束扩散角，在通过光轴的任一平面内光强为峰值的1/10的两个对称方向间的夹角β。

轴向光强：投光灯光分布区内的最大光强值I。

俯角：投光灯的光轴与水平线间的夹角θ，称为投射俯角。

② 投光灯的安装高度。

以不产生眩光为准，其最低安装高度按下式确定：

$$H \geqslant \left(D + \frac{W}{3}\right)\tan 30°$$

式中　H——投光灯的安装高度，m；

　　　D——投光灯至场地边缘的水平距离，m；

　　　W——被照场地的宽度，m。

③ 投光灯照度计算。

投光灯照度计算可划分为估算和精确计算两种。估算的方法有利用系数法、单位容量估算法等。

（二）灯柱、灯塔、灯桥

1. 灯柱

灯柱一般采用钢筋混凝土柱和钢柱。采用混凝土电杆时梢径一般为 150 mm。高度约为 8～9 m。站台灯柱电源引入采用电缆，当采用弯灯时可采用架空引入方式。站场灯柱外缘距站场边缘的距离不应小于 1.5 m；路灯灯柱外缘距道边不应小于 0.5 m；有侧沟时应在侧沟外 0.5 m；道口灯柱外缘距铁路不应小于 2.45 m，距道边不应小于 0.5 m；灯柱偏离中心位置不应大于 50 mm。

2. 灯塔

（1）投光灯塔一般布置在股道外侧，当需要在股道中间布置时，灯塔外缘距铁路中心不应小于 3 m。投光灯塔高度一般为 13 m、15 m、21 m、28 m 和 35 m 等多种。其中 13 m 投光灯塔的塔材，采用 15 m 钢筋混凝土电杆。15 m 以上的投光灯塔一般采用钢筋结构铁塔。如图 3-3-12 所示。

（2）投光灯塔的电源引入方式，可采用架空或电缆引入。但灯塔不应作为承力杆使用。灯塔照明配线应采用钢管配线。配管应横平竖直，并用管卡固定在支架上。一般采用镀锌管。

（3）管内导线宜采用铜芯绝缘线，绝缘强度不低于交流 500 V，不允许在管内接头。

（4）铁塔应设有爬梯，中间设有休息平台，以便安装和维修，爬梯宽度不应小于 400 mm。

（5）铁塔各部位应可靠接地，接地电阻不应大于 10 Ω。

（6）投光灯的安装俯角应符合设计要求，若采用高压水银投光灯，一般俯角为 4°～8°。

（7）灯具及镇流器安装。

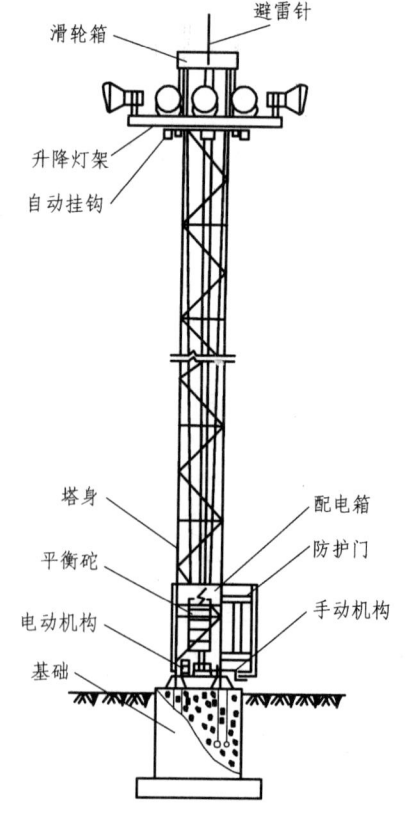

图 3-3-12　灯塔投光灯照明

① 灯具及镇流器盒直接固定在工作台的角钢上或花纹细板上。
② 投光灯安装应牢固，俯角应符合设计要求。
③ 镇流器应安装在铁盒内，每盏投光灯应设熔断器保护。
（8）控制方式。

投光灯一般应分组集中控制并以自控为宜，自控采用智能、光控、时控三种方式，尽量做到三相平衡。

3. 灯桥

站场内投光灯塔在编组场内照明时，易被停放的车辆挡住光线产生阴影而影响调车作业，特别是多股道时。而灯桥上的投光灯，因系平行于股道照射，光线均匀不会产生阴影，照度也有所提高，能够满足现场作业要求，在 8 股道以上的编组场及到发场被广泛采用，灯桥设在编组场两侧，两灯桥间距一般为 400～500 m。如图 3-3-13 所示。

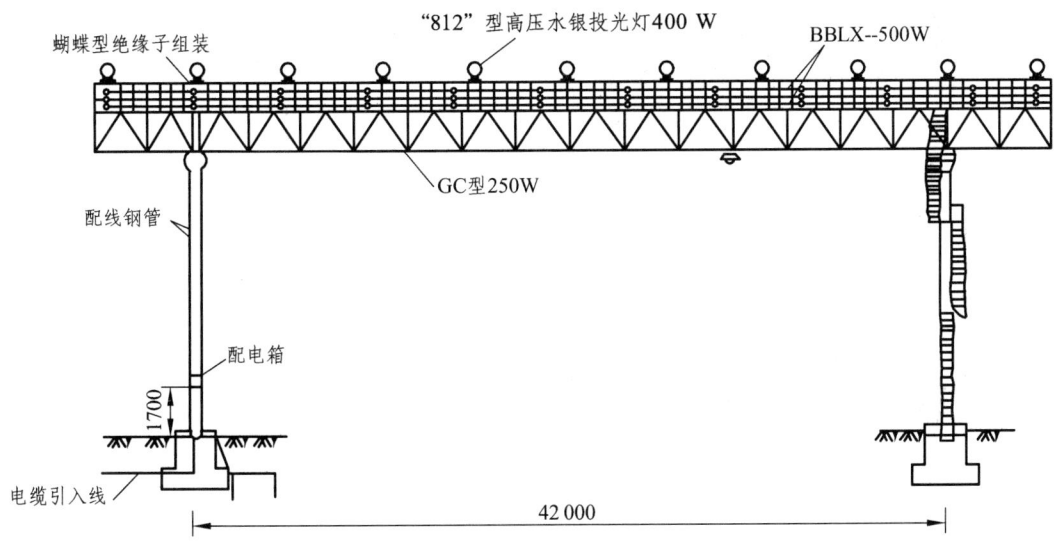

图 3-3-13　灯桥照明

投光灯一般布置在灯桥防护拉杆的立柱上，投光方向在两股道的中间，平行股道向两侧照射灯桥下面的照明是在横梁上吊 GC-10 型高压水银荧光灯，一般容量为 250 W，间距不大于 30 m。

灯桥配线应采用三相四线制，导线为铜芯绝缘线。沿桥支柱敷设时宜采用钢管配线，沿桁梁敷设时宜采用绝缘子明配线。

灯桥安装时，梁部组成后，按支持点做挠度测验，应大于规定值。桥柱一般采用整体浇制，预埋件应按设计位置固定，基础形式常采用纵形基础。

（1）投光灯安装应符合下列规定：
① 投光灯的俯角应符合设计要求；
② 投光灯引入线宜采用橡皮电缆直接引入；
③ 投光灯、反射器、玻璃罩等应固定牢固，灯具应接地良好；
④ 灯座板应焊在灯桥的角钢扶手拉杆上。

（2）镇流器的安装应符合下列规定：

① 镇流器引线采用绝缘导线或橡皮电缆；

② 镇流器和熔断器应设通风良好和拆卸方便的保护罩，以便保护。

当光源功率因数较低时，采取低压电容器进行补偿，电容器应装设在通风良好的箱内，装设在灯桥配电箱附近。

（3）投光灯控制方式有集中自动控制和多回路控制。

① 自动控制通常采用微光、时间和微电脑三种方案，集中控制点一般设在经常有人值班处所，有条件时可将控制线引在配电所控制室内。

② 多灯桥时，为减少启动电流，应进行分座启动。同一电源供电的分座启动延时时间不应小于 2 min。

为了方便维修和安装，灯桥应设有走道、栏杆，走道宽度不应小于 1.2 m，保护栏杆高度不低于 1.2 m。灯桥还应设置爬梯，一般设在灯桥两侧的灯柱上，在灯桥全长小于 60 m 时，允许设一处爬梯。

灯桥的金属部分均应镀锌或涂油防腐。

六、照明灯具的安装

（一）照明灯具安装

1. 安装的一般要求

（1）室内灯具悬挂最低高度，通常不得低于 2~4 m。如室内环境特殊，达不到最低安装设计时，可用 36 V 安全电压供电。

（2）室内灯开关通常安装在门边或其他便于操作的位置。一般拉线开关离地面高度不应低于 2 m，扳把开关不低于 1.3 m，与门框的距离以 150~200 mm 为宜。

（3）电源插座明装时，离地面高度不应低于 1.4 m，同一个场所插座安装高度应尽量保持一致，其高度差不应超过 5 mm。几个插座成横排安装时更应注意高度一致，高差不超出 2 mm。

（4）不同的照明装置，不同的安装场所，照明灯具使用的导线芯线横截面积应根据灯具功率大小计算选用。

（5）灯具重量在 1 kg 以下时，可直接用软线悬吊；重于 1 kg 者应加装金属吊链；超过 3 kg 者，应固定在预埋的吊挂螺栓或吊钩上。其做法如图 3-3-14 及图 3-3-15 所示。

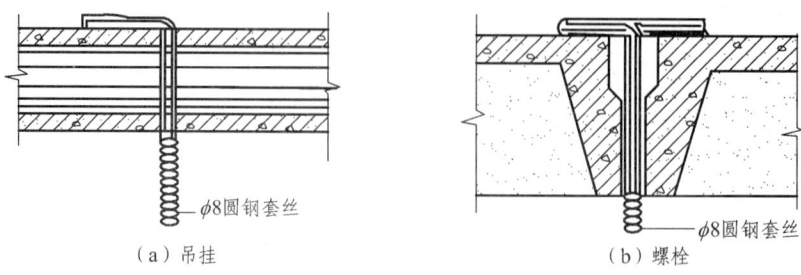

图 3-3-14 预制楼板埋设吊挂和螺栓

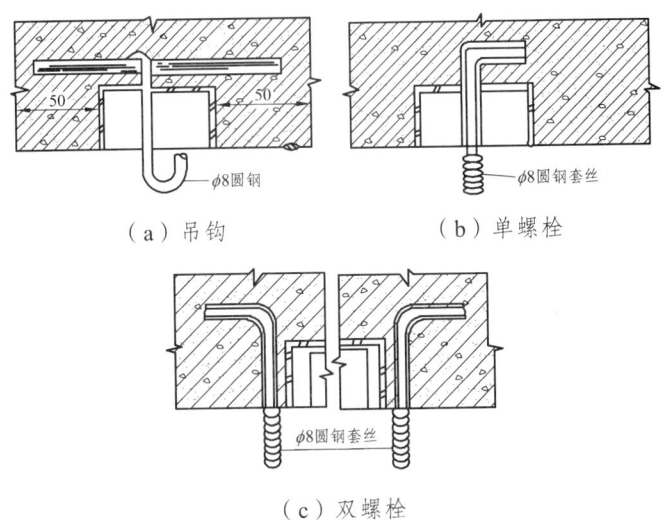

图 3-3-15 现浇楼板埋设吊挂和螺栓做法

2. 照明灯具安装的方式

户内照明灯具的安装方式有悬吊式、吸顶式、壁挂式和悬吊式等如图 3-3-16 所示。一般要求如下：

（1）悬吊式灯具的安装方法。

① 线吊式。直接由软线承重，但由于盒内接线螺钉承重较小，因此安装时需在盒内打结。

② 吊链式。悬挂质量由吊链承担。

③ 管吊式。当灯具重量较大时，可采用钢管来悬挂灯具。用暗管配线安装吊管灯具时其固定方法如图 3-3-17 所示。

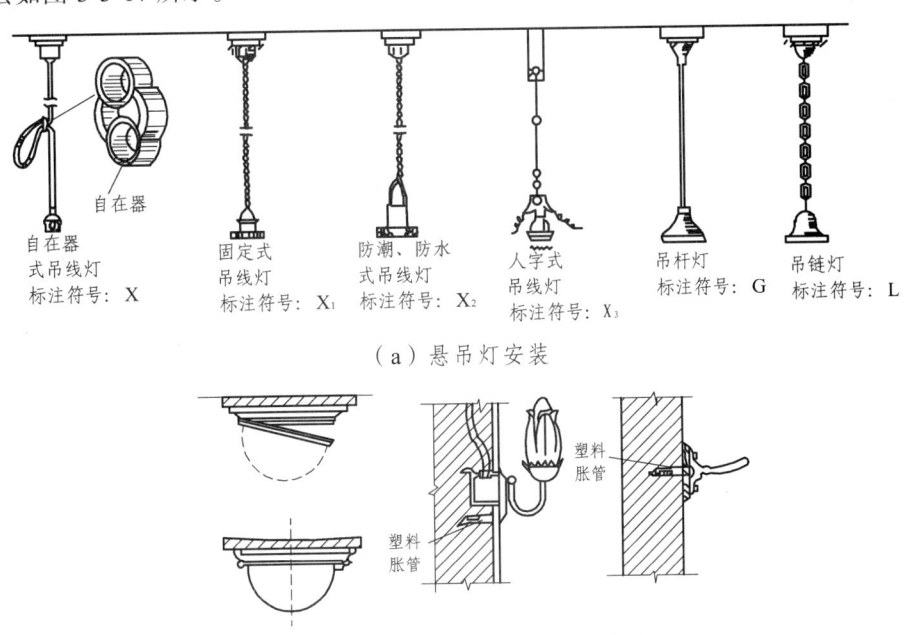

图 3-3-16 照明灯具的安装方式

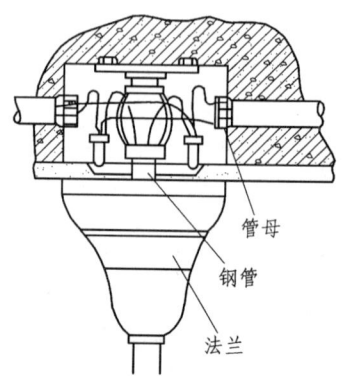

图 3-3-17 管配线安装吊管灯具固定方法

(2) 嵌顶式灯具的安装方法。

① 吸顶式。吸顶式是通过木台将灯具安装在屋顶上。在空心楼板上安装木台时,可采用弓形板固定,其方法如图 3-3-18 所示。弓形板适用于护套线直接穿楼板孔的敷设方式。

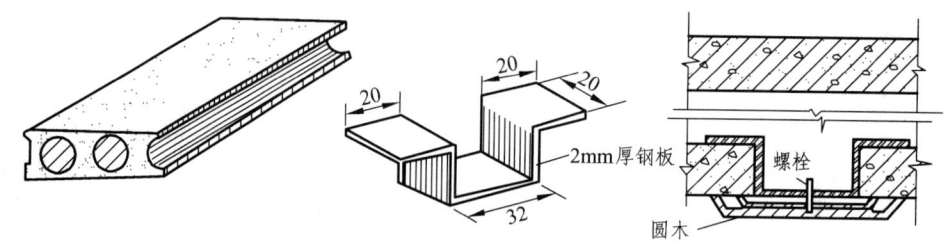

图 3-3-18 楼板用弓形板安装木台

② 嵌入式。适用于屋内有吊顶的场所。

(3) 壁式灯具的安装方法。

通常装设在墙壁或柱上。安装前应埋设木台固定件,如木砖、焊接铁件或打入膨胀螺栓等,其预埋件的做法如图 3-3-19 所示。

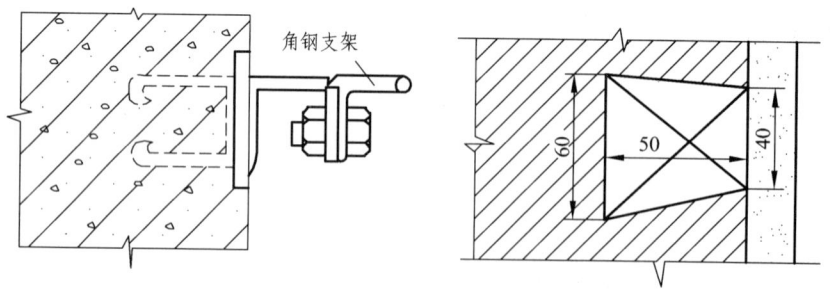

图 3-3-19 灯固定件埋设

3. 开关和插座的安装

明装时,应先在定位处预埋木台或膨胀螺栓以固定木台,然后在木台上安装开关或插座。暗装时,应先行预埋,再用水泥砂浆填充抹平,接线盒口应与墙面粉刷层平齐,等穿完线后再装开关和插座,其板面应端正紧贴墙面。

(1) 开关的安装。

安装开关的一般做法如图 3-3-20 所示。所有开关均应接在电源的相线上,其扳把接通或断开的上下位置应一致。

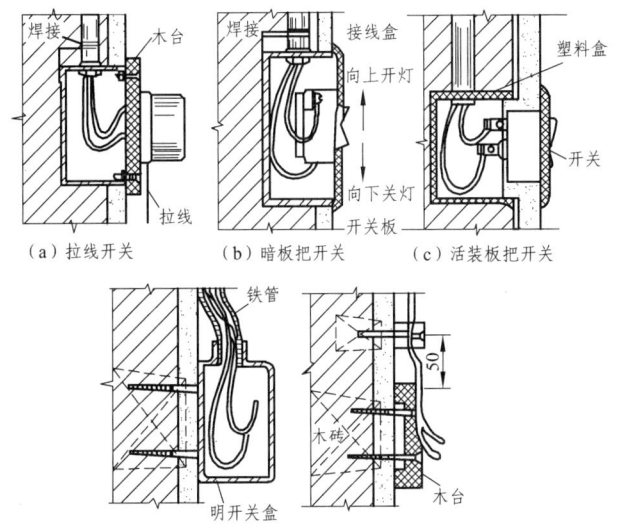

图 3-3-20 开关的安装

(2) 插座的安装。

安装插座的方法与安装开关相似,其插孔的极性连接应按图 3-3-21 的要求进行,切勿乱接。

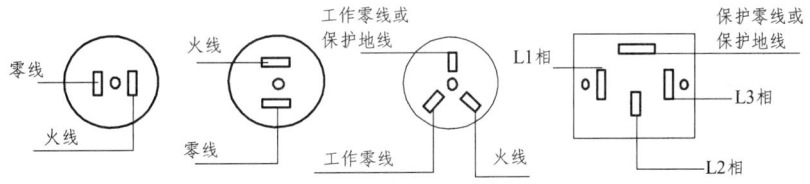

图 3-3-21 插座插孔的极性接法

(二) 灯具安装工艺

1. 白炽灯

白炽灯是利用电流通过灯丝电阻的热效应将电能转换成热能和光能。白炽灯泡插口和螺口两种形式,其构造如图 3-3-22 所示。图 3-3-23 所示为常用灯座。

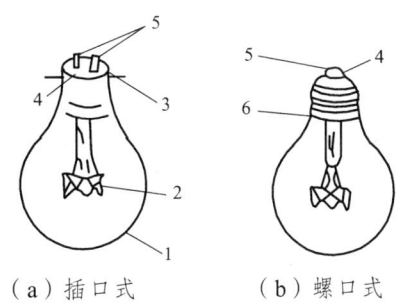

图 3-3-22 白炽灯泡

1—玻璃泡;2—灯丝;3—卡脚;4—绝缘体;5—触点;6—螺纹触点

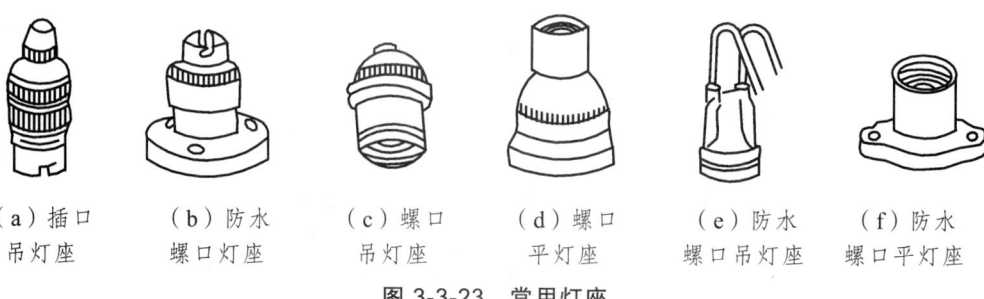

（a）插口吊灯座　（b）防水螺口灯座　（c）螺口吊灯座　（d）螺口平灯座　（e）防水螺口吊灯座　（f）防水螺口平灯座

图 3-3-23　常用灯座

灯泡的主要工作部分是灯丝，灯丝由电阻率较高的钨丝制成。为防止断裂，灯丝多绕成螺旋式。40 W 以下的灯泡内部抽成真空，40 W 以上的灯泡在内部抽成真空后又充少量氩气或氮气等气体，以减少钨丝挥发，延长灯丝寿命。灯丝通电后，在高电阻作用下，迅速发热发红，直到白炽程度而发光，白炽灯因此得名。

2. 白炽灯安装步骤

（1）圆木（木台）的安装。

将电源相线和零线卡入圆木线槽，并穿过圆木中间两侧小孔，留出足够连接电器或软吊线的线头。然后用螺丝从中心孔穿入，将圆木固定在事先完工的预埋件上，如图 3-3-24 所示。

（2）挂线盒的安装。

下面以塑料挂线盒为例叙述其安装工艺，瓷挂线盒的安装与此大体相同。

（a）　　　（b）

图 3-3-24　圆木的安装

先将圆木上的电线头从挂线盒底座中穿出，用木螺丝将挂线盒紧固在圆木上，如图 3-3-25（a）所示。然后将伸出挂线盒底座的线头剥去 20 mm 左右绝缘层，弯成接线圈后，分别压接在挂线盒的两个接线桩上。再按灯具的安装设计要求，取一段铜芯软线（花线或塑料绞线）作挂线盒与灯头之间的连接线，上端接挂线盒内的接线桩，下端接灯头接线桩，如图 3-3-25（b）所示。为了不使接头处承受灯具重力，吊灯电源线在进入挂线盒盖后，在离接线端头 500 mm 处打一个结，如图 3-3-25（c）所示。这个结正好卡在挂线盒线孔里，承受着部分悬吊灯具的重量。如果是瓷质挂线盒，应在离上端头 60 mm 左右的地方打结，再将线头分别穿过挂线盒两棱上的小孔固定后，与穿出挂线盒底座的两根电源线头相连，最后将接好的两根线头分别插入挂线盒底座平面的小孔里。其余操作方法与塑料挂线盒的安装相同。

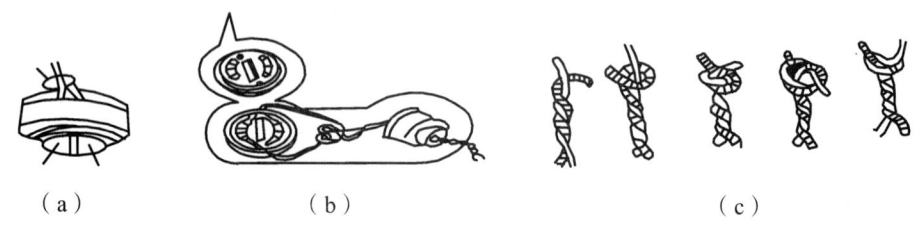

（a）　　　　　（b）　　　　　（c）

图 3-3-25　挂线盒的安装

此外，平灯座在圆木上的安装也与塑料挂线盒在圆木上的安装方法大体相同，不同的是不需要软吊线，由穿出的电源线直接与平灯座两接线桩相接，如图 3-3-26 所示。

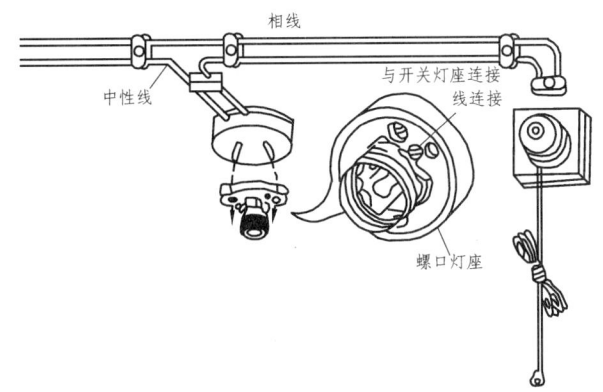

图 3-3-26 平灯头的安装

（3）吊灯头的安装。

旋下灯头上的胶木盖子，将软吊线下端穿入灯头盖孔中，在离导线下端头 30 mm 处打一个结，然后把去除了绝缘层的两个下端头芯线分别压接在两个灯头接线桩上，如图 3-3-27（c）所示，最后旋上灯头盖子。

如果是螺口灯头，火线（相线）应接在跟中心铜片相连的连接桩上，零线接在与螺口相连的接线桩上，如图 3-3-27（a）、（b）所示。如果接反，容易出现触电事故。

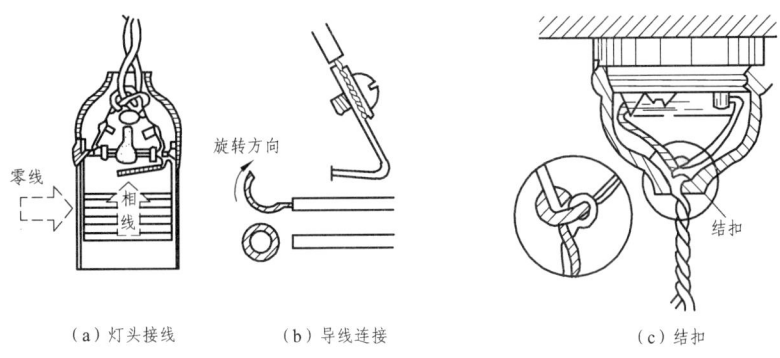

（a）灯头接线　　（b）导线连接　　　　　　（c）结扣

图 3-3-27 吊灯头的安装

3. 开关的安装

开关的品种很多，常用的开关如图 3-3-28 所示。

按应用结构又分为单联开关和双联开关。

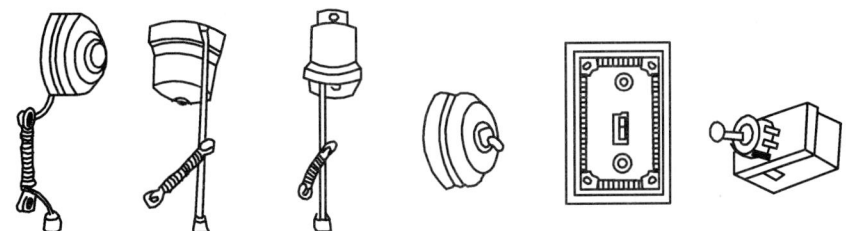

（a）拉线开关（b）顶装式（c）防水式（d）平开关（e）安装开关（f）台灯开关
　　　　　　　拉线开关　拉线开关

图 3-3-28 常用开关

开关应串联在通往灯头的火线上。开关的安装步骤和做法与挂线盒大体相同,只是在从圆木中穿出线头时,一根是电源火线,另一根是进入灯头的火线,它们应分别接在开关底座的两个接线桩上,然后旋紧开关盒,完工的灯具如图 3-3-29 所示。

上述安装的串联开关只能在一个地方控制一盏灯。在日常生活、工作和生产中,经常有需要在两个地方控制一盏灯的情况,这就必须安装双联开关。

用两个双联开关在两个地方控制一盏灯的接线方法如图 3-3-30 所示。

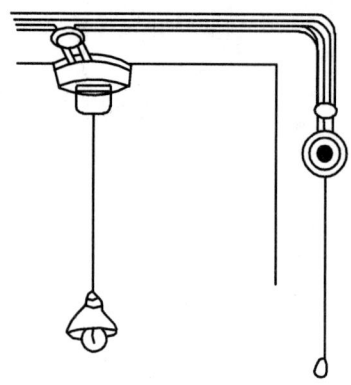

图 3-3-29 装完开关的灯具

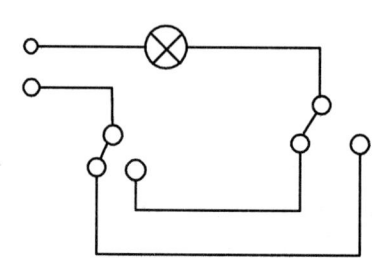

图 3-3-30 两个地方控制一盏灯原理图

4. 插座的安装

插座一般不用开关控制,它始终是带电的。在照明电路中,一般可用双孔插座;但在公共场所、地面具有导电性物质或电气设备有金属壳体时,应选用三孔插座,用于动力系统中的插座,应是三相四孔。

插座安装方法与挂线盒基本相同,但要特别注意接线插孔的极性。双孔插座在双孔水平安装时,火线接右孔,零线接左孔(即左零右火);双孔竖直排列时,火线接上孔,零线接下孔(即下零上火)。三孔插座下边两孔是接电源线的,仍为左零右火,上边大孔接保护接地线,它的作用是一旦电气设备漏电到金属外壳时,可通过保护接地线将电流导入大地,消除触电危险。

三相四孔圆孔插座,下边三个较小的孔分别接三相电源相线,上边较大的孔接保护接地线。

(三)日光灯的安装

安装日光灯,首先是对照电路图连接线路,组装灯具,然后在建筑物上固定,并与室内的主线接通。安装前应检查灯管、镇流器、启辉器等有无损坏,是否互相配套,然后按下列步骤安装:

1. 准备灯架

根据日光灯管长度的要求,购置或制作与之配套的灯架。

2. 组装灯架

一对绝缘灯座将日光灯管支承在灯架上,再用导线连接成日光灯的完整电路,灯座有开启式和插入式两种，如图 3-3-31 所示。开启式灯座还有大型和小型两种，如 6 W、8 W、12 W、13 W 等的细灯管用小型灯座，15 W 以上的灯管用大型灯座。

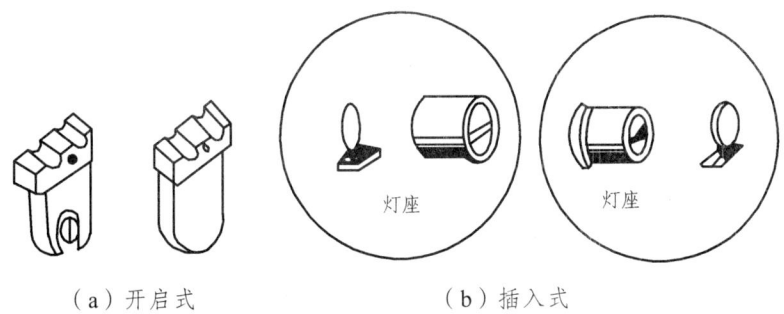

图 3-3-31　日光灯座

在灯座上安装灯管时，对插入式灯座，先将灯管一端灯脚插入带弹簧的一个灯座，稍用力使弹簧灯座活动部分向外退出一小段距离，另一端趁势插入不带弹簧的灯座。对开启式灯座，先将灯管两端灯脚同时卡入灯座的开缝中，再用手握住灯管两端灯头旋转约 1/4 圈，灯管的两个引出脚即被弹簧片卡紧使电路接通，如图 3-3-32 所示。

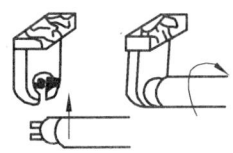

图 3-3-32　在开启式灯座上安装灯管

灯架用来装置灯座、灯管、启辉器、镇流器等日光灯零部件，有木制、铁皮制、铝皮制等几种。其规格应配合灯管长度、数量和光照方向选用。灯架长度应比灯管稍长。如图 3-3-33 所示。反光面应涂白色或银色油漆，以增强光线反射。

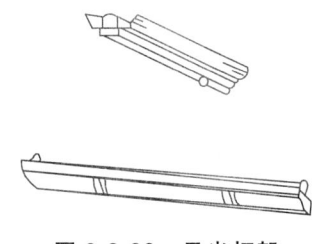

图 3-3-33　日光灯架

对分散控制的日光灯，将镇流器安装在灯架的中间位置，对集中控制的几盏日光灯，几只镇流器应集中安装在控制点的一块配电板上。然后将启辉器座安装在灯架的一端，两个灯座分别固定在灯架两端，中间距离要按所用灯管长度量好，使灯管两端灯脚既能插进灯座插孔，又能有较紧的配合。各配件位置固定后，按电路图进行接线，只有灯座才是边接线边固定在灯架上。接线完毕，要对照电路图详细检查，以免接错、接漏。

3. 固定灯架

固定灯架的方式有吸顶式和悬吊式两种。悬吊式又分金属链条悬吊和钢管悬吊两种。安装前先在设计的固定点打孔预埋合适的紧固件，然后将灯架固定在紧固件上。其安装方式和实际接线如图 3-3-34 所示。

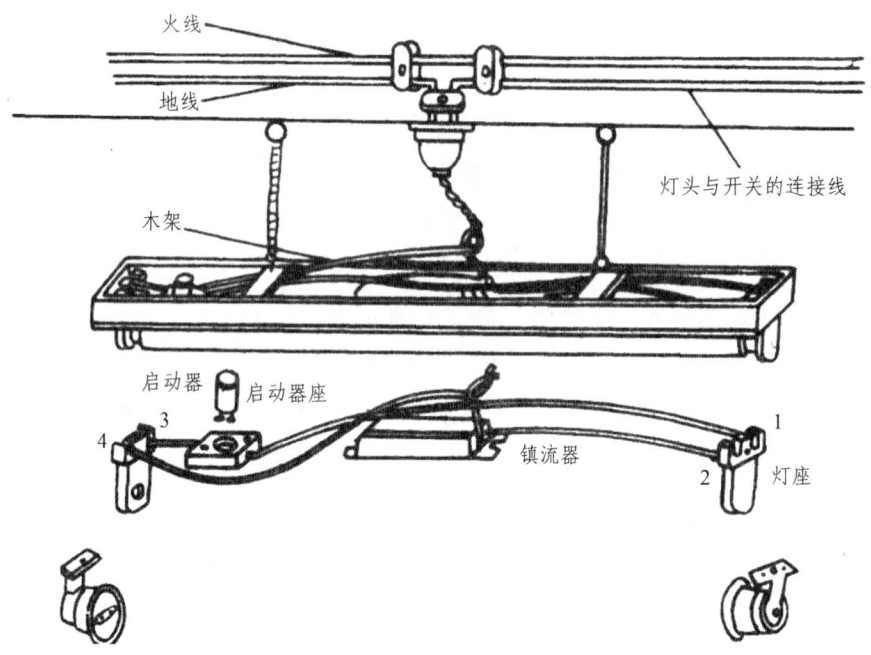

图 3-3-34　日光灯的安装方式与实际线路

（四）吸顶灯、吊灯、壁灯的安装

1. 吸顶灯的安装

（1）一般吸顶灯混凝土棚面上安装。

在混凝土棚面上安装，吸顶灯可根据图 3-3-33 所示选用固定螺栓的布置方法。大型或多头吸顶灯允许采用金属胀管螺栓坚固。但螺栓规格不得小于 M16；圆盘吸顶灯紧固螺栓不得少于 3 个；方形或矩形底盘吸顶灯紧固螺栓不得少于 4 个，螺栓布置如图 3-3-35 所示。

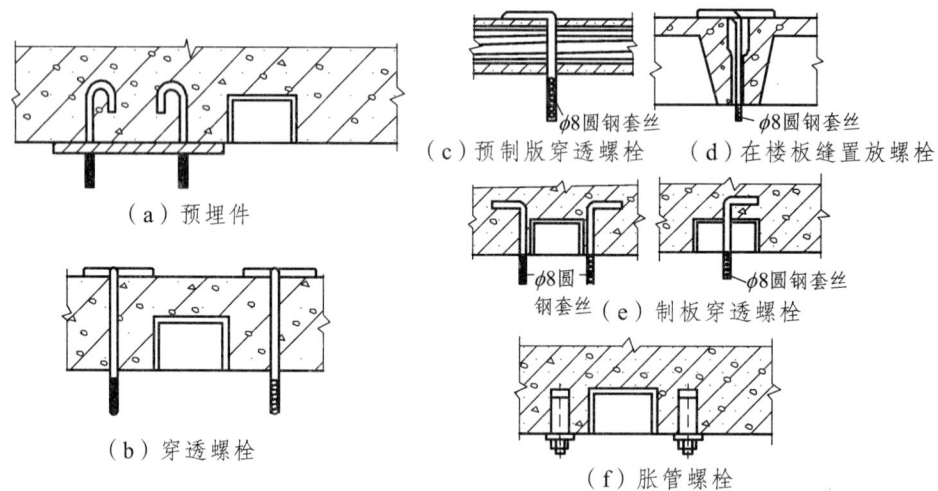

图 3-3-35　螺栓布置图

（2）小型单头吸顶灯的安装。

小型单头吸顶灯一般在灯具配用的底台上安装。而灯具底台是紧固在混凝土墙面上，所以灯具底台安装的牢固程度、位置的准确性决定灯具的安装质量。灯具底台可以用胀管螺栓紧固，也可用木螺丝在预埋木砖上紧固。如灯具底台直径超过 100 mm 必须用 2 个螺钉。用木螺丝安装紧固情况如图 3-3-36 所示。

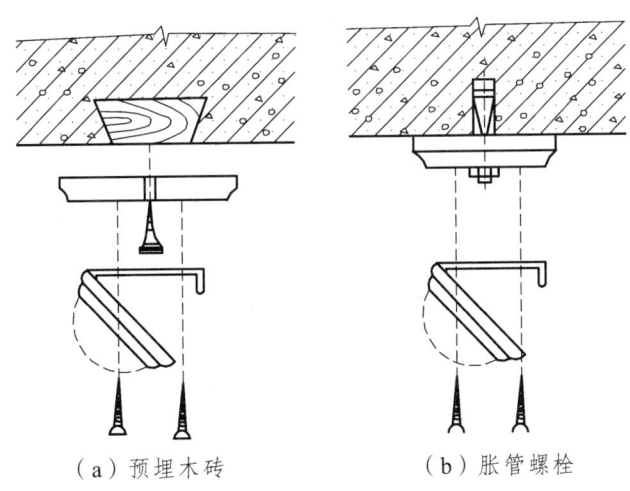

图 3-3-36　灯具用木螺丝安装紧固

2. 吊灯安装

大型吊灯绝大部分属于现场组装型。小型吊灯大多数可以在安装前一次装配成形，整体安装。目前家庭一般安装小型豪华吊灯。

小型吊灯在混凝土棚面上安装。因为体积小质量轻，不仅可采用预埋螺栓，还可以采用胀管螺栓紧固。可根据灯具的体积和质量选用胀管螺栓规格。但最小不宜小于 M16，多头小型吊灯不宜小于 M8，螺栓数量至少要 2 个。螺栓布置如图 3-3-35 所示。

3. 壁灯安装

（1）壁灯根据底座的构造可采用底台或不用底台。带底台的壁灯，先紧固底台，然后再将灯具紧固在底台上。

（2）在墙面、柱面上安装壁灯，可以用灯位盒的安装螺孔旋入螺钉来固定，也可在墙面上打孔置入胀管螺钉。

（3）壁灯安装高度一般为灯具中心距地面 2.2 m 左右，床头壁灯以 1.2～1.4 m 高度较为合适，壁灯安装如图 3-3-37 所示。

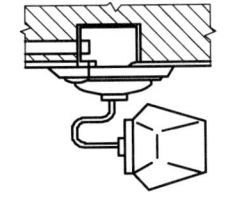 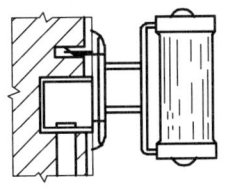 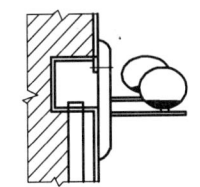

（a）利用灯位盒螺孔固定　　（b）用胀管螺钉固定　　（c）用一枚螺栓悬挂固定

图 3-3-37　壁灯安装示意图

七、照明线路故障维修

（一）检查时间安排

（1）每年在雨季前和雷季前个检查一次。
（2）每年冬季前进行一次防冻检查。
（3）暴风雨及大风后应做特殊巡视和检查。
（4）对特殊企业恶疾生产车间的照明装置的检查应视具体情况而定。
（5）在天花板上安装的吸顶灯及日光灯镇流器的发热元件，应在运行一年后进行抽查，检查有无烤焦木台等现象，必须时对全部灯具加强防火措施。

（二）照明装置的检查

（1）照明灯具上所安装的灯泡是否超过额定容量。
（2）局部照明所用的降压变压器，初级侧引线的绝缘如果有损坏时应及时更换或包好绝缘布带。
（3）灯具各部件如果发现松动、脱落、损坏应及时修复或更换。
（4）运行变压器外壳及所有移动式灯具外壳的接线是否完好、可靠。
（5）检查照明开关、螺口灯具相线和零线接法是否正确。
（6）插座有无烧伤、接地线是否良好可靠。
（7）室外照明装置的检查：
① 室外照明灯具有无单独熔丝（飞保险）保护。
② 露天处所处的照明灯具是否采用防水灯口。
③ 室外照明灯具的开关控制箱是否漏电；泄水口是否畅通，清除箱内杂物。

（三）白炽灯与荧光灯常见故障与分析

白炽灯与荧光灯照明线路常见故障与分析分别如表 3-3-2 和表 3-3-3 所示。

表 3-3-2　白炽灯照明线路常见故障分析

故障现象	产生原因	检修方法
灯泡不亮	（1）灯泡钨丝烧断； （2）电源熔断器的熔丝熔断； （3）灯座或开关接线松动或接触不良； （4）线路中有断路故障	（1）调换新灯泡； （2）检查熔丝烧断的原因并更换熔丝； （3）检查灯座和开关的接线处并修复用电气或用校火灯头检查； （4）检查线路的断路处并修复
开关合上后熔断器熔丝烧断	（1）灯座内两线头短路； （2）螺口灯座内中心铜片与螺旋铜圈相碰、短路； （3）线路中发生短路； （4）电源电压不稳定	（1）检查灯座内两接线头并修复； （2）检查灯座并扳校准中心铜片； （3）检查导线是否老化或损坏并修复； （4）检查用电器并修复； （5）减小负载或更换熔断器

续表 3-3-2

故障现象	产生原因	检修方法
灯泡乎亮乎暗或忽亮忽灭	（1）灯丝烧断，但受震后忽接忽离； （2）灯座或开关接线松动； （3）熔断器熔丝接头接触不良； （4）电源电压不稳定	（1）调换灯泡； （2）检查灯座和开关并修复； （3）检查熔断器并修复； （4）检查电源电压
灯泡发强烈白光并瞬时或短时烧坏	（1）灯泡额定电压低于电源电压； （2）灯泡钨丝有搭丝使电阻减小电流增大	（1）更换与电源电压相符的灯泡； （2）更换新灯泡
灯光暗淡	（1）灯泡内钨丝挥发后，积聚在玻壳内表面透光度减低，同时由于钨丝挥发后变细，电阻增大，电流减小，光通量减小； （2）电源电压过低； （3）线路因年久老化或绝缘损坏有漏电现象	（1）正常现象，不必修理； （2）调高电源电压； （3）检查线路，更换导线

表 3-3-3 荧光灯照明线路常见故障分析

故障现象	产生原因	检修方法
日光灯管不能发光	（1）灯座或启辉器底座接触不良； （2）灯管漏气或灯丝断； （3）镇流器线圈断路； （4）电源电压过低； （5）新装日光灯接线错误	（1）转动灯管，使灯管四极和灯座四夹座接触，使启辉器两极与底座，二铜片接触，找出原因并修复； （2）用万用表检查或观察荧光粉是否变色，确认灯管坏，可换新灯管； （3）修理或调换镇流器； （4）不必修理； （5）检查线路
日光灯抖动或两头发光	（1）接线错误或灯座灯脚松动； （2）启辉器氖泡内动、静触片不能分开或电容器击穿； （3）镇流器配用规格不合适或接头松动； （4）灯管陈旧，灯丝上电子发射物质放电作用降低； （5）电源电压过低或线路电压降过大； （6）气压过低	（1）检查线路或修理灯座； （2）将启辉器取下，用两把螺丝刀的金属头分别触及启辉器底座两块铜片，然后将两根金属杆相碰，并立即分开，如灯管能跳亮，则启辉器是坏了，应更换启辉器； （3）调换适当镇流器或加固接头； （4）调换灯管； （5）如果有条件升高电压或加粗导线； （6）用热毛巾对灯管加热
灯光两端发黑或生黑斑	（1）灯管陈旧，寿命将的现象； （2）如果是新灯管，可能因启辉器损坏使灯丝发射物质加速挥发； （3）灯管内水银凝结是细灯管常见现象； （4）电源电压太高或镇流器配用不当	（1）调换灯管； （2）调换启辉器； （3）灯管工作后即能蒸发或灯管旋转180°； （4）调整电源电压或调换适当的镇流器
灯光闪烁或光在管内滚动	（1）新灯管暂时现象； （2）灯管质量不好； （3）镇流器配用规格不符或接线松动； （4）启辉器损坏或接触不好	（1）开用几次或对调灯管两端； （2）换一根灯管试一试有无闪烁； （3）调换合适的镇流器或加固接线； （4）调换启辉器或加固启辉器

续表 3-3-3

故障现象	产生原因	检修方法
灯管光度减低或色彩转差	(1) 灯管陈旧的必然现象； (2) 灯管上积垢太多； (3) 电源电压太低或线路电压降太大； (4) 气温过低或冷风直吹灯管	(1) 调换灯管； (2) 消除灯管积垢； (3) 调整电压或加粗导线； (4) 加防护罩或避开冷风
灯管寿命短或发光后立即熄灭	(1) 镇流器配用规格不合或质量较差，或镇流器内部线圈短路，致使灯管电压过高； (2) 受到剧震，将使灯丝震断； (3) 新装灯管因接线错误将灯管烧坏	(1) 调换或修理镇流器； (2) 调换安装位置或更换灯管； (3) 检修线路
镇流器有杂音或有电磁声	(1) 镇流器质量较差或其铁芯的硅钢片未夹紧； (2) 镇流器过载或内部短路； (3) 镇流器受热过度； (4) 电源电压过高引起镇流器发出声音； (5) 启辉器不好引起开启时辉光杂音； (6) 镇流器有微弱声，但影响不大	(1) 调换或修理镇流器； (2) 调换镇流器； (3) 检查受热原因； (4) 如有条件设法降压； (5) 调换启辉器； (6) 是正常现象，可用橡皮垫衬，以减少震动
镇流器过热或冒烟	(1) 电源电压过高，或容量过低； (2) 镇流器内线圈短路； (3) 灯管闪烁时间长或使用时间太长	(1) 有条件可调低电压或换用容量较大的镇流器； (2) 调换镇流器； (3) 检查闪烁原因或减少连续使用的时间

> 实训项目

实际工作任务　教室照度计算和灯具布置

一、材料工具

皮尺、钢卷尺、计算器、线坠、纸笔。

二、工作任务

测量教室的长、宽、高；教室门窗的宽、高，根据教室的照度标准确定教室应安装的荧光灯数。

操作步骤和考评标准：

1. 测量教室的长、宽、高；
2. 测量教室门窗的宽和高；
3. 计算门窗占两侧墙面积的比例；
4. 查找国家规定的教室照度标准；
5. 确定所安装灯具的规格型号及安装高度；
6. 计算教室应安装的灯具数；
7. 画出灯具布置图；
8. 与教室实际的灯具数和布置相比较看是否相同，若不同找出原因。

上述项目 80 分。

测量时应注意安全，登高作业时应符合相关规定，违章扣 10 分；出现重伤扣 41 分。

注意工具使用的合理性，不合理每次扣 3 分。

习 题

一、填空

1. 电光源分为＿＿＿＿＿＿和＿＿＿＿＿＿两类。
2. 铁路编组场照明一般采用＿＿＿＿照明，＿＿＿＿上采用＿＿＿＿照明。
3. 半直射型灯具＿＿＿＿光通量投到被照物上；＿＿＿＿光通量经反射后投到被照物上。
4. 高压汞灯中的"高压"是反映灯管内工作状态下的＿＿＿＿。
5. 电光源的性能指标主要有 3 个分别是＿＿＿＿、＿＿＿＿、＿＿＿＿。
6. 照明方式分为＿＿＿＿、＿＿＿＿、＿＿＿＿；三种

二、名词解释

1. 光通量
2. 照度
3. 光效
4. 光强
5. 亮度
6. 眩光
7. 距高比
8. 频闪

三、简答

1. 画出荧光灯的接线图；并说明其工作原理。
2. 如何限制频闪？
3. 如何限制眩光？
4. 常见电光源有哪些？
5. 简述照明器的选用原则。
6. 照明器按用途分为哪几种？
7. 简述荧光灯中镇流器的作用。
8. 编组场照明布置要求有哪些？
9. 采用灯桥照明的优点有哪些？
10. 灯桥上投光灯安装有哪些要求？
11. 照明灯具安装有哪些要求？
12. 灯具安装方式有哪些？

四、计算

某车间库房 $S = 12 \times 24 \text{ m}^2$、$h = 3.04 \text{ m}$，顶棚及墙均刷白，无窗帘，侧墙开窗。侧墙开窗面积占侧墙总面积 30%，端墙大门面积占各端墙的 50%。门窗的反射率分别为 8% 及 9%，室内地面的平均照度按 70 lx 考虑，灯具为吸顶安装，采用 40 W 荧光灯。求荧光灯的数量，并按比例（1∶200）布置灯位。

表 3-3-4 简式荧光灯利用系数表

有效顶棚反射率	70				50				30				10			
墙反射率	70	50	30	10	70	50	30	10	70	50	30	10	70	50	30	10
室空间比																
1	0.93	0.89	0.86	0.83	0.89	0.85	0.83	0.80	0.85	0.82	0.80	0.78	0.81	0.79	0.77	0.75
2	0.85	0.79	0.73	0.69	0.81	0.75	0.71	0.67	0.77	0.73	0.69	0.65	0.73	0.72	0.67	0.64
3	0.78	0.70	0.63	0.58	0.74	0.67	0.61	0.57	0.70	0.65	0.60	0.56	0.67	0.62	0.58	0.55
4	0.71	0.61	0.54	0.49	0.67	0.59	0.53	0.48	0.64	0.57	0.52	0.47	0.61	0.55	0.51	0.47
5	0.65	0.55	0.47	0.42	0.62	0.53	0.46	0.41	0.59	0.51	0.45	0.41	0.56	0.49	0.44	0.40
6	0.60	0.49	0.42	0.36	0.57	0.48	0.41	0.36	0.54	0.46	0.40	0.36	0.52	0.45	0.40	0.35
7	0.55	0.44	0.37	0.32	0.52	0.48	0.36	0.31	0.50	0.42	0.36	0.31	0.48	0.40	0.35	0.31
8	0.51	0.40	0.33	0.27	0.48	0.39	0.32	0.27	0.46	0.37	0.32	0.27	0.44	0.36	0.31	0.27
9	0.47	0.36	0.29	0.24	0.45	0.35	0.29	0.24	0.43	0.34	0.28	0.24	0.41	0.33	0.28	0.24
10	0.48	0.32	0.25	0.20	0.41	0.31	0.24	0.20	0.39	0.30	0.24	0.20	0.37	0.29	0.24	0.20

表 3-3-5 配照型工厂灯（白炽灯 500 W）利用系数表

有效顶棚反射率（%）	70				50				30				10			
墙反射率（%）	70	50	30	10	70	50	30	10	70	50	30	10	70	50	30	10
室空间比																
1	0.88	0.84	0.80	0.77	0.84	0.80	0.77	0.75	0.80	0.77	0.75	0.72	0.76	0.74	0.72	0.70
2	0.81	0.75	0.70	0.60	0.77	0.72	0.68	0.64	0.74	0.69	0.66	0.63	0.70	0.57	0.61	0.61
3	0.75	0.57	0.61	0.56	0.71	0.64	0.39	0.55	0.67	0.62	0.57	0.54	0.64	0.60	0.56	0.53
4	0.68	0.60	0.61	0.56	0.65	0.57	0.52	0.47	0.62	0.56	0.50	0.46	0.59	0.54	0.49	0.46
5	0.63	0.53	0.46	0.41	0.60	0.51	0.45	0.40	0.57	0.50	0.44	0.40	0.54	0.48	0.43	0.39
6	0.58	0.47	0.40	0.35	0.55	0.46	0.39	0.35	0.52	0.44	0.39	0.34	0.50	0.43	0.38	0.37
7	0.53	0.42	0.35	0.30	0.50	0.41	0.34	0.30	0.48	0.39	0.34	0.29	0.45	0.35	0.33	0.29
8	0.49	0.38	0.31	0.26	0.46	0.37	0.31	0.26	0.44	0.36	0.30	0.26	0.42	0.35	0.30	0.26
9	0.45	0.34	0.27	0.23	0.43	0.33	0.27	0.23	0.41	0.32	0.27	0.23	0.39	0.31	0.26	0.22
10	0.42	0.31	0.25	0.20	0.40	0.30	0.24	0.20	0.38	0.25	0.24	0.20	0.36	0.29	0.24	0.20

表 3-3-6 配照型工厂灯（GGY400）

利用系数表　　　$L/h = 0.7$

有效顶棚反射率（%）	70				50				30				10				0
墙反射率（%）	70	50	30	10	70	50	30	10	70	50	30	10	70	50	30	10	0
室空间比																	
1	0.83	0.73	0.75	0.72	0.79	0.75	0.73	0.70	0.75	0.72	0.70	0.68	0.71	0.69	0.67	0.66	0.64
2	0.76	0.70	0.65	0.60	0.72	0.67	0.63	0.59	0.68	0.64	0.61	0.58	0.65	0.62	0.59	0.56	0.55
3	0.69	0.61	0.55	0.51	0.66	0.69	0.54	0.50	0.62	0.57	0.52	0.49	0.59	0.55	0.51	0.48	0.46
4	0.63	0.55	0.48	0.43	0.60	0.53	0.47	0.42	0.57	0.51	0.46	0.42	0.54	0.49	0.45	0.43	0.40
5	0.58	0.48	42	0.36	0.55	0.47	0.41	0.36	0.52	0.45	0.40	0.36	0.49	0.44	0.39	0.5	0.34
6	0.53	0.43	0.36	0.31	0.50	0.41	0.35	0.31	0.48	0.40	0.35	0.30	0.45	0.39	0.34	0.30	0.29
7	0.48	0.38	0.31	0.26	0.46	0.37	0.31	0.26	0.43	0.36	0.30	0.27	0.41	0.35	0.30	0.26	0.24
8	0.45	0.34	0.28	0.23	0.42	0.33	0.27	0.23	0.40	0.32	0.27	0.23	0.38	0.31	0.26	0.23	0.21
9	0.41	0.31	0.24	0.20	0.39	0.30	0.24	0.20	0.37	0.29	0.24	0.20	0.36	0.28	0.23	0.20	0.18
10	0.38	0.28	0.22	0.18	0.36	0.27	0.21	0.17	0.35	0.27	0.21	0.17	0.33	0.26	0.21	0.17	0.16

表 3-3-7 工业企业辅助建筑照度标准值

房间名称	一般照明	混合照明	规定照度的平面
办公室、资料室、会议室、报告厅	75、100、150	—	距地面 0.75 m
工艺室、设计师、绘图室	100、150、200	300、500、750	
打字室、教室	150、200、300	500、750、1000	
阅览室、陈列室	100、150、200	—	
医务室	71、100、150	—	
食堂车间休息室、单身宿舍	50、75、100	—	
浴室、更衣室、厕所、楼梯间	10、15、20	—	地面
盥洗室	20、30、50	—	地面

表 3-3-8 维护系数

建筑物特征分类	维护系数 K	
	碘钨灯	白炽灯、荧光灯高压水银荧光灯
生产中几乎很少有尘埃、烟、烟灰及蒸汽排出或由外部进入	0.8（0.85）	0.75（0.8）
生产中排除或外界进入少量尘埃、烟、烟灰及蒸汽，比较明显但不严重	0.75（0.81）	0.70（0.76）
生产中排除或外界进入大量的粉尘、烟、烟灰及蒸汽，积累较快	0.66（0.76）	0.60（0.69）
户外露天广场	0.75	0.7

表 3-3-9 墙壁、顶棚及地面反射系数的近似值

反 射 面 特 征	反射系数（%）
白色顶棚带有白色窗帘遮蔽的白色墙壁	70
纯混凝土及光亮的木顶棚；潮湿建筑物内的白色顶棚无窗帘遮蔽窗子的白色墙壁	50
污秽建筑物内的混凝土顶棚、木质顶棚；有窗子的混凝土墙壁、用光亮纸糊的墙壁；一般混凝土地面	30
带有大量暗灰色灰尘建筑物内的混凝土或木质顶棚及墙壁；全为玻璃而无窗帘者未粉刷的红砖墙；木的或其他有色的地板	10

表 3-3-10 一般生活房屋的安装容量表

房屋名称	安装容量	
	白炽灯	荧光灯
大居室（13～18 m²）	60	30
小居室（13 m² 以下）	40	20
厨房	25	
厕所、卫生间、走道（长约 6 m）	15	
楼梯间	25～40	
门厅、电梯厅	25～60	
管理室、修理间		40
电梯机房、泵房（每开间）	60	
冰箱室、管道间（每开间）	25	
地下室无特殊用途的房间（每开间）	40	

表 3-3-11　配照型工厂等单位面积安装功率

计算高度 (m)	房间面积 (m²)	白炽灯照度（lx）					
		5	10	15	20	30	40
2~3	10~15	3.3	6.2	8.4	10.5	14.3	17.9
	15~25	2.7	5.0	6.8	8.6	11.4	14.3
	25~50	2.3	4.3	5.9	7.3	9.5	11.9
	50~150	2.0	3.8	5.3	6.8	8.6	10
	150~300	1.8	3.4	4.7	6.0	7.8	9.5
	300 以上	1.7	3.2	4.5	5.5	7.3	9.0
3~4	10~15	4.3	7.3	9.6	12.1	16.2	20
	15~20	3.7	6.4	8.5	10.5	13.8	17.6
	20~30	3.1	5.5	7.2	8.9	12.4	15.2
	30~50	2.5	4.5	6.0	7.3	10	12.4
	50~120	2.1	3.8	5.1	6.3	8.3	10.3
	120~300	1.8	3.3	4.4	5.5	7.3	9.3
	300 以上	1.7	2.9	4.0	5.0	6.8	8.6
4~6	10~17	5.2	8.6	11.4	14.3	20	25.6
	17~25	4.1	6.8	9.0	11.4	15.7	20.7
	25~35	3.4	5.8	7.7	9.5	13.3	17.4
	35~50	3.0	5.0	6.8	8.3	11.4	14.7
	50~80	2.4	4.1	5.6	6.8	9.5	11.9
	80~150	2.0	3.3	4.6	5.8	8.3	10.0
	150~400	1.7	2.8	3.9	5.0	6.8	8.6
	400 以上	1.5	2.5	3.5	4.5	6.3	8.0
6~8	25~35	4.3	6.9	9.1	11.7	16.6	21.7
	35~50	3.4	5.7	7.9	10.0	14.7	18.4
	50~65	2.9	4.9	6.8	8.7	12.4	15.7
	65~90	2.5	4.3	6.2	7.8	10.9	13.8
	90~135	2.2	3.7	5.1	6.5	8.6	11.2
	135~250	1.8	3.0	4.2	5.4	7.3	9.3
	250~500	1.5	2.6	3.6	4.6	6.5	8.3
	500 以上	1.4	2.4	3.2	4.0	5.5	7.3

项目四 室内配电装置和电气设备的安装

课题一 施工准备及施工

一、施工准备

1. 熟悉图纸及现场

（1）10 kV 及以下室内变配电工程应以供电部门审批的正式图纸进行施工。

（2）施工员应掌握和了解有关规程规范和标准图册。

（3）熟悉图纸并进行工程现场调查，了解工程概况、施工条件以及土建施工进度。

（4）结合现场调查情况，认真审查设计图纸，发现问题作好书面记录，为设计交底做好准备。图纸审查主要有以下六点：

① 电气图纸与土建、通风管道、设备管道、消防系统及其他专业的图纸有无矛盾。

② 主要尺寸、位置、标高有无差错，预埋、预留位置尺寸是否正确。设备距墙、设备之间的距离是否符合供电规范的要求。

③ 图纸之间、图纸与设备说明书之间有无矛盾。

④ 按图施工有无实际困难。

⑤ 设备进入变配电室的通道、设备孔洞、结构门洞是否符合设备的要求。

⑥ 根据施工规范和施工工艺的要求提出对施工图纸的改进意见。

（5）施工单位应有技术、生产部门和施工员参加建设单位组织的设计交底。施工员应提出审查图纸中的意见，设计、施工单位会签变更洽商，作为施工及竣工的依据。

（6）向建设单位或订货单位了解主要设备订货和到货情况、规格型号是否与图纸相符。

（7）根据施工图纸及本工程特点、规程规范，编制施工方案或施工交底书。大型变配电工程，主变压器单台容量为 1 000 kV·A 及以上，且台数为 3 台及以上或主变压器总容量为 3 000 kV·A 及以上应编制施工方案。

（8）编制施工材料、设备预算书。编制加工件清单，绘制加工图，有关部门以此进行备料和安排加工件的加工。

2. 设备开箱点件检查

（1）设备到达现场后应及时进行点件检查验收。现场点件验收应有建设单位、订货单位、工程监理、安装单位、厂家共同检查，并做好记录。

（2）变配电设备一般检查项目：

① 产品出厂合格证、验收报告、随箱图纸、说明书是否齐全。

② 设备铭牌型号、规格是否与图纸相符。

③ 设备部件及元件（如继电器、仪表、插件、保险管、指示灯等）有无丢失，易损件（如绝缘瓷件、仪表玻璃、开关手柄、指示灯罩等）有无损坏。元件部件有无腐蚀、变形。

④ 设备安装尺寸（如地脚螺栓间距、轮距）是否与说明书和设计图纸相符。

⑤ 设备外观检查：框架有无开焊变形，油漆应完整无损。检查柜体尺寸（如测量柜体的对角线、柜体上下宽度尺寸误差等）是否符合出厂要求。

⑥ 按装箱单清点附件、备件、装用工具等是否齐全。

（3）设备检查验收后应与建设单位、订货单位、工程监理、供货单位签署检查验收记录。

（4）设备检查验收记录、设备出厂合格证、试验报告单、随箱图纸等资料应作为竣工资料在工程竣工交接时移交建设单位。以上文件的复印件应报监理一份，经监理批复后开始安装。

（5）对目检不能发现的结构内部质量问题，参与检查各方应作好备忘录，如在试运行时出现设备质量问题应由出厂单位和供货单位承担一切责任。

3. 安装前，建设工程应具备的条件

（1）基础、构架、预留孔洞及预埋件符合电气设备的设计和安装要求；

（2）屋顶、楼板施工完毕，不得有渗漏；

（3）室内地面、顶面、墙角装饰工程施工完毕；

（4）有可能损坏已安装的设备或安装后不能再进行的装饰工程全部结束；

（5）变配电室门窗齐全，施工用道路畅通。

二、施　工

（一）设备基础安装

1. 盘、柜基础的安装

（1）预埋铁件的加工制作。预埋铁的加工制作如图 4-1-1 所示，图中尺寸单位为 mm，钢板选用厚（8~10）mm，圆钢选用 ϕ10 mm。

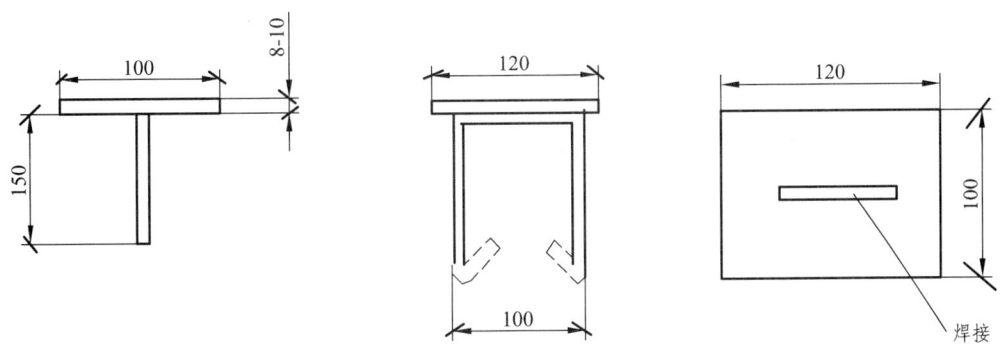

图 4-1-1　预埋铁制作加工图

（2）预埋铁随土建施工时按施工图预先埋设在混凝土结构中，成排盘、柜基础两端应有预埋铁，预埋铁间距一般在 600~800 mm 为宜。预埋铁的高度应根据所选的设备和基础型钢而定。

（3）调直型钢。基础型钢的规格应按施工的要求，图纸无标注时，选用 10 号槽钢。首先将有弯的型钢校直，然后按图纸尺寸要求预制加工基础型钢架，并刷好防锈漆。

（4）按施工平面图位置，将预制加工基础型钢架放在预留铁件上，用水准仪或不小于600 mm的水平尺找平、找正。找平过程中，需用垫片调整高度，其垫片最多不能超过3片。然后将基础型钢架、预留铁、垫片用电焊牢。手车式柜基础型钢顶面高出抹平地面10 mm为宜（如柜前不铺胶垫时基础型钢顶面应与抹平地面相平），其他柜型的基础型钢顶面高出抹平地面40~50 mm为宜。基础型钢安装允许偏差见表4-1-1。

表 4-1-1　基础型钢安装允许偏差

项次	项目	允许偏差（mm）	
1	不直度	每米 全长	1 5
2	水平度	每米 全长	1 5

2. 变压器轨道基础的安装

变压器轨道基础的安装只限于油浸式电力变压器。干式变压器可直接安装在地面上，也可参照油浸式电力变压器轨道基础安装。

（1）预留铁件的加工制作。预留铁的加工制作见图4-1-2，图中尺寸单位为mm，钢板选用厚（8~10）mm，圆钢选用ϕ10 mm。

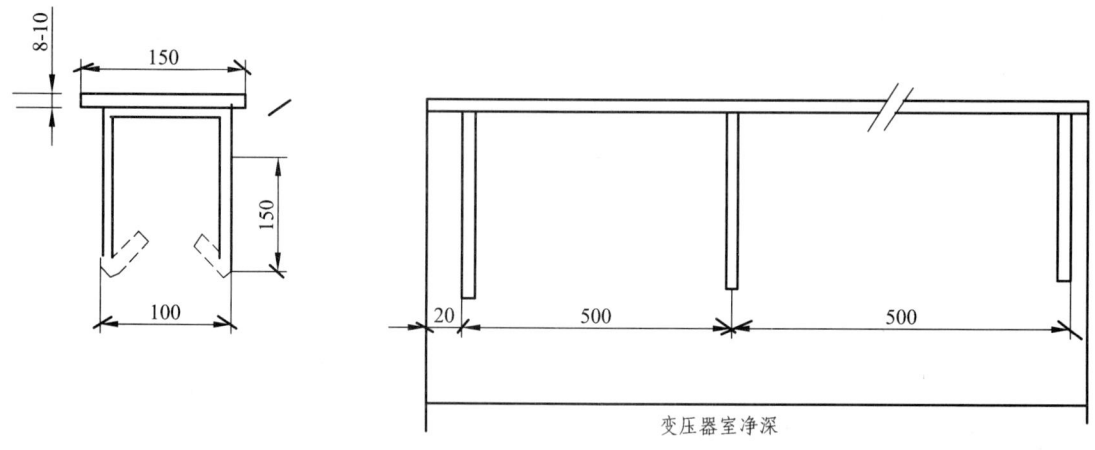

图 4-1-2　预埋铁加工图

（2）埋设方式。变压器室混凝土面施工时埋入混凝土内，其预留铁顶面与地面平。

3. 电缆保护管的安装

（1）穿墙至室外的电缆保护套其规格、数量、位置、长度应按施工图纸，图纸无标注时，电缆保护管室外应出散水 200 mm，室内应出电缆沟或墙壁 20 mm，变压器室的电缆保护管管口应高出室内地面 100 mm。

（2）穿墙至室外的电缆保护管必须安装防水挡板，防水挡板的加工制作及安装如图4-1-3、图4-1-4所示。防水挡板应随结构预埋好。

项目四 室内配电装置和电气设备的安装

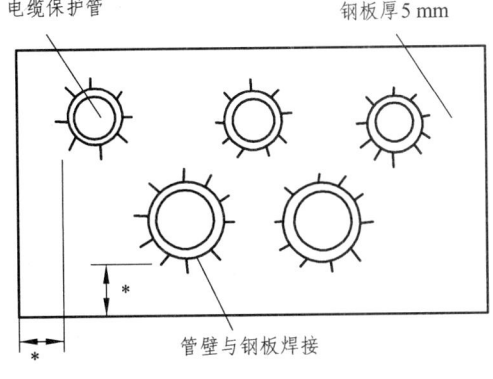

（注*处尺寸不小于50 mm）

图 4-1-3 防水挡板加工　　　　图 4-1-4 防水挡板安装图

（3）穿墙至室外的电缆保护管必须有每米 100 mm 的坡度。

（4）电缆保护管应焊接接地线与接地干线连接。

（二）接地系统安装

（1）人工接地体（接地极）和接地线的规格尺寸、数量、敷设位置应符合施工图纸的规定，图纸无标注时，可按一般常规做法。人工接地体：采用 50 mm×50 mm×5 mm 镀锌角钢制作。单根长度为 2.5 m，其间距不小于 5 m，距建筑物不小于 1.5 m，接地极顶面埋设深度不小于 0.6 m。接地体应垂直配置。人工接地体（极）的最小尺寸见表 4-1-2。

表 4-1-2　钢脱接地体和接地线的最小规格

种类规格及单位		地上		地下	
		室内	室外	交流电流回路	直流电流回路
圆钢直径（mm）		6	8	10	12
扁钢	截面（mm²）	60	100	100	100
	厚度（mm）	3	4	4	6
角钢厚度（mm）		2	2.5	4	6
钢管管壁厚度（mm）		2.5	2.5	2.5	2.5

（2）当接地装置必须埋设在距建筑物出入口或人行道小于 3 m 时，应采用均压带做法或在接地装置上面敷设 50~90 mm 厚度沥青层，其宽度应超过接地装置 2 m。

（3）接地体（线）的连接应采用焊接。焊接应牢固无虚焊。焊接处的药皮敲净后，刷沥青做防腐处理。接地干线一般采用镀锌扁钢，扁钢敷设前应调直，然后将扁钢放置沟内，依次将扁钢与接地体焊接。扁钢应侧放而不可平放，侧放时散流电阻较小。

（4）接地体（线）的焊接应采用搭接焊，其搭接长度必须符合下列规定：

① 扁钢为其宽度的 2 倍（且至少 3 个棱边焊接）。

② 圆钢为其直径的 6 倍。

③ 圆钢与扁钢连接时，其长度为圆钢直径的 6 倍。

④ 扁钢与钢管、扁钢与角钢焊接时，为了连接可靠，除应在其接触部位两侧进行焊接外，还应焊以由扁钢弯成的弧形（或直角形）卡子或直接用接地扁钢本身弯成的弧形（或直角形）与钢管（或角钢）焊接。

（5）明设接地干线的安装。

① 用 25 mm×4 mm 镀锌扁钢制作卡子，用 M8 膨胀螺栓固定在墙上，如图 4-1-5 所示。卡子间距：对 40 mm×4 mm 扁钢接地干线不大于 1 m，对 25×4 扁钢接地干线不大于 0.7 m。

② 明设接地干线与埋地接地干线之间应具有侧接地电阻用的断接线，如图 4-1-5 和图 4-1-6 所示。接地干线通过建筑物的伸缩缝处应做补偿弯。

③ 接地线沿建筑物墙壁水平或垂直敷设时，离地面应保持 250～300 mm 的距离，接地线与建筑物墙壁间隙应不小于 10 mm，水平和垂直误差不大于 2 mm/m，但全长不得超过 10 mm。

（6）电力变压器的工作零线和中点接地线的安装。电力变压器的工作零线和中点接地线的安装如图 4-1-6 所示。

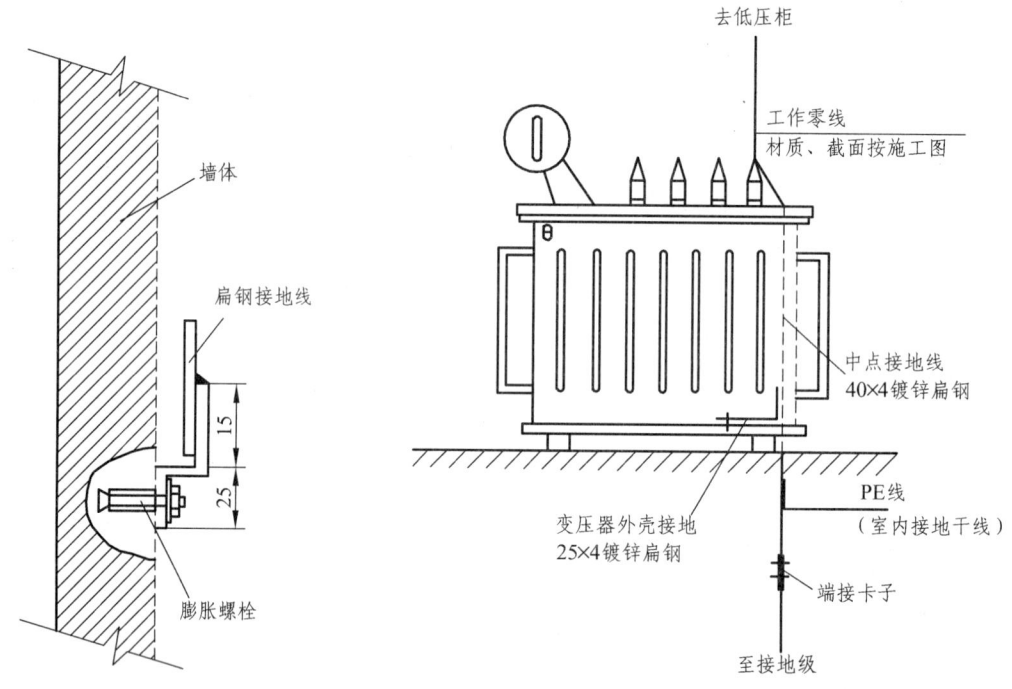

图 4-1-5　明设接地线　　图 4-1-6　工作零线和中点接地线的安装示意图

（7）接地干线应刷黑色油漆，油漆应均匀无遗漏，断接卡子及接地端子处不得刷油。

（8）接地电阻测试。接地极和接地干线施工必须及时请质检部门、工程监理进行隐检，然后方可进行回填，分层夯实。最后，接地电阻遥测数据填写在隐检记录上。合格后签署隐蔽工程验收单。

（9）接地系统隐蔽工程验收单及接地电阻试验报告单应作为竣工资料，在竣工交接时移交建设单位。接地装置的接地电阻值参见表 4-1-3。

表 4-1-3 接地装置的接地电阻

种类	接地装置使用条件		接地电阻（Ω）
1 kV 及以上的电力设备	大接地短路电流系统		一般：$R \leq 2\,000/I$，当 $I < 4\,000$ A 时可采用 $R \leq 0.5$
	小接地短路电流系统	（1）高低压设备共用的接地装置	$R \leq 120/I$，一般不应大于 10
		（2）仅用于高压的接地装置	$R \leq 250/I$
	独立避雷针		工频接地电阻 ≤ 10
	变配电所母线上的阀型避雷器		工频接地电阻 ≤ 5
低压电力设备	中性点直接接地与非直接接地	并联运行电气设备总容量 > 100 kV·A	4
		并联运行电气设备总容量 ≤ 100 kV·A	10
		重复接地	10

注：R——考虑到季节变化的最大接地电阻值；I——计算接地短路电流值。

课题二 配电装置和电气设备的安装

一、电力变压器的安装

（一）变压器的二次搬运

（1）变压器的二次搬运应由起重工作业，电工配合。最好采用汽车吊装，也可采用倒链吊装，卷扬机、滚杠运输。距离较长时最好用汽车运输，运输时必须用钢丝绳固定牢固，并应行车平稳，尽量减少振动。电力变压器质量及吊装点高度可参照表 4-2-1、表 4-2-2。

表 4-2-1 树脂浇铸干式电力变压器质量

序号	容量（kV·A）	质量（t）
1	100～200	0.17～0.92
2	250～500	1.61～1.90
3	630～1 000	2.08～2.73
4	1 250～1 600	3.39～4.22
5	2 000～2 500	5.14～6.30

表 4-2-2 油浸式电力变压器质量

序号	容量（kV·A）	总质量（t）	吊点高（m）
1	100～180	0.6～1.0	3.0～3.2
2	200～420	1.0～1.8	3.2～3.5
3	500～630	2.0～2.6	3.8～4.0
4	750～800	3.0～3.8	5.0
5	1 000～1 250	3.5～4.6	5.2
6	1 600～1 800	5.2～6.1	5.2～5.8

（2）变压器吊装时，索具必须检查合格，钢丝绳必须挂在油箱的吊钩上。上盖的吊环仅作吊芯用，不得用此吊环吊装整台变压器。如图 4-2-1 所示。

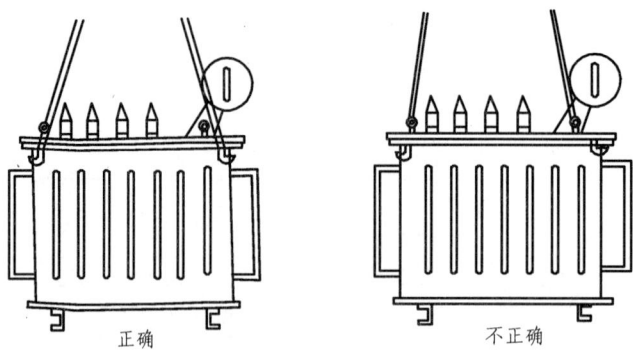

图 4-2-1　变压器吊装

（3）变压器搬运时，应注意保护瓷套，最好用木箱或纸箱将高低压瓷瓶罩住，使其不受损伤。

（4）变压器搬运过程中，不应有冲击或严重振动情况。利用机械牵引时，牵引的着重点应在变压器的重心以下，以防倾斜。运输倾斜角不得超过 15°，以防止内部结构变形。

（5）搬运道路要事先平整夯实，过沟时要垫道木，防止沟盖压坏，损伤变压器。雨后要防止土壤软化塌陷。

（6）利用滚杠搬运时，要注意滚杠压脚和手，要有专人指挥。撬棍撬变压器时注意不要撬油箱和油管，以防漏油。

（7）变压器在搬运或装卸前，应核对高低压的方向，以免安装时调换方向困难。

（8）干式变压器一般带有保护罩，需整体搬运，牵引绳不可绑在外壳上，运输时要注意防护。

（二）变压器的稳装

（1）变压器就位时，应注意其方位和距墙尺寸与图相符，允许误差为±25 mm。图纸无注明时，纵向按轨道定位，横向距离不得小于 800 mm，距门不得小于 1 000 mm，并适当照顾屋内吊环的垂线位于变压器的中心，以便于吊芯。

（2）变压器就位可用汽车吊直接甩进变压器室内，或在变压器室门口用道木搭设临时平台，用吊车或三不搭、倒链吊至临时平台上，然后用倒链拉入室内合适位置。

（3）干式变压器在地下室安装，一般采用卷扬机吊装，沿预留设孔洞垂直吊装，水平吊装同油浸式变压器。然后，按施工图纸位置固定在地面上。

（4）油浸式电力变压器装有气体继电器，应使其顶盖沿气体继电器方向有 1%～1.5%的升高坡度（制造厂规定不需要安装坡度者除外）。

（5）变压器的防地震措施的安装。变压器防震措施的方法如图 4-2-2 所示。

（6）变压器宽面推进时，低压侧应向外；窄面推进时，油枕侧一般应向外。在装有开关的情况下，操作方向应留有 1 200 mm 以上的距离。

（7）油浸变压器的安装，应考虑能在带电的情况下，便于检查油枕和套管的油位、上层油温、气体继电器等。

（8）装有滚轮的变压器，滚轮应能转动灵活，在变压器就位后，应将滚轮用能拆卸制动装置加以固定。

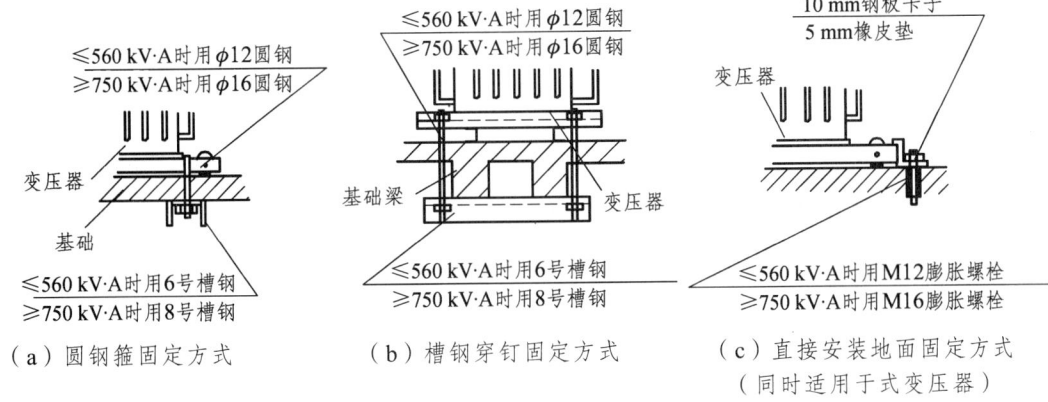

图 4-2-2　变压器防震措施安装

（三）气体继电器（瓦斯继电器）的安装

（1）先关闭截油阀，将运输用的临时短管拆下，安装气体继电器。气体继电器应水平安装，观察窗应安装在便于检查的一侧，箭头方向应指向油枕，与连通管的连接应密封良好。截油阀应位于油枕和气体继电器之间。旋紧螺丝，消除漏油，再打开截油阀。

（2）打开放气嘴，放出空气。直到有油溢出时将放气嘴关上，以免存气使继电器误动作。

（3）当操作电流为直流时，必须将正极接在水银侧接点上，以免接点断开时产生飞弧。

（4）事故喷油管的安装方位应注意到事故排油时不致危及其他电气设备。拆下防爆喷油管口临时封闭的钢板，换以 2 mm 厚的玻璃，玻璃两面应用环形橡皮垫密封，玻璃朝外的一面用玻璃刀刻成"+"字，刻线长度等于防爆管的内径，以便发生故障时气流能顺利冲破玻璃。

（四）防潮呼吸器的安装

（1）防潮呼吸器安装前，应检查硅胶是否失效，如已失效，应在 115~120 ℃温度烘烤 8h 使其复原或更新。浅蓝色硅胶变为浅红色，即已失效。对白色硅胶，不加鉴定一律烘烤。

（2）安装时，必须将呼吸器盖子处的橡皮垫取掉，使其通畅，并在下方隔离器具中装适量的变压器油，起滤尘作用。

（五）温度计的安装

（1）套管温度计的安装。应直接安装在变压器上盖的油温检测孔内，并在孔内加适量变压器油。温度计的刻度方向应便于检查。

（2）电触点温度计的安装。安装前应进行校验。电触点温度计的感温头直接插入在变压器上盖的油温检测孔内，并在孔内加适量变压器油。温度计指示仪表安装在便于观察的变压器的侧面。软管不得有压扁或死弯，其富余部分应盘圈并固定在温度计附近。

（3）干式变压器的电阻温度计的安装。干式变压器的电阻温度计的二次仪表安装在值班室或操作台上，一次感温头安装在变压器内，导线通过预埋管穿线连接，导线应符合仪表要求。同时按使用说明书要求配置附加电阻，经校验调试后方可使用。

（六）电压切换装置（有载分接开关）的安装

（1）有载调压控制台一般安装在控制室内，导线通过预埋管穿线与分接开关连接。连接应紧固正确。接通控制电源，动作与指示应正确无误。

（2）电压切换装置的机构应动作灵活、润滑良好、机械连锁及限位开关动作正确。调换开关的触头及铜辫子软线应完整无缺，触头间应有足够的压力（一般为 80~100 N）。

（七）变压器连线

（1）变压器的一、二次连线、地线、控制线的安装应符合有关的规定。

（2）变压器的一、二次连线的安装不应使变压器的绝缘套管直接承受应力。

（3）变压器的工作零线与中性点接地线应分别敷设。工作零线宜用绝缘导线。

（4）变压器中性点的接地回路中，靠近变压器处应做可拆卸的连接点。

（5）油浸变压器附件的控制导线应采用具有耐油性能的导线或耐油塑料套管进行保护。靠近墙壁的导线应用金属软管保护。

（八）变压器吊芯检查

（1）油浸变压器在试运前应作吊芯检查。制造厂规定不做吊芯检查者：560 kV·A 及以下，运输过程中无异常情况者可不作吊芯检查。

（2）检查应在气温不低于 0 ℃、芯子温度不低于周围空气温度、空气相对湿度不大于 75%的条件下进行（器身暴露在空气中的时间不得超过 16 h）。

（3）作好吊芯检查的准备工作。

① 准备合格的倒链及钢丝绳、1 m 左右的短道木 2~4 根、安全变压器及安全行灯、手电筒等。

② 根据现场情况搭设一步或二步脚手架，并检查合格。

③ 准备盛油容器，经过清洗的油桶、油抽子、漏斗、小油桶等。

④ 必要时准备耐油密封垫（厂家应提供配件）。

⑤ 拆卸妨碍吊芯的母线、支架、二次线等。

（4）吊芯检查，检查所有螺栓应紧固，并应有防松措施。铁芯无变形，表面漆层良好，铁芯应接地良好。

（5）线圈的绝缘层应完整，表面无变色、脆裂、击穿等缺陷。高低压线圈无移动变位情况。

（6）圈间、线圈与铁芯、铁芯与轭铁间的绝缘层应完整无松动。

（7）引出线绝缘良好，包扎紧固，无破裂情况，引出线固定应牢固可靠，接触良好紧密，引出线接线正确。

（8）所有能触及的穿芯螺栓应连接紧固。用兆欧表测量穿芯螺栓与铁芯、轭铁以及铁芯与轭铁之间的绝缘电阻，并作 1 000 V 的耐压试验。

(9)油路应畅通,油箱底部清洁无油垢杂物,油箱内壁无锈蚀。

(10)芯子检查完毕后,应用合格的变压器油进行冲洗,并从箱底油堵处将油放净。吊芯过程中,芯子与箱壁不应碰撞。

(11)吊芯检查后如无异常,就应立即将芯子复位并注油至正常油位(变压器油应事先试验合格)。

(12)吊芯检查完成后,要对油系统密封进行全面仔细检查,不得有漏油渗油现象。

(13)吊芯检查报告应作为竣工资料之一,在竣工交接时提交建设单位。

二、配电盘、柜安装

配电柜也称开关柜或配电屏,其外壳通常采用薄钢板和角钢焊制而成。根据用途及功能的需要,在配电柜内装设各种电气设备,如隔离开关、自动开关、熔断器、接触器、互感器以及各种检测仪表和信号装置等。安装时,必须先制作和预埋底座,然后将配电柜固定在底座上。其固定方式多采用螺栓连接(对固定场所,有时也采用焊接)。

(一)盘、柜的二次搬运

(1)盘、柜的运输应由起重工作业,电工配合。根据设备的质量、距离长短,可采用汽车、汽车吊配合运输,人力推车运输或卷扬机滚杠运输。

(2)设备吊点。盘、柜顶部有吊环者,吊索应穿在吊环内;盘、柜顶部无吊环者,吊索应挂在四角主要承力结构处,不得将吊索掉在设备部件上(如开关拉杆等)。吊索的绳长应一致,以防柜体变形或损坏部件。

(3)运输中必须用软绳索将设备与车舍固定牢固,防止磕碰,以免仪表、元件或油漆损坏。

(4)二次搬运盘、柜顺序应按施工图的位置进入变配电室,以先里后外的顺序搬运至设备基础附近,以便安装。

(二)盘、柜的安装

(1)盘、柜的安装应按施工图位置顺序排列在预制的型钢基础上,单台盘、柜只找柜面和侧面的垂直度。成列盘、柜的安装,应先找正两端的柜。然后在距柜顶和柜底各 200 mm 处在两端柜之间绷两根小线(可采用棉线或尼龙线)作为稳装成列盘柜的基准线。其他柜以第一台柜为基准比对基准线逐台找正。找正时采用贴片在柜体和型钢基础之间进行调整,每处垫片最多不得超过 3 片。稳装到最后两台柜时,为便于安装,可将最后一台柜移开后将两台柜顺序排列在型钢基础上,以成排柜为基准进行找正。

(2)找平找正后,按设备底角孔在型钢基础架上好孔,然后移开盘、柜。按柜固定螺栓尺寸,在基础型钢架上用手电钻钻孔。一般的要求是,低压柜钻 $\phi 12.2$ 孔,高压柜钻 $\phi 16.2$ 孔。钻孔后将盘、柜重新推回到型钢基础上(移动设备时注意找正时的垫片位置),分别用 M12、M16 镀锌螺栓固定。柜体与型钢基础、柜体与柜体、柜体与两侧挡板均采用镀锌螺栓固定,按找正要求再进一步找平、找正。如图 4-2-3 所示。

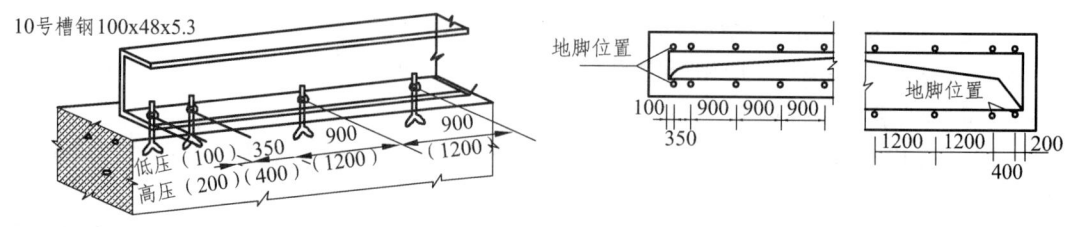

（a）低压配柜地脚尺寸图　　　　（b）高压配柜地脚尺寸图

图 4-2-3　配电柜底座安装图

（3）盘、柜稳装应横平竖直、连接紧密、牢固，无明显间隙。采用小线、线坠、水平尺进行检查，其允许偏差值见表 4-2-3。

表 4-2-3　盘、柜稳装时的偏差值

项次	项目		允许偏差（mm）
1	垂直度	每米	1.5
2	水平度	相邻两柜顶部	2
		成列柜顶部	5
3	不平度	相邻两柜面	1
		成列柜面	1
4	柜间缝隙		2

（4）盘、柜接地，每台柜应单独与接地干线连接。

① 柜、屏、台、箱、盘的金属框架及基础型钢必须接地（PE）或接零（PEN）可靠；装有电器的可开启门，门和框架的接地端子间应用裸编织铜线连接，且有标识。

② 低压成套配电柜、控制柜（屏、台）和动力、照明配电箱（盘）应有可靠的防电击保护。柜（屏、台、箱、盘）内保护导体应有裸露的连接外部保护导体的端子，当设计无要求时，柜（屏、台、箱、盘）内保护导体最小截面积 S_p 不应小于表 4-2-4 的规定。

表 4-2-4　保护导体的截面积

相线的截面积 S（mm²）	相应保护导体的最小截面积 Sp（mm²）
$S \leqslant 16$	S
$16 < S \leqslant 35$	16
$35 < S \leqslant 400$	$S/2$
$400 < S \leqslant 800$	200
$S > 800$	$S/4$

注：S 指柜（屏、台、箱、盘）电源进线相线截面积，且两者（S、S_p）材质相同。

（5）手车式高压柜安装应做到：

① 手车推入、拉出应灵活，主回路隔离触头应准确地插入触头座。

② 接地触头或接地簧片在手车推入时必须和车体接触良好，接触处如有油漆或锈污，必须用砂纸擦净。

③ 安全挡板能随手车的进出而灵活升降，不得卡住。

（6）当高压柜及低压柜同设一室且二者中只有一个柜顶有裸线的母线时，二者之间的净距离不应小于 2 m。

（7）成排布置的配电柜，其柜前和柜后的通道宽度不应小于表 4-2-5 所列数值。

表 4-2-5 配电柜前（后）通道宽度（m）

通道最小宽度 装置种类	单排布置			双排对面布置			双排背对背布置			多排同向布置		
	柜前	柜后		柜前	柜后		柜前	柜后	柜间		前后排柜距离	
		维护	操作		维修	操作		维修	操作		前排	后排
固定式	1.5 *1.5	1.0 *0.8	1.2	2.0	1.0 *0.8	1.2	1.5 *1.3	1.0	1.3	2	1.5 *1.3	1.0 *0.8
抽屉式	1.8 *1.6	0.9 *0.8	1.2	2.3	0.9 *0.8	1.2	1.8 *1.6	1.0	1.3	2	1.8 *1.6	0.9 *0.8

注：带有*号的数据为有困难的情况下（如建筑平面限制等原因）的最小尺寸。

（8）成排布置的配电柜总长度超过 6 m 时，柜后的通道应有两个通向本室或其他房间的出口，并应布置在通道的两端，当两出口之间距离超过 15 m 时，其间还应增加出口。

（9）配电柜安装完毕后，漆层应完整、无损伤，固定支架均应刷漆。

（10）配电柜安装完毕后进行检查并作好监测记录，盘、柜检查记录作为竣工资料之一，在竣工交接时提交建设单位。

三、母线安装

变配电装置的配电母线一般由硬母线制作，又称汇流排。它用绝缘子支承，有时需穿越室内外建筑物，其材料多为铝（铜）板材。

（一）母线支架的制作和安装

（1）母线支架用 50 mm×50 mm×5 mm 的角钢制作，用 M10 膨胀螺栓固定在墙上。
（2）母线支架的间距，低压母线不得大于 900 mm，高压母线不得大于 1 200 mm，封闭母线、插接布线的支架选用"输电母线槽"。

（二）母线安装的一般规定

本款规定适用于 10 kV 及以下硬母线的安装，封闭布线、插接母线"输电母线槽"。
（1）进入现场的铜、铝母线、铝合金管母线应报请监理对材质进行核验，当无出厂合格证或资料不全以及对材质有怀疑时，应按表 4-2-6 进行检验。

表 4-2-6 检验数值表

母线名称	母线型号	最小抗拉强度 （N/mm²）	最小伸长率 （%）	20 ℃时最大电阻率 （Ω·mm²/m）
铜母线	TMY	255	6	0.017 77
铝母线	LMY	115	3	0.029 0
铝合金母线	LF21Y	137	—	0.037 3

(2)母线表面应光滑平整,不应有裂纹、折皱、夹杂物及变形和扭曲现象。

(3)各种金属支架、构架的安装螺丝孔不应采用气焊割孔或电焊吹孔。

(4)支持绝缘件底座、套管的法兰、保护网(罩)等不带电的金属构件、支架应按规定进行接地,接地线宜排列整齐、方向一致。

(5)母线与母线、母线与分支线、母线与电器接线端子搭接时,其搭接的处理应符合下列规定:

① 铜与铜:室外、高温且潮湿或对母线有腐蚀性气体的室内,必须搪锡,在干燥的室内可直接连接。

② 铝与铝:直接连接。

③ 钢与钢:必须搪锡或镀锌,不得直接连接。

④ 铜与铝:在干燥的室内,铜导体应搪锡,室外或空气相对湿度接近100%的室内,应采用铜铝过渡板,铜端应搪锡。

⑤ 钢与铜或铝:钢搭接面必须搪锡。

(6)母线的相序排列,当设计无规定时应符合表4-2-7的规定。

表 4-2-7 母线相序排列表

类别		垂直排列	水平排列	前后排列
交流	A 相(L1)	上	左	远
	B 相(L2)	中	中	中
	C 相(L3)	下	右	近
	中性线 N 兼中性保护线 PEN	次下	次右	次近
直流	保护接地线 PE	最下	最右	最近
	正极	上	左	远
	负极	下	右	近

(7)母线的涂漆颜色见表4-2-8。母线刷漆应均匀、整齐、不得流坠或污染设备。母线搭接或卡子、夹板处,明设地线接线螺栓处的两侧10~15 mm均不刷漆。

表 4-2-8 母线的涂漆颜色表

母线相位	涂色
A 相	黄
B 相	绿
C 相	红
中性(不接地)	紫
中性(接地)	淡蓝
直流母线:正极为赭色,负极为蓝色	

(8)母线安装的最小安全距离如图4-2-4所示,室内配电装置的安全净距见表4-2-9。

项目四 室内配电装置和电气设备的安装

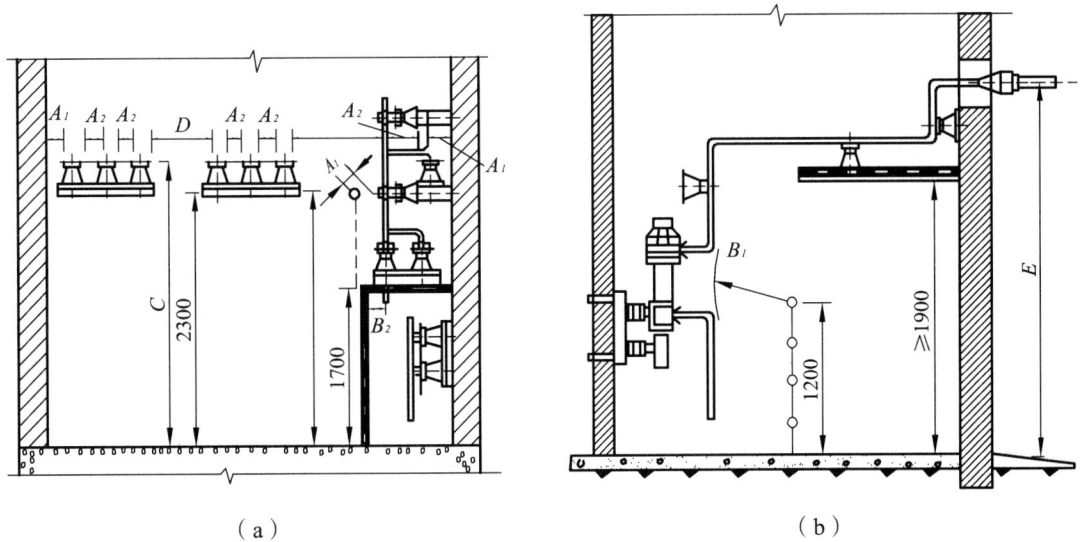

(a)　　　　　　　　　(b)

图 4-2-4　母线安装的最小安全距离示意图

表 4-2-9　室内配电装置的安全净距　　　　　　　　　　单位：mm

符号	适用范围	图号	额定电压（kV）			
			0.4	1~3	6	10
A1	1. 带电部分至接地部分之间。 2. 网状和板状遮拦向上延伸线距地 2.3 m 处与遮拦上方带电部分之间	图 4-2-4（a）	20	75	100	125
A2	1. 不同相的带电部分之间。 2. 断路器和隔离开关的断口两侧带电部分之间	图 4-2-4（a）	20	75	100	125
B1	1. 栅状隔栏至带电部分之间。 2. 交叉的不同时停电检修的无遮拦带电部分之间	图 4-2-4（a）、（b）	800	825	850	875
B2	网状遮拦至带电部分之间	图 4-2-4（a）	100	175	200	225
C	无遮拦裸导体至地（楼）面之间	图 4-2-4（a）	2 300	2 375	2 400	2 425
D	平行的不同时停电检修的无遮拦裸导体之间	图 4-2-4（a）	1 875	1 875	1 900	1 925
E	通向室外的出线套管至室外通道的路面	图 4-2-4（b）	3 650	4 000	4 000	4 000

注：本表所列各值不适用于制造厂生产的成套配电装置。

（三）母线的加工

（1）母线加工前应当进行调直，母线调直必须用木槌，下面垫道木进行作业，不得用铁锤调直。母线调直后按所需长度进行切断，切断时用手锯或砂轮作业，不得用电弧或电焊进行切断。母线的切断面应平整。

（2）矩形母线应减少直角弯曲，母线弯曲需用工具进行冷煨，矩形母线不得进行热煨弯。

煨弯处不得有裂纹及明显的皱折。

（3）母线扭弯，扭弯部分的长度不得小于母线宽度的 2.5 ~ 5 倍，母线扭转 90°时加工尺寸要求如图 4-2-5 所示。

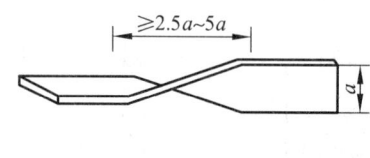

图 4-2-5　母线扭转 90°

a—母线宽度

（4）母线平弯及立弯的弯曲半径（见图 4-2-6）不得小于表 4-2-10 的规定。母线开始煨弯处距最近绝缘子的母线支持夹板边缘的距离（D）不应大于 0.25L，但不得小于 50 mm。同时母线开始煨弯处距母线连接位置不应小于 50 mm，L 为母线两支持点间的距离。

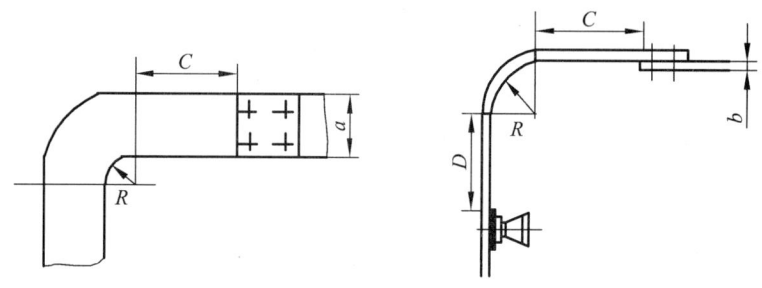

图 4-2-6　矩形母线立弯与平弯

表 4-2-10　母线最小弯曲半径（R）值

母线种类	弯曲方式	母线断面尺寸 a×b（mm）	最小弯曲半径（mm）		
			铜	铝	钢
矩形母线	平弯	50×5 及其以下	2a	2a	2a
		125×10 及其以下	2a	2.5a	2a
	立弯	50×5 及其以下	1b	1.5b	0.5b
		125×10 及其以下	1.5b	2b	1b
棒形母线		直径为 16 及其以下	50	70	50
		直径为 30 及其以下	150	150	150

（四）母线的安装

（1）绝缘子安装。绝缘子安装前要摇测绝缘，绝缘电阻值大于 1 MΩ为合格。检查绝缘子外观无裂纹、缺陷现象，绝缘子灌注的螺栓、螺母应牢固。绝缘子上下要各垫一个石棉垫固定在支柱上，同时绝缘子夹板、卡板的制作要与母线的规格相适应，绝缘子夹板、卡板的安装要牢固。

（2）母线螺栓搭接尺寸见表 4-2-11。

表 4-2-11 母线螺栓搭接尺寸

搭接形式	类别	序号	连接尺寸（mm）			钻孔Φ（mm）	个数	螺栓规格
			b_1	b_2	a			
	直线连接	1	125	125	b_1b_2	21	4	M20
		2	100	100	b_1b_2	17	4	M16
		3	80	80	b_1b_2	13	4	M12
		4	63	63	b_1b_2	11	4	M10
		5	50	50	b_1b_2	9	4	M8
		6	45	45	b_1b_2	9	4	M8
	直线连接	7	40	40	80	13	2	M12
		8	31.5	31.5	63	11	2	M10
		9	25	25	50	9	2	M8
	垂直连接	10	125	125		21	4	M20
		11	125	100～80		17	4	M16
		12	125	63		13	4	M12
		13	100	100～80		17	4	M16
		14	80	80～63		13	4	M12
		15	63	63～50		11	4	M10
		16	50	50		9	4	M8
		17	45	45		9	4	M8
	垂直连接	18	125	50～40		17	2	M16
		19	100	63～40		17	2	M16
		20	80	63～40		15	2	M14
		21	63	50～40		13	2	M12
		22	50	45～40		11	2	M10
		23	63	31.5～25		11	2	M10
		24	50	31.5～25		9	2	M8
	垂直连接	25	125	31.5～25	60	11	2	M10
		26	100	31.5～25	50	9	2	M8
		27	80	31.5～25	50	9	2	M8
	垂直连接	28	40	40～31.5		13	1	M12
		29	40	25		11	1	M10
		30	315	31.5～25		11	1	M10
		31	25	22		9	1	M8

（3）母线的螺栓连接。矩形母线应采用贯穿螺栓连接。管形和棒形母线应用专用线卡连接，严禁用内螺纹管接头或锡焊连接。

（4）母线采用螺栓连接时，垫圈应选用专用加厚垫圈，相邻螺栓垫圈间应有 3 mm 以上的净距，螺母侧必须配齐镀锌的弹簧垫、螺栓。母线平置时，贯穿螺栓应由下往上穿，其余情况下，螺母应置于维修侧，螺栓长度应在螺栓紧固丝扣后能露出螺母 2~3 扣。螺栓受力应均匀，不应使电器的连接端子受到额外应力。母线的接触面应连接紧密，连接螺栓应用力矩扳手紧固，其紧固力矩值应符合表 4-2-12 的要求。

表 4-2-12 钢制螺栓的紧固力矩值

螺栓规格（mm）	力矩值（N·m）
M8	8.8~10.8
M10	17.7~22.6
M12	31.4~39.2
M14	51.0~60.8
M16	78.5~98.1
M18	98.0~127.4
M20	156.9~196.2
M24	274.6~313.2

（5）母线安装除应满足本章的一般规定外，还应满足以下规定：
① 水平段：两支持点高度误差不大于 3 mm，全长不大于 10 mm。
② 垂直段：两支持点垂直误差不大于 2 mm，全长不大于 5 mm。
③ 间距：平行部分间距应均匀一致，误差不大于 5 mm。

（6）对水平安装的母线应采用开口扁钢卡子，对垂直安装的母线夹板，母线只允许在垂直部分的中部夹紧在一对夹板上，同一垂直部分的其余的夹板和母线之间应留有 1.5~2 mm 的间隙。

（7）母线安装调整完毕后将元宝卡子扭斜，卡子扭斜的方向应一致，使卡子的对角固定母线。

（8）母线固定金具与支持绝缘子间固定应平整牢固，不应使其所支持的母线受到额外应力。交流母线的固定金具或其他支持金具不应形成闭合磁路。

（9）管形母线安装在滑动式支持器上时，支持器的轴座与管形母线之间应有 1~2 mm 的间隙。

（五）母线安装后的试验

低压母线在拆除和原有通路的二次回路接线后，用 500 V 兆欧表摇测试验，各相母线对地及各相母线之间的绝缘电阻不得小于 0.5 MΩ。高压母线必须作工频耐压试验，一般可同高压设备一起委托符合资质要求的试验单位试验。

四、隔离开关及负荷开关的安装

（一）隔离开关的安装

隔离开关是在无负载情况下切断电路的一种开关，起隔离电源的作用。根据级数分为单级和三级；根据装设地点分为室内型和室外型。

室内三级隔离开关由开关体和操作机构组成。常用的隔离开关本体有 GN 型，操作机构为 CS6 型手动操作机构。

隔离开关的安装如图 4-2-7 所示。

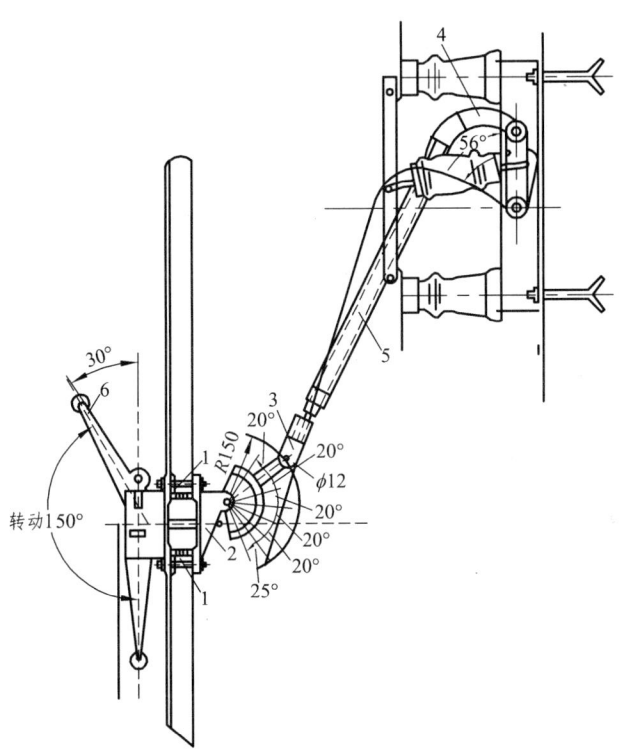

图 4-2-7　10 kV 隔离开关及操作机构在墙上的安装图

1—角钢；2—操作机构；3—直连机构；4—弯连接头；5—操作拉杆；6—操作手柄

1. 外观检查

安装隔离开关前，应按下列要求进行检查清理：

（1）隔离开关的型号及规格应与设计施工图相符；

（2）接线端子及闸刀触头应清洁，并且接触良好（可用 0.05×10 mm 的塞尺检查触头刀片的接触情况），触头如有铜氧化层，应使用细纱布擦净，然后涂上凡士林油膏；

（3）绝缘子表面应洁净，无裂纹、无破损、无焊接残留斑点等缺陷，瓷体与铁件的连接部分应牢固；

（4）隔离开关底座转动部分应灵活；

（5）零配件应齐全、无损坏，闸刀触头无变形，连接部分应紧固，转动部分应涂以适合当地环境与气候条件的润滑油；

（6）用 1 000 V 和 2 500 V 兆欧表测量开关的绝缘电阻，10 kV 隔离开关的绝缘电阻值应在 80～1 000 MΩ以上。

2. 隔离开关的安接

隔离开关经检查无误后，即可进行安装。

（1）预埋底脚螺栓。隔离开关装设在墙上时，应先在墙上划线，按固定孔的尺寸，预埋好底脚螺栓；装设在钢构架上时，应先在构架上钻好孔眼，装上紧固螺栓。

（2）本体吊装固定。用人力或滑轮吊装，把开关本体安放于安装位置，然后对正底脚螺栓，稍拧紧螺母，用水平尺和线垂进行位置校正后将固定螺母拧紧。在吊装固定时，要注意不要使本体瓷件和导电部分遭受机械碰撞。

（3）安装操作机构。将操作机构固定在事先预埋好的支架上，并使用其扇形板与隔离开关上的转动拐臂（弯连接头）在同一垂直平面上。

（4）安装操作连杆。连杆连接前，应将弯连接头连接在开关本体的转动轴上，直连接头连接在操作机构扇形板的舌头上，然后把调节元件拧入直连接头。操作连杆应在开关和操作机构处于合闸位置装配，先测出连杆的长度，然后下料。连杆一般采用 Φ20 mm 的黑铁管制作，加工好后，两端分别与弯连接头和调节元件进行焊接。

（5）接地连接。开关安装后，利用开关底座和操作机构外壳的接地螺栓，将接地线（如裸铜线）与接地网连接起来。

3. 整体调试

开关本体、操作机构和连杆安装完毕后，应对隔离开关进行调试。

（1）第一次操作开关时，应缓慢作合闸和分闸试验。合闸时，应观察可动触刀有无旁击，如有旁击现象，可用改变固定触头的位置使可动触刀刚好插入静触头内。插入的深度不应小于 90%，但也不应过大，以免合闸时冲击绝缘子的端部。动触刀与静触头的底部应保持 3～5 mm 的间隙，否则应调整直连接头而改变拉杆的长度，或调节开关轴上的制动螺钉以改变轴的旋转角度，来调整动触刀插入的深度。

（2）调整三相触刀合闸的同步性（各相前后相差值应符合产品的技术规定，一般不得大于 3 mm）时，可借助于调整升降绝缘子连接螺钉的长度，来改变触刀的位置，使得三相触刀同时投入。

（3）开关分闸后的张开角度应符合制造厂产品的技术规定。如无规定时，可参照图 4-2-8 和表 4-2-13 所示数值进行校验，如不符合要求，及时调整操作连杆的长度或改变舌头扇形板上的位置。

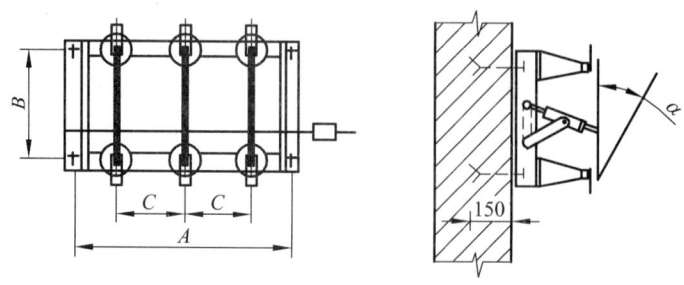

图 4-2-8 隔离开关安装尺寸图

表 4-2-13 隔离开关安装尺寸表

隔离开关型号	尺寸（mm）			α（°）
	A	B	C	
GN2-6/400～600	580	280	200	41
GN2-10/400～600	680	350	250	37
GN2-10/1000～2000	910	346	350	37
GN6-6/200～400～600	546	280	200	65
GM6-10/200～400～600	646	280	250	65
GN6-10/100	646	280	250	65

（4）调整触刀两边的弹簧压力，保证动、静触头有紧密的接触面。此时一般用 0.05×10 mm 的塞尺进行校验，其要求是：线接触时应塞不进去；面接触时塞尺插入的深度不应超过 4 mm（接触面宽度≤50 mm）或 6 mm（接触面宽度≥60 mm）。

（5）如隔离开关带有辅助接头时，可根据情况改变耦合盘的角度进行调整。要求常开辅助接头应在开关合闸行程的 80%～90% 时闭合，常闭触头应在开关分闸行程的 75% 断开。

（6）开关操作机构的手柄位置应正确，合闸时手柄应朝上，分闸时手柄应朝下。合闸与分闸操作完毕后其弹性机械锁销（弹性闭锁销）应自动进入手柄末端的定位孔中。

（7）开关调整完毕后，应将操作机构中的螺栓全部固定，将所有开口销子分开，然后进行多次的分合闸操作，在操作过程中再详细检查是否有变形和失调现象。调试合格后，再将开关的开口销子全部打入，并将开关的全部螺栓、螺母紧固可靠。

（二）负荷开关的安装

负荷开关是负载情况下闭合或切断电路的一种开关。常用的室内负荷开关有 FN2 和 FN3 型，这类开关采用了由开关传动机构带动的压气装置，分闸时喷出压缩空气将电弧吹熄。它灭弧性能好，断流容量大，安装调整方便。FN2-10R 型负荷开关，带有 KN1 型熔断器作过载及短路保护使用，其常用的操作机构有手动的 CS4 型或电动的 CS4-T 型。手动操作的负荷开关和 CS4-T 型电磁操作机构外形如图 4-2-9 所示。

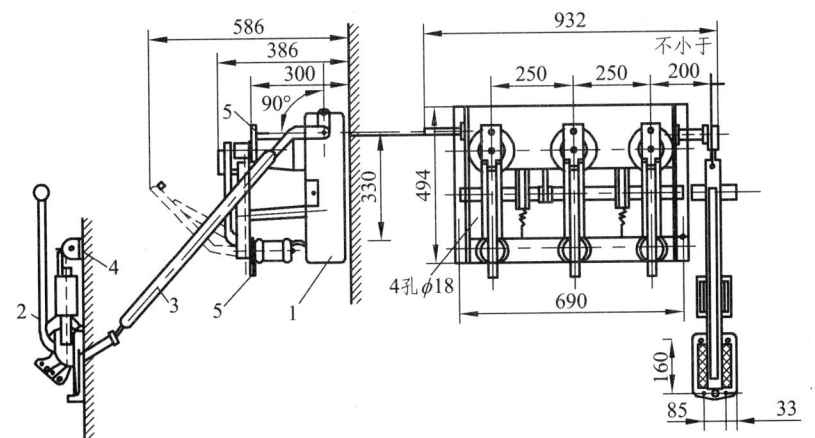

图 4-2-9 FN2-10R 型负荷开关和 CS4-T 型电磁操作机构外形图

1—负荷开关；2—操作机构；3—操作拉杆；4—组合开关；5—接线板

FN2型负荷开关是三级联动式开关,与普通隔离开关很相似,不同之处是又多了一套灭弧装置和快速分断机构。它由支架、传动机构、支持绝缘子、闸刀及灭弧装置等主要部分组成。其检查、安装调试与隔离开关大致相同,但调整负荷还应符合下列要求:

(1)负荷开关合闸时,辅助(灭弧)闸刀先闭合,主闸刀后闭合;分闸时,主闸刀先断开,辅助(灭弧)闸刀后断开;

(2)灭弧筒内的灭弧触头与灭弧管的间隙应符合相关要求;

(3)合闸时,刀片上的小塞子应正好插入灭弧装置的喷嘴内,并避免将灭弧喷嘴破坏,否则应及时处理;

(4)三相触头的不同时性不应超过3 mm,分闸状态时,触头间距及张开的角度应符合产品的技术规定,否则应按隔离开关的调整方法进行调整;

(5)带有熔断器的负荷开关在安装前应检查熔断器的额定电流是否与设计相符。

五、互感器的安装

电压和电流互感器统称为互感器。电压互感器用PT或TV表示(CVT与传统的电压互感器不同,它是电容式电压互感器),它能将高电压变换为测量保护中使用的低电压;电流互感器用CT或TA表示,它能将大电流变换为小电流。此外,使用互感器可使测量仪表的低压电路与高压电路相隔离,解除高压给仪表和工作人员带电威胁。同时降低了仪表的绝缘要求,使结构简单,成本降低。

(一)互感器安装的仪表规定

1. 互感器的搬运

(1)互感器在运输和保管期间应防止受潮、倾倒或机械损伤。

(2)油浸式互感器应直立搬运,运输倾斜角不宜超过15°。

(3)油浸式互感器整体起吊时,吊索应固定在规定的吊环上,不得利用瓷裙起吊,并不得碰伤瓷套。

2. 互感器的外观检查和器身检查

互感器运达现场后应进行外观检查,安装前应进行器身检查(油浸式互感器发现异常情况时才需进行器身检查)。检查项目与要求如下:

(1)附件应齐全,无锈蚀或机械损伤;

(2)瓷件质量应符合有关技术规定;

(3)油浸式互感器的油位应正常,密封良好,油位指示器、瓷套法兰连接处、放油阀均应无浸油现象;

(4)瓷套管应无掉落、裂纹等现象,瓷管套与上盖间的胶合应牢靠,法兰盘应无裂纹,穿心导电杆应牢固,各部螺栓应无松动;

(5)铁芯无变形、无锈蚀,线圈绝缘应完好、紧固,油路应无堵塞现象,绝缘支撑物应牢固;

(6)互感器的变比分接头位置应符合设计规定;

（7）二次接线应完整，引出端子应连接牢固，绝缘良好，标志清晰；

（8）互感器除应按上述要求检查外，还应遵照电力变压器检查的有关规定。

3. 互感器的安装要求

（1）互感器应水平安装，并列安装的互感器应排列整齐，同一组互感器的极性方向应一致。

（2）互感器的二次接线端子和油位指示器的位置，应位于便于检查的一侧。

（二）电压互感器及其安装

1. 电压互感器

电压互感器能提供量测量仪表和继电保护装置用的电压电源，二次电压均为 100 V。

电压互感器按其冷却条件分为干式和油浸式两种；按相数分为单相和三相；按原理分为电容电压互感器和电磁式电压互感器；按安装地点分为户内式和户外式两种；按绕组数分为双绕组、三绕组两种等。

2. 电压互感器的安装

（1）电压互感器的固定。

电压互感器一般直接固定在混凝土墩上或构件上。若在混凝土墩上固定，需等混凝土达到一定强度后方可进行。配电柜内的电压互感器一般为成套设备，无须安装，只须检查接线。

（2）电压互感器的接线。

在接线时应注意以下几点：

① 互感器套管上的母线或引线，不应使套管受到拉力，以免损坏套管；

② 电压互感器外壳及分级绝缘互感器的一次线圈的接地引出端子必须妥善接地；

③ 电压互感器低压侧要装设熔断器，熔体额定电流一般为 2 A 为宜；

④ 电压互感器与新装变压器一样，交接运行前必须经交流耐压试验，并应测量线圈的绝缘电阻（一次线圈对外壳的绝缘电阻用 2 500 V 兆欧表测量，二次线圈对一次线圈及外壳的绝缘电阻用 1 000 V 兆欧表测量）；

⑤ 电压互感器在运行中，二次侧不可短路；

⑥ 电压互感器的副边绕组必须可靠接地。

（三）电流互感器及其安装

1. 电流互感器

电流互感器是将大电流变成小电流的装置，所以又称交流器，它提供测量仪表和继电保护装置的电流电源。电流互感器的一次（即主边）电流由负荷而定，二次电流（即副边）均为 5 A。电流互感器按其冷却条件可分为空气冷却和油冷却两种；按功能可分为计量式和保护式；按一次线圈的匝数又可分为单匝式和多匝式。

2. 电流互感器的安装

电流互感器一般在金属构件上（如母线架上）和母线穿越墙壁或楼板处安装固定。安装固定时应注意以下几点：

（1）电流互感器安装在墙孔及楼板中心时（安装方法与穿墙套管相似），其周边应有 2～3 mm 的间隙，然后塞入油纸板，以便于拆卸维护和避免外壳生锈；

（2）每相的电流互感器，其中心应安装在同一平面上，并与支持绝缘子等设备在同一中心线上，各互感器的间距应一致；

（3）零序电流互感器安装时，与导磁体或其他无关的带电导体相距不应太近；互感器构架或其他导磁体不应与铁芯直接接触，或不应构成分磁电路。

3. 电流互感器的接线

电流互感器有如图 4-2-10 所示五种常见的接线方法。在实际接线时还要符合下列要求：

（1）接至电流互感器端子的母线，不应使电流互感器受到任何拉力；

（2）电流互感器的法兰盘及铁芯引出的接线端子，一般用裸铜线用螺栓进行接地连接；

（3）电流互感器在运行时，其二次线圈不应开路；

（4）当电流互感器的二次线圈绝缘电阻低于（10～20）MΩ 时，必须进行干燥处理，使其绝缘恢复；

（5）电流互感器二次线圈接地端必须可靠接地。

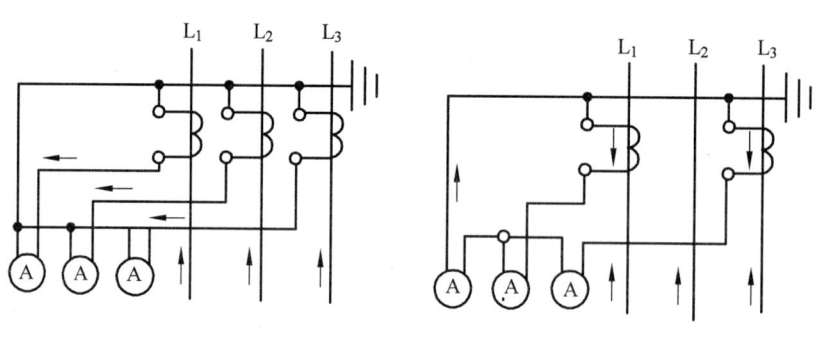

（a）三相 V 形接线　　　　（b）两相电流差接线

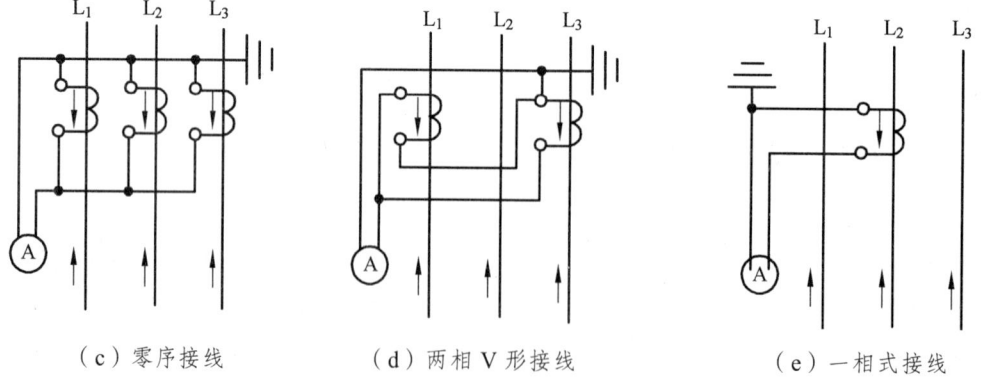

（c）零序接线　　　（d）两相 V 形接线　　　（e）一相式接线

图 4-2-10　电流互感器常见的接线方法

六、支持绝缘子、避雷器的安装

(一)支持绝缘子的安装

在变配电所中,硬母线在绝缘子支架上的安装有水平安装方式和垂直安装方式。对高、低压绝缘子支架的安装情况和支架做法,如图 4-2-11~图 4-2-14 所示。关于支持绝缘子安装应注意下列事项:

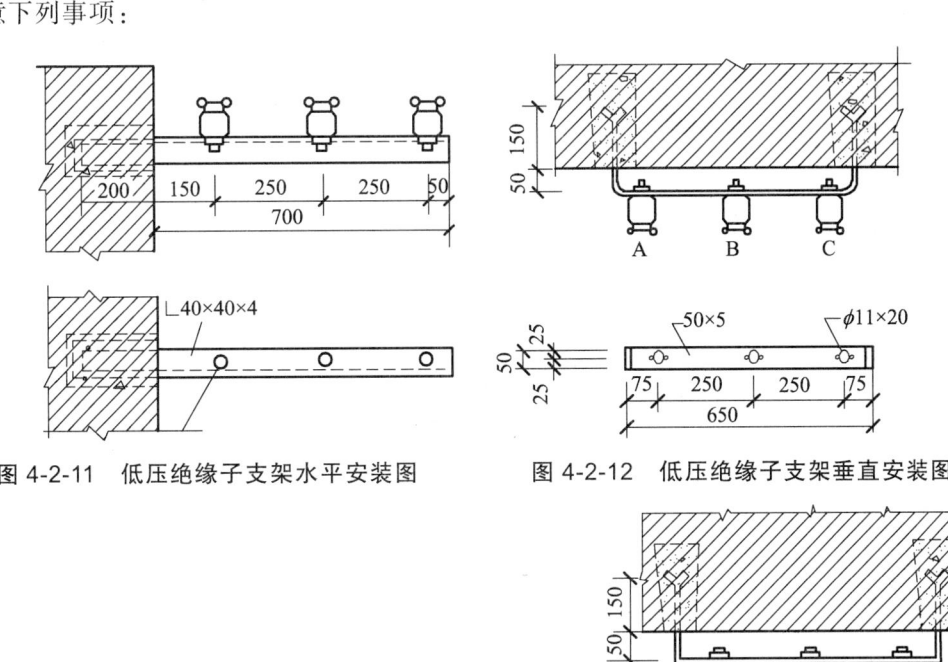

图 4-2-11 低压绝缘子支架水平安装图

图 4-2-12 低压绝缘子支架垂直安装图

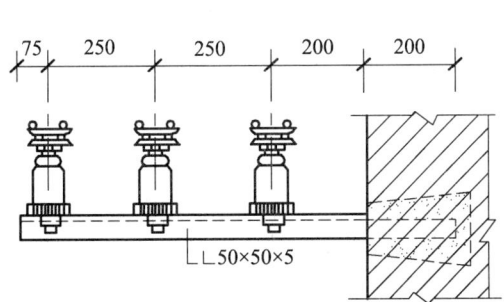

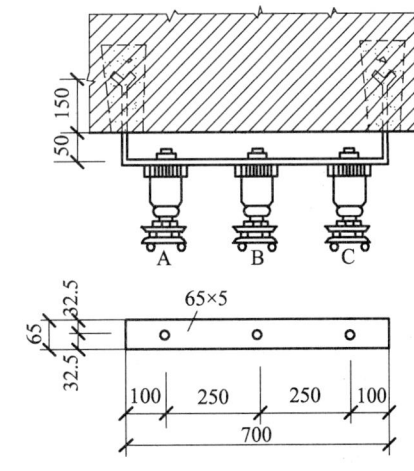

图 4-2-13 高压绝缘子支架水平安装图

图 4-2-14 高压绝缘子支架垂直安装图

(1)支持绝缘子装在砖墙、混凝土墙或金属支架上,均需预先埋好底脚螺栓或金属支架,等到混凝土凝固后才可安装瓷器。支架上的穿钉螺孔要做成略为长形,以便安装时调节间距。

(2)检查外表有无裂缝、细孔或机械损伤,用汽油将瓷体擦净。并检查出厂合格证明,如没有合格证,应进行绝缘测量及耐压试验,在 20 ℃ 时绝缘电阻值应在 1 000 MΩ 以上,必要时再进行耐压试验。

(3)在直线上安装瓷瓶时,应先将两头装好作基准点,拉好一条钢丝后把中间的瓷瓶一一装好,使其达到水平与垂直一致。

(4)瓷瓶的底座及金属支架都须接地,一般用扁钢或裸铜线,为了美观,各瓷瓶的接地引线方向必须一致。

（5）垂直装瓷瓶时，应从高处往下装，以免工具或材料跌落而打坏瓷瓶。

（6）如土建尚未完工或瓷瓶附近烧电焊时，为防止损坏瓷器，应用麻布或厚纸包扎瓷瓶，以起到保护作用。

（二）避雷器的安装

1. 安装避雷器需注意的几个事项

（1）在安装避雷器现场，首先检查避雷器应选用符合一级分类试验产品，其冲击电流可按 GB50057-1994 规定方法选取，当较难计算时，可按 IEC 60364—5—534 的规定，每一个相线和中性线对保护地之间的避雷器的冲击电流值不应小于 12.5 kA。采用 3+1 形式时，中性线与保护地之间不宜小于 50 kA，在分配点盘处或 UPS 前端宜安装第二级避雷器，在重要的终端设备和精密敏感设备处宜安装第三级避雷器，其标称放电电流不应小于 3 kA。

（2）在线路上多处安装避雷器时，两避雷器之间不宜小于 5 m。如小于 5 m 应加装退耦元件。

（3）电源线路多级避雷器防护，主要目的是达到分级泄流，避免单级防护时，如果所选单级避雷器防护水平低，随着过大的雷击电流而出现损坏单级避雷器，导致防雷失败；如果所选避雷器防护水平高，限制电压也会相对较高，再加上从防雷器安装位置到被保护设备间线路的感应雷强度，会造成到达被保护设备的浪涌电压超过设备耐压值，造成设备的线路或元件发生击穿。通过合格的多级泄流能量的配合，保证避雷器有较长的使用寿命和设备电源的残压低于设备端的耐雷电流冲击电压，确保设备的安全。

（4）避雷器一般并联安装在各级配电柜（箱）开关之后的设备侧，它与负载的大小无关。而接串联型的避雷器时必须考虑负载的功率，不能超过串联型的避雷器的额定功率，并留有一定的裕量。

（5）在选用避雷器标称放电电流时，并不是选择的越高越好。若选择的太高这无疑会增大用户的工程费用，同时也是一种资源的浪费；但也不能选择太低，否则对设备起不到保护作用。所以在选供电线路避雷器时，标放电电流应科学合理，这样才能达到最佳效果。

（6）安装建筑物及设备的供电系统避雷器，首先检查是否是单相或三相供电，是否是 TT 供电模式。在 TN-C-S 供电系统中，防雷器只需选用三片防雷模块，防雷器并行接到三根电源相线（L1，L2，L3）上，相线通过防雷器接到保护地中性线上。

（7）3+1 防雷器是指相线与中性线之间安装压敏电阻防雷模块，而中性线和地线之间安装放电间隙的防雷器模块。

（8）如果是 TN-S 制式的供电系统（3+1）电路结构的防雷器，三根相线通过防雷器连接到中线，中线通过火化间隙器连接到保护地线中，这种电路结构可以预防由于市电故障而产生的短时过电压，从而避免引起防雷器产生短路电流的问题。

（9）在 TT 型供电系统中，先用防雷器（3+1）把三根相线通过防雷器连接到中线，中线通过火花间隙器连接到（保护地）线，中性线串接到一起。这种电路结构可预防因为市电故障而产生的短路时过电压，从而避免防雷器产生短路电流的问题。

注意在电源前端，断路器的容量大于防雷器的要求数值时，须在防雷器的前端串接适当的断路保护器。

2. 在安装避雷器时需注意的几个环节

（1）交流工作接地。是在变压器的中性点与中性线接地，在高压系统里采用中性点接地方式，可使接地继电保护准确动作并消除单相电弧接地电压，可防止零序电压偏移，保护三相电压基本平衡。做好交流接地一定要高度重视，仔细、认真施工。

（2）安全保护接地。其目的是将电气设备的金属部分与接地体之间做良好的金属接地。具体来说就是将用电设备的金属构架用（保护地）线连接起来，但严禁将保护地线与中性线连接。加装保护接地装置是降低它的接地电阻，不仅保护智能电气系统设备安全有效地运行，也是保护非智能建筑内设备及人身安全的必要手段。

（3）直接接地。在现代化的、智能化的楼宇内，包含有大量的计算机通信设备和带有大量的自动化设备。因此，为了使其准确性高、稳定性好，除了需要一个稳定的供电电源外，还必须具备一个稳定的基本电位。在具体工作中，可采用较大截面的绝缘铜线作为引线，一端直接与基准电位连接，另一端与供电设备的直流接地。在安装避雷器系统的过程中，要求防雷保护接地电阻应小于 4 Ω，直流工作接地应小于等于 4 Ω，才能保证智能化楼宇的安全。

3. 阀型避雷器的安装

（1）新装避雷器，首先应检查其电压等级是否与被保护设备相符。

（2）新装和复装（无雷期退出运行）前，必须进行工频交流耐压试验和直流泄漏试验及绝缘电阻的测定，达不到标准要求的，不能使用。

（3）安装前，应检查避雷器是否完好。其瓷件应无裂纹、无破损；密封应完好，各节的连接应紧密；金属接触的表面应清除氧化层、污垢及异物，保护清洁。

（4）安装时的线间距离应符合规定：3 kV 时为 46 cm；6 kV 时为 69 cm；10 kV 时为 80 cm。水平距离均应在 40 cm 以上。

（5）避雷器应对支持物保持垂直，固定要牢靠，引线连接要可靠。

（6）避雷器的上、下引线要尽可能短而直，不允许中间有接头。其截面应不小于规定值，铝线不小于 25 mm^2，铜线不小于 16 mm^2。

（7）避雷器的安装位置与被保护设备的距离，应越近越好，对 3~10 kV 电气设备的距离应不大于 15 m。

阀型避雷器在安装前，应作简单的现场试验，可用 2 500 V 及以上的兆欧表测量其绝缘电阻。对配电线路常用的 FS 型避雷器，其绝缘电阻一般应大于 2 000 MΩ，每次测量，应做好记录建卡工作，以便掌握其绝缘电阻有无大的变化，若绝缘电阻值与上次比较下降幅度很大，说明有可能是密封老化致使受潮或火花间隙短路造成的。

4. 阀型避雷器的巡视检查

（1）瓷套是否完好，有无破损、裂纹及闪络痕迹，表面有无严重污秽。

（2）引线有无松动及烧伤现象或机械损伤情况。

（3）上帽引线处密封是否正常，有无进水现象。

（4）瓷套与法兰处的水泥接缝及油漆是否完好。

（5）听一听避雷器内部有无声响。

七、穿墙套管的安装

穿墙套管是高压架空进户线引入室内时或其他情况下作为引导导电部分穿过建筑物或穿过电气设备箱壳，是导体部分与地绝缘及支持用。引入线的高压套管安装方法有两种，一种是在施工时把套管螺栓直接埋在墙上，并预留三个套管孔，套管就直接固定在墙上；另一种是根据图样，在施工时在墙上与六角钢架大小的方孔，套管在角钢架中钢板上安装。一般变配电所的引入、引出线，常采用这种方式。如表4-2-14 所示，为穿墙套管安装的最小距离。如图4-2-15 所示为高压架空引入线的安装情况。如图4-2-16 所示为高压瓷套管及穿墙板的安装。

表 4-2-14 穿墙套管安装的最小距离

项目		允许最小距离（mm）
室外相间		350
室内相间		250
双回路相间		2 200
对地高度	室内	3 500
	室外	4 000
	室外临街	4 500

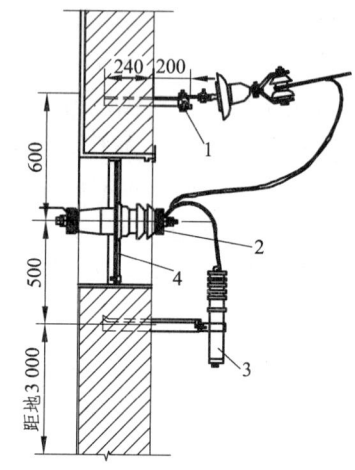

图 4-2-15 10 kV 架空引入线穿墙安装图
1—进户线绝缘子支架；2—高压穿墙瓷套管；
3—避雷器及支架；4—穿墙板

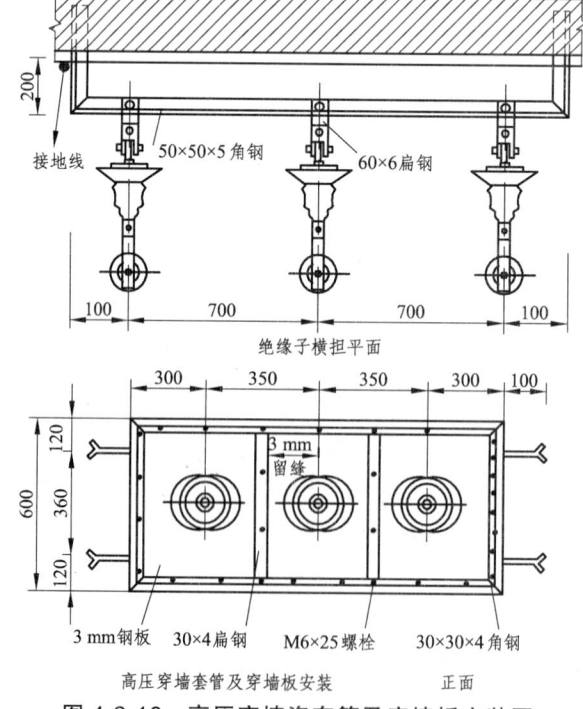

图 4-2-16 高压穿墙瓷套管及穿墙板安装图

采用这种穿墙板安装瓷套管应注意下列事项：

（1）角钢支架用混凝土牢靠，若安装在外墙上，其垂直面应略呈斜坡，使套管安好后屋外的一端稍低；若套管两端均在屋外，角钢支架仍需保持垂直，套管仍需水平。

（2）角钢架必须良好接地，以防发生意外事故。

（3）套管应详细检查，不应有裂纹或破碎现象，并用1 000～2 500 V摇表测定绝缘，电阻值需在1 000 MΩ以上，必要时应作耐压试验。

（4）套管的中心线应与支持绝缘子中心线在同一直线上，尤其是母线式套管更应注意，否则母线穿过时会发生困难。

（5）瓷套管两端导线与墙面的距离见下表，必须符合母线安装一节的规定，若受现场限制不能达到时应将角钢架四面的端凸角削去，使其与角钢架形成45°。

八、二次接线的安装

凡用于电力系统或电气设备的量测仪表，控制操作信号装置、继电保护和自动装置等设备均属二次设备。用导线或控制电缆，将二次设备按一定的工艺和功能要求连接起来所构成的电路，均称为二次接线或二次回路。

（一）二次接线的连接组件

二次接线除电缆和导线外，还包括接线端子板、电阻器和保险器等主要元器件。

1. 接线端子板

接线端子板适用于二次设备之间或配电柜之间转线时连接导线用的主要元件。其种类较多，按结构形式可分为固定端子板（不能拆开的端子）和活动端子板（可以拆开的端子）。

（1）固定端子板。固定端子板的构造和外形如图4-2-17所示。它由绝缘材料（如胶木，分层绝缘材料等）制成，上面敷有一定间隔的带压接螺钉的铜条，用于连接导线。固定端子板的端子不能拆开，当触点损坏时不能迅速更换，压接导线也不够牢固，一般用于较简单的二次接线中。

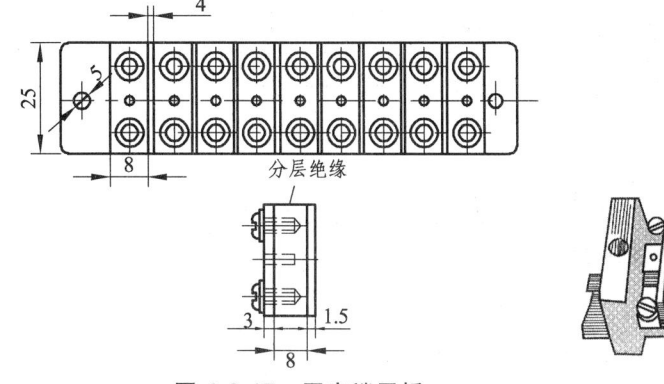

图4-2-17 固定端子板

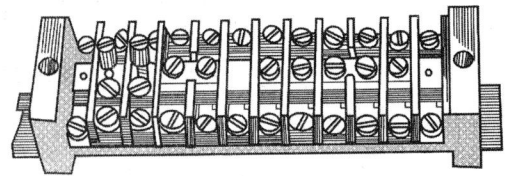

图4-2-18 活动端子板

（2）活动端子板。活动端子板的构造和外形如图4-2-18所示。它是在金属制作的端子板上，有几个或几十个绝缘胶木制作的端子用螺钉固定而成，接线端子可以拆开，并且可装设试验端子和二次回路保险管,其性能较完善,可用于复杂的二次接线。

2. 电阻器

二次回路通常采用陶瓷电阻器作为专用的附加电阻,用来提供二次设备需要的不同电压值或二次设备的热稳定。应水平位置安装,并使其有良好的散热条件。

3. 保险器

二次回路专用的短路保护装置,一般采用管形玻璃式,直接安装在端子板的保险管端子上。

4. 接线端子标号牌

二次接线比较复杂,导线根数又多,为区别不同接线与端子的功能与标号,电缆线芯和导线的端部均应装设接线端子标号牌,以表明其回路编号,便于安装、检查和维修。目前多采用聚氯乙烯套管坐标号牌,由于聚氯乙烯用防褪色的墨汁写字困难,所以一般采用二氯乙烷加紫药水(即龙胆紫)制成的混合液体作为写字墨水。

(二)二次接线的敷设方式

二次接线的敷设方式应由控制盘、继电保护盘、互感器及配电间隔的具体结构和周围的环境等条件决定。

1. 在混凝土或砖结构上的敷设方式

这种敷设方式通常将导线敷设在金属线夹或绝缘线夹上,导线与结构表面的间距约为 10 mm,如图 4-2-19 所示。

金属线夹一般用 1 mm 厚的铁皮制成,绝缘线夹用胶木或塑料板制成。线夹可按图 4-2-19 所示的尺寸加工,但高度和长度应根据导线的线径、根数、排列层数等实际情况而定。在金属线夹内的导线束,要用绝缘带(如黄蜡带、塑料袋)将其包扎,包扎层数一般为 2~3 层,两端应各伸出 2 mm。

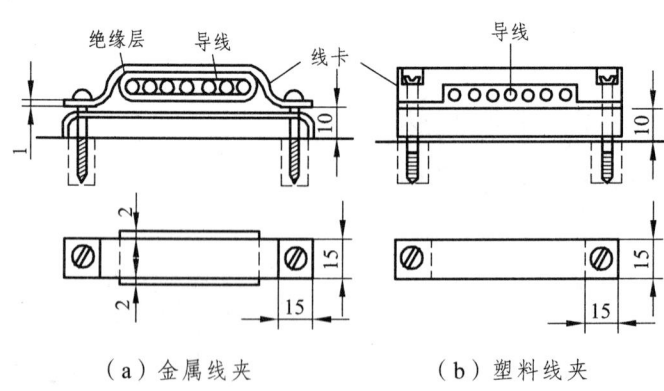

(a)金属线夹　　　　(b)塑料线夹

图 4-2-19　导线敷设在混凝土或砖结构上(mm)

2. 直接在混凝土或金属表面上的敷设方式

导线直接敷设在混凝土或金属表面上时,可将导线直接将线卡固定,如图 4-2-20 所示。线卡可按图示尺寸加工,线卡下导线束固定的处理与上述方法相同。

项目四 室内配电装置和电气设备的安装 355

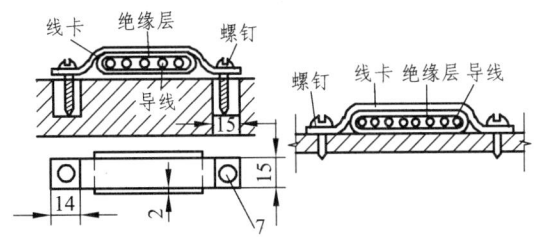

（a）在混凝土上敷设　（b）在金属表面上敷设

图 4-2-20　导线直接敷设在混凝土或金属表面上

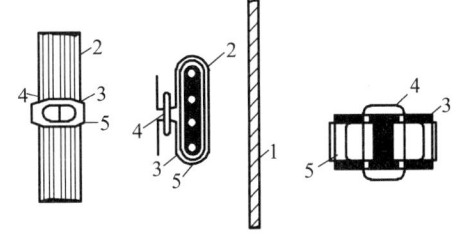

图 4-2-21　用带扣的抱箍绑扎导线

1—配电盘；2—导线；3—绝缘层；4—扣；5—抱箍

3. 在配电柜上的敷设方式

当在配电柜内敷设时，一般常采用带扣的抱箍绑扎导线，不另设支撑点，如图 4-2-21 所示。带扣抱箍可用厚 0.2 mm、宽 8～12 mm 的镀锌铁皮按图中形式制作。如绑扎导线较少，一般可采用铝线卡作为导线的抱箍。此外还应注意配电柜内敷设的二次导线不允许有接头。

4. 在线槽内的敷设方式

为简化敷设工作，目前已广泛采用将导线敷设在预先制成的线槽内，其形式如图 4-2-22 所示。线槽由钢板或塑料制成。敷设时，先将线槽固定在配电柜上，然后将导线放在槽内，并用布带或线绳将其绑扎成束，接至端子板的导线由线槽旁边的孔眼中引出。

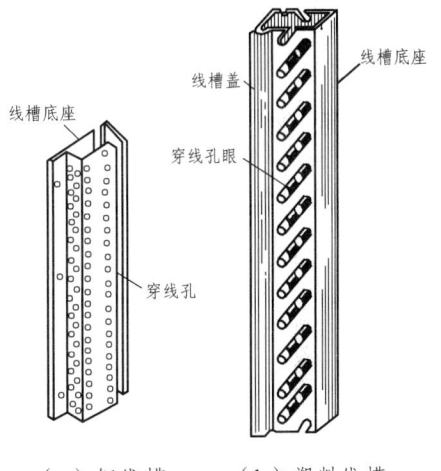

（a）钢线槽　（b）塑料线槽

图 4-2-22　穿孔线槽

（三）二次接线的敷设

当量测仪表、继电保护、互感器或其他自动装置分别安装完毕后，就可进行二次接线的敷设工作。

1. 确定敷设位置

根据安装接线图确定导线的敷设位置，用直尺或线垂划好线，标出线夹固定螺钉的安装位置。

线夹的间距通常根据下列要求确定：

（1）裸铅皮或橡皮保护包皮的绝缘电缆在垂直敷设时，线夹间距为 400 mm，水平敷设时，为 150 mm。

（2）橡皮或塑料导线在垂直敷设时线夹间距为 200 mm，水平敷设时为 150 mm。

2. 固定线夹和敷设导线

先用螺钉将线夹挂上，然后开始进行敷设。为避免导线交叉应根据安装图的编号及端子的排列顺序，合理安排导线的排列位置，再根据导线实际需要的长度（包括弯曲和预留长度）

切断导线，并将其拉直。敷设时，先将端部的一个线夹和抱箍把导线包住，使其成束（单层或多层），再将导线沿敷设方向用线夹夹好，然后在导线下垫好绝缘层。最后将导线束进行修整，一般可用小木锤将线束轻轻敲平，使其整齐美观，如图 4-2-23 所示。

3．导线分支

当导线分支由线束引出时，必须将导线做成慢弯，不能用带尖梭的工具（如螺丝刀，平口钳等）弯曲导线。导线的弯曲半径一般为导线直径的 3 倍左右，当导线穿过金属板时，应加套绝缘衬管保护。

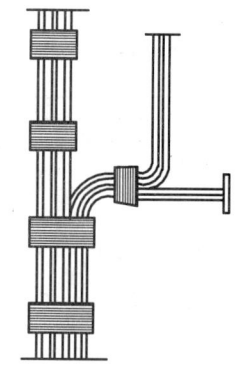

图 4-2-23 导线束

（四）导线的分列和连接

1．导线的分列

导线的分列是指导线有线束引出，并有次序的与端子连接。为了使导线分列正确，在分列时应根据接线图校线，并将校好的导线挂上临时标号，以备接线。

分列的方法通常有单层分列法、多层分列法、扇形分列法和垂直分列法。

（1）单层分列法。当接线端子不多，而且位置较宽时，可采用单层分列法，如图 4-2-24 所示。为使导线分列整齐美观，分列时一般从外侧端子（终端端子）开始，依次将导线接在相应的端子上，并使导线横平竖直。

（2）多层分列法。当位置较窄、接向端子的导线较多时，宜采用多层分列法，图 4-2-25 为端子板附近导线分列成三层引向接线端子。第一层的四根导线接入 1、2、3、4 号端子；第二层导线接入 5、6、7、8 号端子；第三层导线接入 9、10、11、12 号端子。

三排端子和三层配线的线束分列，如图 4-2-26 所示。线束中的上层导线束接入上面的（或左边）端子板；中间层的导线束接入中间的端子板；下层的导线束接入下面的（或右边）端子板。

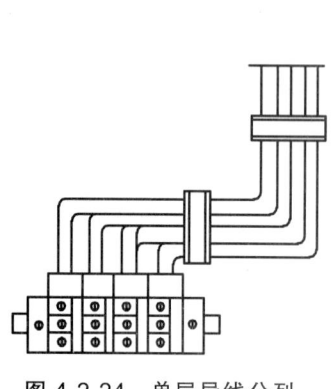

图 4-2-24 单层导线分列

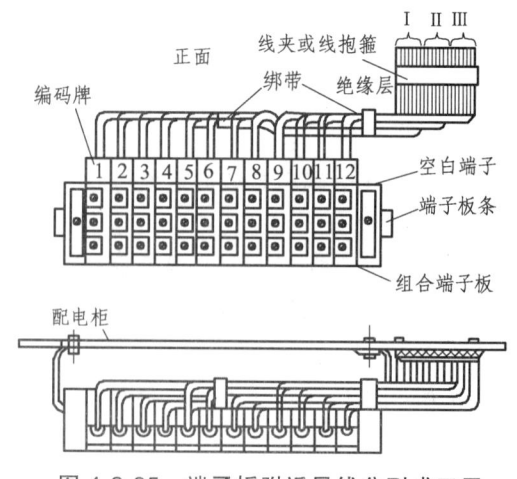

图 4-2-25 端子板附近导线分列成三层

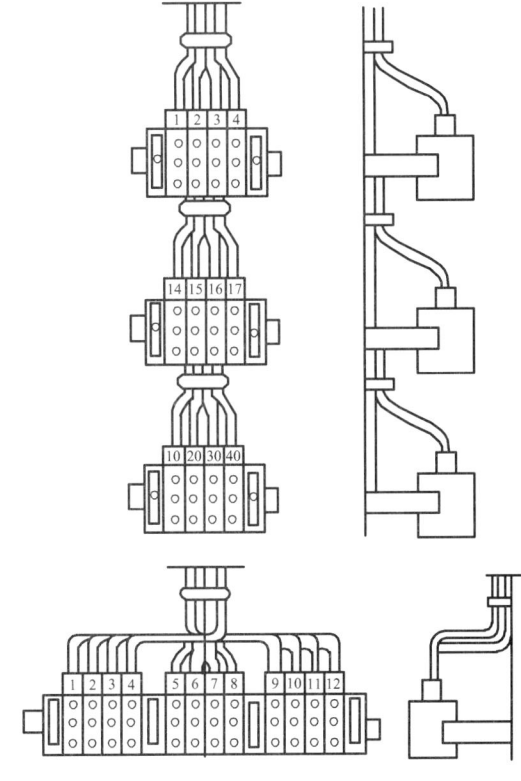

图 4-2-26　三层配线的线束分列

（3）扇形分列法。在不复杂的单层或双层配线时，常采用扇形分列法（见图 4-2-27），此法接线简单、安装迅速、外形整齐。敷设时，应将导线校好拉直，先从外侧敷设固定，然后逐渐移到中间。

（4）垂直分列法。这种分列法用于端子板垂直安装时导线的分列，常用于配电柜内端子板的导线连接。电缆沟引向配电柜的导线校直后，将其绑扎成束（单层或双层）后，固定在端子板两端，然后由线束引出导线，接至端子板。

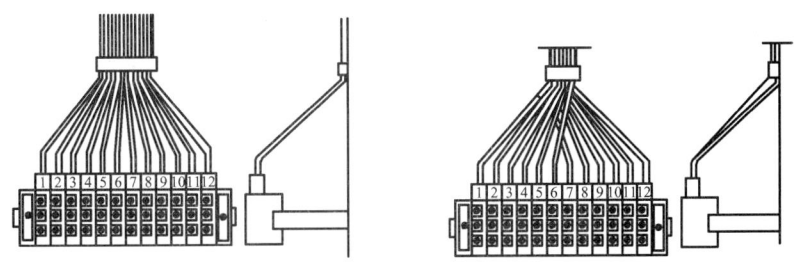

图 4-2-27　导线的扇形分列

上述各种分列法的导线均不应交叉，如遇特殊情况，应设法使导线的上层部分看不到交叉现象。此外，接线端子板上的每个端子一般只接一根导线。由线束引接到端子板或仪表、器件的导线，如长度超过 200 mm 时，应用铝线卡、线绳或扎带将其绑扎成束，铝线卡或扎带下也应垫上绝缘层。

2. 二次导线与元器件的连接

从线束引出的导线经分列后,应将其正确的连接到接线端子和元器件上。

(1)剪断多余导线和线头加工。根据线束到端子的距离(包括弯曲部分)量好尺寸,剪断多余部分。然后用剥线钳或小刀剥削绝缘层时,应将小刀倾斜 10°左右往外削,不能采用将线芯绝缘层割成环形刀口,再用钳子拉掉绝缘层的方法,以免损伤导线。去掉绝缘层后,用小刀背刮掉线芯上的氧化层和绝缘屑,以保证导线接触良好。线端处理完毕后,挂上标号牌,才能将导线连接到端子上。

(2)固定导线。导线直接与元器件连接时,应根据螺钉(或螺杆)的直径将导线的端部弯成一个圆环,其弯曲方向与螺钉旋入或螺母拧紧方向一致(见图 4-2-28)。单芯导线的固定方法如图 4-2-29 所示。

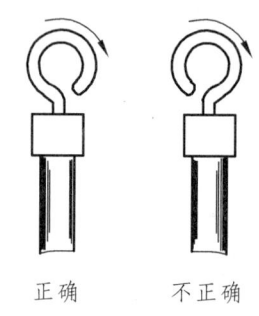

正确　　　不正确

图 4-2-28　单股导线末端弯曲法

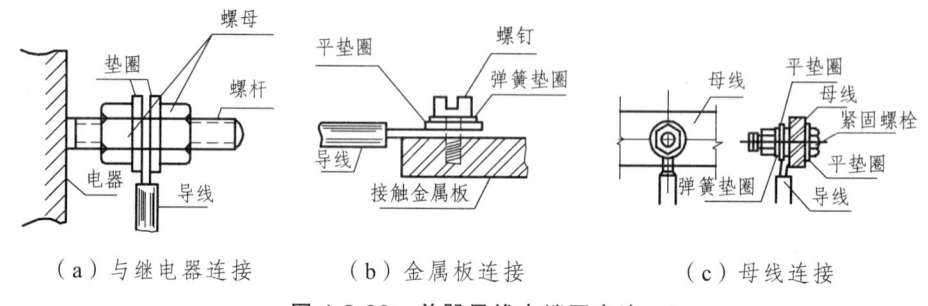

(a)与继电器连接　　　(b)金属板连接　　　(c)母线连接

图 4-2-29　单股导线末端固定法

(3)装设终端附件。若导线截面为 6 mm² 以上的多芯绞线和 10 mm² 以上的单芯导线接入端子时,导线末端应采用终端附件(俗称线鼻子)连接。

(4)备用线芯。接线时如遇有备用的导线或电缆线芯,不要剪断,应将其卷成螺旋形并放在其他导线旁边。一般方法是用直径为 20~30 mm 的圆木棒或螺丝刀柄,将备用线绕在上面,然后抽出木棒即成螺旋形。

(五)二次接线的检查

1. 校　线

二次回路在接线前后均应进行校线工作,以保证导线与端子的连接正确。如果是单层配线方式,并且线路较短、所有导线及其连接都比较明显时,只需仔细与二次连接图和安装图校对,就可判断接线是否正确时,则必须进行校线工作。

校线方法较多,用的有摇表校线法、电话听筒校线法和信号灯校线法等。

(1)摇表校线法。

图 4-2-30 所示为摇表校线法的接线图。校线时,用一根连接线将其一端接至电缆的铅皮上或接地,另一端接至导线束的任何一根导线上;在电缆或导线束的另一端,将摇表的一端子接在铅皮或接地端上,然后用摇表另一端子依次接触电缆或导线束的每一线芯。当摇动摇表时,若指针为零,则表示导线连接的那根导线与摇表端子接触的线芯时同一根线芯。此外也可使用万用表代替摇表校线。

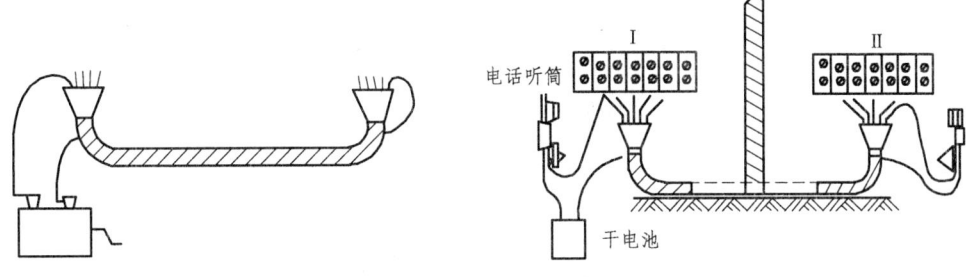

图 4-2-30 摇表校线法　　　　图 4-2-31 电话听筒校线法

(2)电话听筒校线法。

当检查两端在不同房间内或距离较远的导线(或控制电缆)时,常使用电话听筒校线法进行校线(见图 4-2-31)。当听筒中有响声并可同时通话时,说明导线构成闭合回路,则两听筒所接的线芯为同一线芯。

(3)信号灯校线法。

信号灯校线法的接线如图 4-2-32 所示,当两个灯泡同时发亮时,说明两灯泡所接的线芯为同一线芯。信号灯的灯源可采用安全变压器,也可采用干电池或蓄电池。

(4)电缆校正器校线法。

此法是专用电缆校正器校线,校正器是由一些分别为 100 Ω、200 Ω 等的电阻组成的电阻箱。校线时,先将被测电缆的铅包皮与电阻箱的一个公共端钮相连,其他各线芯分别与电阻箱的 100 Ω、200 Ω 等按钮相连,然后在电缆的另一端用欧姆表测量,使欧姆表的一根表笔与电缆铅皮相连,另一根表笔分别与各线芯相接触,从而测出各线芯对铅皮的电阻值。如测出电阻为 100 Ω,则说明与万用表相连的此根线芯和接在电缆校正器 100 Ω 端钮上的线芯是同一线芯。如此依次进行测量,就可较方便地校出每根线芯。其校线的连接原理如图 4-2-33 所示。

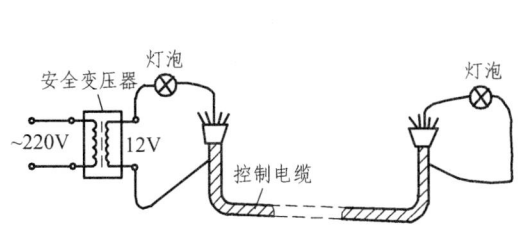 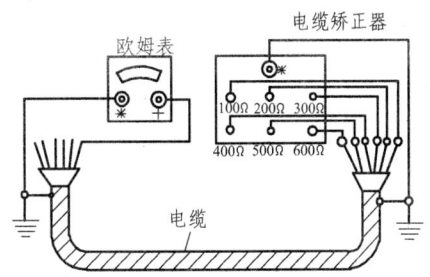

图 4-2-32 信号灯校线法　　　　图 4-2-33 电缆校正器校线原理图

2. 二次绝缘电阻的测定

对新安装的二次接线回路,必须测量其绝缘电阻值,以检验绝缘二次回路的绝缘情况。测量绝缘电阻时,应使用 500~1 000 V 的摇表;电压为 48 V 及以上的回路,应使用不超过 500 V 的摇表。

(1) 二次回路的测定范围。

二次回路的测定范围应包括所有电气设备的二次回路,如操作、信号、保护、测量等回路以及这些回路的所有电器。这些回路可分为以下几种:

① 直流回路:由保险器或自动开关隔离的一段。

② 电流回路:由一组电流互感器连接的所有保护装置及仪表回路,或一组保护装置的数组电流互感器回路。

③ 电压回路:由一组或一个电压互感器连接的回路。

(2) 二次回路绝缘电阻的允许值。

对新安装的二次接线回路,应测量导线对地以及线芯间或相邻导线的绝缘电阻值,并应使之符合下列规定:

① 直流小母线或控制盘的电压小母线,在断开所有其他连接支路时,其绝缘电阻应不小于 10 MΩ。

② 二次回路的每一支回路和熔断器、隔离开关、操作机构的电源回路均应不小于 1 MΩ。在较潮湿的地方,可降低到 0.5 MΩ。

若测量中发现某一回路绝缘电阻不符合规定,应找出原因(一般多因触点、接点、线圈受潮所致)。找出原因后,作适当处理,然后再测定绝缘电阻直至合格。

3. 二次回路的交流耐压试验

二次回路的试验标准电压为 1 000 V。绝缘电阻在 10 MΩ 以上的回路可用 2 500 V 摇表来代替,时间为 1 min。48 V 以下的回路可不作交流耐压试验。

九、配电箱和开关箱的安装与维护

配电箱是指定型成品配电箱,如动力配电箱、计量箱和通用控制箱等,箱内的仪表、开关、电器等元器件均由制造厂配置。配电箱主要有悬挂式、嵌墙式和落地式三种安装方式。

(一) 配电箱、开关箱安装的基本要求

1. 配电箱、开关箱的设置

配电箱、开关箱应装设在干燥、通风及常温场所,不得装设在有严重损伤作用的瓦斯、烟气、潮气及其他介质中,也不得装设在易受外来固体物撞击、强烈振动、液体浸溅及热源烘烤场所。否则,应予清除或作防护处理。

(1) 配电系统应设置配电柜或总配电箱、分配电箱、开关箱,试实行三级配电。配电系统宜使三相负荷平衡。220 V 或 380 V 单相设备宜接入 220/380 V 三相四线供电。

(2) 总配电箱以下可设若干分配电箱;分配电箱以下可设若干开关箱。

总配电箱应设在靠近电压电源的区域,分配电箱应设在用电设备或负荷相对集中的区域,

分配电箱与开关箱的距离不得超过 30 m。

（3）每台用电设备必须有各自专用的开关箱，严禁用同一个开关箱直接控制 2 台及 2 台以上的用电设备（含插座）。

（4）动力配电箱与照明配电箱宜分别设置。当合并设置为同一配电箱时，动力和照明应分路配电；动力开关箱与照明开关箱必须分设。

（5）配电箱、开关箱周围应有足够 2 人同时工作的空间和通道，不得堆放任何妨碍操作、维修的物品，不得有灌木、杂草。

（6）配电箱、开关箱应采用冷轧钢板或阻燃绝缘材料制作，钢板厚度应为 1.2~2.0 mm，其中开关箱箱体钢板厚度不得小于 1.2 mm，配电箱箱体钢板厚度不得小于 1.5 mm，箱体表面应作防腐处理。

（7）配电箱、开关箱内的电器应先安装在金属或非木质阻燃绝缘电器安装板上，然后方可整体紧固在配电箱、开关箱箱体内。金属电器安装板与金属箱体应作电气连接。

（8）配电箱、开关箱内的电器（含插座）应按其规定位置紧固在电器安装板上，不得歪斜和松动。

（9）配电箱的电器安装板上必须分设 N 线端子板和 PE 线端子板。N 线端子板必须与金属电器安装板绝缘；PE 线端子板必须与金属电器安装板作电气连接。进出线中的 N 线必须通过 N 线端子板连接；PE 线必须通过 PE 线端子板连接。

（10）配电箱、开关箱内的连接必须采用铜芯绝缘导线。导线绝缘的颜色标志应规范要求配置并排列整齐；导线分支接头不得采用螺栓压接，应采用焊接并作绝缘包扎，不得有外露带电部分。

（11）配电箱、开关箱的金属箱体、金属电器安装板以及电器正常不带电的金属底座、外壳等必须通过 PE 线端子板与 PE 线作电气连接，金属箱门与金属箱必须通过采用编织软铜线作电气连接。

（12）配电箱、开关箱的箱体尺寸应与箱内电器的数量和尺寸相适应，箱内电气安装板板面电器安装尺寸可按照表 4-2-15 确定。

表 4-2-15　配电箱、开关箱内电器安装尺寸选择值

间距名称	最小净距（mm）
并列电器（含单机熔断器）间	30
电器进、出线瓷管（塑胶管）孔与电器边沿间	15 A，30；20~30 A，50；60 A 及以上，80
上、下排电器进出线瓷管（塑胶管）孔间	25
电器进、出线瓷管（塑胶管）孔至板边	40
电器至板边	40

（13）配电箱、开关箱中导线的进线口和出线口应设在箱体的下底面。

（14）配电箱，开关箱的进、出口应配置固定线卡、进出线应加绝缘护套并成束卡在箱体上，不得与箱体直接接触。移动式配电箱、开关箱的进、出线应采用橡皮护套绝缘电缆，不得有接头。

（15）配电箱、开关箱外形结构应能防雨、防尘。

2. 配电箱、开关箱的安装高度

配电箱的安装高度应按设计要求确定。配电箱、开关箱应装设端正、牢固。固定式配电箱、开关箱的中心点与地面的垂直距离应为 1.4~1.6 m。移动式配电箱、开关箱应装设在坚固、稳定的支架上。其中心点与地面的垂直距离应为 0.8~1.6 m。

3. 安装配电箱后壁的处理和预留孔洞的要求

在 240 mm 厚的墙壁内安装配电箱时，其墙后壁需加装 10 mm 厚的石棉板和直径为 2 mm、孔洞为 10 mm 铅丝网，再用 1∶2 水泥砂浆抹平，以防开裂。墙壁内预留孔洞的大小，应比配电箱的外形尺寸略大 20 mm 左右。

4. 其他安装要求

（1）配电箱的金属构件、铁制盘及电器的金属外壳，均应作保护接地（或保护接零）处理。

（2）接零系统中的零线，应在引入线处或线路末端的配电箱处作好重复接地。

（3）配电箱内的母线应有黄（L1）、绿（L2）、红（L3）、黑（接地的零线）、紫（不接地的零线）等分相标志，可用刷漆涂色或采用与分相标志颜色相应的绝缘导线。

（4）配电箱外壁与墙面的接触部分应涂防腐漆，箱内壁及盘面均刷两道驼色油漆。除设计有特殊要求外，箱内油漆颜色一般均应与工程门窗颜色相同。

5. 电器装设的选择

（1）配电箱、开关箱内的电器必须可靠、完好，严禁使用破损、不合格的电器。

（2）总配电箱的电器应具备电源隔离，正常接通与分断电路，以及短路、过载、漏电保护功能。电器设备应符合下列原则：

① 当总路设置总漏电保护器时，还应装设总隔离开关、分路隔离开关以及总断路器、分路断路器或总熔断器、分路熔断器。当总路所设总漏电保护器同时具备短路、过载、漏电保护功能的漏电断路器时，可不设总断路器或总熔断器。

② 当各分路设置分路漏电保护器时，还应装设总隔离开关、分路隔离开关以及总熔断器、分路断路器或总熔断器、分路熔断器。当分路所设漏电保护器同时具备短路、过载、漏电保护功能的漏电断路器时，可不设分路断路器或分路熔断器。

③ 隔离开关应设置于电源进线端，应采用分段时具有可见分段点，并能同时断开电源所有极的隔离电器。如采用分段时具有可见分段点的断路器，可不另设隔离开关。

④ 熔断器应选用具有可靠灭弧分段功能的产品。

⑤ 总开关电器的额定值、动作整定值与分路开关电器的额定值、动作整定值相适应。

（3）总配电箱应装设电压表、电流表、电度表及其他需要的仪表。专用电能计量仪表的装设应符合当地供用电管理部门的要求。

装设电流互感器时，其二次电路必须与保护零线有一个连接点，且严禁断开电路。

（4）分配电箱应装设总隔离开关，分路隔离开关以及总断路器、分路断路器或总熔断器、分路熔断器。

（5）开关箱必须装设隔离开关、断路器或熔断器以及漏电保护器。当漏电保护器同时具有短路、过载、漏电保护功能的漏电断路器时，可不装设断路或熔断器。隔离开关应采取分断时具有可见分断点，能同时断开电源所有极的隔离电器，并应将其设置于电源进线端。当断路器具有可见分段点时，可不另设隔离开关。

（6）开关箱中的隔离开关只可直接控制照明电路和容量不大于 3.0 kW 的动力电路，但不应频繁操作。容量大于 3.0 kW 的动力电路应采用断路器控制，操作频繁时还应附设接触器或其他启动控制装置。

（7）开关箱中各种开关电器的额定值和动作整定值应与其控制用电设备的额定值和特性相适应。

（8）漏电保护器应装设在总配电箱、开关箱靠近负荷的一侧，且不得用于启动电气设备的操作。

（9）漏电保护器的选择应符合现行国家标准 GB 6829《剩余电流动作保护器的一般要求》和 GB 13955《漏电保护器安装和运行的要求》的规定。

（10）开关箱中漏电保护器的额定漏电动作电流应不大于 30 mA，额定漏电动作时间应不大于 0.1 s。

使用于潮湿或有腐蚀介质的漏电保护器应采用防溅型产品，其额定漏电动作电流应不大于 15 mA，额定漏电动作时间应不大于 0.1 s。

（11）总配电箱中漏电保护器的额定漏电动作电流大于 30 mA，额定漏电动作时间应大于 0.1 s，但其额定漏电动作电流与额定动作时间的乘积应不大于 30 mA·s。

（12）总配电箱和开关箱中漏电保护器的级数和线数必须与其负荷的相数和线数一致。

（13）配电箱、开关箱中的漏电保护器宜选用无辅助电源型（电磁式）产品，或选用辅助电源故障时能自动断开的辅助电源型（电子式）产品。当选用辅助电源故障时不能断开辅助电源型（电子式）产品时，应同时设置缺相保护。

（14）漏电保护器应按产品说明书安装、使用。对搁置已久重新使用或连续使用的漏电保护器应逐月检查其特性，发现问题及时修理或更换。

（15）配电箱、开关箱的电源进线端严禁采用插头和插座作活动连接。

（二）配电箱的安装

1. 配电箱的安装方法

（1）配电箱的安装高度除施工图中有特殊要求外，暗装时底口距地面为 1.4 m，明装时为 1.2 m，但对明装电度表板应为 1.8 m。

（2）安装配电箱、板及所需木砖、铁活等均需要预先随土建砌墙时埋入墙内。

（3）在 240 mm 厚的墙内安装配电箱时，其后壁需用 10 mm 厚石棉板及铅丝直径为 2 mm、孔洞为 10 mm 的铅丝网钉牢，再用 1∶2 水泥砂浆抹好，以防开裂。另外，为了施工及检修方便，也可在盘后开门，以木螺丝在墙后固定。为了美观应涂以与粉墙颜色相同的调和漆。

（4）配电箱外壁与墙有接触的部分均涂防腐油，箱内壁及盘面均涂灰色油漆两道。箱门油漆颜色除施工图中有特殊要求外，一般均与工程中门窗的颜色相同。铁制配电箱均需先涂防锈油漆再涂油漆。

（5）配电盘上装有计量仪表、互感器时，二次侧的导线使用截面不小于 2.5 mm^2 的铜芯绝缘导线。

（6）配电盘后面的配线需排列整齐，绑扎成束，并用卡钉紧固在盘板上。盘后引出及引入的导线应留出适当的裕度，以利于检修。

（7）为了加强盘后配线的绝缘强度和便于维修管理，导线需按相位颜色套上软塑料套管，U 相用黄色，V 相用绿色，W 相用红色，零线用淡蓝色。

（8）导线穿过盘面时，木盘需套瓷管头，铁盘需装橡胶护圈。工作零线穿过木盘面时，可不加瓷管头，只套以塑料管。

（9）配电盘上的闸刀、保险器等设备，上端接电源，下端接负荷。横装的插入式保险等应从面对配电盘的左侧接电源，右侧接负荷。

（10）零线系统中的重复接地应在引入接线处，在末端配电盘上也应作重复接地。

（11）零母线在配电盘上不得串接。零线端子板上分支路的排列须与插保险对应，面对配电盘从左到右编排 1、2、3…

2. 配电箱的悬挂式安装

采用悬挂式安装的配电箱，可以直接安装在墙上，也可安装在支架上或柱上。

（1）配电箱在墙上安装。

① 预埋固定螺栓。在墙上安装配电箱之前，应先量好配电箱安装孔的尺寸，在墙上画好孔的位置，然后钻孔，预埋固定螺栓（有时采用胀管螺栓固定）。预埋螺栓的规格应根据配电箱的型号和重量选择（见表 4-2-16），螺栓的长度应为埋设深度（一般为 12~150 mm）加上箱壁、螺母和垫圈的厚度，再加上 3~5 mm 的预留长度。配电箱一般有上、下各两个固定螺栓，埋设时应用水平尺和线锤校正使其水平或垂直，螺栓中心间距应与配电箱安装孔中心间距相等，以免错位，造成安装困难。

表 4-2-16 常用配电箱安装尺寸表

设备型号	安装孔间距 A（mm）	安装孔间距 B（mm）	螺栓螺母垫圈尺寸 d（mm）	重量（kg）	说明
XL-3-1	390	290	8	30	
XL-3-2	570	290	8	35	
XL-10-1/15	180	360	10	10	
XL-10-2/15	365	465	10	22	
XL-10-3/15	495	465	10	28	
XL-10-4/15	665	465	10	40	
XL-10-1/35，XL-10-1/60	180	420	10	12	
XL-10-2/35，XL-10-2/60	430	550	10	28	尺寸 A、B 说明
XL-10-3/35，XL-10-3/60	595	555	10	40	
XL-10-4/35，XL-10-4/60	760	555	10	45	
XLF-11-100，XLF-11-200	274	176	10	26	
XLF-11-400	334	232	10	40	
XLF-11-60R	274	184	10	34	
XLF-11-100R	274	230	10	50	
XLF-11-200R	315	295	10	55	
XLF-11-400R	364	476	10	75	
XL-12	290	320	10	23	
XM-7-3/10	240	370	8	8	
XM-7-3/0A	240	290	8	7	
XM-7-6/0，XM-7-6/1	270	570	8	12~15	
XM-7-6/0A	270	410	8	12	
XM-7-9/0，XM-7-9/1	450	670	8	21~30	
XM-7-12/0	450	670	8	18~33	
XM-7-6，XM-7-12/1	450	510	8	19~28	
XM-7-9/0，XM-7-12/00	270	470	8	9	
XM-7-3/1	350	370	8	12	
XM-7-2	350	570	8	15	
XM-7-4					

② 配电箱的固定。待预埋件的填充材料凝固干透后，方可进行配电箱的安装固定。固定前先用水平尺和线锤校正箱体的水平度和垂直度，如不符合要求，应检查原因，调整后再将配电箱固定牢靠。配电箱的墙上安装如图 4-2-34 所示。

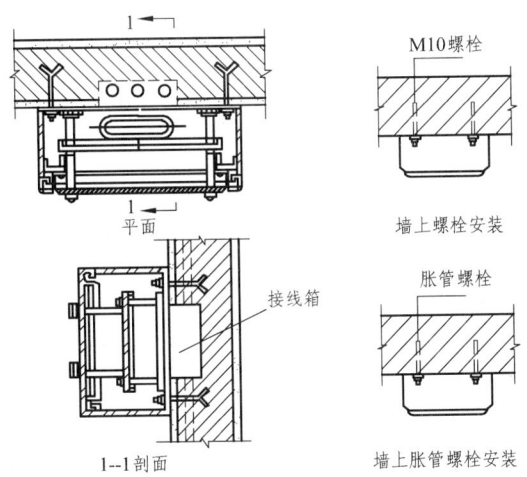

图 4-2-34 配电箱的墙上安装

（2）配电箱在支架上安装。

在支架上安装配电箱之前，应先将支架加工焊接好，并在支架上钻好固定螺栓的孔洞，然后将支架安装在墙上或埋设在地坪上。配电箱的安装固定与上述方法相同，其安装如图 4-2-35 所示。

（3）配电箱在柱上安装。

安装之前一般在柱上先装设角钢和抱箍，然后在上、下角钢中部的配电箱安装孔处焊接固定螺栓的垫铁（见图 4-2-36），并钻好孔，最后将配电箱固定安装在角钢垫铁上。

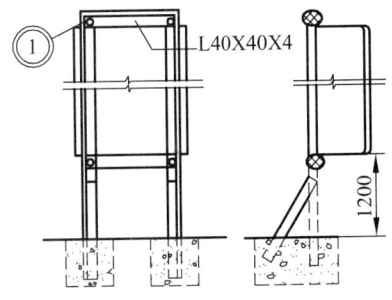

图 4-2-35 配电箱在落地支架上安装

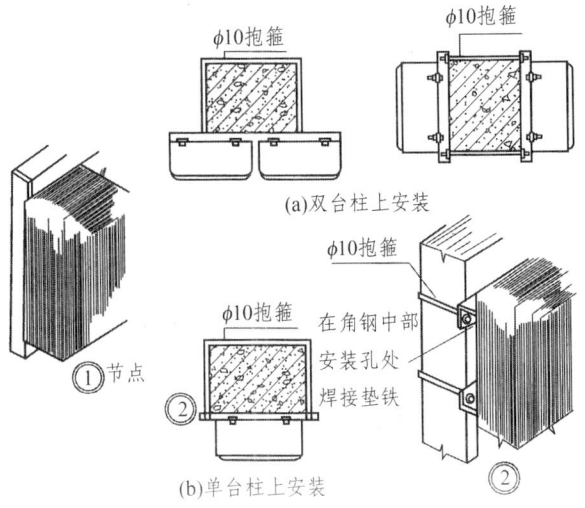

图 4-2-36 配电箱在柱上安装

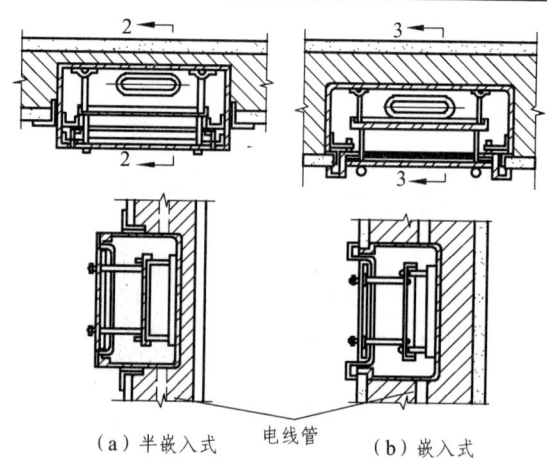

图 4-2-37 配电箱的嵌墙式安装

3. 配电箱的嵌墙式安装

嵌墙式安装如图 4-2-37 所示，应配合配线工程的暗敷设进行。待预埋线管工作完毕后，将配电箱的箱体嵌入墙内（有时用线管与箱体组合后，在土地建施工时埋入墙内），并做好线管与箱体的连接固定和跨接地线的连接工作，然后在箱体四周填入水泥砂浆。

当墙壁的厚度不能满足嵌入式的需要时，可采用半嵌入式安装，是配电箱的箱体一半在墙面外，一般嵌入墙内，如图 4-2-37（a）所示。其安装方式与嵌入式相同。

4. 配电箱的落地式安装

在安装之前，一般应预先制一个高出地面约 100 mm 的混凝土空心台，如图 4-2-38（a）、（b）所示，这样可使进出线方便，不易进水，保证运行安全。进入配电箱的钢管应排列整齐，其管口高出基础面 50 mm 以上。配电箱的落地式安装如图 4-2-38 所示，图中的 B、C 尺寸由设计确定。他们的安装方法，可参照配电柜的安装进行。

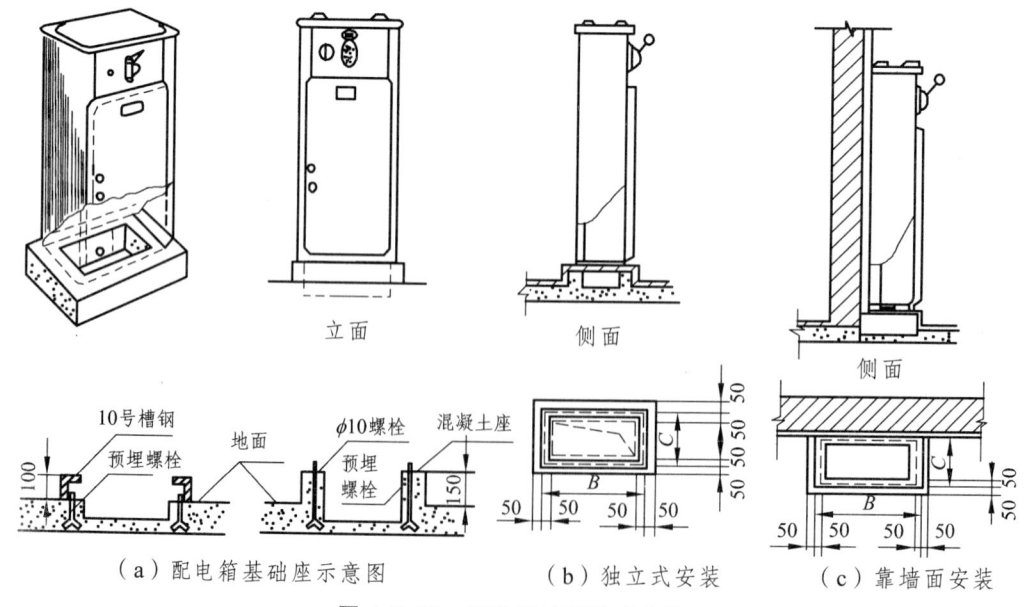

图 4-2-38 配电箱的落地式安装

习 题

1. 安装前，建设工程应具备哪些条件？
2. 变压器稳装要求有哪些？
3. 如何安装配电柜？
4. 如何安装穿墙套管和穿墙版？有何要求？
5. 如何安装硬母线？
6. 如何安装隔离开关？
7. 如何安装负荷开关？
8. 互感器的一般规定是什么？
9. 如何安装电压互感器和电流互感器？
10. 如何安装支持绝缘子？
11. 避雷器的安装应注意哪些事项和环节？
12. 如何安装阀型避雷器？
13. 穿墙板瓷套管安装应注意哪些事项？
14. 二次接线的敷设方式有哪些？
15. 如何进行二次接线的敷设？
16. 怎样进行二次接线？
17. 如何设置配电箱和开关箱？
18. 如何安装配电箱？
19. 如何进行墙式配电箱安装？

课题三 工程交接验收

一、电力变压器安装

（一）在验收时应做的检查

（1）外观完整无缺损。
（2）变压器安装和电气控制接线应符合设计要求。
（3）油枕的油位应正常。
（4）轮子的制动装置应牢固。
（5）相色标志正确，接地线连接可靠，油漆完整，无渗油。

（二）在验收时应移交的资料和文件

（1）变更设计的证明文件。
（2）制造厂提供的产品说明书、试验记录、合格证件及安装图纸等技术文件。
（3）安装技术记记录（包括器身检查记录）。
（4）绝缘油化验报告。

(5)调整试验记录。

二、盘、柜及二次回路结线安装

(一)在验收时应做的检查

(1)盘、柜的固定及接地应可靠,盘柜漆层应完好、清洁整齐。
(2)盘、柜内所装电器元件应齐全完好,安装位置正确,固定牢固。
(3)所有二次回路接线应准确,连接可靠,标志齐全清晰,绝缘符合要求。
(4)手车或抽屉式开关柜在推入或拉出时应灵活,机械闭锁可靠,照明装置齐全。
(5)柜内一次设备的安装质量验收要求应符合国家现行有关标准规范的规定。
(6)用于热带地区的盘、柜应具有防潮、抗霉和耐热性能,按国家现行标准《热带电工产品通用技术》要求验收。
(7)盘、柜及电缆管道安装完后,应作好封堵。可能结冰的地区,还应有防止管内积水结冰的措施。
(8)操作及联动试验正确,符合设计要求。

(二)在验收时应提交的资料和文件

(1)工程竣工图。
(2)变更设计的证明文件。
(3)制造厂提供的产品说明书、调试大纲、试验方法、试验记录、合格证件及安装图纸等技术文件。
(4)根据合同提供的备品备件清单。
(5)安装技术记录。
(6)调整试验记录。

三、母线、绝缘子及套管的安装

(一)在验收时应做的检查

(1)金属构件的加工、配制、焊接(螺接)应符合规定。
(2)各部螺栓、垫圈、开口销等零部件应齐全可靠。
(3)母线配制及安装架设应符合规定,且连接正确,螺栓紧固、接触可靠;相间及对地电气距离符合要求。
(4)瓷件、铁件及胶合处应完整,充油套管应无渗油,油位正常。
(5)油漆完整,相色正确,接地良好。

(二)在验收时应提交的资料和文件

(1)工程竣工图。
(2)变更设计的证明文件。
(3)制造厂提供的产品说明书、试验方法、试验录、合格证件及安装图纸等技术文件。

（4）安装技术记录。
（5）电气试验记录。

四、配线工程

（一）在验收时各种配线方式均应符合的要求

（1）各种间隔距离符合规定。
（2）各种支持件的固定符合要求。
（3）配套的弯曲半径、盘箱设置的位置符合要求。
（4）明配线路的允许偏差值符合要求。
（5）导线的连接和绝缘符合要求。
（6）非带电金属部分的接地良好。
（7）铁件防腐良好、油漆均匀、无遗漏。

（二）在验收时应提交的资料和文件

（1）工程竣工图。
（2）变更设计的证明文件。
（3）安装技术记录（包括隐蔽工程）。
（4）试验记录（包括绝缘电阻的测试记录）。

五、低压电器安装

（一）验收时各种电器均应符合的要求

（1）电器的型号、规格符合设计要求。
（2）电器的外观检查完好。
（3）电器安装应牢固、平正、符合设计和产品要求。
（4）电器的接地连接可靠。

（二）通电后应符合的要求

（1）操作时，动作应灵活。
（2）电磁系统无异常响声。
（3）线圈及接线端头允许温升不超过规定。

（三）验收时应提交的资料和文件

（1）工程竣工图。
（2）变更设计的证明文件。
（3）随产品提供的说明书、试验记录、产品合格证件、安装图纸。
（4）绝缘电阻和耐压试验记录。
（5）经调整、整定的低压电器调整记录。

六、35 kV 及以下架空电力线路工程

（一）在验收时应做的检查

（1）采用器材的型号、规格应符合设计要求。
（2）线路设备标志应齐全。
（3）电杆组立的各项误差不能超过标准。
（4）拉线的制作和安装符合要求。
（5）导线的弧垂、相间距离、对地距离、交叉跨越距离及对建筑物接近距离符合要求。
（6）电气设备外观应完整无缺损。
（7）相位正确、接地装置符合规定。
（8）基础埋深、导线连接、补修质量应符合设计要求。
（9）沿线的障碍物、应砍伐的树及树枝等杂物应清除完毕。

（二）在验收时应提交的资料和文件

（1）竣工图。
（2）变更设计的证明文件（包括施工内容明细表）。
（3）安装技术记录（包括隐蔽工程记录）。
（4）交叉跨越距离记录及有关协议文件。
（5）调整试验记录。
（6）接地电阻实测值记录。
（7）有关的批准文件。

七、防雷、接地

（一）防雷工程

防雷工程在竣工验收时，应进行下列检查：
（1）防雷措施应与设计相符。
（2）避雷器外观检查完好，瓷套无裂纹、破损等缺陷，封口处密封良好。
（3）避雷器安装牢固，安装方式符合设计要求。
（4）接地引下线安装牢固，各接点紧固可靠。
（5）油漆完整，相色正确，接地良好。
（6）避雷针（带）的安装位置及高度应符合设计求。

（二）接地工程

接地工程在验收时应进行下列检查：
（1）接地装置应符合设计要求。
（2）整个接地网外露部弗分的连接可靠，接地线规格正确，油漆完好，标志齐全明显。
（3）供连接临时接地线用的连接板的数量和位置应符合有关规定。

（4）接地电阻应符合规定。

（三）验收时应提交的资料和文件

（1）工程竣工图。
（2）变更设计的证明文件。
（3）制造厂提供的产品说明书、试验记录、合格证件及安装图纸等技术文件。
（4）安装技术记录（包括隐蔽工程检查记录等）。
（5）试验记录（包括接地电阻测试记录）。

八、电缆线路工程

（一）验收时应做的检查

（1）电缆、电缆终端头和电缆中间头的规格、型号应符合设计和有关规定；排列整齐，无机械损伤；标志牌应装设齐全、正确、清晰。
（2）电缆的固定、弯曲半径、有关距离和单芯电力电缆的金属护层的接线、相序排列等应符合要求和规定。
（3）电缆终端、电缆中间头应安装牢固，不应有渗油、漏油现象。
（4）接地应良好，接地电阻应符合设计要求。
（5）电缆终端的相色应正确，电缆支架等的金属部件的防腐层应完好。
（6）电缆沟内应无杂物，盖板齐全，隧道内应无杂物，照明、通风、排水等设施应符合设计要求。
（7）直埋地缆路径标志应与实际路径相符。路径标志应清晰、牢固、间距适当，且应符合方位标志和标桩的有关处所的要求。
（8）水底线路电力电缆的两岸、禁锚区内的标志和夜间照明装置应符合设计规定。
（9）防火措施应符合设计，且施工质量合格。

（二）隐蔽工程应在施工过程中进行中间验收并作好签证

（1）电缆规格，特性应符合设计要求。
（2）电缆埋地深度、敷设要求与各种设施平行交叉距离、备用长度等应符合标准的规定。
（3）电缆应无机械损伤、弯曲半径、高差等应符合规定。

（三）验收时应提交的资料和技术文件

（1）电缆线路路径的协议文件。
（2）设计资料图纸、电缆清册、变更设计的证明文件和竣工图。
（3）直埋电缆输电线路的敷设位置图，比例宜为1∶500。地下管线密集的地段不应小于1∶100，在管线稀少、地形简单的地段可为1∶1 000。平行敷设的电缆线路宜合用一张图纸。图上必须标明各线路的相对位置，并有标明地下管线的剖面图。
（4）制造厂提供的产品说明书、试验记录、合格证件及安装图纸等技术文件。
（5）隐蔽工工程的技术记录。

（6）电缆线路的原始记录：

① 电缆的型号、规格及其实际敷设总长度和分段长度，电缆终端和接头的形式及安装日期。

② 电缆终端和接头中填充的绝缘材料名称、型号。

（7）试验记录。

习　题

1. 内线工程交接验收包括哪些项目？
2. 35 kV 及以下架空电力线路验收按什么要求进行？
3. 防雷工程在竣工验收时怎样进行检查？
4. 电缆线路工程验收的依据是什么？

参考文献

[1] 孟凡伦. 维修电工生产实习[M]. 北京：中国劳动出版社，1995.
[2] 孙艳澄. 铁路电力设备安装标准[S]. 北京：中国铁道出版社，2002.
[3] 赵德申. 建筑电气照明技术[M]. 北京：机械工业出版社，2003.
[4] 杨耀灿. 配电线路及动力与照明[M]. 北京：中国铁道出版社，2004.
[5] 人力资源和社会保障部教材办公室. 安全用电[M]. 北京：中国劳动社会保障出版社，2006.
[6] 河南电力技师学校. 配电线路工[M]. 北京：中国电力出版社，2008.
[7] 铁道部人才服务中心. 电力线路工[M]. 北京：中国铁道出版社，2009.
[8] 魏金成. 建筑电气[M]. 重庆：重庆大学出版社，2001.
[9] 铁道部劳动和卫生司，铁道部运输局. 高速铁路电力线路维修岗位[M]. 北京：中国铁道出版社，2012.
[10] 翟纯玉. 铁路电力自动化技术[M]. 北京：中国铁道出版社，2006.
[11] 杨万高. 建筑电气安装工程手册[M]. 北京：中国电力出版社，2005.
[12] 刘光源. 电气安装工程手册[M]. 上海：上海科学技术出版社，2011.
[13] 张刚毅. 电力内外线工程[M]. 北京：中国铁道出社，2013.